精密机械与仪器设计基础

王小章　李支康　丁建军　韩香广　主编

西安交通大学出版社
XI'AN JIAOTONG UNIVERSITY PRESS

内容简介

本书是为测控技术与仪器专业核心课程"精密仪器设计"编写的教材,结合该专业先导课程和知识体系特点,以精密机械结构的精度分析为主线,精选内容并适当拓宽知识面,从机构分析、结构设计、精度理论、设计过程几个方面系统地讲述了精密机械和仪器设计的发展现状和趋势,方便学生学习和掌握仪器中精密机械结构设计的基本原理、设计方法、精度分析等工程基础知识和专业理论,初步具备运用所学知识进行仪器结构设计的能力。

本书可作为测控仪器专业教材,也可供精密机械、仪器仪表设计的专业技术人员参考。

图书在版编目(CIP)数据

精密机械与仪器设计基础/王小章等主编.—西安:
西安交通大学出版社,2023.9(2025.9重印)
ISBN 978 - 7 - 5693 - 3332 - 9

Ⅰ.①精… Ⅱ.①王… Ⅲ.①电子测量设备－教材
Ⅳ.①TM93

中国国家版本馆 CIP 数据核字(2023)第 122680 号

	JINGMI JIXIE YU YIQI SHEJI JICHU
书 名	精密机械与仪器设计基础
主 编	王小章 李支康 丁建军 韩香广
责任编辑	鲍 媛
责任校对	李 颖
出版发行	西安交通大学出版社
	(西安市兴庆南路 1 号 邮政编码 710048)
电 话	(029)82668357 82667874(市场营销中心)
	(029)82668315(总编办)
传 真	(029)82668280
印 刷	西安日报社印务中心
开 本	787mm×1092mm 1/16 印张 20.125 字数 404 千字
版次印次	2023 年 9 月第 1 版 2025 年 9 月第 2 次印刷
书 号	ISBN 978 - 7 - 5693 - 3332 - 9
定 价	68.00 元

如发现印装质量问题,请与本社市场营销中心联系。
订购热线:(029)82665248 (029)82667874
投稿热线:(029)82665397
读者信箱:banquan1809@126.com

前　言

　　精密机械和仪器仪表结构设计是高等学校仪器仪表专业的专业核心课程。仪器科学与技术的飞速发展，对课程知识体系和人才知识结构都提出了全新的要求。为了更好地适应仪器类专业人才培养和课程体系建设持续提升的需要，编者在总结多年教学实践经验的基础上编写了本书。本教材可作为高校仪器仪表专业的教学和参考用书，也可供从事仪器仪表、机械工程的计量和研究工程技术人员参考。

　　考虑到仪器类专业的人才培养特色和学时分配情况，对课程知识点进行了精简取舍，突出精密机械和仪器特色，力求做到通俗易懂、深入浅出。通过学习让读者掌握精密机械和仪器结构设计的基础知识，学会仪器设计方法并具有一定的精度设计能力。全书共分 14 章，从机械设计过程和零件性能开始，包含平面机构、机械传动、弹性元件、机械连接、仪器的精度理论、设计过程以及仪器中常用精密机械系统。各章节内容编排上独立成章，方便教学过程按需取舍，适应不同专业背景的教学要求。融合课程思政教育，每章均编写不同主题的思政拓展阅读资料，供读者自主学习。

　　参加本书编写的人员有：王小章(第 1，2，3，6，11，12 章)，李支康(第 4，5，7 章)，丁建军(第 8，14 章)，韩香广(第 9，10，13 章)。全书由王小章统稿，张群明参与了书中插图的绘制和修改工作。

　　本书编写过程中得到了西交交通大学王朝晖教授、赵立波教授、梁霖教授的大力支持。梁霖教授对本书内容做了细致审阅，提出了许多建设性的意见。在此，编者一并表示衷心的感谢。

　　由于编者水平有限，书中难免存在错误和不当之处，恳请广大读者提出批评，以便进一步修订和完善。

编者

2023.8

目 录

精密机械设计概论

1

1.1　精密机械简介

　　机械是机器和机构的总称。根据国际标准定义，机器是执行机械运动的装置，用来变换或传递能量、物料与信息。机器的种类繁多，由不同零件组成的不同类型的机器，具有不同的构造和用途。如各种机床、飞机、汽车、洗衣机、自行车、钟表等。总体看来，机器具有如下的特征：

　　(1) 若干人为实物的组合。

　　(2) 各实物之间具有确定的相对运动。

　　(3) 有机械能的转换或做机械功。

　　机构是用来传递运动和力的可动装置，是指"机器中的运动部分"，即在机器中去除了与运动无关的因素而抽象出来的运动模型，是机械学上的一个术语。

　　机构有两种：狭义机构和广义机构。狭义机构（又称为常用机构）包括两大类：基本机构，如连杆机构、凸轮机构、齿轮机构等；变异机构，如棘轮机构、槽轮机构等。图 1-1 给出了内燃机发动机的机构组成。它主要由曲柄滑块机构、齿轮机构和凸轮机构组成。

　　广义机构是引入电、磁、液、气、声、光等工作原理的新型运动机构，如液气动机构、光电机构、伺服直接驱动机构、微位移机构等。广义机构综合应用了光、机、电、算等知识和技术，是电子学、自动控制、计算机等现代科技进步发展的结果。广义机构的应用不断地创造出新型的机械产品，继续扩展着精密机械的应用场景。

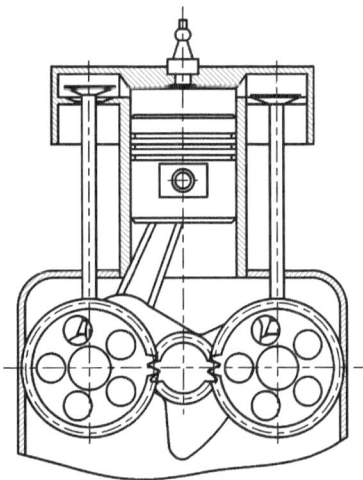

图 1-1　活塞式内燃机机构

　　机构由构件组成。构件可以是单一零件，也可以是由几个零件组合的部件，是机构中的"运动单元"。零件是机器制造加工的单元体，属"制造单元"。零件按照使用的不同可分为三类：通用零件、专用零件、标准件。通用零件包括齿轮、轴承、轴、键、螺钉等。专用零件包括内燃机的曲轴、汽轮机的叶片等。标准件是指标准化的零件或部件，如轴承、螺钉、螺母、键、销等。

精密机械已完全是精密工程(precision engineering)中涉及机器和机构问题的研究。它在研究某种运动变换的同时也要考虑机构运动的精密性和准确性等问题。它具有如下几个公认的特征：

(1) 对制造精度的要求高于普通制造技术。

(2) 大量采用科技发展的前沿技术。

(3) 主要应用于测量仪器的设计、制造和控制。

从历史发展来看，精密是一个相对的概念，含有比较和变动两重意思。比较是指与常规机械设备相比较而言，制造精度要求更高；变动是指随着加工技术的进步，其标准在不断地提高。瓦特时代的蒸汽机，气缸与活塞之间的间隙有 1 mm。这是属于那个时代"精密"的概念，显然与现在的制造水平不能同日而语。现代的精密制造技术，精度已经达到了亚微米级和纳米级。

精密机械就是优于常规制造业水平的机械装置。因为在制造业领域，测量仪器使用的机械装置的制造精度往往高于普通机械，人们常称其为"精密仪器"。本门课程主要研究精密测量仪器中的机械结构设计问题。

精密仪器中的机械结构设计，在机构、部件层面与常规机械设计的基本原理是相同的。然而，其在"机器"(系统)层面上，又具有自身显著的特点。仪器是用于测量的装置或设备，是一种"测量机器"。它作为信息获取、变化、传输的重要工具，也已发展成为光机电一体化和智能化为特征的现代仪器仪表。虽然现代仪器的机械系统的某些功能已经被其他技术系统的功能所扩展或代替，但其仍不可能完全脱离精密机械系统而独立存在。精密机械系统与结构仍是现代仪器仪表的基础和重要组成部分。实践证明，精密机械系统的质量直接影响仪器仪表的性能指标、工作稳定性和可靠性。因此，精密机械系统和结构仍是现代仪器仪表不可替代的重要组成部分，并且生产和科学技术的发展，对精密机械系统和结构也不断地提出更新和更高的要求。

本门课程主要研究精密机械中常用机构和零部件，以及仪器中精密机械系统的设计知识。因此，课程共分为两个部分：

第一部分为精密机械中的常用机构和零部件，主要讲述机械传动、精密定位零部件的设计与计算方法。包括零件材料及设计准则、平面机构运动分析、凸轮机构、摩擦传动、齿轮传动、螺旋传动、轴系结构、弹性元件、机械连接等。

第二部分为仪器中精密机械系统设计，主要讲述仪器的误差理论、仪器设计基本原则和原理，以及仪器中的典型精密机械系统。

1.2　精密机械系统设计

机械设计是根据需求对机械产品的功能、原理方案、技术参数等进行规划和决策，并将结果用一定的形式加以描述的过程。设计的过程是对需求的满足过程，整个过程成功与否是以能否实现最初的设计需求来评判的。

1.2.1　精密机械设计的基本要求

机械设计是一项创造性活动过程，不同行业的机械设计要求各有特点。对于精密仪器中的机械结构设计而言，需要关注的基本要求包括：功能与精度、可靠性、经济性、操作安全与外观要求等。

（1）功能与精度要求——设计的基本出发点。按要求的运动和承受载荷来确定机械的工作原理，选择或设计适当的机构和传动方案。对精密仪器而言，还要保证必要的运动与定位精度。

（2）可靠性要求——设计的必备条件。即在使用条件下和规定的寿命内，机械产品完成设计功能的能力。为此，零件要具有一定的强度、刚度、疲劳极限等能力。

（3）经济性要求——设计的重要目标。指所设计的机械产品，要成本低、耗能少，便于加工和维护，以最少的费用制造出符合要求的产品。提高经济性一般有以下几种措施：

① 采用先进的设计方法和设计手段，缩短设计周期，降低设计成本。

② 采用标准化、系列化、通用化的零部件。

③ 采用新技术、新工艺、新材料、新结构。

④ 改善零部件的结构工艺性，使其易于加工、装配、维护并节省材料。

⑤ 采用合理的润滑方式和密封装置，延长机器的使用寿命。

⑥ 提高运动副和传动系统的效率，降低能源消耗。

⑦ 提高机器的自动化水平，提高机器的运行效率。

（4）操作与外观要求——设计的重要原则。人在操作机器时要安全、方便、省力、舒适，脑力劳动和体力劳动消耗最低，外观要与机器的使用环境协调（参考人机工程学方面的内容）等。

（5）其他要求。航天航空机械，要求重量轻、耐高温。大型流动机械，要求便于拆卸、安装和运输。食品纺织机械，要求不污染产品、保持清洁等。

1.2.2　精密机械产品设计的一般过程

从新产品规划到销售，精密机械产品的设计过程一般要经历四个阶段：产品规划、原理方案设计、技术设计、施工设计。

（1）产品规划。精密机械系统设计前应调查用户的意见和要求，辨识社会需求，明确产品的市场定位，提出可行性报告和合理的设计要求、设计目标，拟定产品开发计划书。市场调研要从市场、技术、社会多方面收集相关的资料及新技术、新工艺、新材料的应用情况，科学预测并选定最佳的设计方案。

（2）原理方案设计。主要针对产品的方案进行功能原理设计，解决技术中的关键问题。通常利用形态学矩阵等方法获得技术系统的功能原理解，再通过实验研究和技术分析，验证原理的可行性并寻求最优解。此阶段的目标是完成产品的整体原理方案设计，编写总结报告，制定设计任务书。

（3）技术设计。技术设计是将新产品的原理方案具体化。首先进行总体设计，按照"人—机—环境"的合理要求，对产品各部分的位置、运动、控制等进行总体布局；然后经过结构、造型两方面的设计和评价，获得最优结构方案；最后给出结构设计技术文件，绘制总体布置草图、结构装配草图、总体效果图、外观模型等。在样机试制完成后需开展样机试验，进行全面的技术经济评估，以发现设计方案中的问题并及时改进。当需要修改设计方案时，应全面检查数学、物理模型是否符合实际，必要时要改进模型后再次进行试验，甚至重新设计。

（4）施工设计。施工设计是指把技术设计的结果变成施工可用的技术文件。一般要完成总装配图、零件图、造型效果图，编写设计和使用说明书、生产工艺文件等。

1.2.3　原理方案设计

设计的过程也是对机器的功能分析及功能原理设计的过程。功能分析是将总功能——机器最终所完成的功能，分解为一个个功能元——可以找到原理解法的分功能，然后寻找或选择功能载体——功能元的原理解，是实现对应功能的技术实体。所以，设计的过程也是一个分解综合的过程。通常对总功能分解可以按照以下公式进行：

总功能＝分功能 1＋分功能 2＋分功能 3＋……

　　　＝功能元 11＋功能元 12＋……＋功能元 21＋功能元 22＋……＋功能元 31＋功能元 32＋……

下面以挖掘机的总功能分解为例，说明功能分解的过程和方案设计结果。

工程上常用的挖掘机功能可参见图 1-2 所示。挖掘机主要用于完成物料的取运，利用铲斗获取物料，并进行一定距离的运送。为实现上述功能，就必须有相应的机构实现铲斗的取料动作：铲入、提升、回转等，以及整机移动输送过程。同时，需要有进行动力供应的能量源和转化机构，将其他形式的能量转化为机械能以驱动机器运转。此外，还应有控制、照明、润滑机构等辅助设施保证机器正常运转。

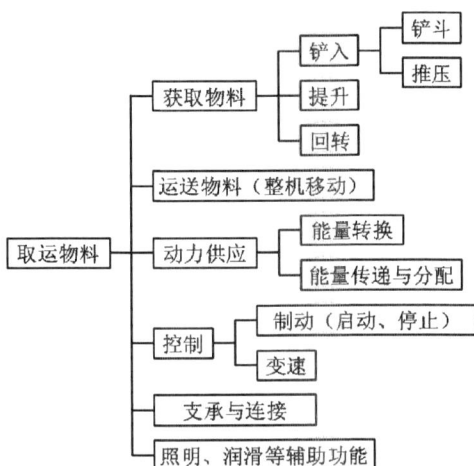

图 1-2　工程用挖掘机的总功能分解

　　功能原理设计就是针对功能元的求解，再利用形态学矩阵综合出满足总功能的机械方案。挖掘机的形态学矩阵如表 1-1 所示。按照形态学矩阵，即可获得满足原理需求的设计方案。

表 1-1　挖掘机的形态学矩阵

功能元	功能元的解(功能载体)			
	1	2	3	4
铲斗	正铲斗	反铲斗	抓斗	
推压	齿条	钢丝绳	油缸	
提升	油缸	绳索		
回转	内齿轮传动	外齿轮传动	液轮	
运送物料	履带	轮胎	迈步式	轨道-车轮
能量转换	柴油机	汽油机	电动机	液压马达
能量传递与分配	齿轮箱	油泵	链传动	带传动
制动	带式制动	闸瓦制动	片式制动	圆锥形制动
变速	液压式	齿轮式	液压-齿轮式	

　　根据形态学矩阵，可获得 $3 \times 3 \times 2 \times 3 \times 4 \times 4 \times 4 \times 4 \times 3 = 41472$ 个原理方案。

　　对比实际机器产品所使用的方案，即可发现上表所列的原理方案并非都是可行的。因此，工程中需要根据实际的使用需求选用相应的设计方案。选定方案后需要对产品进行技术设计以及改进，直至生产销售。

1.2.4　技术设计

　　机械产品的技术设计包括了机械运动系统设计，绘制总装配图、零部件设计、零件图，编写设计说明书，以及生产工艺设计等。其中机械运动系统设计是将选定的原理方案具体化，设计相应的动力和运动机构，保证运动特性满足使用要求或功能要求，并且机构结构简洁、运动可靠。此时设计的结果以产品的总装配图表现，并配有相应的方案设计说明书。接下来进行产品的零部件设计，需要按照相应的标准和规范完成零件的结构设计和尺寸计算，并绘制出相应的零件图，编写重要零件的设计说明书。

零件设计过程包含以下步骤：初步确定零件的结构形式或选择零件的类型、计算作用在零件上的载荷、选择零件材料、工作能力设计、结构设计、校核计算、绘制零件图、编写设计计算说明书。其中，零件的工作能力设计需要根据不同工况满足相应的计算准则和要求，如强度、刚度、耐磨性、振动稳定性、结构工艺性、标准化以及经济性要求。前四项要求是零件的工作能力要求，后三项要求多是从制造成本方面去考量。机械零件标准化有利于提高零件的质量和可靠性，降低零件的成本，缩短设计周期，使零件的互换性增强，方便维修。零件的经济性要求则需要减轻零件重量，合理选择材料、结构工艺性以及标准化措施。此外，对于生产单位还应根据生产过程的技术条件，编制相应的生产工艺流程和工艺指导文件。

现代产品设计要求设计者以系统、整体的思想，考虑设计过程中出现的综合性技术问题，遵循科学的开发设计原则。研究表明，设计环节决定了产品 70% 的成本，是整个产品设计过程中最重要的环节。因此，在机械产品设计过程中应采用现代的设计方法和技术手段，加快设计进度，提高设计效率和质量。

1.3　精密机械系统设计的方法

1.3.1　精密机械系统设计的类型

精密机械系统设计可分为三种：开发性设计、适应性设计、变形设计。开发性设计是指应用新原理、新技术进行全新设计。适应性设计是指保留原有产品的原理及方案不变，仅根据要求对产品结构和性能进行更新和改造设计。变形设计是指保持原产品原理、功能不变，改变产品的参数和结构布局等形成系列产品。无论哪种设计类型，都应保持或达到以下两个功能：一个是组成具有确定运动规律的运动系统，在进行运动和能量传递、转换，以及完成仪器功能所要求的各种动作同时，与仪器技术系统中的传感、控制、驱动等其他元件共同实现信息的传递、转换以及指示工作状态和结果。另一个是构成仪器的基体、运动机构的机架和运动支承、导向机构，可实现仪器中的光机电元器件与结构零部件的正确连接、调整和固定，使各元器件获得所要求的准确位置关系，为保证各元器件发挥工作性能提供条件。

1.3.2　精密机械系统设计的方法

设计方法是指达到预定设计目标的途径。传统的工程设计方法经历了直觉法、类比法，以及以力学、数学和经验数据为基础的半经验设计法的发展过程。传统设计方法以理论计算和长期设计实践形成的经验、公式、图表、设计手册为依据，通过经验公式、近似类比等方式完成设计目标。设计过程常需多次反复，周期长，效率低。控制理论、系统工程、价值工程、创造性工程以及计算机技术的发展和应用，为设计工作提供了自动化和精密计算的条件，促使许多跨学科的现代设计方法出现，也使设计活动进入创新、高质量、高效率的新阶段。

与上述传统设计方法相比，现代设计方法更注重设计过程的系统性、社会性和创造性，在产品性能、技术、经济、制造、使用、环境、可持续发展等条件下，寻求设计成果的最优解，实现设计与制造过程的一体化和智能化。由此可见，现代设计方法是一门新兴的多元交叉学科。它以传统设计理论和方法为依托，以计算机辅助设计为主体，是利用多种科学方法和技术手段研究、改进、创造产品活动过程所用到的知识群体的总称。按照现代设计方法进行产品设计，应达到的目标包括：工效实用性、可靠性、稳定性、环境安全性、技术经济性、设计规范性等。现代设计已扩展到产品规划、制造、营销和回收的各个方面，更涉及政治、经济、法律、艺术等学科领域。

现代设计方法除了依托原有的基础理论和技术，还利用现代设计理论与方法进行设计。现代设计理论主要包括：优化设计、可靠性设计、计算机辅助设计（CAD）、计算机辅助工程（CAE）、虚拟设计、智能设计等。优化设计可以大大提高机械系统的改进和优选速度，如提高机构性能的参数优化，减轻重量和降低成本的结构优化，传动系统参数优化等。产品设计过程中的优化设计常与可靠性设计、有限元方法等结合使用。可靠性设计是在产品设计过程中，在预测和预防产品可能发生故障的基础上采用相应的设计技术，使产品符合规定的可靠性要求，是对传统设计方法的重要补充和完善。现在的可靠性设计已发展到结构材料的失效物理机制研究，不再局限于强度和疲劳可靠性问题。计算机辅助设计（CAD）和计算机辅助工程（CAE）系统是利用计算机在信息存储、检索、计算方面的优势，通过设计人员的构思、判断、决策以人机交互的方式进行计算、分析和优化，展开运动、应力、应变等分析和优化以确定零部件的结构和尺寸。在整个设计过程中，逻辑判断、科学计算和创造性思维反复交叉进行，充分发挥设计人员的创造性作用，从而提高了设计效率。虚拟设计是利用计算机来虚拟完成产品开发的过程。通过建立产品的数字模型来代替实物原型试验，在数字状态下完成产品的性能分析、设计改进等。虚拟设计还可实现多部门、多地点的协同并行和连续工作，大幅度降低设计时间和费用。

智能设计系统是以知识处理为核心的 CAD 系统。它将知识系统的知识处理能力同常规 CAD 的计算分析能力、数据管理能力、图形处理能力有机地结合起来，协助设计者完成如方案设计、参数选择、性能分析、结构设计、图形处理等不同阶段和不同复杂程度的设计任务。智能设计系统一般包含知识处理、分析计算、数据管理、图形处理功能。其中，知识处理是智能设计系统的核心，它实现知识的组织、管理及应用，一般由设计型专家系统来实现。设计型专家系统应具有获取领域内一般知识和领域专家的知识、知识的分层管理和维护、知识库优化以及知识自学习的功能。

现代设计方法是在继承传统设计方法基础上不断吸收现代理论、方法和技术，以及相邻学科最新成果后发展起来的新知识群，并且处于不断的更新发展中。精密机械系统的设计也同样如此，在对系统的分析和综合中广泛地使用计算机技术，如发展并推进了计算机辅助功能设计、优化设计、考虑误差的概率设计等。因此，在精密机械系统设计过程中，应当树立辩证的观点，理论联系实际，学会具体问题具体分析。在掌握各种基本理论和知识的基础上，充分利用现代设计工具和理论，合理地进行机构选型和准确的分析计算，选定最优的解决方案。正确应用现代设计理论和方法，不断发展和创造出新的设计方法和手段，是推动精密机械系统设计水平持续发展的必然要求。

【拓展阅读】

中国古代机械设计方法和思想

中国古代机械工程技术的发展渊远流长，成就辉煌：商周时期的冶铸技术在世界文明史上独树一帜，秦汉时期的机械及其工艺技术曾领先于世界，直至宋元时期仍处于世界前列。创造出了诸如曾侯乙编钟、秦陵铜车马、指南车、浑天仪、地动仪、水运仪象台等机械奇迹，其设计之巧妙，构思之奇特，技艺之精湛，早已得到全世界的赞誉。然而，由于本土生长、时起时落的封闭状态，师徒制传授方式只"知其然"的工作模式，以及不受重视的传统思想的束缚，使得中国古代的大量机械创造发明只有实物而缺少文字或理论解释，形成了虽有辉煌成就却无系统的机械科学与工程理论体系的独特现象。

古代文献如《周礼·考工记》《墨经》《新仪象法要》《农书》《天工开物》等，详细地记录了中国古代机械设计方法和设计思想，其议论精辟、卓实强见，不仅闪耀着中华文化的光芒，也在世界科学技术史上留下深深的印记。中国古代的机械设计善于从整体出发，明显具有传统思想的特点。曾侯乙编钟的设计与制造，不仅遵循了严格的设计标准和形制、预期单个编钟的音响，而且还要考虑到每一编钟在整体演奏中的效果。这些需要对制图、冶金、铸造、焊接、热处理、加工等环节进行全面的考虑，同时还涉及物理学、声学、乐律学等范畴。曾侯乙编钟群是古代科学技术与艺术整体化的杰出典范。在古代机械设计中，自动控制思想也得到体现。苏颂等人发明的水运仪象台将天文观测、演示和报时功能集成一体，整个系统组成一个带有负反馈的闭环自动控制系统。指南车利用齿轮传动原理来保证指示方向始终不变，它实际是一个按照外界扰动工作的开环自动控制系统。标准化和互换性设计是古代机械设计的另一个重要思想。《考工记》中所载车辆的制作过程，体现了古代机械制造中注重标准、系列、通用的设计思想。利用专业分工缩短设计和生产周期，提高产品质量。"故可规、可萬、可水、可县、可量、可权也，谓之国工。"《考工记》可以看作一部严密而科学的古代机械制造技术标准和质量检验标准。秦朝《工律》中有"为器同物者，其大、小、短、长、广亦必等"，"不同程者，毋同其出"。其大意是规定制造一类型的器物，其大小长短和宽窄必须相同。如秦代箭镞需要大批量生产，对箭镞的尺寸、形状、表面质量等都有了严格的要求，因此可以保证产品几何参数精度的一致，实现了零件的互换性。古代的机械设计师们将长期生产活动中积累起来的经验记录、整理、系统化后成为珍贵的文献，为科学理论的产生打下根基。回顾中国古代机械设计思想，可以深刻了解中国古代机械工程发展状况和科学成就，理解机械工程设计与科学理论之间相辅相成的辩证关系。

课后思考题

1-1　精密机械设计的基本要求有哪些？

1-2　说明精密机械产品设计的一般过程。

1-3　精密机械系统设计的类型有哪些？

1-4　机械产品的传统设计与现代设计方法有哪些区别？

1-5　说明精密机械系统设计过程中现代设计方法和技术的作用与影响。

2 机械零件的材料和选用

机械零件使用的材料按性能和用途可分为两类：结构材料和功能材料。结构材料是工程上要求强度、韧性、硬度、耐磨性等力学性能的材料。功能材料则是指具有电、光、声、热、磁等功能和效应的特殊材料。按材料自身的特点又可分为：金属材料、无机非金属材料和有机材料。其中，金属材料分为：黑色金属材料（铁基金属合金，如碳钢、铸铁、合金钢）和有色金属材料，属于零件的传统材料。无机非金属材料是指除金属和有机聚合物之外的所有材料，如陶瓷、玻璃、水泥等。有机材料则包含塑料、橡胶和合成纤维等，具有强度高、塑性好、耐腐蚀、绝缘性好等优点，是目前飞速发展的新型材料。

2.1 机械零件的工作能力和计算准则

2.1.1 机械零件的工作能力

零件是组成一部机器的基本单元，它们能够在一定条件和时间内实现某种功能，或具有保持某种状态的能力，如传递作用力、承受载荷、抵抗变形等。机械零件在工作中出现了失去规定功能的情形，称为零件失效。机械零件的失效形式有：断裂、过大的弹性变形、塑性变形、表面磨损等。

零件的工作能力是指机械零件在规定的工作条件和预期寿命内不失效的极限工作指标。

2.1.2 机械零件的计算准则

衡量零件工作能力的指标称为零件的工作能力准则，是确定零件基本尺寸的主要依据，所以又称为机械零件的计算准则。常用计算准则包括：强度准则、刚度准则、耐磨性准则和振动稳定性准则。在零件设计时，需要根据失效形式采用相应的计算准则。

1. 强度准则

强度是零件抵抗外载荷作用破坏的能力，保证零件不会发生断裂和过大的塑性变形。

强度准则就是指零件的工作应力不得超过允许的限度。简单应力状态下的强度准则为

$$\sigma \leqslant [\sigma] = \frac{\sigma_{\lim}}{S} \qquad (2-1)$$

式中，σ 为零件工作应力，MPa；$[\sigma]$ 和 $\sigma_{\lim}$ 为材料的许用应力和极限应力；S 为安全系数。

　　复杂应力状态下的强度准则需按照强度理论计算，即

塑性材料：
$$\begin{aligned} \sigma_{eq} &= \sqrt{\sigma^2 + 4\tau^2} \leqslant [\sigma] \\ \sigma_{eq} &= \sqrt{\sigma^2 + 3\tau^2} \leqslant [\sigma] \end{aligned} \qquad (2-2)$$

脆性材料：$\sigma_{eq} = \dfrac{\sigma}{2} + \sqrt{\left(\dfrac{\sigma}{2}\right)^2 + \tau^2} \leqslant [\sigma] = \dfrac{\sigma_b}{S} \qquad (2-3)$

式中，σ_{eq} 为复杂应力状态下的等效应力；τ 为切向应力；σ_b 为脆性材料的断裂应力。

2. 刚度准则

　　刚度是指零件在外载荷作用下抵抗变形的能力，保证零件受力产生的弹性变形位于许可的范围内。刚度的大小常用产生单位变形所需要的外力或外力矩来表示。零件刚度的大小与材料的弹性模量、零件的截面形状和几何尺寸有关，而与材料的强度无关。

　　刚度准则是指在载荷作用下，零件产生的弹性变形量不超过正常工作所允许的变形量，表达式为

$$y \leqslant [y] \qquad (2-4)$$

式中，y 为零件工作时的广义变形量（挠度、偏转角、扭转角）；$[y]$ 为材料的广义许用变形量。

3. 耐磨性准则

　　零件的表面形状和尺寸在摩擦的条件下逐渐变化的过程称为磨损。磨损会降低零件的强度，增大接触面间的摩擦，降低传动效率和零件的工作精度。耐磨性是指相对运动零件的工作表面抵抗磨损的能力。

　　耐磨性计算准则通常是指根据摩擦表面的压强 p 和与摩擦功成正比的 pv 值判断耐磨性，即

$$p \leqslant [p], \quad pv \leqslant [pv] \qquad (2-5)$$

式中，p 为接触表面间的压力，Pa；v 为表面的相对滑动速度，m/s；$[p]$ 和 $[pv]$ 分别为许用值。

4. 振动稳定性准则

　　振动稳定性准则是指零件或机构在工作时不产生超过容许限度振动的能力。在设计时主要考虑机器中承受激振作用的零件并使其固有频率与激振源频率错开。设计准则为

$$0.85f > f_p \quad 或 \quad 1.15f < f_p \qquad (2-6)$$

式中，f 为零件的固有频率；f_p 为激振源的频率。当设计不满足上述条件时，需要采取措施改变零件或机器的固有频率，或者采取隔振措施。

2.2 零件的疲劳强度

在工作应力不发生变化的静应力作用下的零件强度，称为静强度。在工作应力不断变化的变应力作用下的零件强度，称为疲劳强度。

2.2.1 载荷和应力的分类

作用在零件上的载荷可分为两类：静载荷和动载荷。静载荷是不随时间变化或变化非常缓慢的载荷和应力，如零件重力及其产生的应力。动载荷是随时间变化的载荷和应力。根据载荷随时间变化的情形可将其分为：确定性载荷和非确定性载荷，前者具有比较显著的规律性，后者则不具有明显的特征。

当应力做周期性变化时，一个周期内所对应的应力变化称为应力循环。如图 2-1 所示，将应力循环中的最大应力记为 σ_{max}，最小应力记为 σ_{min}，二者平均值记为平均应力 σ_m，最大应力与最小应力差值的一半记为应力幅度 σ_a。将最大应力和最小应力的比值称为循环特征 r。分别用下列公式计算：

$$\sigma_m = \frac{\sigma_{max} + \sigma_{min}}{2} \qquad (2-7)$$

$$\sigma_a = \frac{\sigma_{max} - \sigma_{min}}{2} \qquad (2-8)$$

$$r = \frac{\sigma_{max}}{\sigma_{min}} \qquad (2-9)$$

按照循环特征 r 的值可区分应力循环特性：$r=0$ 时称为脉动循环；$r=-1$ 时称为对称循环；r 取其他值时则称为非对称循环。

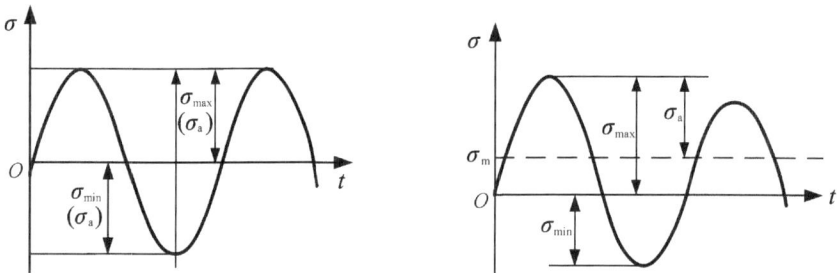

图 2-1 对称循环的动载荷和非对称循环的动载荷

2.2.2　疲劳曲线

在动载荷引起的变应力作用下,零件的失效形式是疲劳断裂。

疲劳断裂的过程可分为两个阶段:①在工作应力循环作用下,零件的表面产生初始裂纹;②在变应力持续作用下,裂纹持续扩展,并最终导致材料断裂。疲劳断裂具有损伤累计的特征,与变应力的大小和应力循环次数有关。实际上,由于材料具有晶界夹渣、微孔以及机械加工造成的表面划伤、裂纹等缺陷,结构上的凹槽和缺口等造成的应力集中都会加速裂纹的生成和扩展。

在一定的应力循环特征 r 下,材料达到疲劳破坏时的应力称为疲劳极限应力 σ。同时,将表示应力循环次数 N 与疲劳极限 σ 之间关系的曲线称为疲劳曲线。材料的疲劳曲线是标准试件经过试验获得的。疲劳曲线分为有限寿命区和无限寿命区。通常规定一个循环次数 N_0 作为无限寿命的起始点,称为循环基数。此点对应的疲劳极限值为 σ_r,如图 2-2 所示。所谓无限寿命,是指零件承受的变应力低于疲劳极限 σ_r 时,工作应力总循环次数可以大于 N_0,但并不意味着零件永远不会失效。

在有限寿命区,疲劳极限将随循环次数 N 的增大而减小,其关系式为

$$\sigma_{rN}^m \cdot N = \sigma_r^m \cdot N_0 = C \tag{2-10}$$

式中,C 为常数;m 是材料常数,其值由试验来确定。根据 σ_r 和 N_0 可以求出有限寿命区对于循环次数 N 的疲劳极限值:

$$\sigma_{rN} = \sigma_r \cdot \left(\frac{N_0}{N}\right)^{-m} \tag{2-11}$$

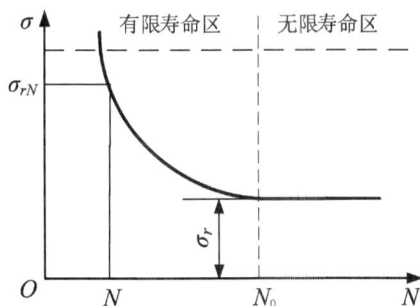

图 2-2　材料的疲劳曲线

同强度和刚度计算相似,零件疲劳强度的计算也采用安全系数法判断零件危险截面处的安全性。对于稳定循环特征变应力作用下的疲劳强度,可查阅和参考相关文献和设计手册上的计算方法。不具有规律性的随机变应力,则要进行试验数据统计分析以获得相应的强度数值。

机械零件疲劳强度的影响因素,包括了内部的材料缺陷和外部的应力循环两方面。因

此，提高零件疲劳强度的措施可从以下几个方面进行：

(1) 选用屈服极限高和细晶粒组织材料。

(2) 零件截面形状变化尽量平缓，减小应力集中。

(3) 改善零件表面质量，如减小表面粗糙度，进行表面喷丸、表面碾压等表面强化处理。

(4) 减小材料的冶金缺陷，如采用真空冶炼，使非金属夹杂物减少。

2.3 机械零件的表面强度

在机械运动中，经常存在两个零件相互接触传递作用力的情形，如接触式测量中测头与被测表面之间的作用。这种相互接触的应力，必然导致接触表面之间的挤压破坏和磨损，常用零件的表面强度来描述。零件的表面强度包括：表面接触强度和表面磨损强度。

2.3.1 表面接触强度

如图 2-3 所示，两个零件在加载前呈点或线接触。在外载荷 F 的作用下，接触部分材料发生弹性变形。此时，接触区近似变化成为一个宽度为 $2a$ 的矩形区域。两个零件在接触区域内产生的局部应力称为接触应力，又称赫兹应力（Hertz stress）。接触应力在接触区域内呈半椭圆柱形分布，其最大应力位于接触区中线处。

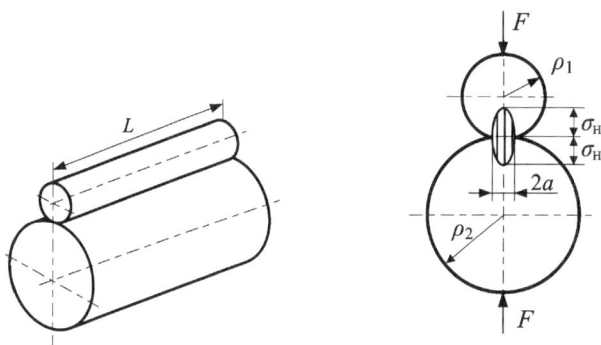

图 2-3 线接触应力

在线接触条件下，零件表面间接触应力可用赫兹公式计算：

$$\sigma_H = \sqrt{\dfrac{\dfrac{F}{L}\left(\dfrac{1}{\rho_1} \pm \dfrac{1}{\rho_2}\right)}{\pi\left(\dfrac{1-\mu_1^2}{E_1} + \dfrac{1-\mu_2^2}{E_2}\right)}} \tag{2-12}$$

式中，F 为作用载荷；L 为接触线长度；ρ_1、ρ_2 为接触表面处的曲率半径；μ_1、μ_2 为零件材料的泊松比；E_1、E_2 为零件的弹性模量；"±"表示接触方式，外接触用"+"，内接触用"—"。

在接触应力循环作用下，零件的接触表面上会产生细小的疲劳裂纹，裂纹逐渐扩展然后导致材料表层小块金属剥落，这种失效形式称为疲劳点蚀。疲劳点蚀的出现会使零件表面质量下降，降低工作精度，引起附加载荷，产生噪声和振动，降低零件使用寿命。图 2-4 给出的是齿轮表面的疲劳点蚀损伤，以及点蚀区域的显微图像。

图 2-4　接触表面的裂纹和点蚀

2.3.2　表面磨损强度

零件的表面形状和尺寸的磨损量超过允许值时，也会导致零件失效。引起磨损的原因有两种：一种是由于硬质微粒落入两接触表面间引起研磨作用，另一种是两接触表面在相对运动中的相互刮削作用。图 2-5 给出的是齿轮齿面的磨损现象。

零件从开始工作到失效的整个工作期间都会产生磨损。磨损的过程可分为三个阶段：跑合磨损、稳定磨损、强烈磨损。跑合磨损是由于机械加工后在零件上存在有表面粗糙度、轴或孔存在的几何误差，导致实际接触面积小，单位面积上载荷大。此阶段的磨损较强烈。稳定磨损是跑合结束后，零件磨损速度随之减缓并趋于稳定，是零件的正常工作阶段。强烈磨损是指接触表面磨损量超出了允许的数值，零件间隙增大，工作中出现冲击、运动精度降低等现象。此时零件基本已经到达寿命，不适宜再继续工作。因此，在机器正式使用前都需要进行跑合，使零件尽快进入稳定磨损阶段，然后交付正常使用，以获得更好的工作性能和经济效益。

图 2-5　轮齿的磨损

2.4　常用工程材料

精密机械中常用的零件材料包括：黑色金属、有色金属、非金属材料和复合材料等。

2.4.1　黑色金属

黑色金属主要指铁、锰、铬及其合金。

1. 碳钢与合金钢

碳钢也叫碳素钢，指含碳量小于 2.11% 的铁碳合金。按其用途分为碳素结构钢、碳素工具钢和易切削结构碳钢三类；按其含碳量的不同，可分为低碳钢、中碳钢和高碳钢。随着含碳量增加，碳钢的硬度不断升高，材料的韧性相应地降低，呈现出硬而脆的特性。一般低碳钢用于制作铆钉、螺钉、连杆等，中碳钢用于制作齿轮、轴、丝杠等，高碳钢则制作弹簧、工具、模具等。

合金钢是冶炼时在钢中加入合金元素，如 Mn、Si、Cr、Ni、Mo、W、V、Ti、Nb、Zr、Re 等，以提高钢的力学性能、工艺性能、物理性能和化学性能。根据加入合金元素总量的不同，合金钢可分为低合金钢、中合金钢和高合金钢。

碳钢具有价格低廉、获得容易、加工工艺成熟的特点，因而获得广泛应用。碳钢还可通过含碳量的调节和热处理工艺来改善其机械性能，满足不同应用场合的需求。对于受力不大、基本上承受静载荷的零件，均可选用碳素结构钢。当零件受力较大，承受变应力或冲击载荷时，可选用优质碳素结构钢。当零件受力较大，承受变应力，工作状况复杂且热处理要求高时，可选用合金钢。

2. 铸钢

铸钢是铸造工艺用钢，与锻造钢的力学性能大体相近。相比铸铁具有更高的力学性能，主要用于制造承受重载、形状复杂的大型零件。

3. 灰铸铁

灰铸铁中的碳大部分以自由状态的片状石墨存在，断口呈现灰色。灰铸铁成本低，铸造成型性能好，可制成多种形状复杂的零件，且具有良好的减振性能。灰铸铁的抗压强度高于抗拉强度，适于制造受压状态的零部件，如底座、机床床身、法兰盘等。灰铸铁的脆性较大，不宜用于承受冲击载荷的零件。

4. 球墨铸铁

球墨铸铁中的碳以球状石墨的形式存在，具有较高的延展性和耐磨性。其强度接近于碳素结构钢，且减振性能优于钢，多用于制造受冲击载荷的零件，如曲轴、凸轮轴、轴套等。

2.4.2　有色金属

黑色金属以外的金属统称有色金属，是铁和铁基合金以外金属的泛称。有色金属及其合金具有很多优良的特性，在精密机械中多用作减摩、耐蚀、耐热、耐磨或装饰材料。

1. 铜合金

铜具有良好的导电、导热、耐蚀和延展性。黄铜是铜与锌的合金，可铸造也可以锻造，有良好的机械加工性能，常被用于制造阀门、水管、空调内外机连接管和散热器等。

青铜是铜与锡或铝、锰、铍等元素的合金。锡含量小于 8% 的锡青铜适合于锻造，锡含量超过 10% 的锡青铜适合于铸造。铝青铜的强度较高且价格便宜，可用来制造承受重载、耐磨的零件。铍青铜具有很高的弹性极限和疲劳极限，常用来制造精密弹性元器件。

2. 铝合金

铝的密度约为钢的 1/3，熔点低，导热导电性良好。铝具有很高的塑性，易于加工，耐腐蚀。纯铝的强度较低，不适合做结构件，但加入合金元素后其强度得到大幅改善，同时还能保持铝材轻质的优点。

铝合金按加工方法可以分为形变铝合金和铸造铝合金两大类。铝合金广泛应用于民用家居、运输机械、动力机械及航空工业等方面，在工业界仅次于钢的用量。

3. 钛合金

相比碳钢，钛合金的密度小，高低温下性能稳定，抗腐蚀性能优异。它在航空航天、化工行业中得到广泛应用。钛合金具有很好的生物相容性，常用于制作医疗康复器械，如人造关节、头盖骨、心脏动脉瓣等。

2.4.3　非金属材料

非金属材料是非金属元素或化合物构成的材料。工程上常用的有工程塑料、橡胶、陶瓷、大理石、人工合成矿物质等。这些材料一般具有特殊的性能，在精密机械中发挥重要的作用。

工程塑料是用天然树脂或人工树脂为主要原料，加入特定的辅助填料后制成的高分子有机聚合物。其主要优点是密度小、耐腐蚀，且易于加工成型，可用于制作形状复杂、尺寸精确的机械零件。按照工艺特点，它可分为热塑性塑料和热固性塑料。前者多采用注塑、挤压等方法成型，后者则通过高温高压下的化学反应固化成型。常用的热塑性塑料有：聚酰胺(尼龙)、聚碳酸酯、聚甲醛、聚乙烯、聚苯乙烯等；热固性塑料有酚醛树脂、氨基塑料等。橡胶具有良好的弹性和绝缘性，耐磨性和抗腐蚀性也很好，多用于制作机械零件中的垫圈、隔离圈、密封圈、减振垫等。

陶瓷和大理石都具有较高的硬度和耐磨性，常用于制作工作台和支撑零件。人工合成矿物中广泛应用的是刚玉和石英。刚玉主要成分是 Al_2O_3，具有硬度高、耐磨性好的特点。人工合成后成本较低，可用于制作仪器仪表中的微型轴承。刚玉与钢的摩擦系数小，可长期保持很高的运动精度，因而也大大提高了仪器的使用寿命。石英的主要成分是 SiO_2，其晶体结构呈各向异性，并具有压电效应，可用于制作晶片振荡器，以及新型的压力、加速度传感器等。

2.5　钢的热处理

热处理是通过加热、保温、冷却的操作方法，使钢的金相组织发生一定程度的变化，以获得需要的工艺性能和使用性能的一种工艺方法。热处理一般不改变零件的形状和尺寸，也不改变材料的主要化学成分，而是使材料微观组织结构或者表面组织发生了质的变化，表现为零件材料性能和使用性能的显著提升。

热处理工艺在精密机械零件加工中广泛采用，如测量仪器中的重要传动零部件和量具等，都要经过热处理后才能使用。

根据加热和冷却方式不同，可将热处理分为普通热处理和表面热处理两大类。不同的加热和冷却工艺将获得不同的组织结构和使用性能。

2.5.1　钢的普通热处理工艺

机械零件生产的工艺路线为：毛坯生产—预备热处理—机械加工—最终热处理—机械精加工。生产过程中通过铸造、锻造、机械加工的方法获得零件的形状和尺寸精度，热处理工艺则改变金相组织来改善力学性能，最终获得更高的使用性能。

按照目的不同热处理可分为两类：预备热处理和最终热处理。预备热处理包括：退火、正火和调质三种工艺。最终热处理主要有：淬火、回火。

（1）退火。把零件加温到临界温度（碳素钢约 710～750 ℃，合金钢约 800～900 ℃）以上 30～50 ℃，保温一定时间后随炉冷却。退火可消除材料内应力，防止钢件变形和开裂；降低材料硬度，以便进行切削加工；细化晶粒，改善组织以提高钢的机械性能；为最终热处理做好组织准备。

根据工件要求退火的目的不同，退火的工艺规范有多种方式和操作要求。常用的退火工艺有：完全退火、球化退火和去应力退火等。

（2）正火。把零件加温到临界温度以上 30～50 ℃，炉内保温一段时间，然后置于空气中冷却。正火的目的是消除应力，调整硬度，细化晶粒，均匀成分，为最终热处理做好组织准备。

退火与正火的目的基本相同，但正火的冷却速度(空冷)比退火的冷却速度(随炉冷)快很多，所得到的组织结构比退火更细，具有更高的力学性能，如强度和硬度等。正火的生产周期短，在相同的条件下具有更高的经济性。

(3) 淬火。把零件加温到临界温度以上 30～50 ℃，炉内保温一段时间，然后在冷却介质中快速冷却。淬火的目的是获得马氏体组织，提高钢的硬度和耐磨性。

淬火冷却介质有：水、盐水(5%～15%)、淬火油等。冷却的速度越快，工件的硬度和强度也越高，内应力随之也越大。如盐水淬火的工件，容易得到高的硬度和光洁的表面，不容易产生淬不硬的软点，但却易使工件变形严重，甚至发生开裂。

(4) 回火。把淬火后的零件重新加热到临界点以下的回火温度，炉内保温一段时间，然后冷却到室温。回火可消除淬火应力，降低脆性，稳定工件尺寸，调整淬火零件的力学性能。按照温度不同回火可分为：

- 低温回火：150～250 ℃；HRC>45，处理高硬度和高耐磨性工件。
- 中温回火：350～500 ℃；30<HRC<45，主要用于各种弹簧、锻模等。
- 高温回火：500～650 ℃；20<HRC<30，目的是具备良好的综合机械性能。

将淬火和高温回火共同使用又称为调质处理。调质后的工件力学性能比正火高，具有表面硬、芯部韧的特点，因而在生产中得到广泛使用。

2.5.2　钢的表面热处理工艺

表面热处理用于改变零件表面的金相组织，以提高其性能。它可分为表面淬火和化学处理两大类。

表面淬火根据加热方式不同可分为火焰加热、感应加热、激光加热、电子束加热等。感应加热是最常用的方式，其基本原理是用一定频率的感应电流将工件表面快速加热到淬火温度，并立即喷水冷却。高频淬火的淬硬层深度为 0.8～2 mm。其特点是淬火件的质量好，工件变形小，不易氧化及脱碳，淬火硬度高，生产率高。

化学热处理包括渗碳、氮化、碳氮共渗等，主要用于改变零件的表面组织成分，提高其硬度和耐磨性等。

发蓝(发黑)是将钢件在空气-水蒸气或化学药物中(亚硝酸钠和硝酸钠的熔融盐中)加热到适当温度，使其表面形成一层蓝色或黑色氧化膜(四氧化三铁)的工艺。目的是防止钢件的腐蚀生锈，增加零件表面美观度。此外，常在金属或其他材料零件表面涂敷覆盖层，以达到防腐蚀和装饰的目的，主要包括电镀、涂漆等方式。电镀可在零件表面覆盖铬、镍、锌、镉、银等金属以适用于不同的场合。

机械零件的另一种处理方式是时效处理。其目的是对加工精度要求高的零件，慢慢消除其内应力，获得稳定的形状和尺寸。所采用的方法有两种：自然时效和人工时效。前者将零件露天堆放，经过长时间的温度和湿度变化，消除内应力以达到结构稳定。人工时效则是通过对零件进行升温、保温和降温的反复循环作用，以求快速地消除内应力，提高生产效率。

2.6 机械零件的材料选用原则

零件的材料选择不仅与结构和制造工艺相关，更能影响到机器设备的使用性能和质量标准。合理选择材料并充分利用其各项性能，可降低产品的制造和使用成本，获得更好的市场竞争力和经济效益。机械零件的材料选用原则包含三方面的要求：使用要求、工艺要求、经济性要求。

2.6.1 使用要求

使用要求是保证零件完成某种规定功能所必须具备的性能条件。它主要指零件工作状态下的力学性能、物理性能和化学性能。前者主要考虑零件的工作载荷和失效方式，后两者则更多的是涉及零件使用环境和特殊要求。

材料选用时的使用要求考虑的因素包括：①零件所受载荷和应力的大小、性质和分布状态；②零件的尺寸和重量的限制；③零件工作的环境条件，如电磁干扰、温度、振动、摩擦性质等。依据不同材料的使用特点和各项性能指标，分别去满足不同工作条件和载荷状态下的要求。如仪器中支承件材料要求有较大的强度、耐磨性、稳定性，较小的热膨胀系数，以及良好的铸造性或焊接性。常选用的材料有铸铁、钢板及花岗岩等。

金属热处理工艺可以有效地改善金属材料的机械性能。在选用材料的同时，应考虑采用适当的热处理工艺，以充分发挥出材料的潜在性能，降低生产成本。

2.6.2 工艺要求

工艺要求是材料加工和零件成型过程中所必须具备的条件和方法。不同的材料具有不同的加工特性和要求，选用材料也要考虑零件的加工方法、生产条件和毛坯的制取方法等。选用通用材料和成熟的工艺条件能够获得良好的成本控制。对具有高使用性能但加工困难、制造成本高昂的材料，应尽量少用或选用可替代材料，并可考虑通过热处理工艺提高使用性能。

金属材料的加工工艺通常包括制毛坯、机加工、热处理三个环节。制毛坯方式主要是铸造、锻造、焊接等。对于形状复杂、尺寸较大的零件可采用铸造制坯，然后再进行机加工的方式。需要考虑材料的铸造特性，结构上也要符合铸造工艺要求。锻造则依赖压力条件下材料的塑性变形成型，常用于制造承载能力高的零件，可用于锻造的材料通常有碳钢、合金钢、铝合金等。机床切削加工是形成零件结构、保障尺寸精度和表面质量的重要加工过程。低中碳钢、镁合金、铝合金的切削性能较好，高碳钢、不锈钢、耐热合金钢的切削性能很差。

　　热塑性工程塑料常采用注塑、吹塑、吸塑等方式可制作形状复杂的零件，可获得很高的尺寸精度和表面质量。其部分材料的力学性能已经可与金属材料相媲美，并广泛地应用于精密机械产品中。此外，以 3D 打印为代表的增材制造，不仅使用材料范围广泛，而且可制作出常规加工方式无法制作的三维结构，并已经能够获得较高的尺寸精度和表面质量。这些新型的制造工艺和方式都为零件的材料和加工工艺选用提供了新的选择。

2.6.3　经济性要求

　　经济性要求优先选用价格较低的材料，以降低生产成本。因此，在产品设计选用材料时，要同时考虑生产的经济性和材料的相对价格。在满足使用要求和工艺要求的前提下，选用低成本材料。任何零件都选用优质材料和高成本的制造工艺，是与经济性要求背道而驰的。

　　此外，材料选择还应考虑环境保护问题，尽可能使用加工过程污染少、可回收利用的材料，降低污染物对环境的影响。减少加工过程对能源的消耗，以达到降低生产成本、提高经济效益的目的。

【拓展阅读】

秦陵青铜箭镞的制作工艺

　　秦始皇陵兵马俑坑出土的青铜箭镞约有 4 万件，箭镞长 16.50～20.00 cm，大致可分为小型和大型铜镞两类。大型铜镞铤长，镞首特大，镞首呈三棱锥形，铤呈圆柱形。小型铜镞首呈三棱形，铤为圆形后三棱形。所有镞首和铤都接铸为一体，茬口清晰。连接箭头与箭杆的箭铤与箭镞，在含锡量上有着很大的不同。其中，箭镞含锡量较高，但箭铤的含锡量却比较低，以获得不同的硬度和韧性，这表明古人早已学会用不同比例的金属来制作合金。而且，铜镞首与铤重量大体相等，符合力学原理。此外，青铜箭镞表面上有一层含铬的黑色致密保护层，深埋于地下两千多年没有发生腐蚀。现代金相学研究证明这样处理有很强的抗腐蚀能力。

　　秦代的《云梦竹简·工律》是一部机械制造的国家标准。其主要特征是将几何参数标准化，在满足互换性要求的同时以法律的形式对器物的加工质量作出规定。如《工律》中有"为器同物者，其大、小、短、长、广亦必等"，"不同程者，毋同其出"。使用数理统计方法对部分箭镞作随机抽样分析，其结果表明，镞的主要尺寸，如主面尺寸和主面长度尺寸的平均值分别为 9.801 mm 和 27.596 mm。按 95% 的置信度估计，其尺寸误差和平均离散度分别为±0.276 mm 和±0.57 mm。尺寸呈正态标准分布，而且同一零件和不同零件同一尺寸的加工误差平均为 0.2 μm。采用高精度三坐标工具显微镜以及投影仪测量结果表明，镞的三个主要面是几何形状相等的空间曲面，同一镞和不同镞主要轮廓的不重叠度误差分别小于 0.15 μm 和 0.2 μm，镞轮廓表面不平度误差为 1.58～3.97 μm。这些结果表明秦代箭镞的大批量生产是严格按照《工律》中的规定进行的，从而使箭镞的尺寸、形状、表面质量均达到了较高的生产标准和精度。

课后思考题

2-1 机械零件的计算准则主要有哪些？分别举例说明。

2-2 什么是疲劳强度？提高零件疲劳强度的措施有哪些？

2-3 什么是表面强度？零件的表面强度包括哪些内容？

2-4 精密机械中常用的机械材料有哪些类别？

2-5 常见的热处理工艺有哪些类型？

2-6 碳钢的调质处理工艺过程是什么？其目的是什么？

2-7 时效处理分为哪几种？主要目的有哪些？

2-8 精密机械零件选用材料时需要满足哪些基本要求？

平面机构的结构分析

3

机构是按照一定方式连接并实现确定运动的构件组合体，用于传递运动和力或改变运动的方式。对机构进行分析和设计，必须先建立机构的运动模型——机构运动简图。绘制机构运动简图，并准确计算机构的自由度，是进行机构研究和设计的基本方法。平面连杆机构在精密机械中应用广泛，用于传递运动、放大位移或改变位移的性质，其运动特性、传力特性以及设计方法是机构分析的重要内容。

3.1 运动副及分类

3.1.1 机构的组成要素

机构的组成要素包括：构件和运动副。机构由多个构件组合而成，每个构件都以一定的方式与相邻构件连接并具有确定的相对运动。这种使两构件直接接触又能产生一定相对运动的可动连接，称为运动副。

1) 构件

构件是机构的基本组成单位。它可以是一个零件，也可以是由多个零件装配而成并参与机构运动的刚性单元体。图3-1左图所示为内燃机的连杆。它是由连杆体1、连杆头2、轴瓦3、螺栓4、螺母5、轴套6固结在一起。机构分析时将其视为一个构件，构件常用最简单的线条表示，如图3-1右图所示。

构件在做平面内运动时，其运动可分解为三个独立运动：沿 x 轴的移动、沿 y 轴的移动和绕 z 轴的转动。图3-2中使用三个独立参变量：A 点坐标 x_A、y_A 和倾角 φ 来描述构件的运动状态。当 x_A、y_A 值变化时，构件将沿 x、y 轴发生移动；当 φ 值变化时，构件将在平面内转动。构件所具有的独立运动数目或确定其位置的独立参数数量称为构件的自由度。做平面运动的构件具有3个自由度，做空间运动的构件则具有6个自由度。

2) 运动副

构件表面相互接触的点、线、面，称为运动副的元素。运动副使两构件的一部分表面保持接触，同时也对构件独立运动形成约束。每个运动副引入约束的多少取决于运动副的类型。

按相对运动形式可将运动副分为：平面运动副和空间运动副。平面运动副限制了相邻两构件只能互相做平面运动，否则称为空间运动副。平面运动副包含转动副、移动副和平面滚滑副三种。运动副常用简单记号表示，记号中的数字 1、2、3…分别表示不同构件。

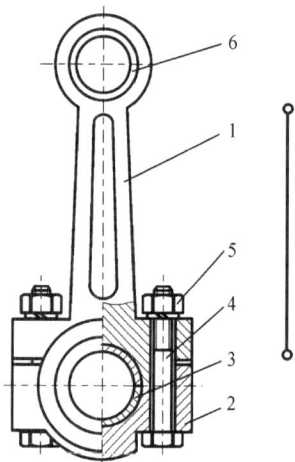

图 3-1 内燃机的连杆　　　　　图 3-2 平面运动系

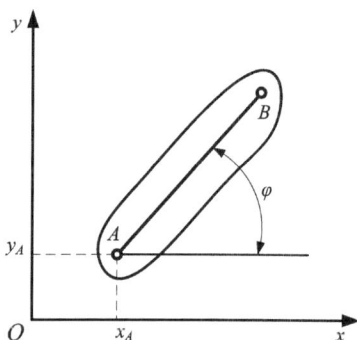

① 转动副。两构件形成运动副后只能做相对转动，称为转动副（又称回转副或者铰链），如图 3-3(a)所示，图 3-3(b)为转动副的记号。典型的转动副包括门轴、滑动轴承的轴颈和轴承间的连接等。

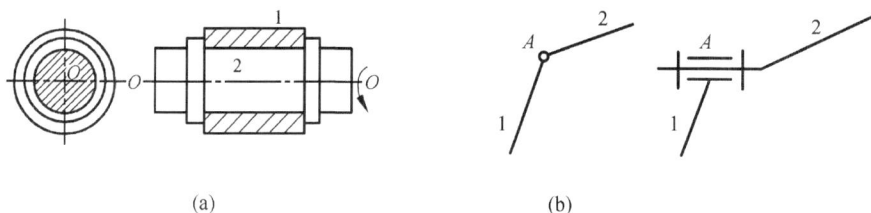

(a)　　　　　　　　　　(b)

图 3-3 转动副及符号

② 移动副。两构件形成运动副后只可做直线移动，称为移动副，如图 3-4 所示。移动副如机床导轨的运动副。运动副的位置仅与移动方位有关，而与其导轨的具体位置无关。

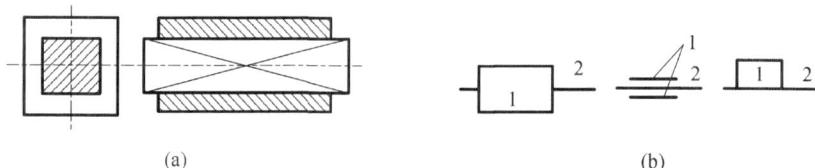

(a)　　　　　　　　　　(b)

图 3-4 移动副及符号

③ 平面滚滑副。两构件形成运动副后既做相对滚动也可滚滑并存，称为滚滑副，如图 3-5(a)所示。滚滑副通常是点或线接触，运动特征是两构件沿接触点切线方向的滑动和

绕接触线的滚动。

　　除平面运动副以外的运动副均为空间运动副，空间运动副包括螺旋副、球面副和圆柱副等。

　　④ 螺旋副。构成运动副的两构件间的相对运动为螺旋运动，称为螺旋副，如图 3-6 所示。

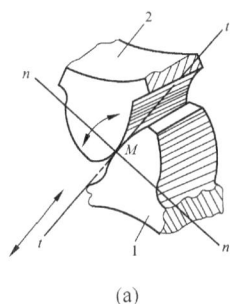
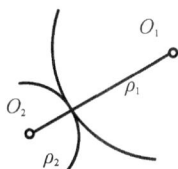

(a)   (b)

图 3-5　滚滑副及符号

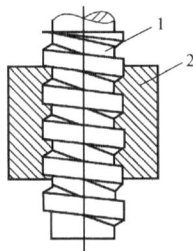

(a)   (b)

图 3-6　螺旋副及符号

　　⑤球面副。两构件的相对运动为绕通过球心任意轴线的转动，也称为球铰，如图 3-7 所示。球面副的几何特征是两球面接触。

　　⑥圆柱副。两构件的相对运动为绕轴线的转动和沿轴线方向的移动，如图 3-8(a)所示。圆柱副的几何特征为两圆柱面配合，可以绕轴线做转动和沿轴线移动。

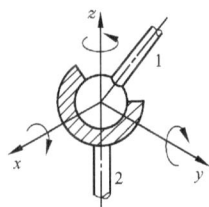

(a)   (b)

图 3-7　球面副及符号

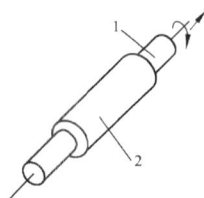
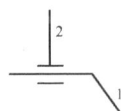

(a)   (b)

图 3-8　圆柱副及符号

　　按照构件接触特性还可将运动副分为低副和高副。点、线接触的运动副称为高副；面接触的运动副称为低副。转动副、移动副、螺旋副、球面副、圆柱副都是低副；滚滑副是高副。图 3-9(a)所示是由球 1 和平面 2 形成点接触的高副，图 3-9(b)是由圆柱体 1 和平面 2 形成线接触的高副。

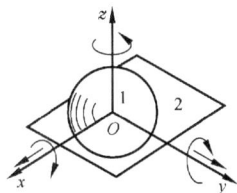
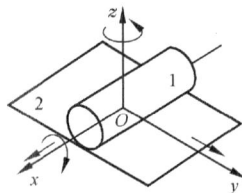

(a)   (b)

图 3-9　球面高副和圆柱高副

3.1.2 运动链与机构

构件通过运动副连接后成为运动链。图3-10(a)中的构件1、2、3、4通过运动副A、B、C连接成的运动链为开式链。图3-10(b)中，构件1、2、3、4通过4个转动副A、B、C、D形成首尾相接的运动链为单闭式链。图3-10(c)所示为双闭式链。根据构件在运动链中的不同作用可区分为：机架、主动件和从动件。机架是固定不动的构件，用于支撑活动构件。主动件按照给定的运动规律运动。从动件随着主动件运动才能有确定的运动。

运动链成为机构应具备如下两个条件：

(1) 具有一个机架，一般是相对地面固定的构件，用于支承并作为运动的参考坐标系。

(2) 具有足够数量给定运动规律的主动件。

机构是具有确定运动的运动链。确定运动链是否能成为机构，需要绘出机构运动简图并正确计算自由度。根据构件之间的相对运动是平面运动还是空间运动，机构可分为平面机构和空间机构。工程实际中大量应用的是平面机构。

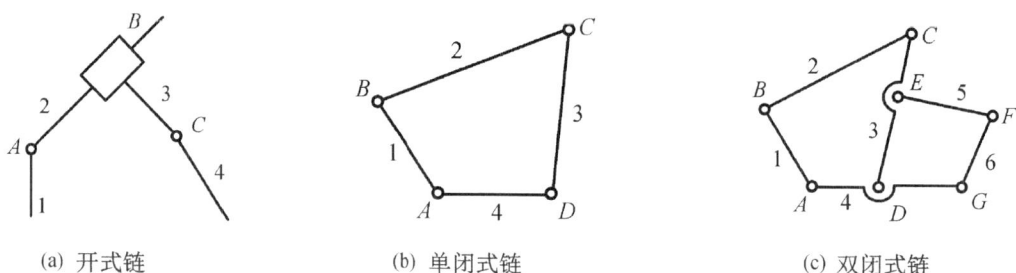

(a) 开式链   (b) 单闭式链   (c) 双闭式链

图3-10 运动链

3.1.3 机构运动简图

机构运动简图是从运动学的角度出发，将实际机器中与运动无关的因素加以抽象和简化后，得到与实际机器具有完全相当运动特性的简图。绘制简图的步骤如下：

(1) 分清构件。分析机构的组成和运动，分清机架、主动件、从动件并依次编号，如图3-11(a)所示。

(2) 判定各运动副类型。从主动件开始，按照运动传递的顺序确定运动副的类型，并用字母编号，如图3-11(b)所示。构件1、2间为转动副A，B、C点也是转动副，滑块4与机架组成移动副D。

(3) 选择视图和主动件位置，将其作为绘制机构运动简图的基准。

(4) 测量机构运动尺寸。根据运动副的相对位置，测量机构的运动尺寸，如图3-11(c)所示。

　　(5) 绘制机构运动简图。确定比例尺，按比例确定各运动副间的相对位置，画出相应的运动副符号。然后将同一构件上的运动副用线条连接表示该构件，如图 3 - 11(d)所示。

　　(6) 标注运动尺寸参数。标注各运动副的实际位置尺寸，主动件用箭头标明，如图 3 - 11(e)所示。

　　机构运动简图是为分析研究机器的运动而抽象出来的运动模型。已知主动件的运动，就可方便地确定其他构件的运动。整个机构的运动仅与运动副的类型和相对位置有关。

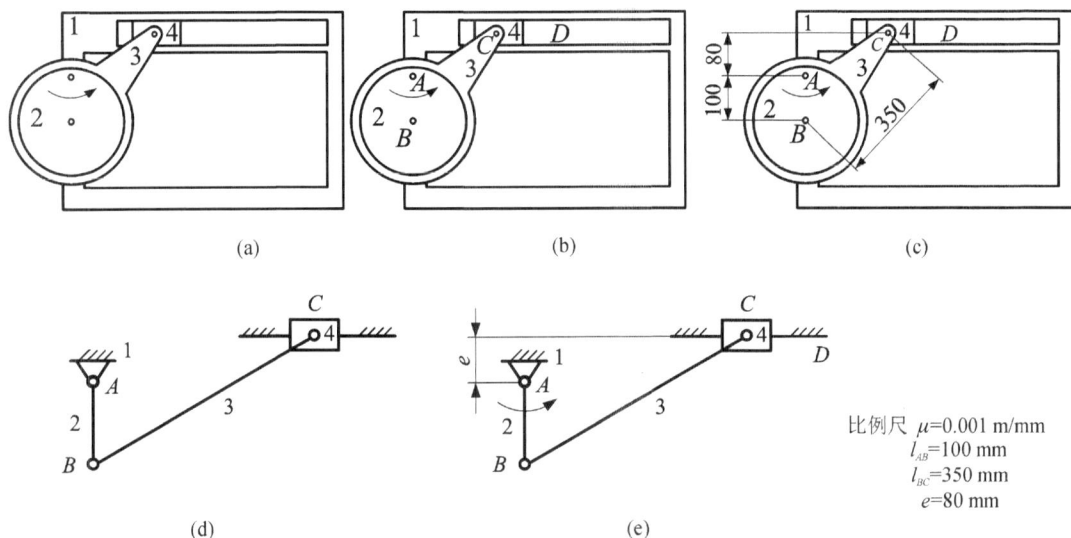

图 3 - 11　曲柄机构运动简图

3.2　平面机构的自由度

3.2.1　机构自由度

　　机构是具有确定运动的运动链。任何机构的设计都应保证其能实现确定的运动。机构自由度是指确定机构中各构件相对于机架位置时所需的独立参变量的数目，也就是机构应具有的独立运动数目。

　　当两个构件用运动副连接后，它们的运动自由度也随之减少。转动副限制了构件两个方向的平动，只保留了 1 个转动自由度。移动副限制了一个移动和一个转动自由度，仅保留了 1 个移动的自由度。滚滑副限制了沿接触处公法线的移动，保留了绕接触处转动和沿接触处公切线移动的 2 个自由度。由此可得，每个低副引入 2 个约束，平面机构失去 2 个自由度；每个高副引入 1 个约束，机构丧失 1 个自由度。

　　设机构中的构件总数为 N，其中活动构件数为 $n = N - 1$。在运动副连接前，机构中构

件的总自由度数是 $3n$ 个。当 n 个构件用运动副连接后，其中低副的个数为 P_5，高副的个数为 P_4，则机构中的运动副将引入 $2P_5+P_4$ 个约束。因此，平面机构的自由度 F 的计算公式为

$$F=3n-2P_5-P_4 \qquad\qquad (3-1)$$

显然，机构在自由度数 $F>0$ 时才能具有确定的运动。由于主动件的运动规律已知，要使机构具有确定的运动则必须使机构的主动件数等于机构的自由度。如果 F 小于主动件数，机构将被破坏；F 大于主动件数，则机构运动不确定；当 F 等于主动件数时，机构具有确定运动。

例 3 - 1 计算图 3 - 12 中滑块机构的自由度。

解 活动构件个数 $n=3$，低副个数 $P_5=4$，高副个数 $P_4=0$，应用式(3-1)可得其自由度为 $F=3\times3-2\times4-1\times0=1$。

例 3 - 2 计算图 3 - 13 中四杆机构的自由度。

解 活动构件个数 $n=3$，低副个数 $P_5=4$，高副个数 $P_4=0$，应用式(3-1)可得其自由度为 $F=3\times3-2\times4-1\times0=1$。

例 3 - 3 计算图 3 - 14 中凸轮机构的自由度。

解 活动构件个数 $n=2$，低副个数 $P_5=2$，高副个数 $P_4=1$，应用式(3-1)可得其自由度为 $F=3\times2-2\times2-1\times1=1$。

由此可知：计算机构的自由度并检查其与主动件数是否一致，是判断机构是否具有确定运动的主要依据，也是分析现有机构以及设计新机构所必须遵循的重要法则。

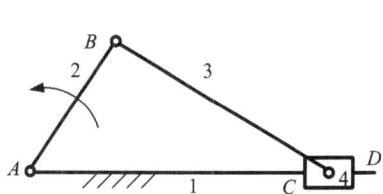

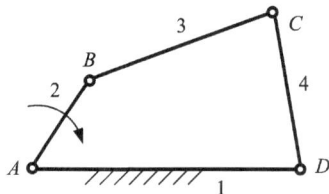

图 3 - 12　滑块机构　　　　图 3 - 13　四杆机构　　　图 3 - 14　凸轮机构

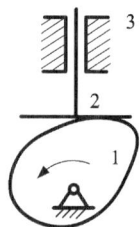

3.2.2　计算平面机构自由度时应注意的问题

用平面机构自由度计算公式时，只考虑了运动副引入的约束条件，没有考虑运动副的特殊组合及运动副间位置特殊配置的情形。此时引入的约束条件将会发生变化并引起机构自由度计算出现错误，因此必须做出相应的处理。

1) 复合铰链

三个及三个以上构件由同一轴线的转动副连接时形成复合铰链。如图 3 - 15 中的三个构件，1 和 3 以及 2 和 3 分别在 OO 轴线上组成两个转动副。由此可见，K 个构件在同一转

动中心组成的复合铰链,组成 $K-1$ 个转动副。计算机构自由度时需要注意复合铰链转动副的个数。

2) 局部自由度

局部自由度是指机构中某些构件的局部运动并不影响其他构件的运动关系。如图 3-16(a) 所示,构件滚子 2 的转动并不影响凸轮 1 和从动件 3 之间的运动关系。此时,滚子的转动就是局部自由度。局部自由度不影响机构的运动状态,在计算自由度时需将其除去后再进行。如图 3-16(b)所示,刚化去除局部自由度后的机构自由度为:$F=3\times2-2\times2-1\times1=1$。

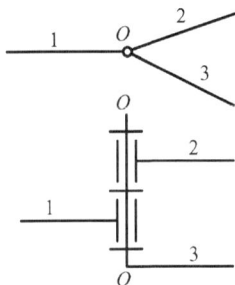

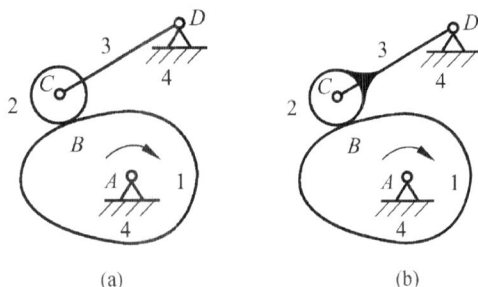

图 3-15 复合铰链　　　　图 3-16 局部自由度

3) 虚约束

机构中有些运动副引入的约束与其他运动副的约束相重复,这些约束在形式上虽然存在,但实际上却并不起约束作用,因此称为虚约束。虚约束对机构自由度没有作用,计算时应予以排除。

图 3-17(a)所示为平行四边形铰链机构,若直接计算其自由度:$F=3\times4-2\times6-1\times0=0$,表明机构是一个"刚性结构"。实际上该机构已用于机车车轮的联动机构,自由度应为 1。其中的原因是计算时计入了虚约束。图中构件 1、2、3、4 形成了一个平行四边形。机构运动时杆 3 平动,各点的轨迹都是以 AB(或 CD)为半径的圆。而构件 5 的长度与 2 和 4 都相等,转动副 F 的中心位于 E 点轨迹的圆心上。显然,运动副 E 是否存在并不影响 3 的轨迹,此时 E 即为虚约束。计算自由度时需将构件 5 和转动副 F 同时去除,再计算机构的自由度:$F=3\times3-2\times4-1\times0=1$,如图 3-17(b)所示。

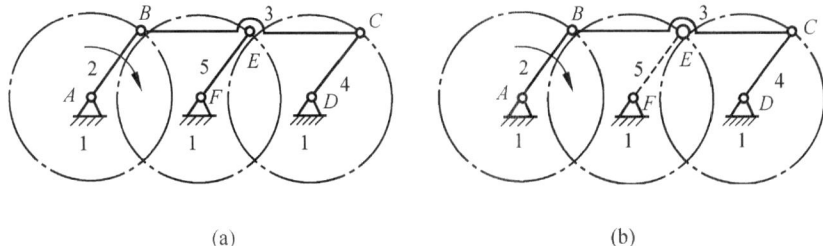

(a)　　　　(b)

图 3-17 虚约束

　　机构中的虚约束是根据受力、强度、刚度及机器工作原理要求而设置的，并非多余约束。图 3-18 所示的平行四边形机构，当构件 2 运动到与机架线 AD 重合时，连杆 3 及连架杆 4 也运动到与 AD 共线的位置，如图 3-18 中 AB_1C_1D 所示位置。此时，构件 2 如果再继续转动，构件 4 有可能顺时针方向运动(平行四边形机构 AB_2C_2D)也可能逆时针方向运动(反平行四边形机构 $AB_2C_2'D$)。若加入图 3-17 中的虚约束，即可消除此运动方向不确定的现象。

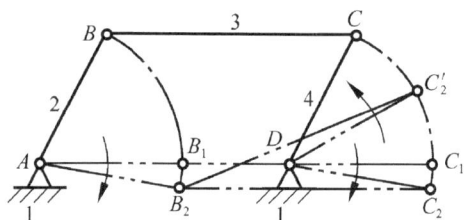

图 3-18　虚约束的作用

　　虚约束通常发生在运动副间相对位置处于较特殊的情况下，常见的虚约束类型有：

　　① 运动轨迹与未连接前的运动轨迹相互重合。若有两构件相互连接前后连接处的运动轨迹相互重合，则该连接引入的约束为虚约束，如图 3-19 所示。

　　② 两构件在多处接触组成多个运动副。若两个构件在多处接触形成导轨重合或平行的移动副，应视作一个移动副起约束作用，其余均为虚约束，如图 3-20 所示。

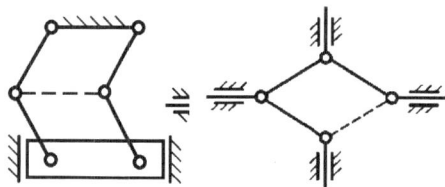

图 3-19　轨迹重合形成的虚约束

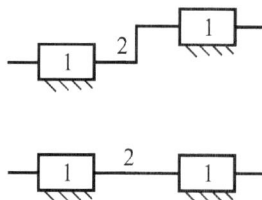

图 3-20　两构件在多处配合形成的虚约束

　　③ 机构中对传递运动不起独立作用的对称部分为虚约束。图 3-21 所示的行星轮机构，行星轮 $2'$、$2''$ 的运动效果与轮 2 相同，增加两个行星轮而产生两个虚约束，其目的是使构件 H 上受力平衡，齿轮 1、3 上受力均衡。

　　4) 公共约束

　　图 3-22 所示的楔块机构中，连接各构件的都是移动副。此时，所有构件都失去了转动的可能性，也就是对每个构件施加了一个公共的转动约束。这个公共约束使机构中每个自由构件所具有的自由度数不再是 3，而是 $3-1=2$。同理，原来组成移动副所引入的两个约束条件中，有一个(转动约束)与公共约束相重复而不应予以考虑。因此，此机构中的每个移动副只引入一个约束。这时自由度计算公式修正为：$F=(3-1)n-(2-1)P_5$。式中

的"1"是公共约束数，故图 3-22 所示楔块机构的自由度为：$F=2\times2-1\times3=1$。

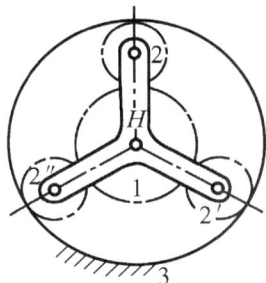

图 3-21　行星轮系　　　　图 3-22　楔块机构

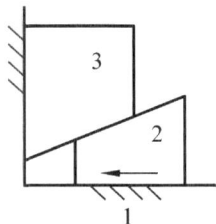

3.3　平面连杆机构及演化

　　平面连杆机构是由若干刚性构件用低副连接而成的机构，各构件都在相互平行的平面内运动，主要作用是传递运动、放大位移或改变位移的性质。平面连杆机构杆与杆间是低副连接，具有接触面积大、压强小、磨损小的特点，在精密机械中被广泛应用。缺点是各构件都是低副连接，传动时运动副的间隙会导致较大的位置误差。构件的数目越多则误差累积越大，难以实现精确的运动规律。

　　平面连杆机构可按杆数分为：四杆机构和多杆机构。四杆机构结构简单，是平面连杆机构的基本形式，也是组成多杆机构的基础。

3.3.1　平面连杆机构的基本形式

　　满足运动转换要求的平面连杆机构至少由四个构件组成，常称为平面四杆机构。当平面四杆机构中的运动副都是转动副时，称为铰链四杆机构。工程上最常用的平面四杆机构有：铰链四杆机构、曲柄滑块机构和导杆机构，如图 3-23 所示，其中后两种机构都可看作是由铰链四杆机构演化而来。

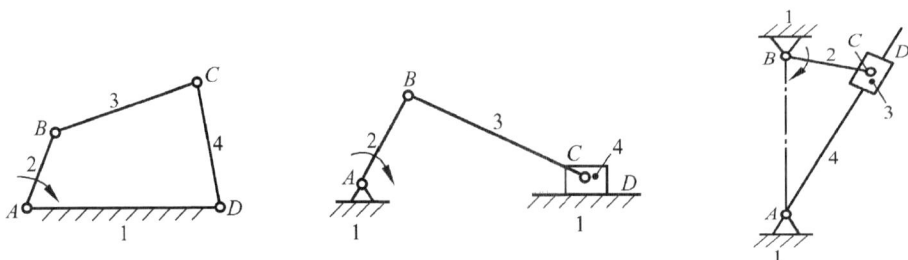

(a) 铰链四杆机构　　　　(b) 曲柄滑块机构　　　　(c) 导杆机构

图 3-23　常用的平面四杆机构

图 3-23 中构件 1 为机架，与机架相连的构件 2、4 称为连架杆。连架杆中能相对机架做整圈转动的称为曲柄。只能做往复摆动的称为摇杆。连接两连架杆且不与机架直接相连的构件 3 称为连杆，连杆一般做平面复合运动。按照两连架杆能否做整圈转动，可将铰链四杆机构分为：曲柄摇杆机构、双曲柄机构和双摇杆机构。

1. 曲柄摇杆机构

图 3-24 所示为曲柄摇杆机构，杆 2 为曲柄绕固定铰链中心 A 转动，杆 4 为摇杆，只能绕固定铰链中心 D 往复摆动，故此机构为曲柄摇杆机构。曲柄摇杆机构能实现整圈运动与往复摆动间的转换。图 3-25 所示的雷达天线俯仰角调整的曲柄摇杆机构，是以曲柄作为主动件。

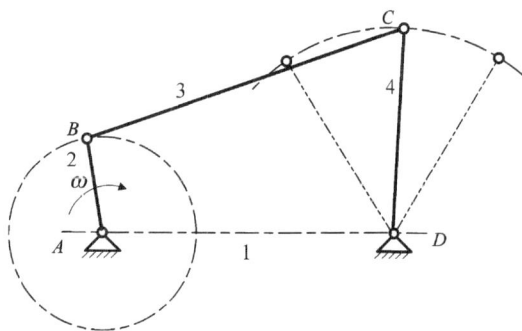

图 3-24　曲柄摇杆机构

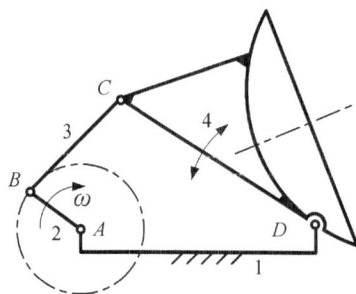

图 3-25　雷达天线俯仰角调整机构

2. 双曲柄机构

图 3-26 所示为双曲柄机构。在双曲柄机构中，两连架杆可分别绕与机架相连的转动副中心做整圈转动。一个曲柄做等速转动时，另一个曲柄一般做非等速转动。

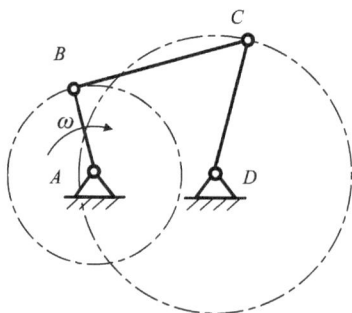

图 3-26　双曲柄机构

双曲柄机构的一个特例是图 3-27 所示的平行四边形机构。机构中相对两杆的长度相等且彼此平行，导致两个曲柄的运动规律完全相同，且连杆始终做平动。摄影平台升降机构和挖土机挖掘机构多使用此机构。当两个曲柄的转动方向相反且角速度不同时，称为反平行四边形机构，如图 3 - 28 所示。一些门窗启闭机构就是利用了两曲柄转动相反的特点，达到两扇门同时启闭的目的。

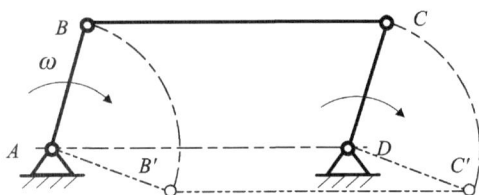

图 3 - 27 平行四边形机构

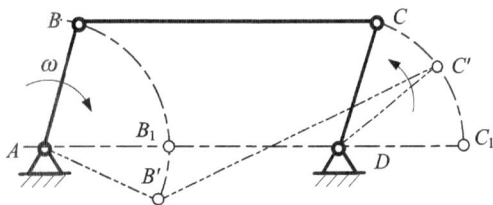

图 3 - 28 反平行四边形机构

3. 双摇杆机构

当铰链四杆机构中两连架杆只能分别在一定角度内往复摆动时，称为双摇杆机构。此时两连架杆 2、4 均只能在有限范围内摆动，如图 3 - 29 所示。

平面四杆机构中的连杆通常做平面运动，因而其上各点的运动轨迹就表现为不同形状的代数曲线轨迹，称为连杆曲线，如图 3 - 30 所示。工程上常利用整个连杆曲线或其中某一区段来完成预期的工艺动作或预期的运动规律。

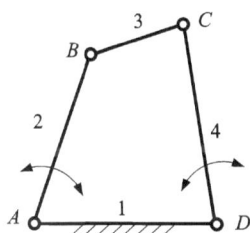

图 3 - 29 双摇杆机构

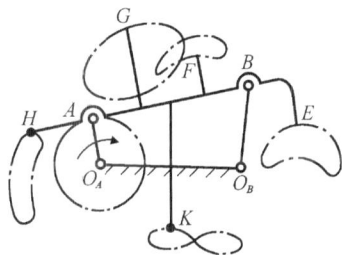

图 3 - 30 连杆轨迹

3.3.2 铰链四杆机构的演化

工程实际中的平面四杆机构，常看作是由铰链四杆机构演化而来。演化的目的是为了满足机构运动方面和机构设计上的要求，同时也改善了构件的受力状况。演化的方式有以下三种。

1. 改变构件的形状和尺寸

适当地改变机构中构件的形状和尺寸，可以将转动副演化成移动副。

1）曲柄滑块机构

如图 3 - 31 所示，将构件 4 的杆长 l_4 增至无穷大时，机架 1 的长度 l_1 也会增大至无穷大，机构演化为曲柄滑块机构。根据滑块导路中心线 $m-m$ 是否通过曲柄转动中心 A，又分为：对心曲柄滑块机构和偏置曲柄滑块机构。

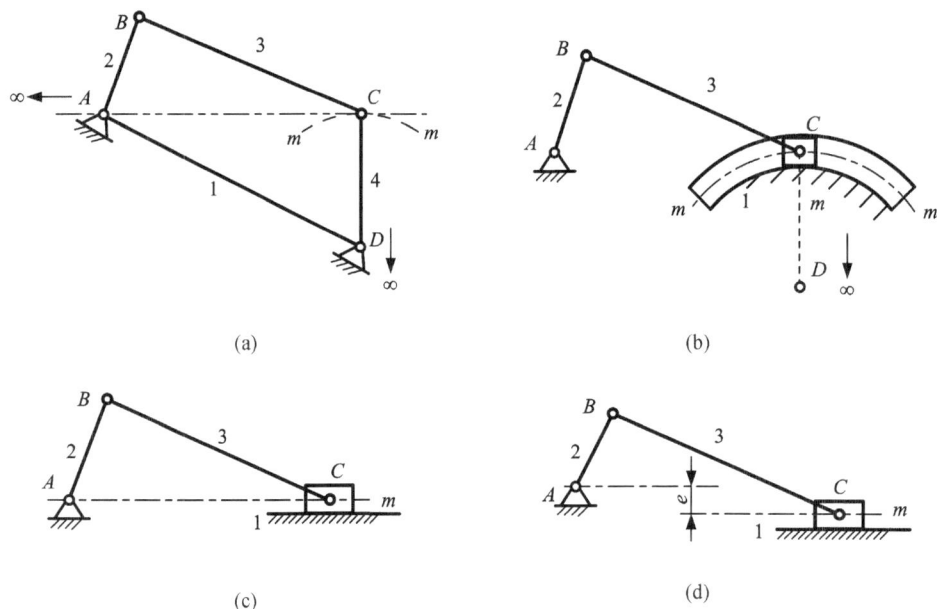

(a)

(b)

(c)

(d)

图 3 - 31 曲柄滑块机构的演化

2) 双滑块机构

曲柄滑块机构可进一步演化为双滑块机构。曲柄 2 被一个竖直移动的滑块代替，机构成为双滑块机构。曲柄 2 的长度 l_2 增至无穷大，转动中心 A 沿水平方向向左趋于无穷远，如图 3 - 32 所示。

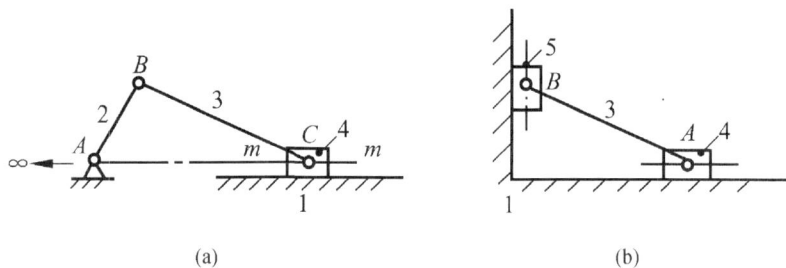

(a)

(b)

图 3 - 32 双滑块机构的演化

2. 变更机架(倒置)

在机构中若取不同的构件作为机架，称为对机构进行倒置，倒置后可得到不同的机构。

1) 曲柄摇杆机构的倒置

通过机架倒置，可以将曲柄摇杆机构演化为双曲柄机构和双摇杆机构，如图 3 - 33 所示。

2) 对心曲柄滑块机构的倒置

通过机架变更，可以将对心曲柄滑块机构演化为导杆机构、摇块机构和定块机构，如图 3 - 34 所示。在图 3 - 34(b)中，导杆 1 此时对滑块 4 起导向作用，称为导杆机构。当

$l_3 \geq l_2$ 时，构件 3 和构件 1 相对于机架均能做整圈转动，称为转动导杆机构；当 $l_3 < l_2$ 时，构件 1 只能做往复摆动，称为摆动导杆机构。类似地，分别选取构件 3、4 为机架时，可演化为摇块机构和定块机构，如图 3-34(c) 和 (d) 所示。

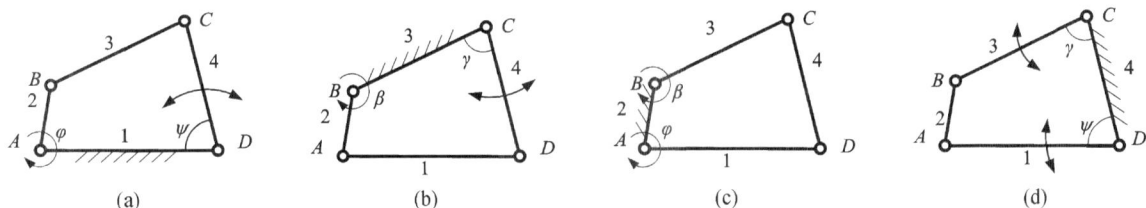

图 3-33　曲柄摇杆机构的倒置

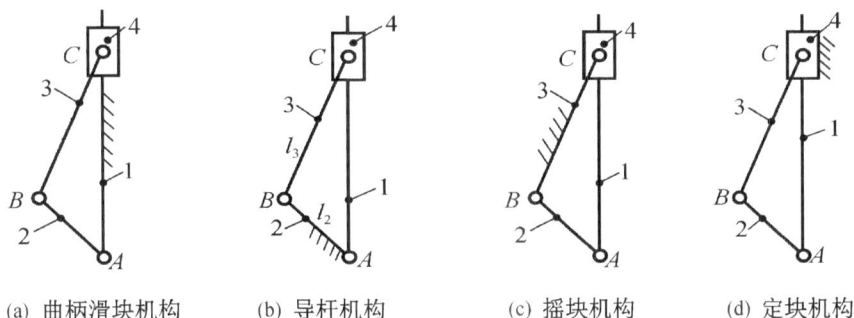

(a) 曲柄滑块机构　　(b) 导杆机构　　(c) 摇块机构　　(d) 定块机构

图 3-34　曲柄滑块机构的倒置

3. 扩大转动副

当曲柄长度较短而曲柄销轴又需要承受较大载荷时，通常将曲柄做成偏心轮(或偏心轴、曲轴)，这样既能提高该部分的强度和刚度，又可以简化结构，如图 3-35 所示。

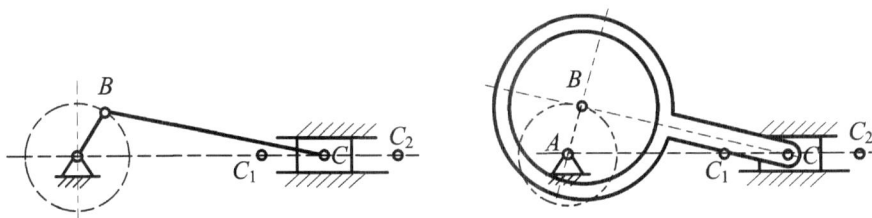

图 3-35　偏心轮机构

3.4　平面连杆机构的基本特性

3.4.1　平面四杆机构存在曲柄的条件

工程中的动力源通常是做圆周转动的原动机，所以机构的主动件常是圆周转动的曲柄。铰链四杆机构的三种基本形式的区别就在于有无曲柄存在。平面四杆机构是否存在曲柄，取决于四个构件的尺寸关系以及机架的选取。

图 3-36 所示的曲柄摇杆机构中，1 为机架，2 为曲柄，3 为连杆，4 为摇杆，各杆的长度分别是 l_1、l_2、l_3、l_4。曲柄 2 可以做整周转动，能顺利通过与机架共线的两个位置 AB' 和 AB''。下面研究曲柄与机架共线时的两个三角形：$\triangle B'C'D$ 和 $\triangle B''C''D$。

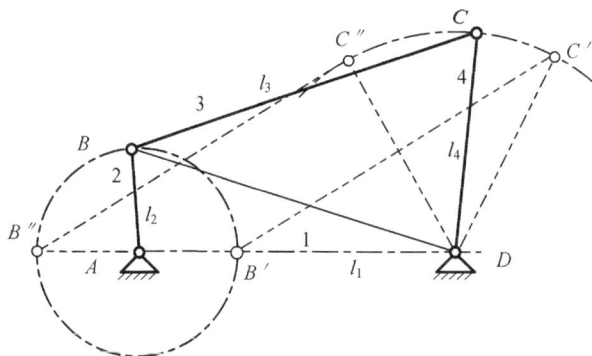

图 3-36　铰链四杆机构

对于 $\triangle B'C'D$，有 $l_3+(l_1-l_2)\geqslant l_4$，$l_4+(l_1-l_2)\geqslant l_3$；对于 $\triangle B''C''D$，有 $l_4+l_3\geqslant l_1+l_2$，整理得到

$$\begin{cases} l_3+l_1\geqslant l_4+l_2 \\ l_4+l_1\geqslant l_3+l_2 \\ l_3+l_4\geqslant l_1+l_2 \end{cases} \tag{3-2}$$

两两相加，得到

$$\begin{cases} l_1\geqslant l_2 \\ l_4\geqslant l_2 \\ l_3\geqslant l_2 \end{cases} \tag{3-3}$$

由此可得铰链四杆机构曲柄存在的条件：

(1) 最短杆长度+最长杆长度≤其余两杆长度之和。

(2) 连架杆和机架中必有一个最短杆，即为曲柄。

图 3-36 中构件 2 和构件 1 互做整圈转动，并根据上述曲柄存在条件可得出以下推论：

(1) 若最短杆与最长杆的长度之和不大于其余两杆之和，取最短杆的相邻杆为机架时，得到曲柄摇杆机构；取最短杆为机架时，得到双曲柄机构；取与最短杆相对的杆为机架时，得到双摇杆机构。

(2) 若最短杆与最长杆的长度之和大于其余两杆之和，则不论取任何杆为机架均为双摇杆机构。

3.4.2　平面四杆机构的急回特性

工程实际中，通常要求机器中做往复运动的从动件在工作行程时速度慢一些，而在空回行程时速度快些，以缩短辅助时间提高效率，这种特性称为急回运动特性。

图 3-37 所示的曲柄摇杆机构，曲柄 2 在转动一周的过程中两次与连杆 3 共线。此时，C_1D 和 C_2D 分别为摇杆摆动的左、右极限位置。两极限位置之间的夹角 ψ 称为摇杆的摆角，而与摇杆两极限位置相对应的曲柄两位置 AB_1 和 AB_2 之间所夹的锐角 θ，称为极位夹角。

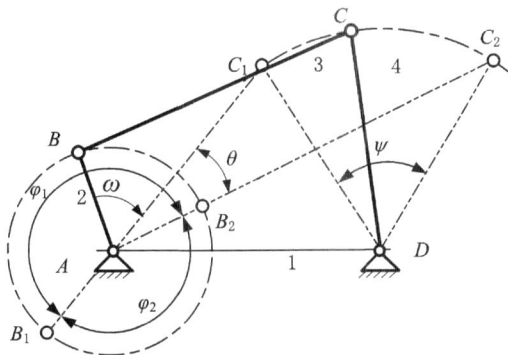

图 3-37　铰链四杆机构的急回运动特性

当曲柄 2 由 AB_1 顺时针转到 AB_2 时，摇杆 4 由极限位置 C_1D 摆动 ψ 到 C_2D；而当曲柄 2 顺时针由位置 AB_2 转回到 AB_1 时，摇杆 4 由位置 C_2D 回到 C_1D，摆角仍是 ψ。设曲柄等角速度转过 φ_1、φ_2 所需的时间分别是 t_1、t_2，则 $t_1 > t_2$，从而反映出摇杆往复摆动的平均角速度不同。设定摇杆从位置 C_1D 摆到 C_2D 为工作行程，从 C_2D 回到 C_1D 是空回行程，则工作行程和空回行程的平均角速度分别是 $\omega_{\mathrm{W}} = \psi/t_1$ 和 $\omega_{\mathrm{R}} = \psi/t_2$，显然 $\omega_{\mathrm{W}} < \omega_{\mathrm{R}}$，这一结果表明摇杆具有急回运动特性。

为描述摇杆的急回运动特性，引入行程速比系数 K，即

$$K = \frac{\omega_{\mathrm{R}}}{\omega_{\mathrm{W}}} = \frac{\psi/t_2}{\psi/t_1} = \frac{t_1}{t_2} = \frac{\varphi_1/\omega}{\varphi_2/\omega} = \frac{\varphi_1}{\varphi_2} = \frac{180° + \theta}{180° - \theta} \geq 1 \qquad (3-4)$$

K 值的大小反映了急回运动的相对程度。上式表明，K 值的大小取决于极位夹角 θ，θ 越大，K 值就越大，急回运动特性就越明显；反之，则越不明显。当 $\theta = 0$ 时，$K = 1$，机构无急回运动特性。若在设计机构时先给定 K 值，则可以计算出相应的极位夹角 θ：

$$\theta = 180° \cdot \frac{K-1}{K+1} \qquad (3-5)$$

图 3-38 所示为一摆动导杆机构，可以看出此时机构的极位夹角 θ 等于导杆摆角 ψ，表明摆动导杆机构都具有急回特性。同样，图 3-39 所示为偏置曲柄滑块机构。B_1C_1 和 B_2C_2

是连杆的两个极限位置，此时的极位夹角不等于零，说明偏置曲柄滑块机构具有急回特性。

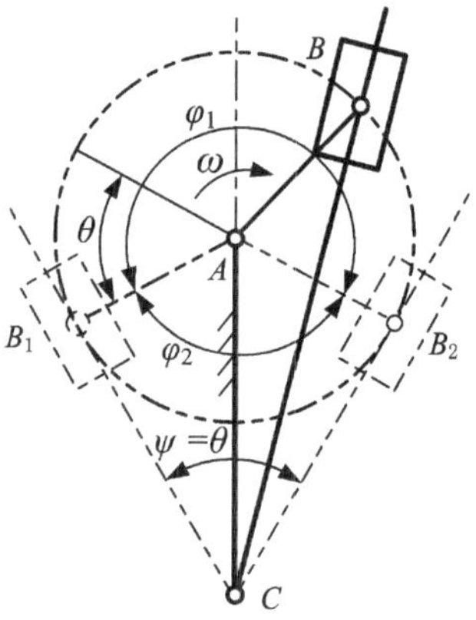

图 3-38　摆动导杆机构的急回运动特性 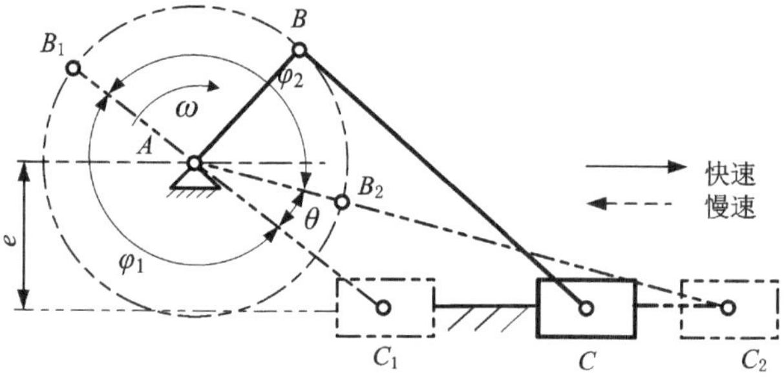　　　图 3-39　曲柄滑块机构的急回运动特性

3.4.3　平面四杆机构的传力特性

1. 压力角和传动角

机构设计不仅要能实现预定的运动规律，还应具有效率高、传力性能好等特点。压力角是衡量机构传力性能的指标。从动件受力点的力方向与受力点速度方向之间所夹的锐角，称为压力角。

图 3-40 的曲柄摇杆机构，曲柄 2 为主动件，忽略构件所受的重力、惯性力和运动副中的摩擦力后，连杆 3 成为二力杆件。曲柄通过连杆传给摇杆的力 F 必定沿 BC 方向，点 C 的速度 v_C 垂直于 CD。此时 F 与 v_C 所夹的锐角 α 即为压力角。由图可见，分力 F_t 是有效分力推动摇杆摆动，F_n 对传动无效反而增加运动副中的摩擦。从机构传动效率上来看，希望 F_t 越大、F_n 越小，即压力角 α 越小，机构的传力效果越好。

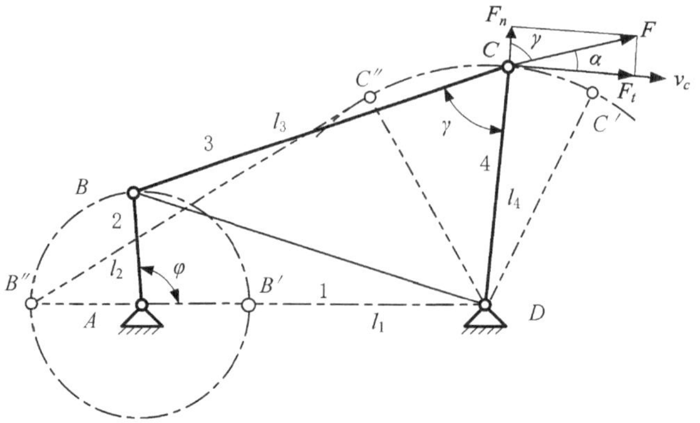

图 3-40　铰链四杆机构的压力角和传动角图

在连杆机构设计中，常用压力角的余角 γ，即连杆与从动件所夹的锐角来检验机构的传力性能，称为传动角。通常选取压力角和传动角数值：$\alpha_{max} \leqslant [\alpha] = 40° \sim 50°$，$\gamma_{min} \geqslant [\gamma] = 40° \sim 50°$。

图 3-40 所示的铰链四杆机构，对 $\triangle ABD$ 和 $\triangle BCD$ 使用余弦定理分别有

$$BD^2 = l_1^2 + l_2^2 - 2l_1 l_2 \cos \varphi \tag{3-6}$$

$$BD^2 = l_3^2 + l_4^2 - 2l_3 l_4 \cos \gamma \tag{3-7}$$

综合上两式可以得到

$$\cos \gamma = \frac{l_3^2 + l_4^2 - l_1^2 - l_2^2 + 2l_1 l_2 \cos \varphi}{2l_3 l_4} \tag{3-8}$$

由公式可知，γ 的大小与机构的位置和各杆长度有关。当 γ 为锐角时，就是机构的传动角；当 γ 为钝角时，机构的传动角是它的补角 $180° - \gamma$。当 $\varphi = 0°$ 或 $180°$ 时，传动角有最大或最小值。曲柄摇杆机构的最小传动角出现在曲柄与机架两次共线的位置。

2. 机构的死点位置

图 3-41 所示的机构，摇杆为主动件，曲柄成为从动件。当曲柄和连杆共线时（摇杆处于两极限位置），即机构在 AB_1C_1D 和 AB_2C_2D 位置时的传动角 γ 为 0，称为机构的死点位置。

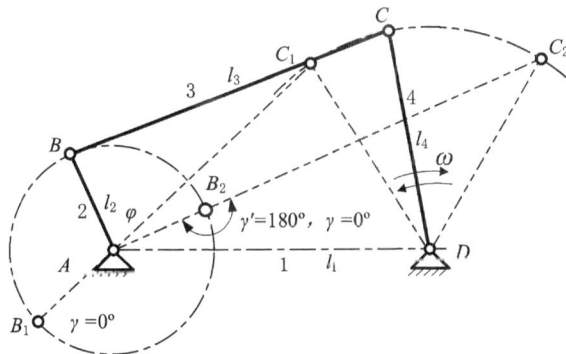

图 3-41　曲柄摇杆机构的死点位置

机构处于死点位置时，从动件会出现卡死（机构自锁）或正、反转运动不确定的现象。因此，传动机构则应避免处于死点位置。缝纫机脚踏板驱动机构利用下带轮的惯性来度过死点位置。蒸汽机车的车轮联动机构利用两组曲柄相互错开 90° 的滑块机构的互相辅助通过死点位置。

3.5　平面连杆机构的设计

3.5.1　平面连杆机构的设计命题

平面连杆机构的设计通常是根据给定的运动条件及几何、动力学等方面的辅助条件，

确定机构运动简图的尺寸参数。工程实际中提出的平面连杆机构的运动设计问题主要包括以下三类：

（1）实现连杆的几个给定位置（刚体引导问题）。

（2）实现连架杆的给定运动规律，如两连架杆的对应角位移、角速度和角加速度等。

（3）要求实现给定轨迹。

为了保证机构设计合理、可靠，还应满足各种附加条件，如曲柄的存在性、最小传动角、构件尺寸等。

常用的连杆机构运动设计的方法有图解法、解析法和实验法。图解法利用几何作图法求解机构运动学参数的方法，具有直观、易懂、简便的特点，但设计精度有限。解析法是以机构参数来表达各构件之间的函数关系，以便按给定条件求解未知数。这种方法求解精度高、能解决较复杂的问题，但计算比较繁琐。实验法是用作图试凑或利用图谱、表格及模型实验等手段来求得机构运动学参数的方法。这种方法简便直观，但设计精度较低。

3.5.2 平面连杆机构的设计

1.图解法设计给定位置的四杆机构

1）按照给定连杆位置设计四杆机构（中垂线法）

例 3 - 4 实现给定连杆三个位置的铰链四杆机构设计。已知：连杆 l_3 的长度以及三个位置 B_1C_1、B_2C_2、B_3C_3，设计铰链四杆机构。

解 按照中垂线法（图 3 - 42）分别作 B_1B_2 和 B_2B_3 的垂直平分线 b_{12} 和 b_{23}，其交点即为铰链中心 A 的位置。同理，分别作 C_1C_2 和 C_2C_3 的垂直平分线 c_{12} 和 c_{23}，其交点即为铰链中心 D 的位置。A、D 分别为确定点，因此设计只有唯一解。

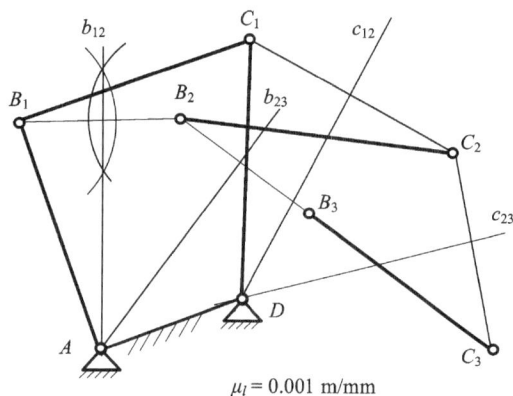

图 3 - 42 给定连杆三个位置设计四杆机构

2）按照机构急回特性设计四杆机构（90°—θ 法）

例 3 - 5 按给定行程速比系数设计铰链四杆机构。已知摇杆长度 l_4、摆角 ψ、行程速比系数 K，设计曲柄摇杆机构。

解 设计这类机构的关键是确定曲柄的固定铰链中心 A 的位置，然后确定其余三杆的长度。由曲柄摇杆机构特性可知，摇杆处于两极限位置时，曲柄和连杆两次共线，其几何关系是 $AC_1=B_1C_1-AB_1$，$AC_2=B_2C_2+AB_2$，如图 3 - 43 所示。

① 摆角 ψ 已知，计算出机构的极位夹角 θ；

② 任取固定铰链中心 D 的位置，按比例作摇杆的两极限位置 C_1D 和 C_2D；

③ 连接 C_1 和 C_2，过 C_2 作直线 $C_2M \perp C_1C_2$，再过 C_1 作 C_1N 并使 $\angle C_2C_1N = 90° - \theta$，$C_2M$ 与 C_1N 相交于 P 点，则 $\angle C_2PC_1 = \theta$；

④ 作 $\triangle C_2PC_1$ 的外接圆，在圆上任取一点 A 作为曲柄的固定铰链中心，分别连接 AC_1 和 AC_2，则 $\angle C_1AC_2 = \angle C_2PC_1 = \theta$；

⑤ 以 A 为圆心、AC_1 为半径作圆弧交 AC_2 于 E，平分 EC_2 得到曲柄长度 AB_1 和 AB_2；

⑥ 画出机构运动简图，各构件的实际长度可按照比例尺确定。

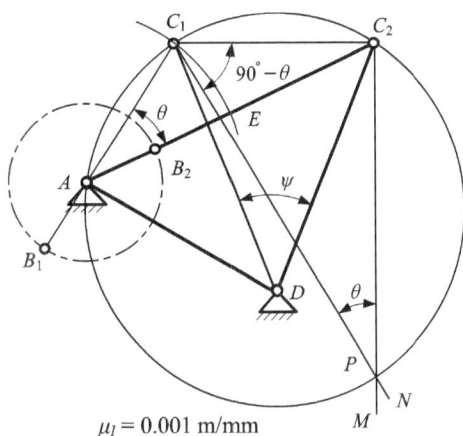

$\mu_l = 0.001$ m/mm

图 3-43　按机构急回特性设计铰链
四杆机构

2. 解析法设计四杆机构

对于如图 3-44 所示的平面四杆机构，以向量表示各杆位置向 x 和 y 方向投影，得到

$$\begin{cases} a\cos\varphi + b\cos\delta - c\cos\psi - d = 0 \\ a\sin\varphi + b\sin\delta - c\sin\psi = 0 \end{cases} \quad (3-9)$$

上式经化简后可得

$$R_1 + R_2\cos\psi - R_3\cos\varphi = \cos(\varphi - \psi) \quad (3-10)$$

其中 $R_1 = (a^2 - b^2 + c^2 + d^2)/2ac$，$R_2 = d/a$，$R_3 = d/c$。

如果给定机架铰链中心 A、D 以及连架杆二组对应位置 φ_1、ψ_1，φ_2、ψ_2，φ_3、ψ_3，将给定的三对位置角带入式(3-10)，得到

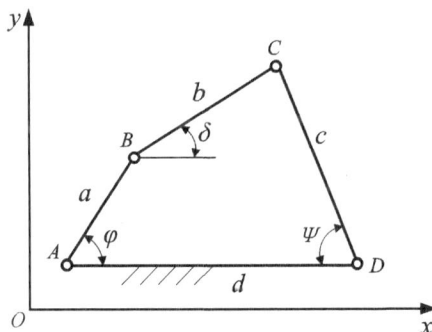

图 3-44　四杆机构的运动方程

$$\begin{cases} R_1 + R_2\cos\psi_1 - R_3\cos\varphi_1 = \cos(\varphi_1 - \psi_1) \\ R_1 + R_2\cos\psi_2 - R_3\cos\varphi_2 = \cos(\varphi_2 - \psi_2) \\ R_1 + R_2\cos\psi_3 - R_3\cos\varphi_3 = \cos(\varphi_3 - \psi_3) \end{cases} \quad (3-11)$$

解方程组得 $a = d/R_3$，$c = d/R_2$，$b = \pm\sqrt{a_2 + c_2 + d_2 - 2acR_1}$。若杆长计算结果为负值，意味着该杆向量的实际方向与图 3-44 中所设方向相反。

3.6　平面连杆机构的传动特性

3.6.1　平面四杆机构的传动特性

平面连杆机构一般具有非线性的传动特性，其传动比与各杆长度和位置参数有关。图

3-44 所示的平面四杆机构,由设计所得杆长 a、b、c、d 即可计算出曲柄转角和摇杆摆角的关系:

$$\psi = \arctan \frac{a\sin\varphi}{d - a\cos\varphi} + \arccos \frac{a^2 - b^2 + c^2 - 2ad\cos\varphi}{2c\sqrt{a^2 + d^2 - 2ad\cos\varphi}} \tag{3-12}$$

进一步可计算出机构的传动比:

$$i = \frac{\omega_2}{\omega_1} = \frac{\mathrm{d}\psi}{\mathrm{d}\varphi} = \frac{a}{a^2 + d^2 - 2ad\cos\varphi}\left[d\cos\varphi - a - \frac{d\sin\varphi(a^2 + b^2 - c^2 - d^2 - 2ad\cos\varphi)}{\sqrt{4b^2c^2 - (a^2 - b^2 - c^2 + d^2 - 2ad\cos\varphi)}}\right] \tag{3-13}$$

当四杆机构中各杆的长度选择适当,在特定位置时连杆 BC 同时与 AB 和 CD 垂直。此时按照几何关系有: $\angle ABC = \angle BCD = 90°$, $\cos\varphi = (a - c)/d$, $\sin\varphi = b/d$, $d^2 - b^2 = (a - c)^2$,代入式(3-13)可得传动比:

$$i = \frac{\omega_2}{\omega_1} = \frac{\mathrm{d}\psi}{\mathrm{d}\varphi} = -\frac{a}{c} \tag{3-14}$$

当杆长 a、c 一定时,此特定位置的传动比为常数。机构在此位置附近工作时,可以获得近似线性的传动特性。

由上式可以看出,四杆机构的非线性传动特点非常显著。在工程应用时需要进行详细分析,确定适当的工作位置,如特定位置时机构的传动特性近似为线性,以获得比较稳定的传动比,减小机构传动比变化引起的传动误差。

3.6.2　曲柄滑块机构的传动特性

精密仪器中常用曲柄滑块机构将直线位移转化为角位移,即滑块位移 s 和曲柄转角 φ 之间的关系来表示机构的传动特性。在图 3-45 所示的机构中,曲柄 AB 长度为 a,连杆 BC 长度为 b,偏距为 e。过曲柄回转中心 A 作垂直于滑块位移方向直线 AO',曲柄转角 φ 在 AO' 右侧取正值,左侧取负值。根据几何关系可得出机构的传动特性关系式:

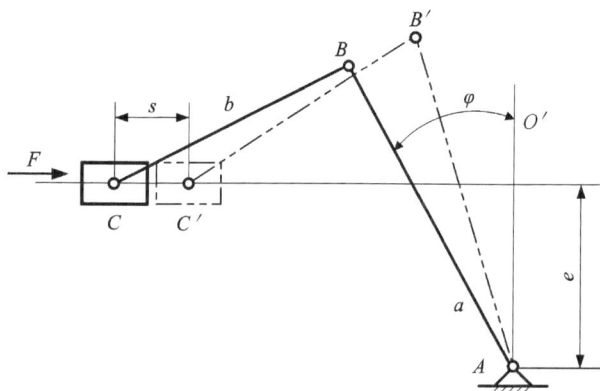

图 3-45　曲柄滑块机构

$$s = a(\sin\varphi - \sin\varphi_0) - b\left[\sqrt{1 - \left(\frac{a\cos\varphi}{b}\right)^2} - \sqrt{1 - \left(\frac{a\cos\varphi_0 - e}{b}\right)^2}\right] \tag{3-15}$$

将上式微分并进一步计算可得滑块主动时机构的传动比:

$$i=\frac{\dfrac{\mathrm{d}\varphi}{\mathrm{d}t}}{\dfrac{\mathrm{d}s}{\mathrm{d}t}}=\frac{\mathrm{d}\varphi}{\mathrm{d}t}=\frac{1}{a\left[\cos\varphi-\dfrac{(a\cos\varphi-e)\sin\varphi}{b\sqrt{1-\left(\dfrac{a\cos\varphi-e}{b}\right)^2}}\right]} \tag{3-16}$$

由式(3-15)和(3-16)可以看出，曲柄滑块机构的传动特性和传动比取决于机构的尺寸 a、b、e，同时随着曲柄转角的变化而变化，传动特性具有明显的非线性。工程设计时通常在给定曲柄转角和滑块位移的前提下，计算并选择合适的传动比转角 i-φ 曲线，并校验不同转角时的非线性误差值，直至获得满足误差要求的传动比。

3.6.3　正弦、正切机构的传动特性

正弦、正切机构常用于微小位移测量时的转换和放大中，在仪器仪表结构中应用较多。如图 3-46 所示，正弦机构推杆的工作面为一平面，摆杆的工作面为一球面。正切机构的推杆工作面为球面，摆杆工作面为平面。正弦机构的摆杆长度为 a，摆杆转动时推杆的位移为

$$s=a(\sin\varphi-\sin\varphi_0) \tag{3-17}$$

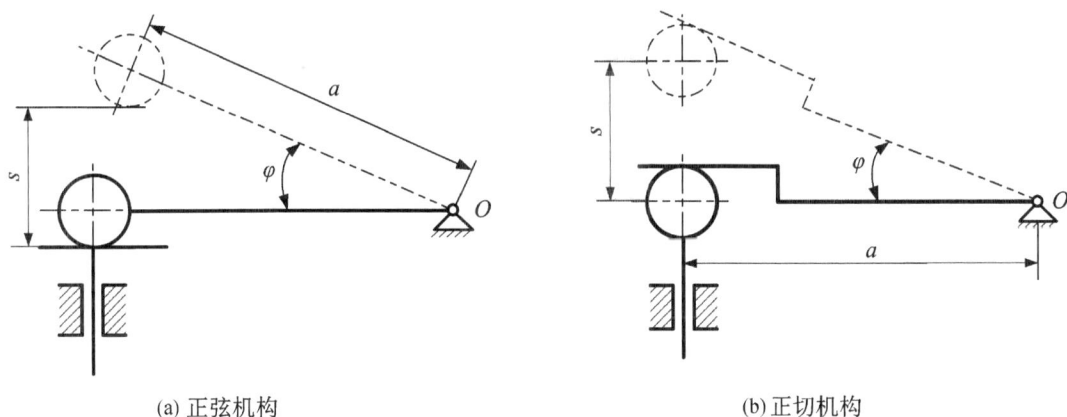

(a) 正弦机构　　　　　　　(b) 正切机构

图 3-46　正弦机构和正切机构

当推杆主动时，正弦机构的传动比为

$$i=\frac{\mathrm{d}\varphi}{\mathrm{d}s}=\frac{1}{a\cos\varphi} \tag{3-18}$$

类似地，当正切机构摆件摆动中心距推杆导路中心为 a 时，其传动特性为

$$s=a(\tan\varphi-\tan\varphi_0) \tag{3-19}$$

当推杆主动时，正切机构的传动比为

$$i=\frac{\mathrm{d}\varphi}{\mathrm{d}s}=\frac{1}{a}\cos^2\varphi \tag{3-20}$$

两种机构非线性的传动特性导致采用它们的测量仪器出现测量误差。测量仪器的度盘都是线性刻制的，因此要求正弦或正切机构的传动特性也是线性的。非线性的传动特性直接引起仪表的示数误差，常称为测量的原理误差。正弦机构的原理误差为

$$\Delta s = a\varphi - a\sin\varphi = a\varphi - a\left(\varphi - \frac{\varphi^3}{6}\right) = \frac{a\varphi^3}{6} \tag{3-21}$$

正切机构的原理误差为

$$\Delta s = a\varphi - a\tan\varphi = a\varphi - a\left(\varphi + \frac{\varphi^3}{3}\right) = -\frac{a\varphi^3}{3} \tag{3-22}$$

由此可见，相同条件下正弦机构的原理误差绝对值只有正切机构的一半。推杆与导轨的间隙对正弦机构的精度没有影响。在高精度测量仪表中，多采用正弦机构提高测量精度，同时增加调整机构进一步降低测量误差。

【拓展阅读】

中国古代机械伟大发明——水排

水排是中国古代劳动人民的一项伟大的发明，是机械工程史上的一大发明。东汉建武七年(公元 31 年)，杜诗创造了利用水力鼓风铸铁的机械水排，约早于欧洲一千多年，其原动力为水力，通过曲柄连杆机构将回转运动转变为连杆的往复运动。元代王祯的《农书》对水排有过详细记载："其制，当选湍流之侧，架木立轴，作二卧轮；用水激转下轮，则上轮所周绞索，通缴轮前旋鼓，掉枝一例随转；其掉枝所贯行枕，因而推挽卧轴左右攀耳，以及排前直木，则排随来去，扇冶甚速，过于人力。"水排需要选择湍急的水流，在岸边架起木架，木架上设置一个直立转轴，其上下两端各安装一个大型卧轮。下卧轮轮边装有叶板承受水流冲击，把水力转变为机械转动。在上卧轮的前面安装鼓形的小轮(旋鼓)，并与上卧轮用"弦索"相联(皮带传动)。旋鼓小轮的顶端安装一个曲柄，再连接一个可以摆动的连杆，连杆的另一端与卧轴上的"攀耳"相联；卧轴上的另一个攀耳和盘扇间安装一根"直木"(往复连杆)。在水流冲击下，卧轮带动上卧轮旋转。上卧轮通过弦索带动鼓形小轮快速旋转，再依次带动曲柄旋转和连杆运动。连杆又通过攀耳和卧轴带动直木往复运动，使排扇不断开启和闭合，进行鼓风。

水排是由"水轮—绳带传动—曲柄拉杆—鼓风器"所组成的，在构造上具有动力机构、传动机构、工作机构 3 个主要组成部分，完全符合马克思在《资本论》中所说的"一切已经发展了的机器"所具有的 3 个主要特征。因此，水排实际上是一个自动机的雏型，在中国乃至世界科技史上都留下了浓墨重彩的一笔。

课后思考题

3-1　何谓运动副和运动副要素？运动副是如何分类的？

3-2　机构运动简图的作用是什么？它的绘制步骤有哪些？

3-3　机构具有确定运动的条件是什么？若主动件少于和多于机构自由度时分别会发生什么情况？

3-4　机构自由度的定义是什么？计算机构自由度时应注意哪些事项？

3-5　计算图题 3-5 中的机构自由度并判别机构能否正常工作，说明复合铰链、局部自由度、虚约束、公共约束等。

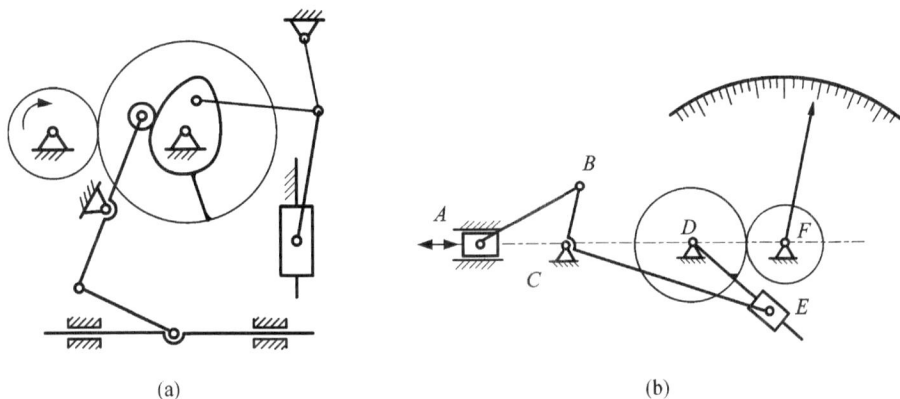

<table>
<tr><td>(a)</td><td>(b)</td></tr>
</table>

图题 3-5

3-6　四杆机构的基本型式有哪些？四杆机构曲柄存在的条件是什么？

3-7　何谓四杆机构的压力角和传动角？四杆机构中有可能产生死点位置的机构有那些？产生死点的条件是什么？

3-8　已知铰链四杆机构的两个杆长为 $a=9$ mm，$b=11$ mm，另外两个杆长度之和 $c+d=25$ mm。要构成一个曲柄摇杆机构，c、d 的长度应为多少（取整数）？

3-9　平面四杆机构的急回特性是什么？行程速比系数 K 如何定义？

3-10　设计偏置曲柄滑块机构，已知滑块行程速比系数 $K=1.5$，滑块的行程 $C_1C_2=40$ mm，并且滑块在 C_1 处的压力角为 $\alpha=45°$。

3-11　设计一曲柄摇杆机构，已知其摇杆的长度 $l_{CD}=290$ mm，摇杆两极限位置的夹角为 $32°$，行程速比系数 $K=1.25$。若给定机架长度 $l_{AD}=280$ mm，求连杆和曲柄的长度。

3-12　说明正弦、正切机构的非线性传动特性，以及将其应用于仪表中时如何减少测量误差？

4 凸轮机构

4.1 概述

凸轮机构通常是一种高副机构，主要由凸轮、从动件和机架组成。凸轮自身具有一定的曲线轮廓（或凹槽），常作为主动件并做等速转动（或移动），借助其曲线轮廓驱动从动件实现给定的运动（摆动或移动）规律。

凸轮机构的优点是：结构简单、紧凑，工作可靠。改变凸轮的轮廓曲线，即可驱动从动件实现不同的运动规律。凸轮机构的缺点是：高副接触、压强大、易磨损，不宜传递较大的动力。凸轮机构是一种常用机构，在装配生产线、自动控制装置和仪器中应用广泛。

凸轮的种类较多，常按照凸轮与从动件的几何形状、运动方式及锁合方式的不同来分类。

按照凸轮的形状结构，凸轮机构可分为盘形凸轮和圆柱凸轮，如图 4-1 所示。盘形凸轮是绕定轴转动并具有曲线轮廓的盘形构件（图 4-1(a)）；盘形凸轮可以变形为移动凸轮，此时其回转半径为无穷大（图 4-1(b)）。将移动凸轮的外形盘绕在圆柱体表面后，即可成为圆柱凸轮（图 4-1(c)）。圆柱凸轮较复杂，加工不易，但其优点是结构紧凑，可用于较大行程。

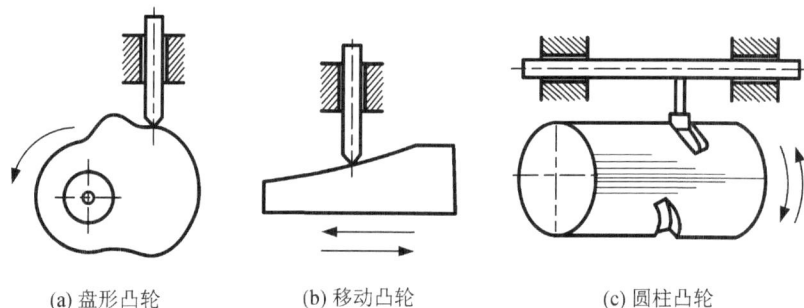

(a) 盘形凸轮　　　　　(b) 移动凸轮　　　　　(c) 圆柱凸轮

图 4-1　凸轮形状分类

按照从动件的形状，凸轮机构可分为三类：尖底从动件、滚子从动件和平底从动件。

尖底从动件能与任何形状的凸轮轮廓配合，理论上可实现任意预期的运动规律。其主要缺点是接触尖端易磨损，仅适用于低速、轻载场合(图 4 - 2(a))。滚子从动件端部装有滚子后，与凸轮的接触变为滚动摩擦，能够承受较大载荷，应用最为广泛(图 4 - 2(b))。平底从动件只能与外凸轮廓的凸轮相互配合。凸轮对从动件的作用力始终垂直于平底，传力性能良好；接触面间易形成油膜润滑，磨损小、效率高，适用于高速场合(图 4 - 2(c))。

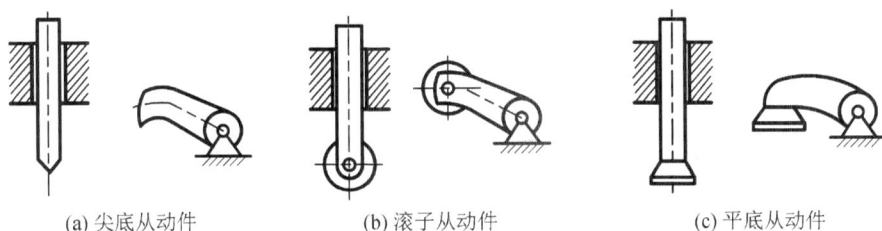

(a) 尖底从动件　　　　(b) 滚子从动件　　　　(c) 平底从动件

图 4 - 2　按从动件分类

按照凸轮与从动件的运动方式，可将凸轮机构分为平面凸轮和空间凸轮。前者的凸轮和从动件在平行平面内运动，如盘形凸轮；后者的凸轮与从动件的运动平面不相互平行，如圆柱凸轮等。

凸轮与从动件在传动过程中必须有良好的接触，保持接触的方式称为锁合。按照锁合方式可将凸轮机构分为力锁合和形锁合两种。力锁合是指依靠重力、弹簧力或其他外力来保证从动件与凸轮的接触关系，如内燃机气门上的弹簧。形锁合是依靠凸轮和从动件的几何形状来保证锁合，如圆柱凸轮。

4.2　从动件的常用运动规律

4.2.1　凸轮机构的基本术语

凸轮机构的基本术语包括以下几个(图 4 - 3)：

1) 理论廓线

理论廓线是为使从动件实现预期的运动规律，凸轮按照设计计算所应具有的轮廓曲线。

2) 实际廓线

实际廓线是与从动件相接触的凸轮轮廓。对尖端从动件，实际廓线与理论廓线基本一致。对于滚子从动件，实际廓线是以理论廓线上各点为圆心所作的一系列滚子圆的包络线，与理论廓线为等距曲线。对于平底从动件，实际廓线

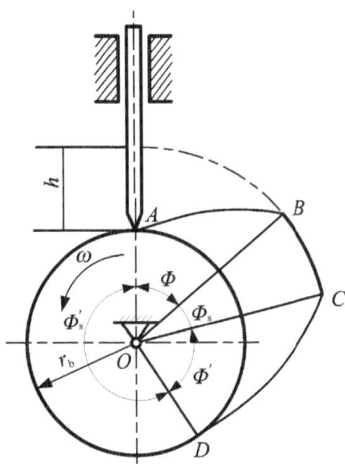

图 4 - 3　凸轮机构的基本术语

为从动件各平底位置的包络线。

3）基圆

盘形凸轮以凸轮轴为圆心，理论廓线的最小向径所作的圆称为基圆，半径用 r_b 表示。

4）行程

从动件的最大位移称为行程。移动从动件行程以 h 表示，摆动从动件行程以 Φ_{max} 表示。

5）推程及推程运动角

从动件远离凸轮轴心的行程称为推程（又称升程）。相对应的凸轮回转角称为推程运动角 Φ。

6）回程及回程运动角

从动件移近凸轮轴心的行程称为回程，相应的回程凸轮回转角称为回程运动角 Φ'。

7）远休止

从动件在距离凸轮轴心最远处停留不动的位置称为远休止。相应的凸轮回转角为远休止角 Φ_s。

8）近休止

从动件在距离凸轮轴心最近处停留不动的位置称为近休止。相应的凸轮回转角为近休止角 Φ'_s。

4.2.2 从动件的常用运动规律

凸轮轮廓形状决定于从动件的运动规律。设计凸轮时必须先确定从动件的运动规律，常用位移、速度、加速度方程或者线图来表示。

1. 等速运动规律

等速运动规律指从动件运动过程中的速度为常数，其运动方程为

$$\begin{cases} s = \dfrac{h}{\Phi}\varphi \\ v = v_0 = \dfrac{h}{\Phi}\omega \\ a = 0 \end{cases} \quad (4-1)$$

等速运动规律的运动图线如图 4-4 所示。其位移图线为直线，但在 A、B、C 三处存在速度突变。此时，从动件的瞬时加速度为无穷大，理论上可产生无穷大的惯性力。由于构件材料的弹性变形等缓冲作用，加速度和惯性力虽不会达到无穷大，但仍会产生

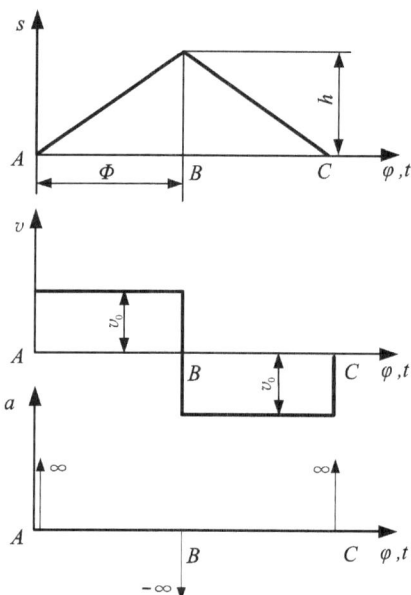

图 4-4 等速运动规律

较大的惯性冲击力，常称为"刚性冲击"。因此，等速运动规律仅适用于低速凸轮机构。

2. 等加速等减速运动规律

从动件在前半段推程做等加速度运动，后半段推程做等减速度运动，且加速度的绝对值相等。回程时的加减速过程刚好相反。等加速等减速运动线图如图 4-5 所示，其运动方程为

$$\begin{cases} s = \dfrac{2h}{\Phi^2}\varphi^2 \\[2mm] v = \dfrac{4h\omega}{\Phi^2}\varphi \\[2mm] a = a_0 = \dfrac{4h\omega^2}{\Phi^2} \end{cases} \qquad (4-2)$$

$$\begin{cases} s = h - \dfrac{2h}{\Phi^2}(\Phi-\varphi)^2 \\[2mm] v = \dfrac{4h\omega}{\Phi^2}(\Phi-\varphi) \\[2mm] a = -a_0 = -\dfrac{4h\omega^2}{\Phi^2} \end{cases} \qquad (4-3)$$

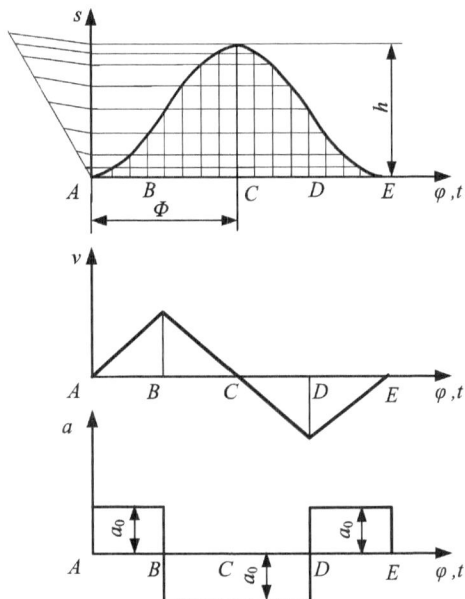

图 4-5 等加速等减速运动规律

从运动线图可以看出，这种运动规律的速度图线是连续的，但在 B、D 处仍存在加速度突变的情况，相应地也会产生惯性力的冲击。由于此处的惯性力对机构带来的冲击力也较有限，常称为"柔性冲击"。因此，这种运动规律适宜中速场合。

3. 简谐运动规律

凸轮机构中的从动件做简谐运动时，其加速度按照余弦曲线规律变化。其运动方程为式(4-4)，对应的运动线图如图 4-6 所示。其加速度为余弦曲线，速度为正弦曲线，位移为简谐运动曲线，但在图中的 A、E 处仍存在一定的柔性冲击。故这种运动规律适用于中低速场合，也可用于从动件无停顿的升—降—升往复运动。

$$\begin{cases} s = \dfrac{h}{2}\left(1-\cos\dfrac{\pi}{\Phi}\varphi\right) \\[2mm] v = \dfrac{h\pi\omega}{2\Phi}\sin\dfrac{\pi}{\Phi}\varphi \\[2mm] a = \dfrac{h\pi^2\omega^2}{2\Phi^2}\cos\dfrac{\pi}{\Phi}\varphi \end{cases} \qquad (4-4)$$

4. 摆线运动规律

摆线运动规律的加速度为正弦曲线，位移曲线为摆线。其运动方程为

$$\begin{cases} s = h\left(\dfrac{\varphi}{\Phi} - \dfrac{1}{2\pi}\sin\dfrac{2\pi}{\Phi}\varphi\right) \\[2mm] v = \dfrac{h\omega}{\Phi}\left(1 - \cos\dfrac{2\pi}{\Phi}\varphi\right) \\[2mm] a = \dfrac{2\pi h\omega^2}{\Phi^2}\sin\dfrac{2\pi}{\Phi}\varphi \end{cases} \quad (4-5)$$

摆线运动规律的运动线图如图 4-7 所示。从图中可以看出从动件的速度、加速度均为全程连续变化。在整个运动过程中不产生冲击载荷,适用于高速凸轮。

凸轮机构设计时,需要根据工作要求从常用的运动规律中进行适当选择,同时应考虑凸轮机构的载荷大小和转速要求,使所选用的运动规律具有良好的动力性能。选择运动规律时应避免刚性冲击和柔性冲击,以保证机构工作的平稳性。

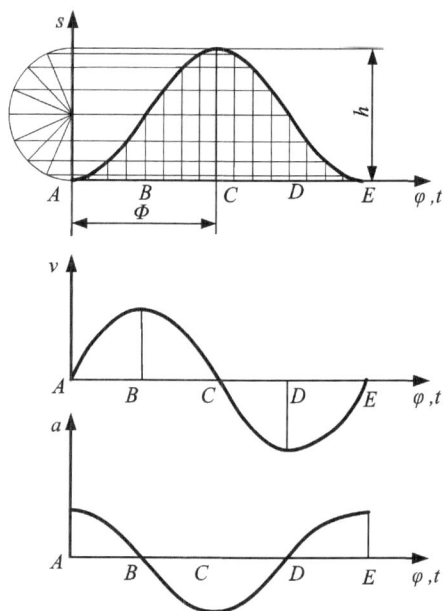

图 4-6　简谐运动规律

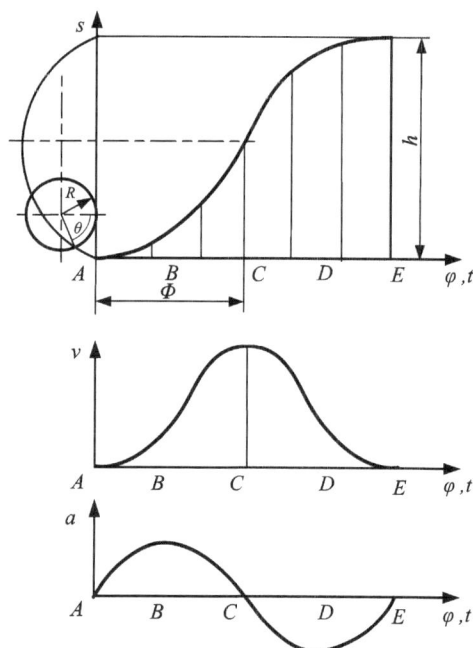

图 4-7　摆线运动规律

4.3　凸轮轮廓曲线设计

按照这些给定条件进行轮廓曲线设计的方法有两种:图解法和解析法。图解法具有直观、概念清晰、简单易行等优点,缺点是设计精度不高,故仅适用于一般精度凸轮的设计。解析法求解精度高,但计算复杂,适用于要求较高的凸轮设计。

4.3.1　图解法设计凸轮轮廓

图解法设计凸轮轮廓线利用的是"反转法"。反转法依据了相对运动的不变性原理，即凸轮与其他构件的相互位置关系在二者相对运动过程中不发生改变。设计时在整个凸轮机构上施加一个绕凸轮轴心以角速度"$-\omega$"转动的运动。此时凸轮将固定不动，从动件和机架绕凸轮轴心转动。按照相对运动关系不变性，从动件在绕凸轮轴心回转，同时按照给定的运动规律在导路中做相对运动。由于从动件尖端始终与凸轮轮廓接触，所以反转后从动件尖端的运动轨迹即为凸轮的轮廓线。

1. 尖底从动件对心凸轮轮廓设计

凸轮轮廓设计的已知条件为：从动件的位移曲线和基圆半径 r_b，凸轮以角速度 ω 顺时针回转。按照反转法设计凸轮轮廓步骤如下：

（1）以 r_b 为半径画基圆（图 4 - 8(a)）；确定从动件起始位置：基圆与从动件导路中心线的交点 B_0。

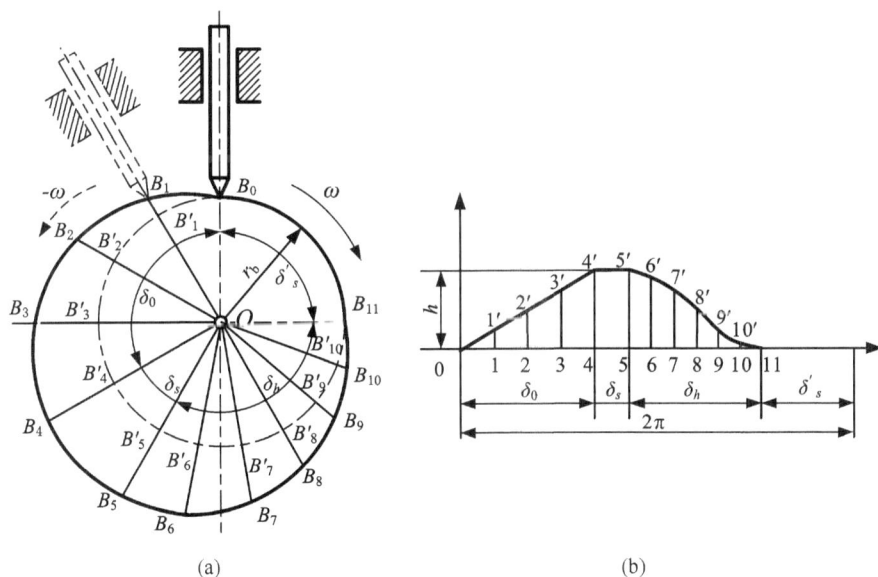

(a)　　　　　　　　　　(b)

图 4 - 8　尖底对心凸轮轮廓设计

（2）自起始位置 OB_0 开始，逆回转方向量取相应旋转角度 δ_0、δ_s、δ_h、δ_s'，并将 δ_0、δ_h 分成与图 4 - 8(b) 相对应的等分，作等分线交基圆于 B_1'、B_2'、B_3'、$\cdots$，射线 OB_1、OB_2、OB_3、$\cdots$ 就是反转后从动件导路中心线相应的位置。

（3）在射线 OB_1、OB_2、OB_3、$\cdots$ 上，自基圆开始分别度量位移量 $B_1'B_1$、$B_2'B_2$、$B_3'B_3$、$\cdots$，使其等于从动件位移线图上对应的位移量 $11'$、$22'$、$33'$、$\cdots$，则 B_1、B_2、B_3、$\cdots$ 为从动件尖端的轨迹点。

（4）连接全部轨迹点 B_1、B_2、B_3、…成一条光滑轮廓线，即为凸轮轮廓曲线。

2. 尖底从动件偏心凸轮轮廓设计

由于偏心距的存在，从动件导路中心线不再通过凸轮轴心，而是与以偏心距为半径的偏距圆相切。相应的位移线变为偏距圆周上的一系列切线，从动件位移应从这些切线与基圆交点处开始度量。如图 4-9 所示，图中 $B_1'C_1$、$B_2'C_2$、$B_3'C_3$、…，分别等于位移线图上的 $11'$、$22'$、$33'$、…，则 C、C_1、C_2、C_3、…为从动件尖端的轨迹点。

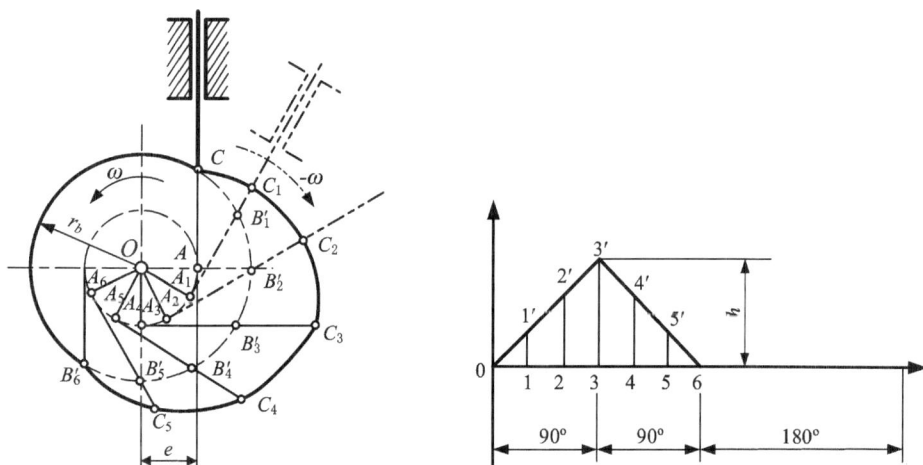

图 4-9　尖底从动件偏心凸轮轮廓设计

3. 滚子从动件偏心凸轮轮廓设计

首先以滚子中心为从动件尖底，画出凸轮的理论廓线，再以理论轮廓线上各点为圆心，滚子半径为半径，沿着理论廓线做一系列滚子圆，最后做出这一系列滚子圆的内包络线。该内包络线即为滚子从动件凸轮的实际轮廓线，如图 4-10 所示。

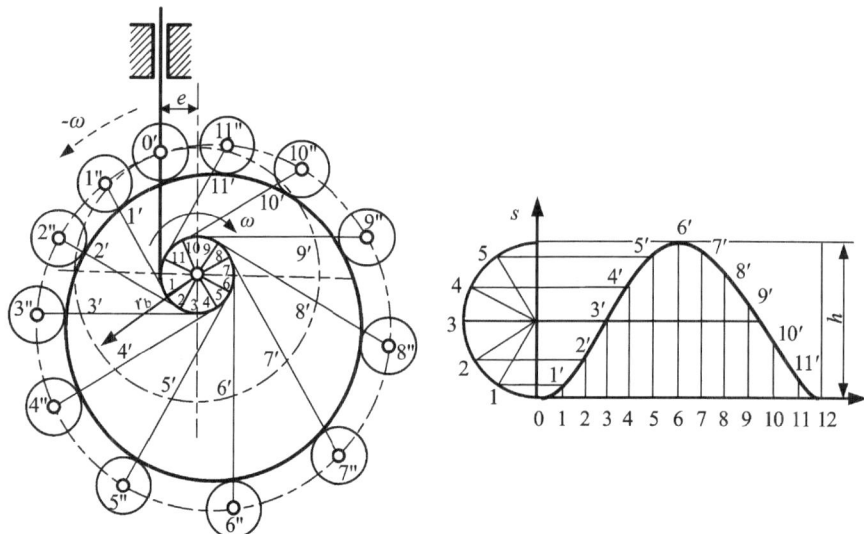

图 4-10　滚子从动件偏心凸轮轮廓设计

4.3.2 解析法设计凸轮轮廓

解析法设计凸轮轮廓曲线是根据已知的机构参数和从动件运动规律，列出凸轮的轮廓线方程并计算求得凸轮轮廓线上各点的坐标值。对于图 4-11 所示的尖底偏心凸轮，设已知偏心距 e、基圆半径 r_b、从动件位移方程 $s=s(\varphi)$，并且已知凸轮以角速度 ω 逆时针转动，求凸轮轮廓线上各点的坐标。

凸轮轮廓线可以采用直角坐标和极坐标方式。这里采用极坐标方式，以凸轮转动中心 O 为坐标原点，OA_0 为极坐标轴。根据反转法原理，求凸轮轮廓曲线上任一点极角 θ_A 的向径 r_A。A 点的极角表示为

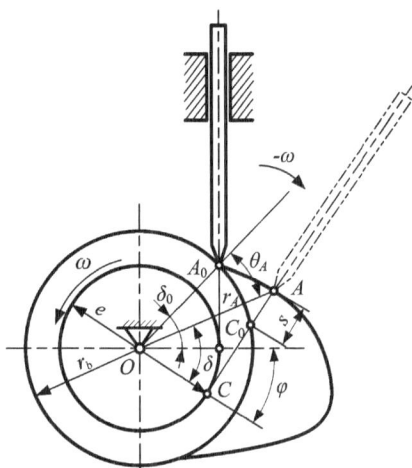

图 4-11 解析法作凸轮轮廓曲线

$$\theta_A = \delta_0 + \varphi - \delta \tag{4-6}$$

式中，δ_0 和 δ 可由几何关系求出。在 $\triangle A_0OC_0$ 和 $\triangle AOC$ 中，根据三角函数关系有

$$\delta_0 = \arctan\frac{\sqrt{r_b^2-e^2}}{e}, \quad \delta_0 = \arctan\frac{\sqrt{r_b^2-e^2}+s}{e}$$

代入式(4-6)后可得

$$\theta_A = \varphi + \arctan\frac{\sqrt{r_b^2-e^2}}{e} - \arctan\frac{\sqrt{r_b^2-e^2}+s}{e} \tag{4-7}$$

向径 r_A 可计算为

$$r_A = \sqrt{(\sqrt{r_b^2-e^2}+s)^2+e^2} \tag{4-8}$$

式(4-7)和(4-8)即为极坐标下凸轮轮廓曲线的参数方程。代入已知的从动件运动规律 $s=s(\varphi)$，并按照所设定的精度要求，就可计算出凸轮轮廓曲线上各点的坐标值。根据计算得到的坐标值即可作出轮廓曲线，并在其上标注相应的各点坐标值，以便于凸轮的制作和检验。

4.4 凸轮机构的基本尺寸

凸轮设计不仅要求满足从动件的运动规律，还须保证整体结构紧凑、传力特性良好、满足强度要求等，这些都与机构的基本尺寸选择紧密相关。凸轮机构的基本尺寸包括：压力角 α、基圆半径 r_b、滚子半径 r_r、偏心距 e，以及摆动从动件的摆杆长度 l 和中心距 a 等。

4.4.1 压力角

压力角是传动机构能否正常工作的一个重要参数，确定机构尺寸时必须考虑其对压力角的影响。对于图 4-12 所示的凸轮机构，按照力平衡条件可得

$$F = \frac{F_Q}{\cos(\alpha+\varphi) - f\left(1+\dfrac{2l_a}{l_b}\right)\sin(\alpha+\varphi)} \tag{4-9}$$

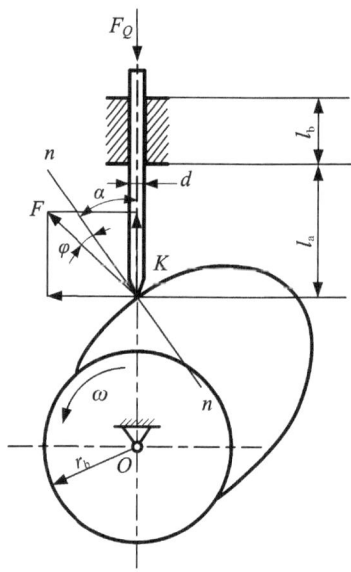

图 4-12 凸轮机构的压力角

可以看出，压力角 α 越大，从动件受到的力 F 越小。导轨长度 l_b 增大，悬臂长度 l_a 减小，也可减小作用力 F。因此，将压力角尽可能取小可改善凸轮的受力情况。压力角 α 过大时，机构将发生自锁。凸轮机构自锁的极限压力角为

$$\alpha_{lim} = \arctan\frac{1}{f\left(1+\dfrac{2l_a}{l_b}\right)} - \varphi \tag{4-10}$$

此时，F 力增至无穷大，机构将不能正常运转。通常选取许用压力角：$[\alpha] = \alpha_{lim} - (5°\sim 8°)$。由于机构运动过程中压力角是变化的，为避免机构自锁并具有较高的传动效率，根据理论计算和实践结果，推荐许用压力角如下：

移动从动件推程：$[\alpha]=30°$

摆动从动件推程：$[\alpha]=35°-45°$

回程： $[\alpha]=70°-80°$

在轮廓曲线设计时，必须对各处的最大压力角进行校核。对于不满足条件的，可通过

加大基圆半径再重新设计，或者对力锁合凸轮机构的从动件进行偏移布置，均可减小推程最大压力角。

通过对凸轮机构偏置布置也可以改变机构的压力角。根据凸轮机构的布置特点，可以分为正偏置和负偏置。当凸轮逆时针转时，从动件偏于凸轮轴心右侧为正偏置，从动件偏于凸轮轴心左侧为负偏置。当凸轮顺时针转时，从动件偏于凸轮轴心左侧为正偏置，从动件偏于凸轮轴心右侧为负偏置。

正偏置可以降低从动件升程压力角。对心凸轮机构两个位置的压力角如图 4-13(a)所示，正偏置机构的相应位置的压力角如图 4-13(b)所示。从图中可以看出，从动件的升程压力角明显减小，改善了机构的传力特性。

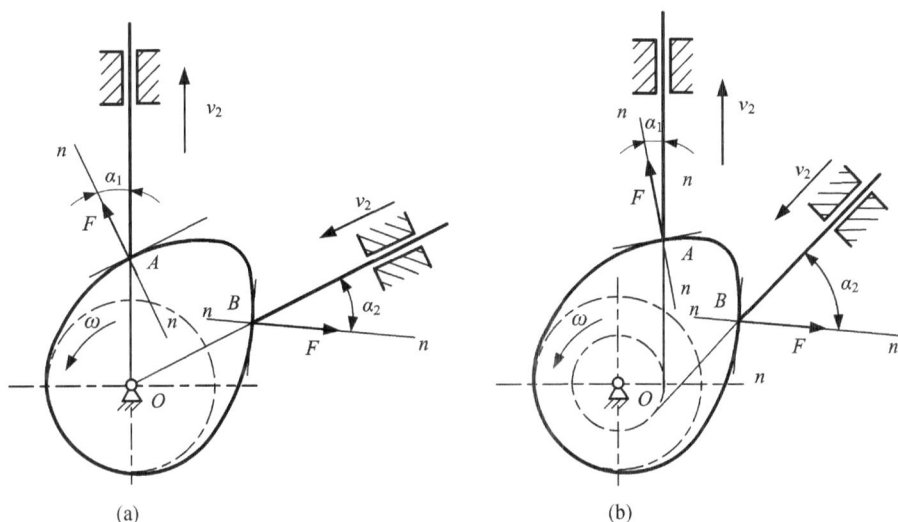

图 4-13 凸轮机构的偏置

4.4.2 基圆半径

设计凸轮轮廓曲线时需要预先确定基圆半径。基圆半径选择较小，可以使机构整体紧凑；但如果选择过小，会引起从动件运动失真和压力角过大，甚至机构自锁的问题。

研究表明，当基圆半径 r_b 较小时，会导致升程压力角变大；反之，则压力角减小。因此，设计时对基圆半径应尽可能取大，以改善凸轮受力情况。设凸轮轴径直径为 d_z，通常可取基圆半径：

$$r_b \geqslant (0.8 \sim 1) d_z \qquad (4-11)$$

4.4.3 滚子半径

对于滚子从动件凸轮轮廓，设计时必须注意滚子半径 r_r 与理论廓线最小曲率半径 ρ、实际廓线最小曲率半径 ρ_c 之间的关系。对于内凹的理论廓线，实际廓线曲率半径等于理论廓线曲率半径与滚子半径之和：$\rho_c = \rho + r_r$，如图 4 - 14(a)所示。外凸的理论轮廓线，实际轮廓曲率半径等于理论轮廓曲率半径与滚子半径之差：$\rho_c = \rho - r_r$。比较理论轮廓曲率半径与滚子半径的关系，将出现三种情况：当 $\rho > r_r$ 时，有 $\rho_c > 0$，即实际轮廓线为光滑曲线（图 4 - 14(b)）；当 $\rho = r_r$ 时，有 $\rho_c = 0$，即实际轮廓线会出现一个尖点，极易发生磨损而改变从动件的运动规律（图 4 - 14(c)）；当 $\rho < r_r$ 时，有 $\rho_c < 0$，即实际轮廓线产生交叉，交叉部分在加工时将被切掉，导致从动件的部分运动规律无法实现（图 4 - 14(d)）。

由此可见，滚子半径 r_r 必须小于理论轮廓曲线的最小外凸曲率半径 ρ_{min}，并且小于基圆半径 r_b。设计时推荐的经验公式为：$r_r \leqslant 0.8\rho_{min}$ 和 $r_r \leqslant 0.4r_b$。为了减少凸轮和滚子间的接触应力，同时要求实际轮廓线最小曲率半径满足条件：$\rho_{c,min} > 1 \sim 5$ mm。当滚子半径限定过小时，则应增大凸轮基圆半径再重新设计。

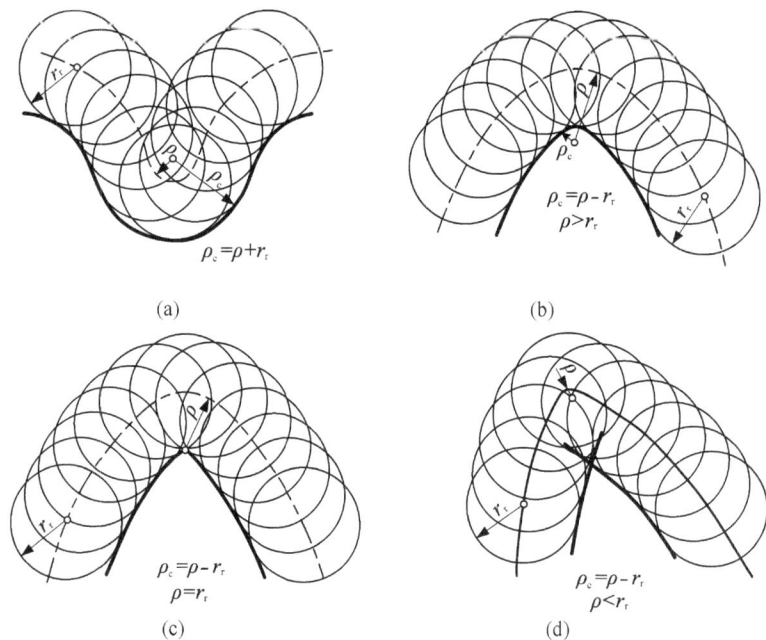

图 4 - 14 滚子半径的选择

【拓展阅读】

中国古代机械伟大发明——水碓

水碓是我国古代劳动人民创造的利用水流力量来自动舂米的机具，利用水力、杠杆和凸轮机构来加工粮食。水碓是脚踏碓机械化的成果，以河水流过水车驱动轮轴，再以短横木拨动碓杆上下舂米，实际上就是将回转运动转化为上下摆动的凸轮机构。东汉桓谭的

《新论·离事第十一》记载："宓牺之制杵臼，万民以济，及后世加巧，因延力借身重以践碓，而利十倍杵春，复设机关，用驴、骡、牛、马及役水而春，其利乃且百倍。"这里"役水而春"就是水碓。《古今图书集成》载："凡水碓，山国之人，居河滨者之所为也，攻稻之法，省人力十倍。"魏末晋初，杜预则依据前人使用水碓的经验发明了连机碓。连机碓常设置四个碓，随水轮的转动各碓梢依次起落春米，大大提高加工粮食的效率。明代宋应星的《天工开物》中也绘有一个水轮带动四个碓的画面。

从汉代发明后，水碓的用途也日渐广泛。只要是需要捣碎的物品，如药物、香料、矿石、竹篾纸浆等，均可用省力功大的水碓去完成。水碓的使用时间久远，直到 20 世纪末，浙东山区的水碓才逐渐退出农民的生活。现代研究认为，杜预发明的连机碓是现代蒸汽锤出现前所有重型机械锤的直接原型，18 世纪西方的锻锤其实也是水碓的复制品。

课后思考题

4-1 凸轮机构的基圆、升程、回程分别是什么？

4-2 常用从动件的运动规律有哪些？各有什么特点？

4-3 什么是凸轮的理论廓线和实际廓线？绘制平面凸轮轮廓的基本原理是什么？

4-4 凸轮机构的压力角如何定义？若要使凸轮机构受力良好、运转灵活，对压力角应有何要求？

4-5 对于确定的从动件运动规律，凸轮基圆半径和机构压力角有什么关系？如何确定凸轮基圆的半径？

4-6 对图题 4-6 所示的凸轮机构，求解以下问题：(1) 写出该凸轮机构的名称；(2) 用作图法画出凸轮的基圆；(3) 画出从升程开始到图示位置时推杆的位移 s、相对应的凸轮转角、B 点的压力角；(4) 画出推杆的行程 H。

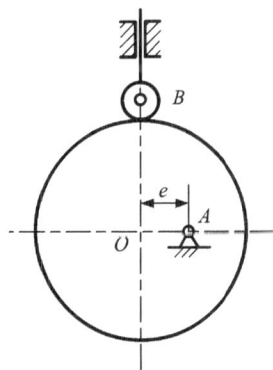

图题 4-6

5

摩擦轮传动与带传动

摩擦传动是机械传动中的一种常见形式,利用相互接触的零件间的摩擦来传递动力或运动。传动过程依靠零件表面挤压而产生的切向摩擦力,传动效率同接触面材料间的摩擦因数紧密相关。摩擦传动具有以下特点:

(1) 容易实现无级变速,可适应轴间距较大的传动场合。

(2) 具有过载打滑,能够起到缓冲和保护传动装置的作用。

(3) 传动件的接触处存在相对滑动,不能保证准确的传动比。

(4) 效率较低,发热严重,一般不用于大功率传动。

按照传动方式不同,摩擦传动可分为摩擦轮传动、带传动、绳传动等。摩擦轮传动依靠接触表面间的相互摩擦力,将转矩或运动传递给从动轮。带传动可分为依赖摩擦力传动的普通带传动和齿形啮合方式的同步带传动。绳传动则是利用紧绕在槽轮上的绳索与槽轮间的摩擦力来传递运动。

5.1 摩擦轮传动

5.1.1 摩擦轮传动

1. 工作原理

摩擦轮传动由主、从摩擦轮及压紧装置等共同组成,依靠摩擦轮接触面间的摩擦力传递运动和动力。图 5-1 所示为最简单的摩擦轮传动,由两个相互压紧的圆柱形摩擦轮组成。在正常传动时,需要保证两轮面的接触处有足够大的摩擦力。增大摩擦力的途径有两种:一是增大摩擦接触处的正压力,二是增大接触面间的摩擦因数。

2. 弹性滑动、几何滑动、打滑

在摩擦力的作用下,主动轮的接触区表层在进入接触区时受到压缩,离开接触区时受到拉伸,从动轮的变形则正好相反,如图 5-2 所示。两摩擦轮的表层产生的切向弹性变

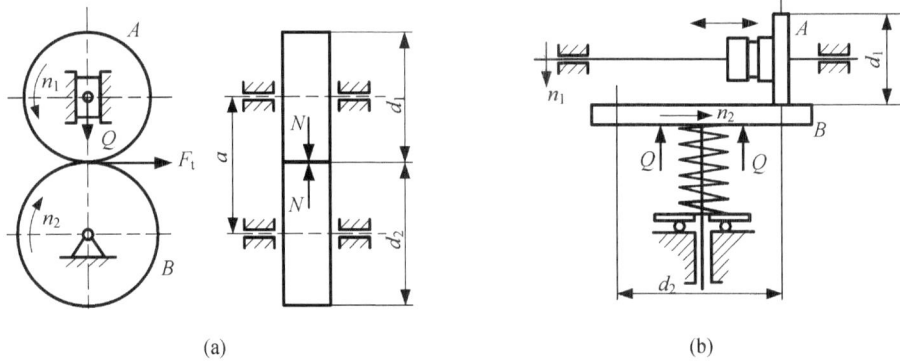

图 5-1 摩擦轮传动

形,导致从动轮上接触点落后于主动轮上对应点,产生相对滑动。这种由于接触表面的弹性变形引起的相对滑动,称为弹性滑动。

对于圆柱滚子-平盘式端面摩擦轮传动和两顶点不重合的圆锥摩擦轮传动,在两轮的接触线上,只有节点 p 的圆周速度相等,其余各点都存在不同程度的速度差,两轮间形成相对滑动,如图 5-3 所示。这种由于传动的结构特点而引起的滑动,称为几何滑动。

摩擦轮传动过程中,当从动轮的阻抗力矩超过接触区所能产生的最大摩擦力矩时,整个接触区表面将发生显著的相对滑动,这种现象称为打滑。打滑时的载荷即为摩擦传动的极限载荷。

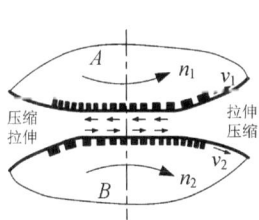

图 5-2 弹性滑动 　　　　图 5-3 几何滑动

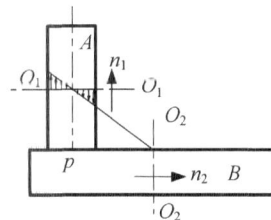

摩擦轮传动时的弹性滑动是不可避免的。几何滑动是由传动装置本身的结构引起,选择适当的结构即可消除。打滑现象除了在启动、停车、变速等情况下允许短暂发生外,正常工作时必须避免。

3. 传动比

机构中瞬时输入速度与输出速度的比值称为机构的传动比。对于摩擦轮传动,其传动比就是主动轮转速与从动轮转速的比值。传动比为

$$i = \frac{n_1}{n_2} = \frac{d_2}{d_1(1-\varepsilon)} \qquad (5-1)$$

式中，n_1 为主动轮转速；n_2 为从动轮转速；d_1 为主动轮工作直径；d_2 为从动轮工作直径；滑动率 ε 表示传动中的速度损失程度：

$$\varepsilon = \frac{v_1 - v_2}{v_1} \times 100\%$$

滑动率与摩擦轮的材料紧密相关。一般情况下，两轮皆为钢时可取滑动率 $\varepsilon \approx 0.2\%$；钢材对夹布胶木时，$\varepsilon \approx 1\%$；钢材对橡胶时，$\varepsilon \approx 3\%$。

5.1.2 摩擦轮传动的类型和应用场合

按照传动时两摩擦轮轴线的相对位置，可将摩擦轮传动分为：两轴平行传动和两轴相交传动两种。两轴平行的摩擦轮传动也有两种方式：外接圆柱式和内接圆柱式。前者两轴的转动方向相反，后者两轴的转动方向相同，如图 5-4 所示。两轴相交的摩擦轮传动可实现两轴垂直、倾斜、交错等空间传动。

摩擦轮传动常用于摩擦压力机、摩擦离合器、制动器、机械无级变速器，以及仪器的传动机构等场合。图 5-5 所示为电子仪器中的微动旋钮，旋钮 1 为微调旋钮，它与粗调旋钮 3 之间通过非金属摩擦轮 2 传动，传动比可达到 10 以上。

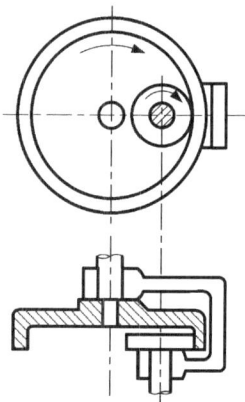

图 5-4　内摩擦轮传动

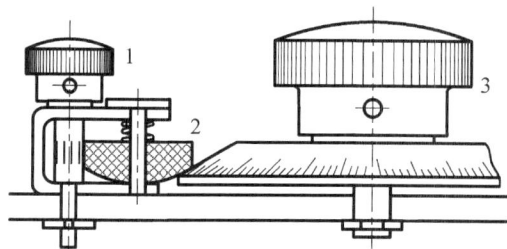

1-微调旋钮；2-摩擦轮；3-粗调旋钮。

图 5-5　仪器中的微动旋钮

5.1.3 摩擦轮的材料选择

摩擦轮的材料应满足如下要求：弹性模量大，以减少弹性滑动和功率损耗；摩擦系数大、接触疲劳强度高、耐磨性能好，对温度、湿度不敏感。

实际工作中，摩擦轮传动的失效形式有三种：打滑、表面点蚀、表面磨损。为提高摩擦轮的传动效率和寿命，通常将摩擦轮材料配对使用。淬火钢-淬火钢：强度高、耐磨性好，适用于高速运转和要求结构紧凑的摩擦轮传动中，可以同时在油池中或干燥的状态下使用。淬火钢-铸铁：强度主要取决于铸铁的性能，适用性较好，也可在油池中或干燥的状态下使用。钢-夹布胶木或塑料：具有较大的摩擦系数和中等的强度，通常在干燥状况下使用。钢-木材、皮革、橡胶：具有较大的摩擦系数，但强度很低，常用于小功率的传动。

5.2 带传动

带传动是利用张紧在带轮上的传动带与带轮间的摩擦或啮合来传递运动和动力。根据传动原理不同，可分为摩擦传动型和啮合传动型。摩擦型带传动按照环形带的截面形状，可将其分为平带、V 带、圆带和多楔带，如图 5-6 所示。啮合型带传动又称同步带传动，依靠环形带与带轮上的齿形相互啮合，实现动力的传递，如图 5-7 所示。同步带的牵引力较小，常用于精密机械、仪器等低速、小功率传动场合。由于带属于挠性件，所以带传动又称为挠性传动。

摩擦型带传动的结构简单，对制造安装要求不高，适用于轴中心距较大的场合，但带轮轴上载荷较大。带传动工作较平稳，带与带轮间存在相对滑动，能实现过载保护功能，但不能保证准确的传动比，传动效率也较低。啮合型同步带传动具有准确的传动比，传动比范围比较大，允许带速高，结构紧凑，传动效率可达 0.98。

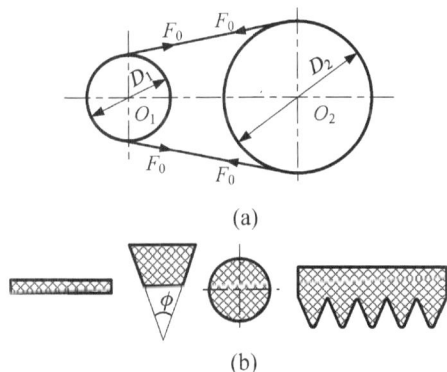

(a)

(b)

图 5-6 摩擦型带传动

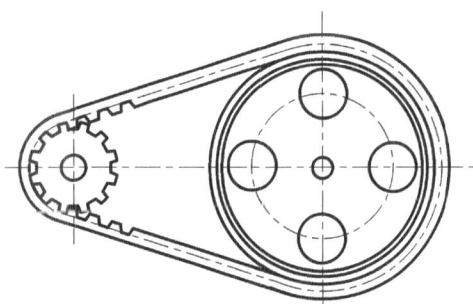

图 5-7 啮合型同步带传动

5.2.1 带传动的几何参数

带传动的几何参数主要有：带轮直径 D_1 和 D_2，中心距 a，带长度 L，带轮包角 α_1 和 α_2。各个参数间的关系如图 5-8 所示。其几何关系可计算为

$$\alpha_1 = 180° - \frac{D_2 - D_1}{a} \times 57.3° \tag{5-2}$$

$$L = 2a + \frac{\pi}{2}(D_1 + D_2) + \frac{(D_2 - D_1)^2}{4} \tag{5-3}$$

$$a = \frac{2L - \pi(D_1 + D_2) + \sqrt{[2L - \pi(D_1 + D_2)]^2 - 8(D_2 - D_1)^2}}{8} \tag{5-4}$$

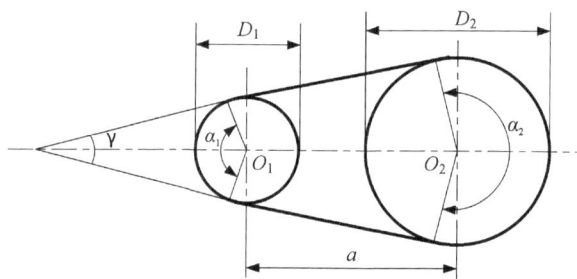

图 5-8 带传动的几何关系

5.2.2 带传动的受力分析

带传动机构安装时,传动带需以一定的张紧力 F_0 套紧在带轮上,在带与带轮的接触面上产生正压力,此时带两边拉力相等,如图 5-9(a)所示。开始工作后,由于摩擦力的作用带轮的两边带的拉力不再相等,如图 5-9(b)所示。绕进主动轮的一边拉力由 F_0 变为紧边拉力 F_1,带被拉紧而称为紧边;绕出主动轮的另一边带的拉力则由 F_0 变为松边拉力 F_2,带变得较为松弛而称为松边。若带长度不变时,紧边拉力的增加量等于松边拉力的减少量,紧边和松边拉力之差为带传动的有效拉力 F_t,即

$$F_1 - F_0 = F_0 - F_2 \tag{5-5}$$

$$F_t = F_1 - F_2 \tag{5-6}$$

$$\begin{cases} F_1 = F_0 + F_t/2 \\ F_2 = F_0 - F_t/2 \end{cases} \tag{5-7}$$

有效拉力 F_t 为带所能传递的有效圆周力,数值上等于沿任意一个带轮的接触弧上摩擦力之和。F_t 与带的移动速度 v、传递功率 P 之间的关系可表示为

$$P = \frac{F_t v}{1000} \tag{5-8}$$

当带传递的有效圆周力大于带轮接触弧上的最大摩擦力时,带与带轮之间发生显著的相对滑动,称为打滑。打滑时带的磨损加剧,传动效率降低直至失效。

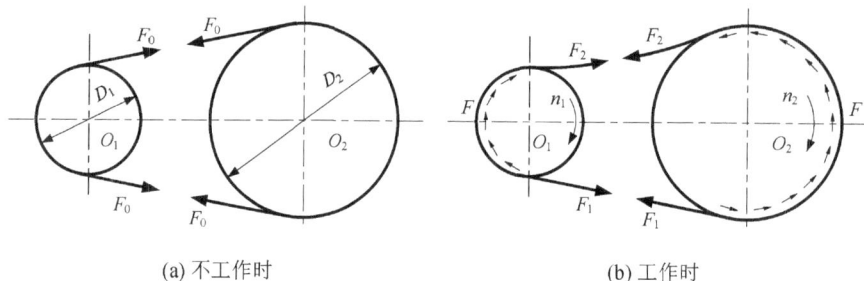

(a) 不工作时   (b) 工作时

图 5-9 带传动的受力

带传动开始打滑时，带松紧两边的拉力关系可用欧拉公式表示：

$$F_1 = F_2 e^{f_v \alpha} \tag{5-9}$$

式中，e 为自然对数的底；f_v 为当量摩擦因数，对于平带 $f_v = f$，对于 V 带 $f_v = f/\sin(\varphi/2)$；α 为带轮包角，rad。由式(5-5)、(5-6)和(5-9)可得带传动的最大有效圆周力为

$$F_t = 2F_0 \frac{e^{f_v \alpha} - 1}{e^{f_v \alpha} + 1} \tag{5-10}$$

由此可得，带传动时的紧边和松边拉力为

$$\begin{cases} F_1 = F_t \dfrac{e^{f_v \alpha}}{e^{f_v \alpha} - 1} \\[2mm] F_2 = F_t \dfrac{1}{e^{f_v \alpha} - 1} \end{cases} \tag{5-11}$$

式(5-11)表明，带传动所能传递的最大有效圆周力与张紧力、包角、当量摩擦因数有关。当张紧力 F_0 和包角 α 一定时，当量摩擦因数 f_v 越大，则带所能传递的最大有效圆周力越大。增大 F_0、α、f_v 都可提高带传动的最大有效圆周力，但张紧力过大容易导致传动轴载荷过大。因此，一般通过增大包角和当量摩擦因数来提高带的传动能力。

5.2.3　带传动中的应力分析

带传动工作时，带所承受的应力有拉应力、离心拉应力、弯曲应力三部分。

1) 拉应力

工作时，紧边和松边产生的拉应力分别为

$$\begin{cases} \sigma_1 = F_1/A \\ \sigma_2 = F_2/A \end{cases} \tag{5-12}$$

式中，A 为带的横截面积。不工作时，张紧力 F_0 产生的张紧应力为

$$\sigma_0 = F_0/A \tag{5-13}$$

2) 离心拉应力

带沿带轮做圆周运动时，将产生离心力 F_c。离心力 F_c 仅作用于带轮部分，而由其引起的拉应力则作用于带的全长上。离心拉应力可表示为

$$\sigma_c = F_c/A = qv^2/A \tag{5-14}$$

式中，q 为每米长度带的质量，kg/m；v 为带的运动速度，m/s。

3) 弯曲应力

带绕过带轮时受到弯曲应力作用，其最外层应力为

$$\sigma_b = \frac{Ey}{\rho} = \frac{E\delta/2}{(D+\delta)/2} \approx E\frac{\delta}{D} \tag{5-15}$$

式中，E 为带材料的弹性模量；y 为带中性层到最外层的距离；ρ 为中性层的曲率半径；δ 为带的厚度；D 为带轮直径。由上式可见，带厚度 δ 越大或带轮直径 D 越小，弯曲应力越大。

综合以上分析，带工作时所受的应力为三种应力之和，其总应力分布情况见图 5-10。由图可见，带传动中承受变应力，且最大应力出现在紧边绕入小带轮处，其值为

$$\sigma_{max} = \sigma_1 + \sigma_c + \sigma_{b1} \tag{5-16}$$

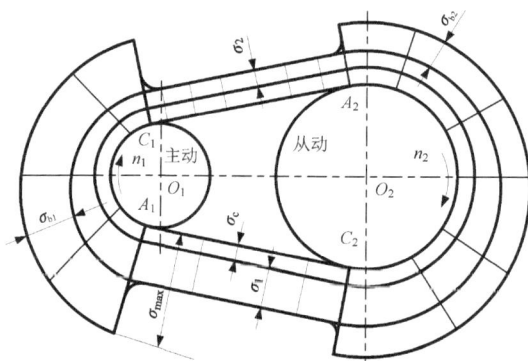

图 5-10 带传动时的应力分布

其中，弯曲应力对带的寿命影响最大。因此，小带轮直径不宜取得过小，以降低带中的弯曲应力。

5.2.4 带传动中的弹性滑动和打滑

带是一个弹性体，受到拉力作用后会产生弹性变形。工作时由于紧边拉力和松边拉力的差异，带在通过带轮时拉伸变形量会发生变化，导致带与带轮之间产生相对滑动，这种滑动与带的弹性变形有关，称为带的弹性滑动。如图 5-11 所示，当带开始绕上主动轮时，A_1 点处二者的移动速度相同，此时带在紧边拉力作用下产生伸长变形。当带转动到 C_1 后，所受拉力变为松边拉力，带的伸长量逐渐减小，此时带的速度将低于带轮速度。在从动轮上也存在弹性滑动。

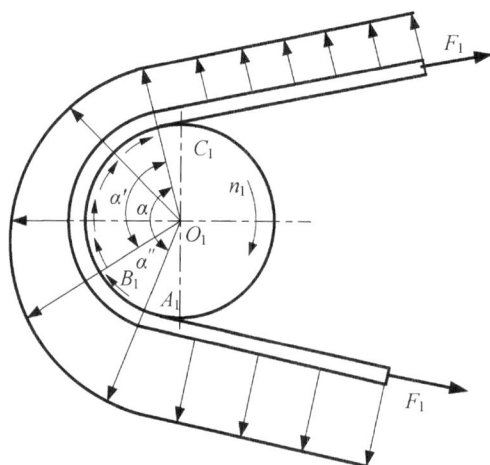

图 5-11 带的弹性滑动

带的弹性滑动是由松边和紧边之间存在的拉力差引起的。只要传递圆周力，弹性滑动现象就不可避免。实践证明，弹性滑动仅发生在带离开主、从动轮的一段接触弧上，称为滑动弧（包角 α' 对应的弧段）。在带绕入带轮开

始弧段(包角 α'' 弧段对应的),并不发生弹性滑动。随带传递载荷的增加,滑动弧逐渐扩大变长。当传递的有效圆周力达到最大值时,滑动弧将占据整个接触弧,弹性滑动也遍布整个接触区域。若载荷进一步增大,带与带轮之间就发生相对滑动,称为打滑。

打滑是由过载引起的全面滑动,会造成带磨损加剧、发热、传动能力丧失。

5.3　同步带传动

同步带传动由一条内表面设有等间距齿的环形带和具有相应齿槽的带轮组成,如图 5-12 所示。带齿与带轮的齿槽相互啮合传递运动和动力,具有啮合传动准确的传动比,以及带传动的大传动比、运行平稳的优点。相比摩擦式带传动,同步带薄而轻且强度高,适合高速传动。同步带的柔性好,可选用直径较小的带轮,能获得较大的传动比;张紧力较小,轴上载荷小;传动效率高达 0.98~0.99。同步带传动的缺点是制造、安装精度要求高,成本较高。它主要用于要求传动比准确的中、小功率传动中,如计算机、录音机、磨床、精密机械以及轻工机械等。

5.3.1　同步带结构及分类

同步带是以钢丝绳或玻璃纤维为强力层,外覆以聚氨酯或氯丁橡胶的环形带,带的内周工作面制成齿状,便于与齿形带轮做啮合传动。图 5-12 所示的同步带结构,强力层的材料具有高的抗拉和弯曲疲劳强度,弹性模量较大。多采用钢丝绳或玻璃纤维沿同步带宽度方向绕成螺旋形,布置于节线位置上。带齿和带背应有良好的耐磨性、强度、抗老化性,与强力层黏结性好,常用聚氨酯和氯丁橡胶。

国内同步带都采用周节制。节距 p_b 是指在规定的张紧力下,同步带纵向截面上相邻两齿中心轴线间节线的距离。节线是将同步带垂直其底边弯曲时,带中保持长度不变的圆周线。节线常位于承载层的中线上,其长度 L_p 称为同步带的公称长度。

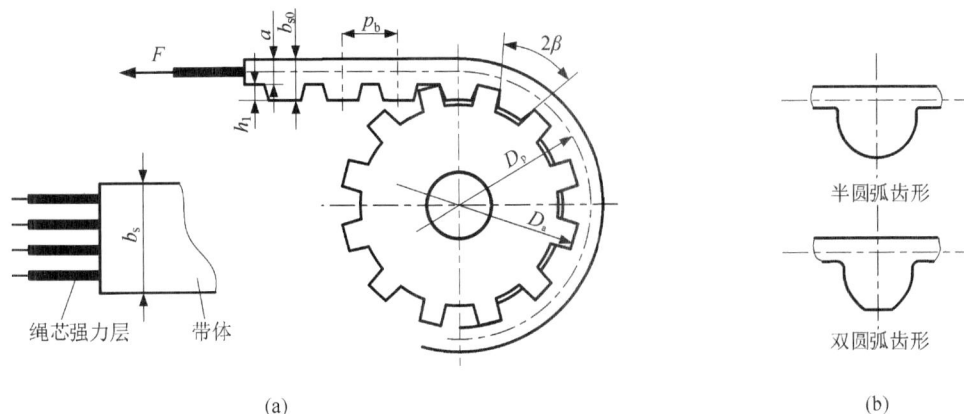

(a) 　　　　　　　　　　　　　　　　(b)

图 5-12　同步带参数及齿形

按照齿形结构同步带可分为梯形齿形、半圆弧齿形和双圆弧齿形，如图 5 – 12 所示。梯形齿同步带分为单面同步带和双面同步带两种类型，精密机械常用的是单面带。根据 GB/T 11615—1989，同步带按照节距不同分为最轻型 MXL、超轻型 XXL、特轻型 XL、特轻型 L、重型 H、特重型 XH、超重型 XXH 共 7 种。同步带的节距 p_b、基准宽度 b_{s0}、宽度 b_s、节线长度 L_p 等均已经标准化。

同步带的带轮与一般带轮相似，但其表面需制作啮合用轮齿。齿形有渐开线和直边齿两种，推荐采用渐开线齿形。带轮的齿数选择时，一般要求带与轮同时啮合齿数不小于 6。带轮结构、尺寸可参考 GB/T 11615—1989 设计。带轮材料一般用钢、铸铁，轻载场合可用轻合金或塑料，如碳酸酯、尼龙等。

5.3.2 同步带传动的设计

同步带传动设计的已知条件为：传动用途、传递功率、大小带轮转速或传动比，以及传动系统的空间尺寸范围。设计确定的参数有：同步带型号、长度、齿数、传动中心距、带轮节圆直径和齿数、带宽及带轮结构尺寸。

1）选择同步带型号

根据计算功率 P_d 和小带轮转速 n_1，选取同步带型号，确定对应的节距同步带 p_b。计算功率 P_d 可根据传递的名义功率的大小，并考虑原动机和工作机的性质、连续工作时间长度等条件，利用下式计算：

$$P_d = K_A P \qquad (5-17)$$

式中的工作情况系数 K_A，可按实际工作情况选取。

2）确定带轮齿数及节圆直径

根据带型和小带轮转速，确定小带轮齿数 z_1，需满足 $z_1 \geqslant z_{min}$。带速和安装条件许可时，z_1 尽可能选取大些。大齿轮齿数 $z_2 = iz_1$，大小带轮的节圆直径可用下式计算：

$$D_{p1} = \frac{z_1 p_b}{\pi}, \quad D_{p2} = \frac{z_2 p_b}{\pi} = i D_{p1} \qquad (5-18)$$

3）确定同步带的长度和齿数

带长可用式(5 – 3)计算，但应使用初定中心距 a_0、节圆直径 D_{p1} 和 D_{p2} 代替其中的 a、D_1、D_2。初定中心距 a_0 一般按照结构要求确定，或者满足选取条件：

$$0.7(D_{p1} + D_{p2}) \leqslant a_0 \leqslant 2(D_{p1} + D_{p2})$$

按照计算的带长，选取最接近的节线长度 L_p，并确定相应的齿数 z_1、z_2。

4）确定实际中心距

实际中心距可按式(5 – 4)计算，但同样需要同步带节线长度 L_p、节圆直径 D_{p1} 和 D_{p2} 代替其中的 L、D_1、D_2。同步带传动对中心距要求严格，安装精度要求较高，否则同步带在工作中会跑偏。在结构允许的情况下，最好采用中心距可调整结构。

5）计算小带轮啮合齿数

小带轮与同步带的啮合齿数 z_m 可按式(5-19)计算，其结果需取整处理。啮合齿数一般需要满足 $z_m \geqslant 6$。

$$z_m = \frac{z_1}{2} - \frac{p_b z_1}{20a}(z_2 - z_1) \tag{5-19}$$

6）选择带宽

带宽按照式下式计算，然后选取相近的标准值：

$$b_s \geqslant b_{s0}\left(\frac{P_d}{K_z P_0}\right)^{\frac{1}{1.14}}$$

式中，b_{s0} 为带的基准宽度，mm；P_d 为计算功率，kW；K_z 为啮合齿数系数，$z_m \geqslant 6$ 时 $K_z = 1$，$z_m < 6$ 时，$K_z = 1 - 0.2 \times (5 - z_m)$；$P_0$ 为基准宽度为 b_{s0} 的同步带所能传递的功率，按式(5-20)计算：

$$P_0 = \frac{(F_a - qv^2)v}{1000} \tag{5-20}$$

式中，F_a 和 q 分别为基准宽度为 b_{s0} 的同步带的许用工作拉力和每米质量；v 为同步带移动速度，$v = \pi d_1 n_1 / (60 \times 1000)$，m/s。

7）计算轴上载荷

轴上载荷可按照式(5-21)计算：

$$F_z = \frac{1000 P_d}{v} \tag{5-21}$$

8）确定带轮结构和尺寸（略）

同步带传动常用于传动比准确的中小功率传动中，具有带初拉力小、传动效率高、带速较高的特点，但带轮制造安装要求高、成本高。同步带的传动能力取决于带的强度，带的模数和宽度越大，传递的圆周力越大。设计时先选定同步带型号，再根据带轮的节圆直径选定结构形式。

【拓展阅读】

勇于挑战、开拓创新——"海牛之父"万步炎

万步炎教授是湖南科技大学海洋矿产资源探采装备与安全技术国家地方联合工程实验室主任、国家重点研发计划项目"海牛Ⅱ号"项目负责人，荣获"全国杰出专业技术人才"称

号。为解决我国深海资源勘探装备卡脖子问题，2003 年 8 月，他的团队研制了我国第一台深海浅地层岩芯取样钻机，攻克了深海锂电池技术、深海控制与视像传输技术、深海液压技术、深海电机与变电技术、深海各种传感器等难关，开启我国深海勘探新篇章。随后的十几年里，团队研制的钻机越钻越深。2021 年 4 月，"海牛 Ⅱ 号"深海钻探达到 231 米的骄人成绩，刷新世界深海海底钻机钻探深度，也使我国在深海钻探领域达到世界领先水平。

目前为止，万步炎团队已取得 125 项国家专利和 4 项国际发明专利。对此，他曾自豪地说："我们的钻机所有关键技术都是我们自主研发，没有照抄国外的技术。"也正因为如此，"海牛 Ⅱ 号"钻机性能功能领先世界，在自动控制、作业效率、操作维护便利性、作业成本等方面都全面优于国外最新钻机。大胆创新、执着攻关，国家利益高于一切。万步炎团队用汗水和智慧传递着严谨求实、精益求精的工匠精神，诠释着开拓创新的真谛。

课后思考题

5-1 说说摩擦传动的优缺点，其适应的场合是哪些？

5-2 带传动所能传递的最大有效圆周力与哪些因素有关？为什么？

5-3 带传动过程中存在哪些应力？它们是如何分布的？最大应力点出现在何处？

5-4 什么是弹性滑动？什么是打滑？在工作中是否可以避免打滑？为什么？

5-5 与一般带传动相比，同步带传动有哪些特点？主要适用于哪种工作场合？

齿轮传动

6

齿轮传动是一种广泛应用的传动形式，常被用于仪器、仪表、冶金、矿山设备等各类机器中。齿轮传动可以实现任意两轴间的运动和动力传递、变化运动方式——进行移动、转动相互变化，改变回转零件的转速，适用功率和圆周速度范围广。其主要特点是传动比准确，效率高，工作可靠，寿命长。齿轮传动的类型较多，常见的分类如图 6-1 所示。齿轮传动的主要缺点在于需要较高的制造和安装精度，成本较高，不适宜于两轴间距离较远的传动场合。

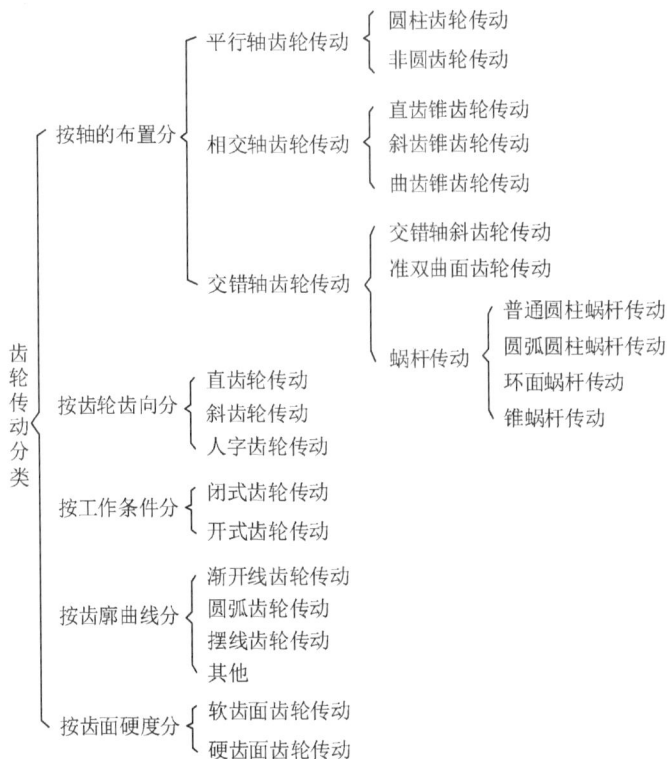

```
                                    ┌ 圆柱齿轮传动
                   ┌ 平行轴齿轮传动 ┤
                   │                └ 非圆齿轮传动
                   │                ┌ 直齿锥齿轮传动
                   │ 相交轴齿轮传动 ┤ 斜齿锥齿轮传动
           ┌按轴的 │                └ 曲齿锥齿轮传动
           │布置分 ┤                ┌ 交错轴斜齿轮传动
           │       │                │ 准双曲面齿轮传动
           │       └ 交错轴齿轮传动 ┤                ┌ 普通圆柱蜗杆传动
           │                        │                │ 圆弧圆柱蜗杆传动
           │                        └ 蜗杆传动       ┤ 环面蜗杆传动
  齿轮     │                                         └ 锥蜗杆传动
  传动     │            ┌ 直齿轮传动
  分类 ────┤ 按齿轮齿向分┤ 斜齿轮传动
           │            └ 人字齿轮传动
           │            ┌ 闭式齿轮传动
           │ 按工作条件分┤
           │            └ 开式齿轮传动
           │            ┌ 渐开线齿轮传动
           │ 按齿廓曲线分┤ 圆弧齿轮传动
           │            │ 摆线齿轮传动
           │            └ 其他
           │            ┌ 软齿面齿轮传动
           └ 按齿面硬度分┤
                        └ 硬齿面齿轮传动
```

图 6-1　齿轮传动的分类

6.1 齿廓啮合基本定律

齿轮传动是一种啮合传动，依靠主、从动轮齿廓顺次啮合和推动。传动过程的基本要求是瞬时传动比必须恒定，否则会引起轮齿间的冲击、振动和噪声。保持瞬时传动比恒定，是齿轮传动的基本条件。

传动比是轮齿啮合中的角速度之比，与齿廓曲线形状有关。图 6-2 所示的一对相互啮合齿廓 C_1 和 C_2，主动轮 1 以角速度 ω_1 绕轴心 O_1 顺时针转动，从动轮 2 以角速度 ω_2 绕轴心 O_2 旋转，二者的啮合点为 K。两齿廓在 K 点的线速度分别为 V_{K1} 和 V_{K2}，V_{K1K2} 为两齿廓在 K 点的相对速度。过 K 点作两齿廓的公法线 n n，与 O_1O_2 相交于 P 点。显然，要保证两齿廓能连续地保持接触传动，V_{K1} 和 V_{K2} 在公法线 $n-n$ 上的分量必须相等，否则两齿廓将会发生分离或压溃，即

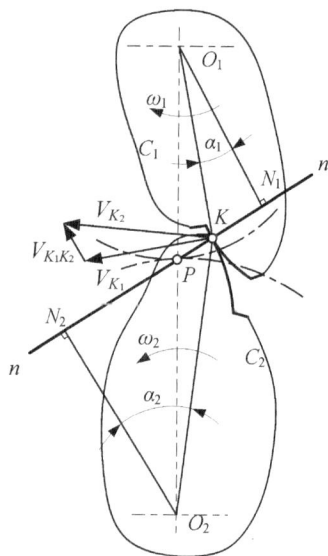

图 6-2 齿廓啮合基本定律

$$V_{K1} \cos \alpha_1 = V_{K2} \cos \alpha_2 \qquad (6-1)$$

$$V_{K1} = \omega_1 \cdot \overline{O_1K}, \qquad V_{K2} = \omega_2 \cdot \overline{O_2K}$$

$$i_{12} = \frac{\omega_1}{\omega_2} = \frac{\overline{O_2K} \cos \alpha_2}{\overline{O_1K} \cos \alpha_1}$$

由此，可得两轮的传动比为

$$i_{12} = \frac{\omega_1}{\omega_2} = \frac{\overline{O_2P}}{\overline{O_1P}} \qquad (6-2)$$

式(6-2)表明：两轮传动比等于其连心线被齿廓啮合点公法线所分割的两段长度之反比。要使传动比保持恒定，则齿廓曲线必须满足以下条件：两齿廓在任何位置接触时，过接触点的齿廓公法线必须与连心线交于一个固定点 P，即为齿廓啮合的基本定律。

固定交点 P 称为齿轮传动的节点。以 O_1 和 O_2 为圆心，O_1P 和 O_2P 为半径的两圆称为齿轮的节圆，其半径记为 r'_1 和 r'_2。两节圆在 P 点相切，传动中相互做纯滚动。节点、节圆仅出现在轮齿啮合时，单个齿轮没有节圆。

常见的齿廓曲线有：渐开线、摆线、圆弧以及抛物线。本章主要介绍渐开线齿廓的齿轮传动。

6.2　渐开线齿廓

6.2.1　渐开线的形成及性质

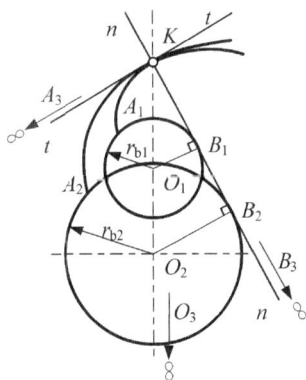

如图 6-3 所示，当直线 BK 沿圆周做纯滚动时，直线上任意一点 K 的轨迹 AK 就称为该圆的渐开线。该圆称为渐开线的基圆，其半径为 r_b。直线 BK 称为渐开线的发生线，渐开线所对应的中心角 θ_K 称为 K 点的展角。

根据渐开线在基圆上形成的过程，其主要性质有：

（1）发生线的长度沿基圆滚过的圆弧长度，即直线 BK 等于弧长 AB。

（2）渐开线任一点的法线必与基圆相切，渐开线在 K 点法线 BK 与基圆相切。

（3）离基圆越远，渐开线曲率越小，曲率半径越大；越靠近基圆，渐开线曲率越大，曲率半径越小（图 6-4）。

（4）渐开线的形状取决于基圆的大小，基圆半径越大，渐开线曲率半径越大。

（5）基圆内部没有渐开线。

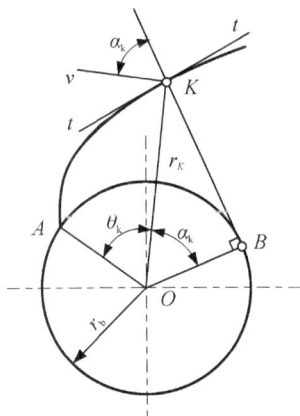

图 6-3　渐开线的形成　　　图 6-4　基圆大小对渐开线的影响

6.2.2　渐开线方程

图 6-3 所示为渐开线齿廓曲线。当其与共轭齿廓在 K 点啮合时，K 点的法线 KB 与其转动速度方向的夹角称为 K 点的压力角 α_K。计算公式为

$$\tan\alpha_K=\frac{KB}{r_b}=\frac{r_b(\alpha_K+\theta_K)}{r_b}=\alpha_K+\theta_K \tag{6-3}$$

渐开线的向径 r_K 为

$$r_K = \frac{r_b}{\cos \alpha_K} \tag{6-4}$$

由式(6-3)和(6-4)可得渐开线的极坐标方程:

$$\begin{cases} r_K = \dfrac{r_b}{\cos \alpha_K} \\ \theta_K = \text{inv } \alpha_K = \tan \alpha_K - \alpha_K \end{cases} \tag{6-5}$$

6.2.3 渐开线齿廓的啮合特性

1. 渐开线齿廓能保证瞬时传动比恒定

图6-5是基圆半径分别为r_{b1}和r_{b2}的一对渐开线啮合齿廓。过任意接触点K作齿廓公法线N_1N_2,并与其连心线O_1O_2相交于P点。按照渐开线的性质,公法线N_1N_2是两渐开线齿廓基圆在该方向上的唯一内公切线。当两渐开线齿廓啮合时,过接触点所作的齿廓公法线是一条位置固定的直线,它与齿廓圆心连心线O_1O_2的交点也是一固定点P。由此可见,渐开线齿廓符合基本啮合定律,能保证瞬时传动比为一恒定常数。

2. 啮合线和啮合角保持不变

啮合线是两齿廓接触点移动的轨迹线。渐开线齿廓的啮合线就是两齿廓的公法线,且在啮合过程中保持不变。

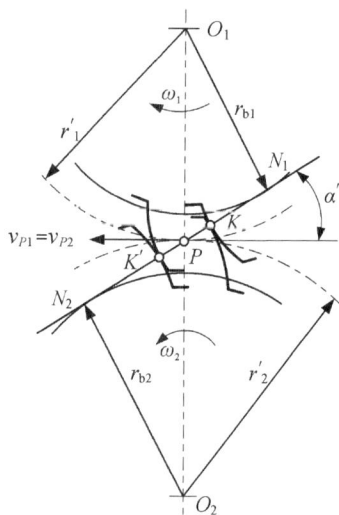

图6-5 渐开线齿廓啮合特性

啮合角是啮合线与过节点P所作节圆公切线的夹角,数值上等于齿廓在节圆上的压力角α'。

渐开线齿廓的啮合过程中,啮合线和啮合角保持不变,因此两齿廓间的正压力方向始终不变。此特点对齿轮传动的平稳性十分有利。

3. 渐开线齿廓的可分性

在图6-5中,两齿轮的传动比可表示为

$$i_{12} = \frac{\omega_1}{\omega_2} = \frac{\overline{O_2P}}{\overline{O_1P}} = \frac{r_2'}{r_1'} = \frac{r_{b2}}{r_{b1}} \tag{6-6}$$

式(6-6)表明:一对渐开线齿轮的传动比为其节圆半径的反比,也等于其基圆半径的反比。

齿轮加工完后,基圆半径不再变化。即使两齿轮的安装中心距与原设计值存在偏差,其传动比仍保持不变,称为渐开线齿轮的可分性。可分性使齿轮的制造和安装都变得更加方便。

6.3　渐开线标准直齿圆柱齿轮及啮合传动

6.3.1　渐开线齿轮各部分的名称和尺寸

渐开线直齿圆柱齿轮上轮齿的总数为齿数 z。轮齿的厚度称为齿宽 b，如图 6-6 所示。各轮齿齿顶所在的圆为齿顶圆，直径记为 d_a。轮齿之间的空间称为齿槽，各轮齿齿槽底部所在的圆周称为齿根圆，直径记为 d_f。任意半径 r_K 的圆周上齿槽两侧齿廓间的弧长为该圆周上的齿槽宽，用 e_K 表示；轮齿两侧齿廓所截的弧长为该圆周上的齿厚，用 s_K 表示。同一圆周上相邻两齿同侧齿廓间的弧长为该圆上的齿距，记为 p_K，且有关系式：$p_K = s_K + e_K$。

在齿顶圆和齿根圆之间定义一个直径为 d 的分度圆作为计算齿轮各部分尺寸的基准。该分度圆上的齿厚、槽宽和齿距分别用 s、e 和 p

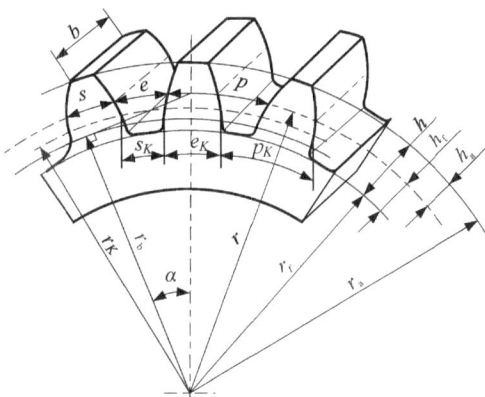

图 6-6　齿轮各部分名称

表示，按定义有 $p = s + e$。根据齿轮齿数和齿距，分度圆周长为：$pz = \pi d$。进一步计算分度圆直径：

$$d = \frac{pz}{\pi} \tag{6-7}$$

为便于设计、制造、检验及互换使用，实际应用时常将齿距 p 取为 π 的有理倍数，即 $p = m\pi$，有理数 m 称为齿轮的模数。由此，齿轮分度圆直径又可表示为

$$d = mz \tag{6-8}$$

模数 m 的单位是 mm，是齿轮尺寸的一个基本参数。齿轮所有的尺寸都用模数来表示，不同模数的轮齿形状差别很大。图 6-7 给出了同齿数不同模数齿轮的尺寸对比。齿轮的模数已经标准化。表 6-1 为国标 GB/T 1356—1998 所规定的标准模数系列。

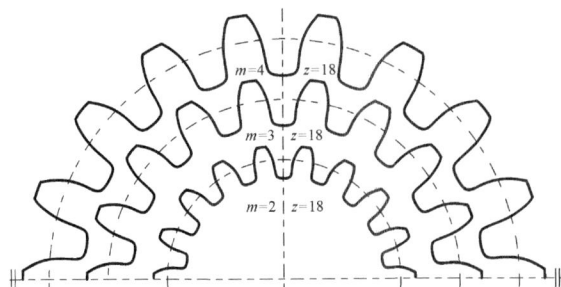

图 6-7　不同模数的轮齿对比

表 6-1　渐开线圆柱齿轮模数(GB/T 1356—1998)　　　　　单位：mm

第一系列	0.1　0.12　0.15　0.2　0.25　0.3　0.4　0.5　0.6　0.8　1　1.25　1.5　2 2.5　3　4　5　6　8　10　12　16　20　25　32　40　50
第二系列	0.35　0.7　0.9　1.75　2.25　2.75　(3.25)　3.5　4.5　5.5　(6.5)　7　9 (11)　14　18　22　28　36　45

注：1. 本标准适用于渐开线圆柱齿轮，对于斜齿轮指其法向模数。

　　2. 选用时优先选用第一系列，其次为第二系列，带括号的数据尽量不用。

分度圆上的压力角用 α 表示，并有

$$\cos\alpha = r_b/r = \frac{d_b}{d} \qquad (6-9)$$

式(6-9)表明，分度圆相同的齿轮的压力角不同时，其基圆大小、渐开线形状也不相同。因此，压力角也是决定齿轮形状的基本参数。国家标准中规定齿轮分度圆上标准压力角：$\alpha = 20°$。渐开线齿廓形状取决于齿数、模数和压力角三个基本参数，分度圆是齿轮上具有标准模数和压力角的圆。

轮齿在齿顶圆和分度圆之间的部分称为齿顶，其径向高度称为齿顶高 h_a。在分度圆和齿根圆之间的部分为齿根，其高度为齿根高 h_f。齿顶圆和齿根圆之间的轮齿高度称为齿全高 h。齿顶高、齿根高和齿全高的关系为

$$\begin{cases} h_a = h_a^* m \\ h_f = (h_a^* + c^*)m \\ h = h_a + h_f = (2h_a^* + c^*)m \end{cases} \qquad (6-10)$$

式中，h_a^* 为齿顶高系数；c^* 为顶隙系数，规定顶隙 $c = c^*m$。h_a^* 和 c^* 均已标准化。正常齿制时：$h_a^* = 1$，$c^* = 0.25$；短齿制时：$h_a^* = 0.8$，$c^* = 0.3$。

齿轮的齿数 z、模数 m、压力角 α、齿顶高系数 h_a^*、顶隙系数 c^* 是确定齿轮尺寸的五个基本参数。齿轮各部分尺寸均以此五个参数表示。表 6-2 列出了标准直齿圆柱齿轮的几何尺寸计算公式。

表 6-2　标准直齿圆柱齿轮的几何尺寸计算公式

名称	符号	计算公式
模数	m	按承载能力选取标准值
压力角	α	$\alpha = 20°$
分度圆直径	d	$d = mz$
齿顶高	h_a	$h_a = h_a^* m$

续表

名称	符号	计算公式
齿根高	h_f	$h_f = (h_a^* + c^*)m$
齿全高	h	$h = h_a + h_f = (2h_a^* + c^*)m$
齿顶圆直径	d_a	$d_a = d + 2h_a = (z + 2h_a^*)m$
齿根圆直径	d_f	$d_f = d - 2h_f = (z - 2h_a^* - 2c^*)m$
基圆直径	d_b	$d_b = d\cos\alpha = mz\cos\alpha$
齿距	p	$p = \pi m$
基圆齿距	p_b	$p_b = \pi d_b / z = p\cos\alpha = \pi m\cos\alpha$
分度圆齿厚	s	$s = \pi m/2$
分度圆齿槽宽	e	$e = \pi m/2$
顶隙	c	$c = c^* m$
节圆直径	d'	$d' = d$
标准中心距	a	$a = (d_1 + d_2)/2 = m(z_1 + z_2)/2$

　　圆柱内齿轮的结构与外齿轮基本相同(图 6-8)。其主要区别在于内齿轮的齿廓是内凹的;齿根圆的直径大于分度圆;齿顶圆直径小于分度圆,但比基圆大;其齿厚相当于外齿轮的槽宽,槽宽相当于外齿轮的齿厚。内齿轮的基本尺寸可参照外齿轮计算公式确定。

　　齿条是将齿轮展成平面后的特殊结构形式,相当于齿数无穷多的齿轮。由于基圆半径无穷大,故齿条渐开线变成直线,相应的基线和分度线、齿顶线等成为互相平行的直线,如图 6-9 所示。齿条齿廓上各点的压力角相同并等于齿廓的倾斜角,常称为齿条的齿形角。齿顶线、分度线上的齿距相等。与齿顶线平行且齿厚 s 等于齿槽宽 e 的直线称为中线,它是计算齿条尺寸的基准线,可参照直齿圆柱齿轮的计算公式确定齿条的尺寸。

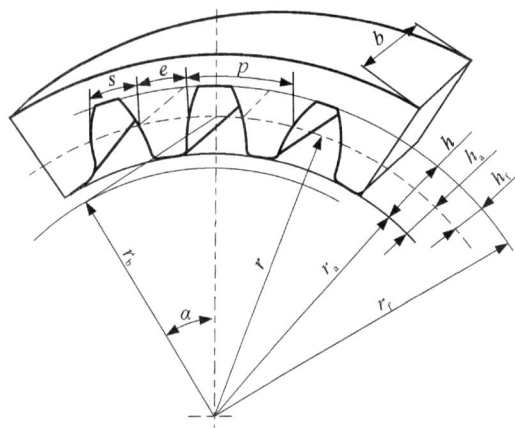

图 6-8　内齿轮结构

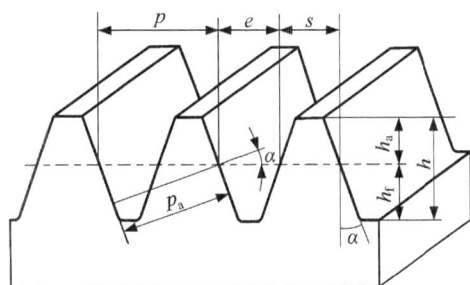

图 6-9　齿条结构

6.3.2 渐开线齿轮的啮合传动

1. 正确啮合条件

渐开线齿廓啮合能实现恒定传动比，但并非任意两条渐开线齿廓均能实现正确啮合。图 6-10 所示为一对渐开线齿轮的啮合状态。当前一对轮齿在 K 点啮合时，后一对轮齿要正确啮合就必须使其接触点 K' 位于啮合线 N_1N_2 上，且满足：$\overline{K_1K'_1}=\overline{K_2K'_2}$，即要求两齿轮的相邻两齿同侧齿廓在啮合线上的距离相等。按照渐开线的性质，齿轮中相邻两齿同侧齿廓之间的距离等于其基圆齿距，即

$$p_{b1}=p_{b2} \tag{6-11}$$

代入计算公式：$p_{b1}=p_1\cos\alpha_1=\pi m_1\cos\alpha_1$ 和 $p_{b2}=p_2\cos\alpha_2=\pi m_2\cos\alpha_2$ 后可得

$$m_1\cos\alpha_1=m_2\cos\alpha_2 \tag{6-12}$$

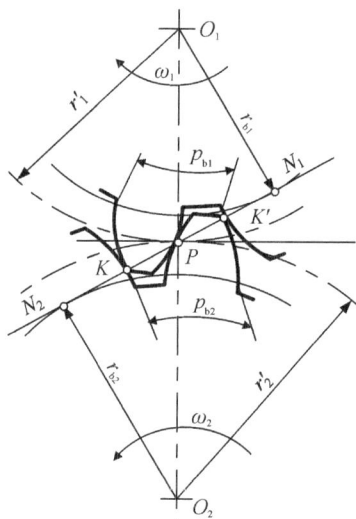

图 6-10 齿轮正确啮合的条件

式中，模数 m_1、m_2、α_1、α_2 均已标准化，要满足上式要求则必须有

$$\begin{cases} m_1=m_2=m \\ \alpha_1=\alpha_2=\alpha \end{cases} \tag{6-13}$$

因此，渐开线齿轮的正确啮合条件为：两轮的模数和压力角分别相等。此时，齿轮的传动比为

$$i_{12}=\frac{\omega_1}{\omega_2}=\frac{d_2}{d_1}=\frac{mz_2}{mz_1}=\frac{z_2}{z_1} \tag{6-14}$$

2. 标准中心距

齿轮传动时，一齿轮节圆上的齿槽宽与另一齿轮节圆上的齿厚之差称为齿侧间隙。齿侧间隙会导致齿轮传动不稳定，产生冲击、噪声和空程。一般传动都要求齿侧间隙为零。标准圆柱齿轮分度圆相切时，啮合的齿侧间隙为零。这种安装称为标准安装，此时两齿轮的中心距称为标准中心距 a，表示为

$$a=r'_1+r'_2=r_1+r_2=\frac{m}{2}(z_1+z_2) \tag{6-15}$$

非标准安装时，两齿轮分度圆不再相切，节圆直径将大于分度圆；两基圆相对分离，此时的啮合角不再等于分度圆压力角，而是相应地增大；同时顶隙大于标准值，而且出现侧隙。

3. 连续传动条件

齿轮啮合是由主动轮的齿根推动从动轮的齿顶开始，逐渐过渡到齿廓啮合，最终在主

动轮齿顶和从动轮齿根处脱离接触。图 6-11(a)所示啮合起始点是从动轮的齿顶与啮合线 N_1N_2 的交点 B_1，齿轮转动时啮合点沿啮合线移动，终止啮合点是主动轮的齿顶圆与啮合线的交点 B_2。B_1 和 B_2 分别称为入啮点和脱啮点。线段 B_1B_2 是齿轮啮合点的实际轨迹，称为实际啮合线。当两轮齿顶圆增大时，B_1 和 B_2 将不断接近 N_1 和 N_2。由于基圆内没有渐开线，所以实际啮合线不能超过极限啮合点 N_1 和 N_2，线段 N_1N_2 称为理论啮合线。由此可见，轮齿上只有从齿顶到齿根的一部分齿廓参与啮合，实际参与啮合的轮廓称为齿廓工作段。

如图 6-11(a)所示，一对轮齿从 B_1 点开始啮合并转动，直至 B_2 点时脱离。B_1B_2 的长度也是相邻两齿的啮合点间的最大距离。如果相邻两齿的啮合点间的距离大于实际啮合线长度，则两轮齿不能同时啮合也不能实现连续传动。当前一对轮齿在 B_2 点退出啮合而后一对尚未到达接触点 B_1 时，将会造成从动轮不能连续转动，亦即传动中断。如果前一对轮齿到达 B_2 时，后一对轮齿已经从 B_1 啮合后并移动到 D 点，则传动就能够连续进行。此时轮齿的啮合线长度是 B_2D 线段，也等于其基圆齿距 p_b。类似的情形，当第三对轮齿在 B_1 点进入啮合时，第二对轮齿刚好啮合到 C 点，从而保证传动过程不会中断。显然，在啮合线 B_1D 和 B_2C 段是有两对轮齿啮合的，称为双齿啮合区；CD 段则仅有一对轮齿啮合，称为单齿啮合区。由此可见，连续传动条件是相互啮合的齿轮的前一对轮齿分离时，其后面一对轮齿必须进入啮合状态。同时，啮合齿数愈多则齿轮传动越平稳。

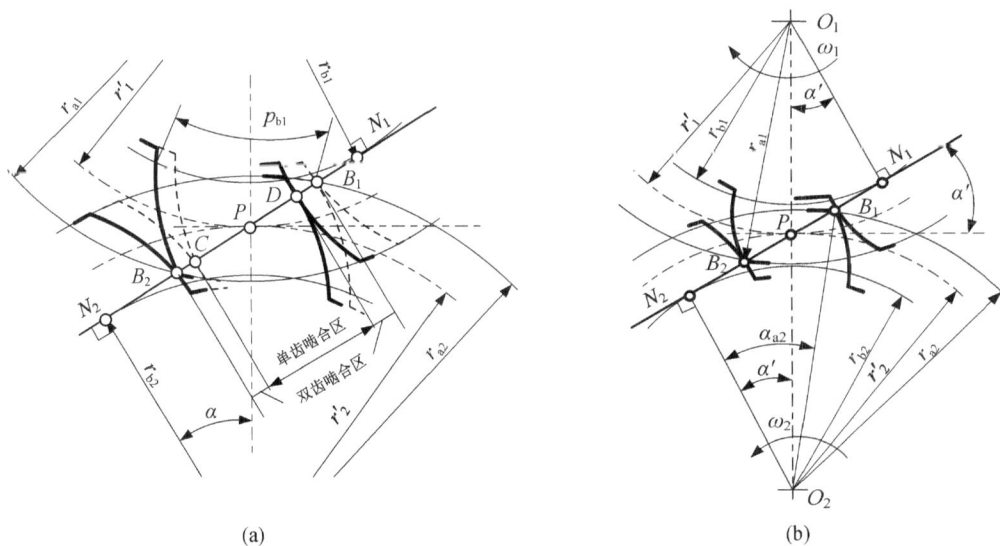

(a)　　　　　　　　　　　　　(b)

图 6-11　齿轮的重合度

为了保证传动连续性，齿轮的实际啮合线长度应大于基圆齿距，即：$\overline{B_1B_2} > p_b$。定义实际啮合线与基圆齿距的比值为重合度 ε：

$$\varepsilon = \frac{\overline{B_1B_2}}{p_b} \geqslant 1 \qquad\qquad (6-16)$$

式(6-16)是齿轮连续传动的基本条件,代表了同时参与啮合的轮齿对数平均值。由于齿轮制造和安装误差的影响,一般要求齿轮传动的重合度:$\varepsilon \geqslant 1.2$。

根据齿轮传动的几何关系,由图6-11(b)可推出重合度的计算公式。对于标准齿轮传动:

$$\varepsilon = \frac{1}{2\pi}\left[z_1(\tan\alpha_{a1} - \tan\alpha) + z_2(\tan\alpha_{a2} - \tan\alpha)\right] \qquad (6-17)$$

式中,α_{a1}、α_{a2}分别为两啮合齿轮的齿顶圆压力角,$\alpha_a = \arccos r_b/r_a$。由上式可以得出,重合度$\varepsilon$与模数$m$无关,随齿数$z_1$、$z_2$和齿顶高系数$h_a^*$的增大而增大。

正确啮合条件和连续传动条件是保证一对齿轮能够正确啮合并连续平稳传动的两个条件。如果前者不能满足,则轮齿不能正常啮合,连续传动更无从谈起;当后者达不到时,两齿轮的正确啮合传动就会出现中断现象。

6.4 渐开线齿轮的加工方法

6.4.1 仿形法和范成法

齿轮的加工最常用的是切削法,按照加工原理可分为仿形法和范成法。

仿形法是用与齿轮齿槽相同的成形刀具直接加工齿轮轮廓。图6-12中分别是用盘状铣刀和指状铣刀加工齿轮。在模数和压力角相同条件下,不同齿数齿形都不相同,因此仿形法加工时对每种齿数的齿轮都需要一把铣刀。实际中常采用相近齿数铣刀分组的方法减少刀具数量,但带来的齿形误差导致齿轮精度较低。另外,仿形法加工切削时因不连续、效率低、成本高而不适宜大批量生产,其优点是可用普通铣床加工齿轮。

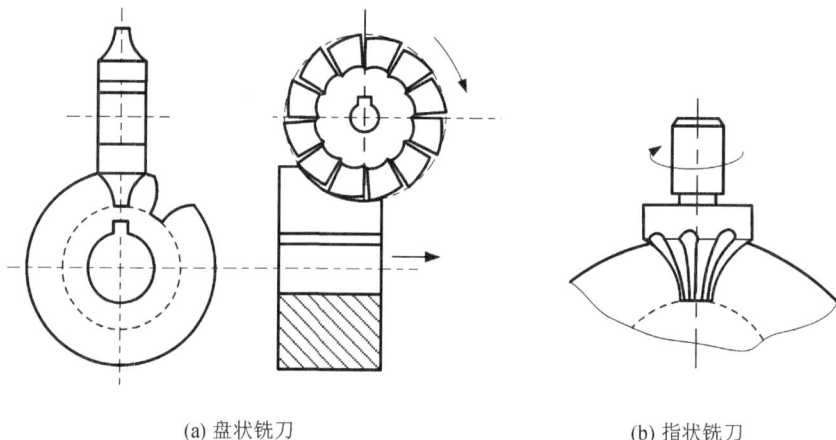

(a) 盘状铣刀　　　　　　　　　　　(b) 指状铣刀

图6-12 仿形法加工齿轮

范成法是利用一对齿轮相互啮合传动时齿廓互为包络线的原理，加工出齿轮的齿廓曲线。将其中一个齿轮（齿条）做成刀具，就可加工出另一个齿廓曲线。常用的方法有插齿和滚齿两种。利用齿轮插刀加工齿轮的原理如图 6-13(a)和(b)所示。将齿轮副中的一个齿轮制成插齿刀，另一个齿轮换成齿坯。插齿刀沿轮坯轴线做往复直线运动，同时插齿刀与毛坯按啮合关系一起转动。加工过程由四个运动过程组成：切削运动、范成运动、进给运动、让刀运动。

当齿轮插刀的齿数增加到无穷多时就成为齿条插刀。在图 6-13(c)所示的齿条插刀切齿过程中，轮坯的径向进给至齿条刀具中线与轮坯分度圆相切并保持纯滚动。加工的齿轮分度圆齿厚与齿槽宽相等，模数和压力角分别等于刀具的模数和压力角。插齿法加工切削不连续，生产效率较低，但方便加工内齿轮。

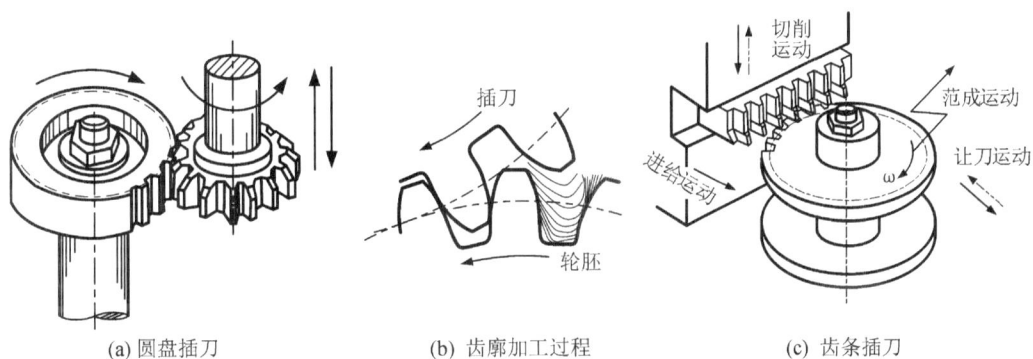

(a) 圆盘插刀	(b) 齿廓加工过程	(c) 齿条插刀

图 6-13 插齿法加工齿轮

滚齿加工常用阿基米德螺线滚刀，如图 6-14(a)所示。加工直齿轮时，滚刀轴线与轮坯端面之间夹角等于其螺旋升角，滚刀螺旋切线与齿坯的齿向相同。此时滚刀的转动相当于齿条插刀加工。滚齿加工是连续切削，加工效率高。切制较宽的齿轮时，滚刀在回转时还要沿轮坯的轴线移动，如图 6-14(b)所示。滚齿加工的缺点是不能加工内齿轮。

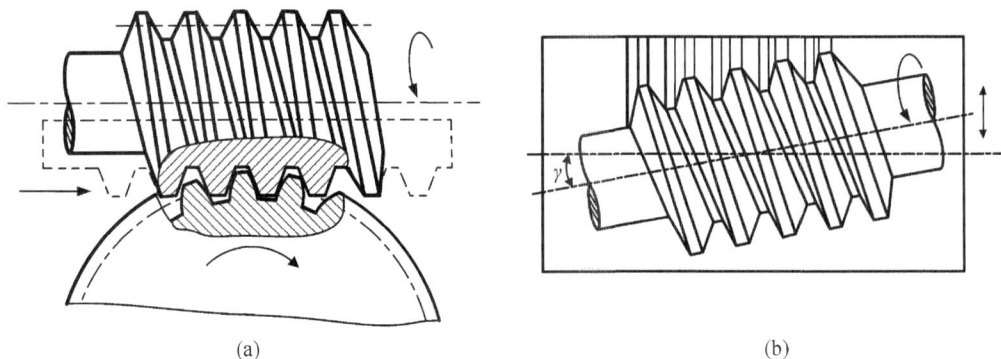

(a)	(b)

图 6-14 滚齿法加工齿轮

6.4.2 齿轮的根切

范成法加工齿轮时，如果齿数过少就会发生齿根处已加工好的渐开线齿廓又被部分切掉的现象，称为"根切"。如图 6-15(a)所示，根切会导致齿轮齿根变薄，削弱轮齿的抗弯强度，使齿廓渐开线变短，重合度下降，影响传动的平稳性。

根切形成的过程如图 6-15(b)所示。齿条刀具的分度线 $t-t$ 与轮坯的分度圆相切于 P 点，B_1 点为轮坯齿顶圆与啮合线的交点。当刀具齿顶线不高出极限啮合点 N($I-I$ 线)时，可以加工出完整的轮齿。现在刀具的齿顶线超越 N 点($II-II$ 线)。刀具齿廓到达位置 MG 时，其齿廓也通过极限啮合点 N。此时刀具 NG 段切出了轮坯齿廓，而刀具齿顶尚未进入轮坯齿根轮廓。刀具继续向右移动距离 $r\varphi$ 时，轮坯同时转动角度 φ。刀刃 $M'G'$ 与啮合线垂直相交于 K 点，齿廓渐开线与基圆的交点为 N'。由渐开线性质可得：NK 的长度为 $r_b\varphi$，并且 NK 长度与圆弧 NN' 相等。显然，点 N' 也位于刀刃线 $M'G'$ 的左侧，即刀具已经切入基圆附近的齿廓线。由图中可见，N' 点附近原有的齿廓以及基圆内的齿廓都被切去了一部分，即发生了"根切"。

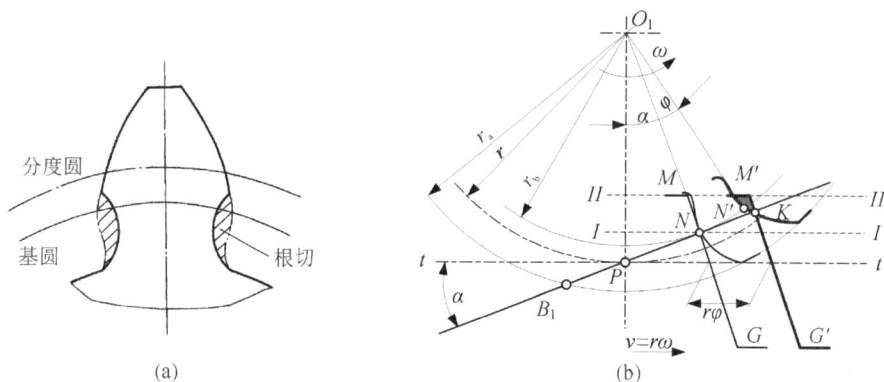

图 6-15 齿轮的根切

由根切的形成过程分析可知，轮坯的基圆越小则极限啮合点越接近节点，刀具也越容易超过 N 点形成根切。基圆半径与齿数 z、模数 m 和压力角 α 有关，即齿数直接决定了其基圆半径。为了避免发生根切现象，标准齿轮的齿数需要有个最小齿数的限定。

图 6-16 所示为齿轮加工过程。若要保证不发生根切，刀具的齿顶线不应超过极限啮合点 N，即啮合线上有：$\overline{PB} \leqslant \overline{PN}$，代入计算式 $\overline{PN} = \dfrac{mz}{2}\sin\alpha$ 和 $\overline{PB} = \dfrac{mh_a^*}{\sin\alpha}$ 后可得

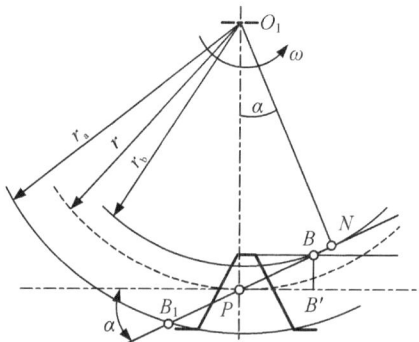

图 6-16 不根切的刀具位置

$$z \geqslant \frac{2h_a^*}{\sin^2\alpha} \tag{6-18}$$

可得到不发生根切的最小齿数:

$$z_{\min} = \frac{2h_a^*}{\sin^2\alpha} \tag{6-19}$$

齿轮压力角 $\alpha=20°$、齿顶高系数 $h_a^*=1$ 时,$z_{\min}=17$;压力角 $\alpha=20°$、$h_a^*=0.8$ 时,$z_{\min}=14$。

6.4.3 变位齿轮

实际使用中小齿轮齿数有时必须小于最小齿数 $z_{\min}$,为避免根切就必须选用变位齿轮。变位齿轮就是切削标准齿轮时,刀具沿齿轮径向移动一定距离后再加工后得到的齿轮。刀具移动的距离一般取:xm,x 称为变位系数。刀具远离轮坯中心移动时称为正变位,x 取正值;刀具移动相反时为负变位,变位系数取负值。对于已定的齿数 z,其不发生根切的最小变位系数为

$$x \geqslant \frac{h_a^*(z_{\min}-z)}{z_{\min}} = x_{\min} \tag{6-20}$$

由式(6-20)可得,当 $z < z_{\min}$ 时,x 为正值,表明必须采用正变位以避免根切;$z > z_{\min}$ 时,x 为负值,说明刀具沿径向移动 xm 时,仍不会产生根切。

变位齿轮的齿廓曲线与标准齿轮相同,属于同一条渐开线上不同的区段。变位齿轮的齿厚和槽宽不再相等,齿根高、齿根圆及齿顶高、齿顶圆的尺寸均发生变化,如图 6-17 所示。正变位齿轮的分度圆齿厚变大,齿槽宽变小;负变位则刚好相反。变位齿轮常用于凑中心距、减小齿轮尺寸、提高齿轮的承载能力和抗磨能力,以及修复磨损的旧齿轮。

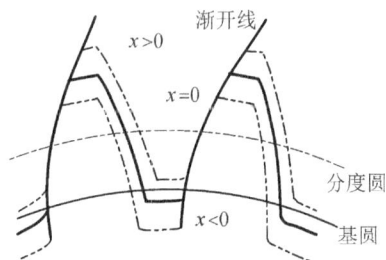

图 6-17 变位齿轮齿形

6.5 直齿圆柱齿轮的强度

6.5.1 齿轮传动的失效形式

齿轮传动的失效主要是由轮齿失效引起。轮齿的失效形式与其工作状况和使用条件有关,主要包括轮齿折断、齿面点蚀、齿面胶合、齿面磨损,以及齿面塑性变形。

(1)轮齿折断。轮齿折断是指齿轮的一个齿或多个齿的整体或局部断裂,通常发生在

齿根部分,如图 6-18 所示。轮齿折断的原因有两种:短时严重过载折断和重复弯曲载荷引起的疲劳断裂。

(2)齿面点蚀。齿面接触应力超出了材料的接触疲劳极限,轮齿表面会产生细微疲劳裂纹并扩展后形成凹坑,如图 6-19 所示。点蚀一般出现在靠近节线的齿根表面,造成齿面失去正确的齿形,传动精度下降并引起附加动载荷,产生噪声和振动。

(3)齿面胶合。高速重载传动时齿间高速滑动,产生的瞬间高温破坏润滑油膜,致使两齿面金属直接接触并形成黏焊。齿面接触脱离时又将黏焊处撕裂,在较软齿面沿滑动法向形成沟痕,如图 6-20 所示。

图 6-18　轮齿折断

图 6-19　齿面点蚀

(4)齿面磨损。齿面磨损是由于啮合过程中的灰尘、硬颗粒等进入齿面间引起的磨粒磨损,以及硬齿面对软齿面的刮伤造成的磨损,如图 6-21 所示。磨损后的齿形遭到破坏,齿厚减薄,导致严重的噪声和振动,甚至轮齿折断失效。

图 6-20　齿面胶合

图 6-21　齿面磨损

(5)齿面塑性变形。重载条件下,齿面较软的轮齿表面材料会在摩擦力作用下产生滑移,形成主动轮节线附近凹下、从动轮凸起的现象,称为齿面塑性变形,如图 6-22 所示。提高齿面硬度,选用高黏度润滑油,可减轻或防止齿面的塑性变形。

轮齿的失效形式多样,但在一定条件下必有一种主要失效方式。设计时,需要分析轮齿的失效形式及原因,确定齿轮传动的设计准则及载荷计算方法。仪器仪表中的齿轮传递扭矩较小，其模数一般不用按照强度设计计算，可根据结构、工艺和精度条件选定，常用的模数范围是 0.3~1 mm。

图 6-22　齿面变形

6.5.2　齿轮的材料

　　齿轮材料的基本要求是：齿面硬、齿芯韧，具有良好的加工性能和经济性。齿面硬度高时，具有很好的耐磨性。芯部韧则有足够的抗弯曲疲劳强度和冲击载荷的能力。加工工艺性好、热处理效果好，可显著提高材料的性能，延长使用寿命。常用的齿轮材料有优质碳素钢、合金结构钢、铸钢、铸铁，以及轻载场合的非金属材料。

　　齿轮常用钢材料多为锻钢，并经热处理来提高齿面硬度，以提高抗点蚀、胶合、磨损的能力。对于齿面硬度不大于 350 HBS 的软齿面齿轮，常用材料是 45、40Cr、40MnB、42SiMn 等中碳钢和合金钢，热处理工艺为正火或调质。小齿轮齿面比大齿轮高 25~50 HBS。齿面硬度大于 350 HBS 的硬齿面齿轮，常用中碳钢、中碳合金钢等，热处理工艺为表面淬火、表面渗碳渗氮等。

　　直径较大的齿轮，多采用铸钢制造，如 ZG270-500、ZG310-570 等。铸钢毛坯应进行正火处理以消除残余应力和硬度不均匀现象。铸铁多用于制作形状复杂的齿轮毛坯，但抗弯强度和抗冲击能力差，常用于制造受力小、无冲击、大尺寸的低速齿轮，如 HT200、HT350、QT500-7、QT600-3 等。

　　非金属材料常用于高速、小功率、精度不高和噪声低的场合，如夹布胶木、尼龙等。其主要特点是质量轻、韧性好、噪声小、不生锈、便于维护，但其强度低、散热差，因此常与金属齿轮配对，以利于散热。

6.5.3　直齿圆柱齿轮的受力

　　齿轮传动计算载荷，是将作用于轮齿上的名义载荷 F_n，根据使用工况和承载状态进行修正后得到的载荷值 F_{ca}，可表示为

$$F_{ca} = K_A K_v K_\beta K_\alpha F_n = K F_n \tag{6-21}$$

式中，K_A 为使用系数；K_v 为动载系数；K_β 为齿向载荷分布系数；K_α 为齿间载荷分布系数；K 为载荷系数。这些系数分别计入使用工况、工作特性、齿形误差等对轮齿载荷的影响，可从相关手册中查取。

对轮齿受力分析时，通常忽略齿面间的摩擦力，并假设法向载荷 F_n 沿齿宽均匀分布，如图 6-23 所示，并以齿宽中点处的集中力代替。轮齿啮合时，所传递转矩 T_1 引起的法向载荷 F_n 垂直于齿面，可将其分解为相互垂直的圆周力 F_t 和径向力 F_r。即

$$\begin{cases} F_t = \dfrac{2T_1}{d_1} \\[2mm] F_r = F_t \tan \alpha \\[2mm] F_n = \dfrac{F_t}{\cos \alpha} = \dfrac{2T_1}{d_1 \cos \alpha} \end{cases} \quad (6-22)$$

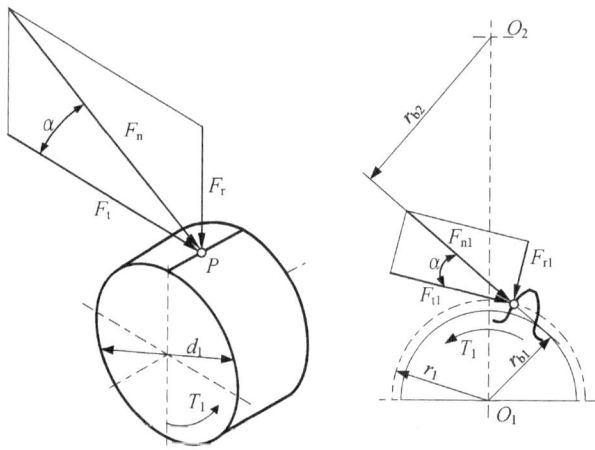

图 6-23　直齿圆柱齿轮受力

式中，d_1 为齿轮 1 的分度圆直径；α 为压力角；T_1 为齿轮 1 所传递的转矩，$T_1 = 9550 \cdot P/n_1$，N/m；P 为传递功率，kW；n_1 为齿轮 1 的转速，r/min。

齿轮受力的方向为：主动轮的圆周力与其回转方向相反；从动轮的圆周力与其回转方向相同；径向力分别指向各轮的回转中心。

6.5.4　直齿圆柱齿轮的应力计算

1. 齿根弯曲疲劳应力

齿根弯曲疲劳强度计算是为防止轮齿发生疲劳折断。轮缘刚度较大，可视为悬臂梁结构。齿根所受的弯矩最大是轮齿强度的薄弱环节。计算齿根弯曲强度时，假定载荷由一对轮齿承担，法向载荷 F_n 完全作用于齿顶，如图 6-24 所示。轮齿将被简化为一个悬臂梁，其危险截面由 30° 法确定，即作与轮齿对称中心成 30° 夹角并与齿根圆相切的斜线，两切点 AB 连线就是危险截面位置，厚度为 s_F。

作用于齿顶的法向载荷 F_n 与轮齿对称中心线的垂线夹角为 γ，可将其分解为两个垂直力 $F_n \cos \gamma$ 和 $F_n \sin \gamma$。前者在齿根产生弯曲应力 σ_F，后者产生的是压缩应力 σ_c。压缩应力 σ_c 通常忽略不计，只计算危险截面上的弯曲应力 σ_{F0}。根据材料力学理论，名义最大弯曲应力为 σ_{F0}：

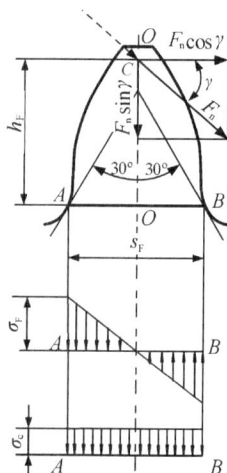

图 6-24　齿根弯曲应力计算简图

$$\sigma_{F0}=\frac{M}{W}=\frac{KF_{n}\cos\gamma\cdot h_{F}}{\dfrac{b\times s_{F}^{2}}{6}}=\frac{6KF_{t}\cos\gamma\cdot h_{F}}{bs_{F}^{2}\cos\alpha} \tag{6-23}$$

式中，K 为载荷系数；b 为轮齿宽度，mm；h_{F} 为弯曲力矩的作用力臂，mm。由于 h_{F} 和 s_{F} 均与齿轮模数 m 成比例关系，上式的弯曲应力可表示为

$$\sigma_{F0}=\frac{KF_{t}}{bm}\cdot\frac{6\left(\dfrac{h_{F}}{m}\right)\cos\gamma}{\left(\dfrac{s_{F}}{m}\right)^{2}\cos\alpha}=\frac{KF_{t}}{bm}\cdot Y_{F}=\frac{2KT_{1}Y_{Fa}}{bd_{1}m} \tag{6-24}$$

式中，齿形系数 Y_{Fa} 的值仅取决于齿形而与模数无关。采用应力修正系数 Y_{Sa} 和重合度系数 Y_{ε} 对弯曲应力 σ_{F0} 进行修正，得到轮齿弯曲疲劳应力的计算公式：

$$\sigma_{F}=\frac{2KT_{1}}{bd_{1}m}Y_{Fa}Y_{Sa}Y_{\varepsilon} \tag{6-25}$$

式中各系数的定义和取值可查阅 GB/T 3480—1983。

2. 齿面接触疲劳应力

齿面点蚀现象主要与齿面接触应力的大小有关。齿面接触应力可用赫兹公式计算：

$$\sigma_{H}=\sqrt{\frac{F_{n}}{\pi b}\cdot\frac{\dfrac{1}{\rho_{\Sigma}}}{\dfrac{1-\mu_{1}^{2}}{E_{1}}+\dfrac{1-\mu_{2}^{2}}{E_{2}}}} \tag{6-26}$$

式中，$1/\rho_{\Sigma}-1/\rho_{1}\perp1/\rho_{2}$ 为当量曲率半径；μ_{1}、μ_{2} 为齿轮材料的泊松比；ρ_{1}、ρ_{2} 为轮齿啮合点的曲率半径；E_{1}、E_{2} 为齿轮材料的弹性模量。

在轮齿啮合过程中，啮合点沿啮合线移动。在任一啮合处都可将轮齿的接触近似为两圆柱体接触，如图 6-25 所示。两圆柱体半径分别为轮齿啮合点的曲率半径 ρ_{1}、ρ_{2}。随着啮合位置的变化，两圆柱体的半径 ρ_{1}、ρ_{2} 和当量曲率半径 ρ_{Σ} 也随之变化，如图 6-25(b)所示。啮合过程中每对轮齿承担的载荷也是不断变化的，实际齿面接触应力变化情况如图 6-25(c)所示。常用节点 P 处的应力来计算齿面接触应力。

根据节点处的齿廓曲率半径 ρ_{1}、ρ_{1} 和齿轮齿数比 u，当量曲率半径计算为

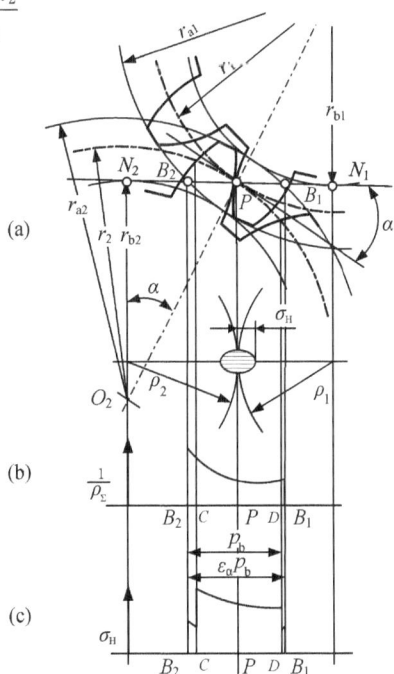

图 6-25　齿面接触应力

$$\frac{1}{\rho_\Sigma} = \frac{1}{\rho_1} \pm \frac{1}{\rho_2} = \frac{u \pm 1}{u} \cdot \frac{2}{d_1 \sin \alpha} \tag{6-27}$$

将式(6-27)代入式(6-26)，可得接触疲劳应力计算公式：

$$\sigma_H = \sqrt{\frac{1}{\pi \left(\frac{1-\mu_1^2}{E_1} + \frac{1-\mu_2^2}{E_2} \right)} \cdot \frac{2}{\sin \alpha \cos \alpha} \cdot \frac{u \pm 1}{u} \cdot \frac{2KT_1}{bd_1^2}} \tag{6-28}$$

定义节点区域系数 Z_H、弹性系数 Z_E、重合度系数 Z_ε 后，轮齿的齿面接触应力可表示为

$$\sigma_H = Z_E Z_H Z_\varepsilon \sqrt{\frac{u \pm 1}{u} \cdot \frac{2KT_1}{bd_1^2}} \tag{6-29}$$

式中，各系数的定义和取值可查阅 GB/T 3480—1997。

6.5.5 直齿圆柱齿轮的设计

直齿圆柱齿轮设计时的齿根弯曲疲劳强度和齿面接触疲劳强度条件分别为

$$\sigma_F \leqslant [\sigma_F] = \frac{\sigma_{F,lim}}{S_F} \tag{6-30}$$

$$\sigma_H \leqslant [\sigma_H] = \frac{\sigma_{H,lim}}{S_H} \tag{6-31}$$

式中，$[\sigma_F]$、$[\sigma_H]$ 分别为许用弯曲应力和许用接触应力；$\sigma_{F,lim}$、$\sigma_{H,lim}$ 分别为试验齿轮的弯曲疲劳应力极限和接触疲劳应力极限，可从材料手册中查取。S_F、S_H 分别为弯曲疲劳强度和接触疲劳强度的安全系数，可根据材料、热处理工艺、使用情况等条件选取。

6.6 斜齿圆柱齿轮传动

6.6.1 斜齿圆柱齿轮齿廓曲面的形成及啮合特点

渐开线是一条发生线在基圆上做纯滚动时线上任一点的轨迹。直齿圆柱齿轮的齿廓侧面是发生面 S 在基圆柱上做纯滚动时，其上任一与基圆柱母线 NN 平行的直线 KK 所形成的渐开线曲面，如图 6-26 所示。因此，直齿圆柱齿轮啮合时的接触线是与轴线平行的直线，整个齿宽同时进入啮合或退出啮合。传动过程存在一定的冲击和噪音，平稳性较差。

斜齿圆柱齿轮齿廓的形成原理与直齿轮类似，但是发生面 S 上的直线 KK 是与圆柱母线 NN 成一角度 β_b，如图 6-27 所示。当 S 平面做纯滚动时，斜线 KK 的轨迹为一个渐开线螺旋面，即为斜齿轮的齿廓曲面。KK 与基圆柱母线的夹角 β_b 称为基圆柱上的螺旋角。轮齿的螺旋方向有左右之分，螺旋角 β 也有正有负。

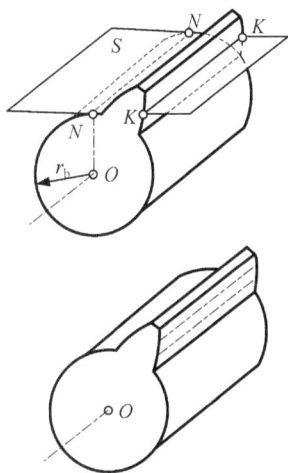

图 6 - 26 直齿轮齿面形成及接触线   图 6 - 27 斜齿轮齿面形成及接触线

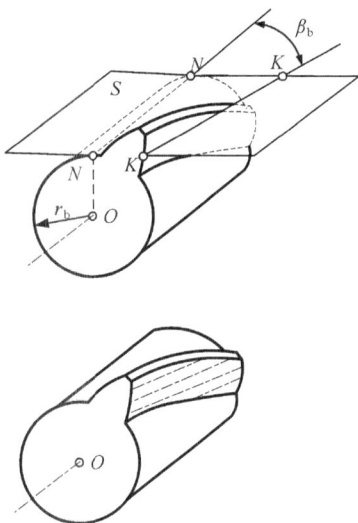

斜齿圆柱齿轮啮合时，其接触线都是平行于发生线 KK 的斜直线，与齿轮轴成一倾斜角 β_b。在两齿廓啮合过程中，接触线长度先由零逐渐增长到整个齿宽，然后又逐渐缩短直至在主动轮的齿顶一点脱离啮合。因此，斜齿轮的啮合是沿着齿宽方向逐渐进入和逐渐退出的，轮齿上的载荷是逐步加载和卸载的，故传动平稳，噪音小。此外，斜齿轮的轮齿是倾斜的，同时参与啮合的轮齿对数多，重合度比直齿轮大，因此适宜于高速、重载的场合。斜齿轮啮合的缺点是会产生轴向分力，常需限制螺旋角数值以限定轴向力的大小。

6.6.2 斜齿圆柱齿轮的基本参数及尺寸

斜齿轮上垂直于轴线的平面称为端面，与分度圆柱螺旋线垂直的平面称为法面。由于其端面和法面内的齿形不同，斜齿轮参数有法向参数(下标 n)和端面参数(下标 t)。斜齿轮加工时，刀具沿螺旋槽方向(即垂直于法面)切削。因此，斜齿轮的法向参数为标准值。斜齿轮的几何尺寸计算则需要使用端面参数，因此要在法面和端面参数之间进行换算。

(1) 螺旋角。斜齿轮的螺旋角是分度圆柱上的螺旋角。

(2) 模数和压力角。图 6 - 28 为斜齿圆柱齿轮分度圆柱面的展开图。从图上可知，端面齿距 p_t 与法面齿距 p_n 的关系为：$p_t = p_n / \cos\beta$。因 $p = \pi m$，故法面模数 m_n 和端面模数 m_t 之间的关系为

$$m_t = m_n / \cos\beta \qquad (6-32)$$

图 6 - 29 是端面(ABD 平面)压力角和法面(A_1B_1D 平面)压力角的关系。由图可见，$\tan\alpha_t = \overline{BD}/\overline{AB}$，$\tan\alpha_n = \overline{B_1D}/\overline{A_1B_1}$，$\cos\beta = \overline{B_1D}/\overline{BD}$，法面压力角和端面压力角的关系为

$$\tan\alpha_t = \tan\alpha_n / \cos\beta \qquad (6-33)$$

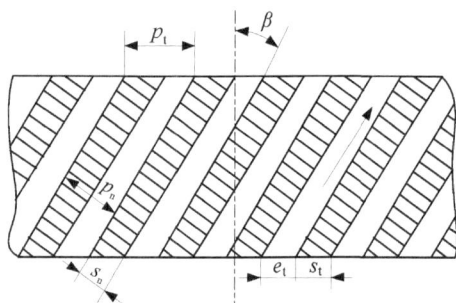

图 6-28 斜齿轮分度圆柱面展开

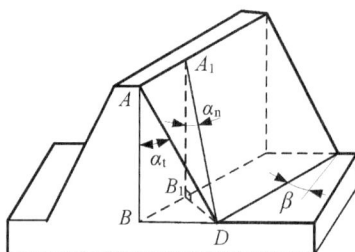

图 6-29 端面压力角和法面压力角

（3）齿顶高系数和顶隙系数。端面齿顶高系数和顶隙系数与法面参数的关系为

$$h_{at}^* = h_{an}^* \cos \beta \qquad (6-34)$$

$$c_t^* = c_n^* \cos \beta \qquad (6-35)$$

标准斜齿圆柱齿轮的几何尺寸计算公式如表 6-3 所示。

表 6-3 标准斜齿圆柱齿轮的几何尺寸

名称	符号	计算公式
螺旋角	β	一般取 $8° \sim 20°$
基圆柱螺旋角	β_b	$\tan \beta_b = \tan \beta \cos \alpha$
法向模数	m_n	根据轮齿承载能力取标准值
端面模数	m_t	$m_t = m_n / \cos \beta$
法向压力角	α_n	取标准值
端面压力角	α_t	$\tan \alpha_t = \tan \alpha_n / \cos \beta$
法向齿距	p_n	$p_n = \pi m_n$
端面齿距	p_t	$p_t = \pi m_t = p_n / \cos \beta$
基圆法向齿距	p_{bn}	$p_{bn} = p_n \cos \alpha_n$
基圆端面齿距	p_{bt}	$p_{bt} = p_t \cos \alpha_n = p_{bn} / \cos \beta$
法向齿厚	s_n	$s_n = \pi m_n / 2$
端面齿厚	s_t	$s_t = p_t / 2 = \pi m_n / 2 \cos \beta$
分度圆直径	d	$d = m_t z = z m_n / \cos \beta$
基圆直径	d_b	$d_b = d \cos \alpha_t$
齿顶高	h_a	$h_a = h_a^* m_n$
齿根高	h_f	$h_f = (h_a^* + c^*) m_n$
齿顶圆直径	d_a	$d_a = d + 2h_a$
齿根圆直径	d_f	$d_f = d - 2h_f$
标准中心距	a	$a = (d_1 + d_2)/2 = m_n(z_1 + z_2)/2\cos \beta$

6.6.3 斜齿圆柱齿轮的啮合传动

斜齿圆柱齿轮实现正确啮合时，除了模数和压力角分别相等外，还须两齿轮的螺旋角方向相匹配（正负号分别用于内、外啮合）：

$$m_{n1} = m_{n2}, \quad \alpha_{n1} = \alpha_{n2}, \quad \beta_1 = \pm\beta_2$$

斜齿轮传动时重合度一般大于直齿轮。图 6-30 所示为直齿轮和斜齿轮啮合区对比，图(a)中的直齿轮在 B_1B_1' 处沿整个齿宽进入啮合，到 B_2B_2' 处整体脱离啮合，其重合度为 B_1B_2 与基圆齿距 p_b 之比。对于图(b)中斜齿轮在 B_1B_1' 处进入啮合状态，并且是前端面先进入，然后整个轮齿逐渐进入啮合。在 B_2B_2' 处脱离啮合时，也是前端面开始脱离，直到轮齿的后端面转到 B_2B_2' 处时，轮齿才完全脱离啮合。斜齿轮的实际啮合区比直齿轮增大了 $\Delta L = b\tan\beta_b = b\tan\beta\cos\alpha_t$，传动重合度计算为

$$\varepsilon = \frac{\overline{B_1B_2} + \Delta L}{p_{bt}} = \frac{\overline{B_1B_2}}{p_{bt}} + \frac{b\tan\beta\cos\alpha_t}{p_{bt}} = \varepsilon_a + \varepsilon_\beta \tag{6-36}$$

式中，ε_a 为端面重合度，其值等于与斜齿轮端面齿廓相同的直齿轮传动的重合度；ε_β 为轴向重合度，是由于轮齿倾斜而增加的重合度。斜齿轮传动的重合度随齿轮宽度和螺旋角增大而增大。

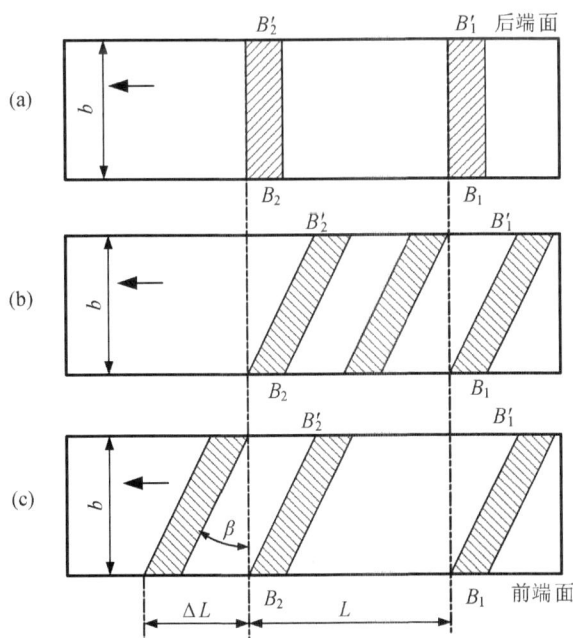

图 6-30 齿轮传动的啮合区与重合度

6.6.4 斜齿圆柱齿轮的当量齿数

斜齿轮加工时，铣刀需要沿着螺旋线方向切制，所以应按照齿轮的法面齿形选择铣

刀。计算轮齿的强度时也需要知道法面的齿
形。斜齿轮的法面齿形常用它的当量齿轮来
表示。如图 6-31 所示,过斜齿轮分度圆柱面
上 P 点作轮齿螺旋线的法平面 n-n,与分度
圆柱面的交线为一椭圆。椭圆的长、短半轴分
别为 $r/\cos\beta$ 和 r,此时 P 点的曲率半径为

$$\rho_n=\left(\frac{r}{\cos\beta}\right)^2/r=\frac{r}{\cos^2\beta} \qquad (6-37)$$

以此 ρ_n 为半径画的圆与 P 点附近的椭圆弧
非常接近。假想一分度圆半径为 ρ_n 的直齿圆
柱齿轮,其模数和压力角分别为斜齿轮的法
面模数 m_n 和法向压力角 α_n。此假想直齿轮
齿形与斜齿轮的法面齿形十分接近,称为它

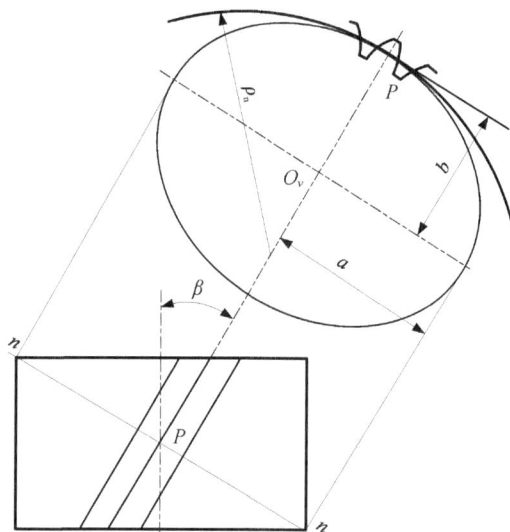

图 6-31 斜齿轮的当量齿轮

的当量齿轮。当量齿轮齿数称为斜齿轮的当量齿数 z_v:

$$z_v=\frac{2\rho_v}{m_n}=\frac{2r}{m_n\cos^2\beta}=\frac{z}{\cos^3\beta} \qquad (6-38)$$

由上式可知,斜齿轮的当量齿数总是大于其实际齿数,且多不是整数。当量齿轮的用
途有:仿形法加工斜齿轮时选择铣刀;轮齿弯曲疲劳强度计算时选择应力修正系数;选择
变位系数及测量齿厚。

6.6.5 斜齿圆柱齿轮的受力分析及强度计算

1. 斜齿轮的受力分析

如图 6-32 所示,传动时
作用在斜齿轮齿上的法向力
F_n 可以分解为三个互相垂直
的分力:即圆周力 F_t、径向力
F_r 和轴向力 F_a:

$$\begin{cases} F_t=\dfrac{2T_1}{d_1} \\\\ F_r=F_t\dfrac{\tan\alpha_n}{\cos\beta} \\\\ F_a=F_t\tan\beta \\\\ F_n=\dfrac{F_t}{\cos\beta\cos\alpha_n} \end{cases} \qquad (6-39)$$

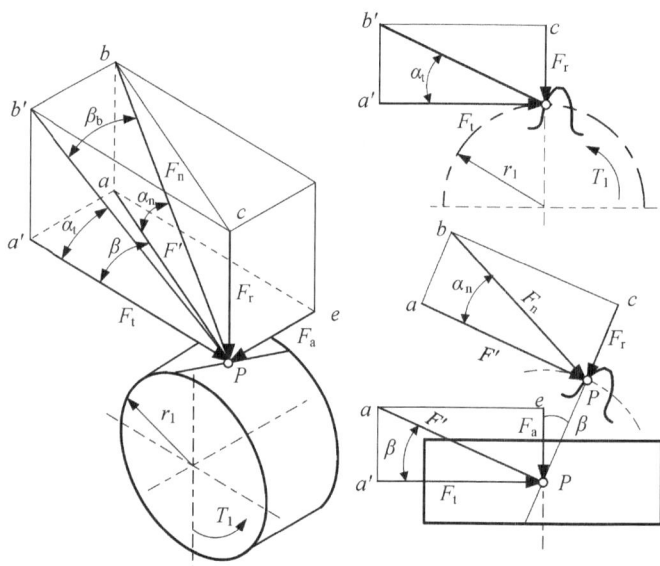

图 6-32 斜齿轮的受力分析

式中，β 为螺旋角，非标准齿轮传动用节圆螺旋角代替；α_n 为法向压力角，非标准齿轮传动用法向啮合角代替。

圆周力 F_t 和径向力 F_r 的作用方向与直齿圆柱齿轮基本相同，轴向力 F_a 的方向取决于轮齿螺旋线的方向和齿轮的转动方向。当右旋斜齿轮为主动轮时，以右手握住其轴线并以四指弯曲指向其旋转方向，则大拇指指向为所受轴向力的方向，此时从动轮所受各力与主动轮大小相等、方向相反。为限制斜齿轮轴向力的大小，螺旋角通常取值为 $8°\sim20°$。

2. 斜齿轮的齿根弯曲疲劳应力计算

斜齿轮轮齿的弯曲应力是在轮齿的法面内进行计算，方法与直齿圆柱齿轮相同。采用一对当量直齿圆柱齿轮代替啮合齿对，建立斜齿轮的齿根弯曲强度计算模型，并使用当量齿轮的相关参数计算。斜齿轮啮合时重合度较大，同时啮合的轮齿对数较多；并且轮齿的接触线是倾斜的，能有效地降低斜齿轮的弯曲应力，因此引入螺旋角系数 Y_β 进行修正：

$$\sigma_F = \frac{2KT_1}{d_1 b m_n} \cdot Y_{Fa} Y_{Sa} Y_\varepsilon Y_\beta \leqslant [\sigma_F] \qquad (6-40)$$

式中的齿形系数 Y_{Fa}、应力修正系数 Y_{Sa}、重合度系数 Y_ε、螺旋角系数 Y_β 均可在相关设计手册中获取。

3. 齿面接触疲劳应力

斜齿圆柱齿轮的齿面接触疲劳应力计算方法与直齿圆柱齿轮类似。其中，齿廓啮合点的曲率半径应按法面内的曲率半径计算。倾斜的接触线有利于提高齿面接触疲劳强度，因此引入螺旋角系数 Z_β 来进行修正接触应力：

$$\sigma_H = Z_E Z_H Z_\varepsilon Z_\beta \sqrt{\frac{2T_1}{b d_1^2} \cdot \frac{u+1}{u}} \leqslant [\sigma_H] \qquad (6-41)$$

式中的弹性系数 Z_E、节点区域系数 Z_H、螺旋角系数 Z_β、重合度系数 Z_ε 均可在相关设计手册中获取。

6.7　锥齿轮传动

6.7.1　锥齿轮传动的特点

锥齿轮常用于传递两相交轴间的运动和动力。不同于圆柱齿轮的轮齿沿圆柱面分布，圆锥齿轮的轮齿是沿圆锥面分布的，其轮齿尺寸朝向锥顶方向是逐渐缩小的。圆锥齿轮的运动关系相当于一对节圆锥做纯滚动。除节圆锥外，圆锥齿轮还有分度圆锥、齿顶圆锥、齿根圆锥和基圆锥。锥齿轮大端的参数常取为标准值，即 $\alpha = 20°$，$h_a^* = 1$，$c^* = 0.2$，模数按照表 6-4 选取。

表 6-4 锥齿轮模数(GB 12368—1990)

··· 1	1.125	1.25	1.375	1.5	1.75	2	2.25	2.5	2.75	3	3.25	3.5	3.75
4	4.5	5		5.5		6	6.5	7		8	9	10	···

根据轮齿与分度圆锥母线之间的关系,锥齿轮可分为:直齿、斜齿、圆弧齿和螺旋齿等。直齿圆锥齿轮结构简单、制造方便、应用广泛,圆弧齿和螺旋齿由于传动平稳、承载能力强,常用于高速重载的场合,如汽车主减速器。图 6-33 所示的锥齿轮传动中,轴交角 Σ 为两锥齿轮轴线夹角,δ_1 和 δ_2 分别为两齿轮的分度圆锥角。显然:$\Sigma = \delta_1 + \delta_2$。图示的标准外啮合直齿锥齿轮传动比为

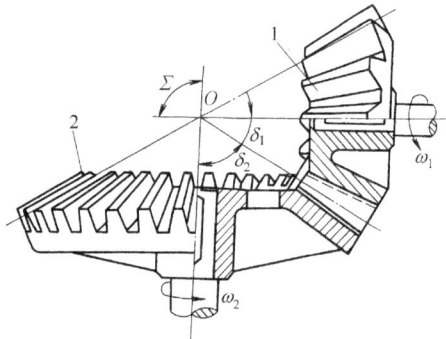

图 6-33 锥齿轮传动

$$i = \frac{n_1}{n_2} = \frac{d_2}{d_1} = \frac{z_2}{z_1} = \frac{\sin \delta_2}{\sin \delta_1} = \tan \delta_2 = \cot \delta_1 \qquad (6-42)$$

6.7.2 直齿锥齿轮的齿廓及几何尺寸

直齿锥齿轮的齿廓是球面渐开线。如图 6-34 所示,当半径为 R 的圆形发生面 S 沿基圆锥做纯滚动时,平面上任一条通过锥顶的直线 OB 将形成渐开线曲面,即为直齿圆锥轮的齿廓曲面。渐开线 AB 上的点与锥顶 O 的距离均等于 OB,所以该渐开线在以 O 为球心、OB 为半径的球面上,即圆锥齿轮的齿廓曲线是以锥顶 O 为球心的球面渐开线。

标准直齿锥齿轮啮合时的几何尺寸如图 6-35 所示,其计算公式列出在表 6-5 中。

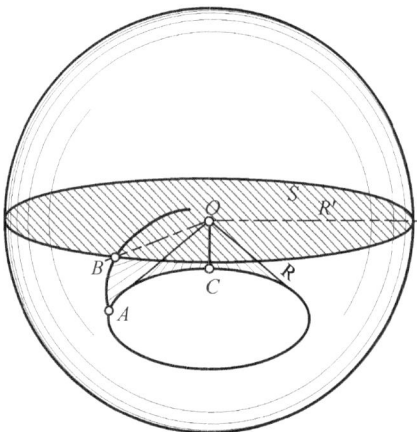

图 6-34 球面渐开线的齿廓

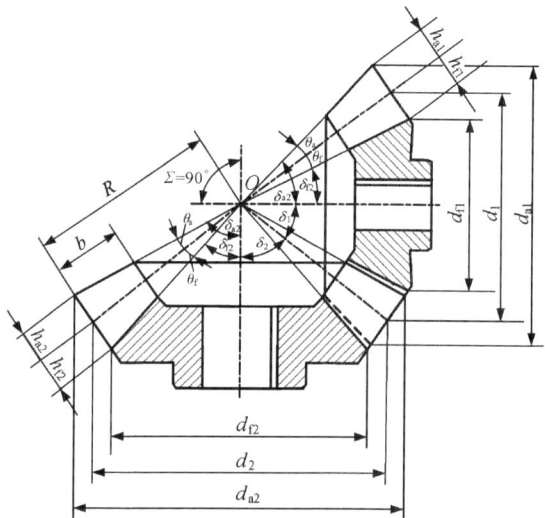

图 6-35 直齿锥齿轮的几何尺寸

表 6-5 $\Sigma = 90°$ 的标准直齿锥齿轮啮合时的几何参数及计算公式

名称	符号	计算公式及参数选择
模数	m	以大端模数为标准
传动比	i	$i = z_2/z_1 = \tan\delta_2 = \cot\delta_1$
分度圆锥角	δ_1、δ_2	$\delta_2 = \arctan z_2/z_1$，$\delta_1 = 90° - \delta_2$
分度圆直径	d_1、d_2	$d_1 = mz_1$，$d_2 = mz_2$
齿顶高	h_a	$h_a = h_a^* m$
齿根高	h_f	$h_f = (h_a^* + c^*)m$
齿全高	h	$h = h_a + h_f = (2h_a^* + c^*)m$
齿顶间隙	c	$c = c^* m$
齿顶圆直径	d_{a1}、d_{a2}	$d_{a1} = d_1 + 2h_a\cos\delta_1$，$d_{a2} = d_2 + 2h_a\cos\delta_2$
齿根圆直径	d_{f1}、d_{f2}	$d_{f1} = d_1 - 2h_f\cos\delta_1$，$d_{f2} = d_2 - 2h_f\cos\delta_2$
锥距	R	$R = \sqrt{r_1^2 + r_2^2}$
齿宽	b	$b \leqslant R/3$，$b \leqslant 10m$
齿宽系数	ϕ_R	$\phi_R = b/R$
齿顶角	θ_a	$\theta_a = \arctan h_a/R$
齿根角	θ_f	$\theta_f = \arctan h_f/R$
根锥角	δ_{f1}、δ_{f2}	$\delta_{f1} = \delta_1 - \theta_f$，$\delta_{f2} = \delta_2 - \theta_f$
顶锥角	δ_{a1}、δ_{a2}	$\delta_{a1} = \delta_1 + \theta_a$，$\delta_{a2} = \delta_2 + \theta_a$

6.7.3 背锥、当量齿数和平均当量齿轮

球面渐开线无法展开成平面，故常用背锥上的齿廓曲线来代替球面渐开线。过锥齿轮大端，作母线与锥齿轮分度圆锥母线垂直的圆锥，称为锥齿轮的背锥。图 6-36 所示为一圆锥齿轮剖面，△OAB、△Obb、△Oaa 分别表示其分度圆锥、顶圆锥和根圆锥与轴线平面的交线。过 A 点作 OA 的垂线与圆锥齿轮的轴线交于 O′ 点。以 OO′ 为轴线、O′A 为母线作圆锥，这个圆锥称为背锥。背锥与球面相切于大端分度圆。若自球心 O 作射线，将球面渐开线的齿廓向背锥上投影，则 a、b

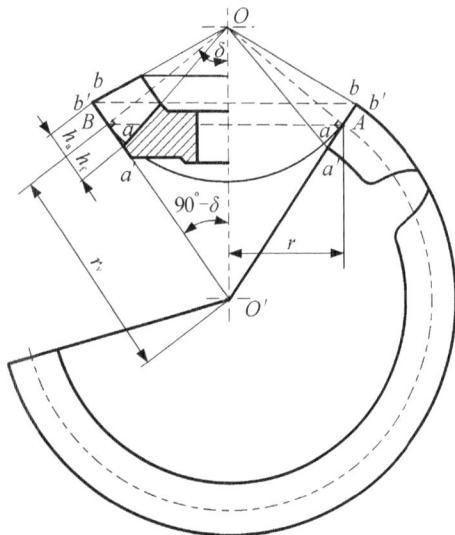

图 6-36 直齿锥齿轮的背锥与当量齿轮

点的投影为 a'、b' 点，ab 与 $a'b'$ 相差不大，可以代替球面渐开线齿廓。然后，将该背锥表面展开成一扇形平面，得到以背锥母线长度 r_v 为分度圆半径的扇形齿轮。该扇形齿轮的齿廓即为锥齿轮大端的近似齿廓，齿数为锥齿轮的实际齿数。将扇形齿轮补足为完整的圆柱齿轮，称为圆锥齿轮的当量齿轮，其齿数 z_v 称为锥齿轮的当量齿数。

由图可知，当量齿轮的分度圆半径为

$$r_v = r/\cos\delta = mz/2\cos\delta, \quad r_v = mz_v/2$$

可得当量齿轮齿数：

$$z_v = z/\cos\delta \tag{6-43}$$

由于 δ 总是大于零度，故 $z_v > z$，且往往不是整数。

由此可见，一对圆锥齿轮的啮合相当于一对当量圆柱齿轮的啮合，正确啮合条件是当量齿轮的模数和压力角分别相等，即锥齿轮大端的模数和压力角分别相等。将圆柱齿轮的啮合原理运用到圆锥齿轮传动，锥齿轮的重合度、最小齿数等都可按照当量齿轮计算。锥齿轮齿宽中点处的当量齿轮称为平均当量齿轮。在锥轮齿强度计算中，通常以平均当量齿轮的齿形作为锥齿轮的齿形，并可由直齿轮的轮齿强度计算公式导出相应的强度计算公式。

6.7.4　直齿锥齿轮传动时的受力分析

由于圆锥齿轮的轮齿厚度和高度向锥顶方向逐渐减小，故轮齿各剖面上的弯曲强度都不相同。为简化起见，通常假定法向载荷集中作用在齿宽中部的节点上。图 6-37 所示为直齿圆锥齿轮轮齿的受力情况。法向力 F_n 可分解为三个分力：圆周力 F_t、径向力 F_r 和轴向力 F_a。

$$\begin{cases} F_t = \dfrac{2T_1}{d_m} \\[2mm] F_r = F_t \tan\alpha\cos\delta \\[2mm] F_a = F_t \tan\alpha\sin\delta \\[2mm] F_n = \dfrac{F_t}{\cos\alpha} = \dfrac{2T_1}{d_m\cos\alpha} \end{cases} \tag{6-44}$$

式中，d_m 为锥齿轮齿宽中点的平均分度圆直径，$d_m = (1-0.5)db/R$；锥齿轮齿宽系数 $\phi_R = b/R$，常取 ϕ_R 为 $0.25\sim0.3$。

直齿锥齿轮传动中，由于两齿轮轴线相互垂直，因而 F_{t1} 与 F_{t2}，F_{r1} 与 F_{a2}，以及 F_{a1} 与 F_{r2} 大小相等，但方向相反，参见图 6-37(b)。

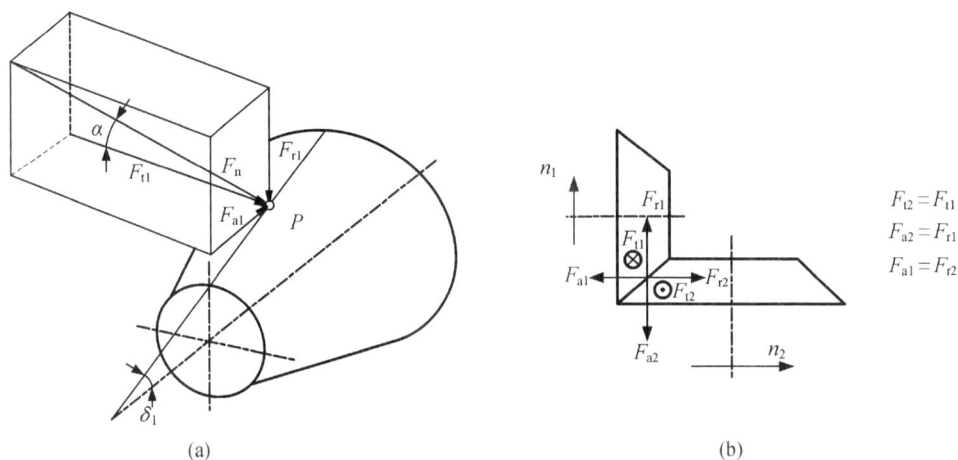

图 6 - 37　直齿锥齿轮的受力

6.8　蜗轮蜗杆传动

6.8.1　蜗轮蜗杆传动的特点

　　蜗杆传动主要由蜗杆和蜗轮组成，常用于在空间交错轴间传动，通常蜗杆为主动件，如图 6 - 38 所示。蜗杆机构可看作是由交错轴斜齿轮传动机构演变而来。若小齿轮的螺旋角很大、齿数较少、轴向长度足够时，则轮齿就可在圆柱面上绕成完整的螺旋，称为蜗杆。大齿轮则成为蜗轮。为了保证良好的啮合，蜗轮齿可做成包络蜗杆的圆弧形曲面。

　　按照螺旋齿的旋向，蜗杆可分为左旋和右旋，常用的蜗杆多为右旋。蜗杆螺旋线与垂直于蜗杆轴线平面之间的夹角称为导程角，相互啮合的蜗杆导程角与蜗轮螺旋角旋向相同。依据螺旋线的头数，又可分为单头蜗杆和多头蜗杆。根据蜗杆形状，蜗杆传动有圆柱蜗杆传动、环面蜗杆传动和锥蜗杆传动，机械中常用的为普通圆柱蜗杆传动。根据蜗杆螺旋面的形状，可分为阿基米德蜗杆、渐开线蜗杆和延伸渐开线蜗杆三种。其中阿基米德蜗杆应用最广泛。蜗杆传动主要特点有：

　　(1) 传动平稳，振动、冲击和噪声很小。

　　(2) 传动比大，机构紧凑。一般动力传动中 i 取 $10\sim80$，分度机构中 i 可达 1000。

　　(3) 自锁特性。当蜗杆的导程角小于啮合轮齿间的当量摩擦角时，蜗杆传动自锁。此时只能蜗杆带动蜗轮，而不能反向传动。

　　(4) 效率低，发热严重。啮合齿间的相对滑动速度较高，摩擦损耗大，传动效率低。一般情况下 η 为 $0.7\sim0.8$，自锁时 η 仅为 0.5。设计时需要选用耐磨材料，并保证良好的润滑和散热条件。

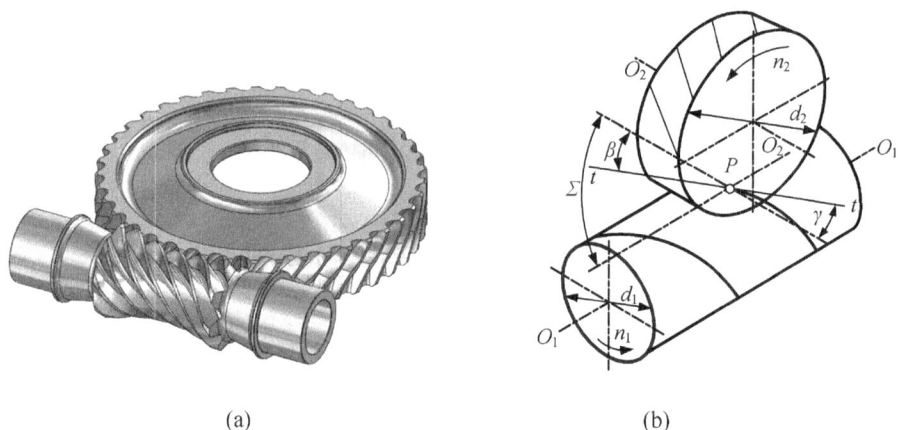

(a)   (b)

图 6-38　蜗杆传动结构与啮合原理

6.8.2　蜗杆传动的主要参数和几何尺寸

通过蜗杆轴线并与蜗轮轴线垂直的平面,称为中间平面。在中间平面内蜗轮与蜗杆的啮合相当于齿条与齿轮的啮合传动,如图 6-39 所示。中间平面是蜗杆传动计算的基准面,蜗杆传动的几何尺寸计算与齿条齿轮传动相似。蜗杆传动有以下主要参数。

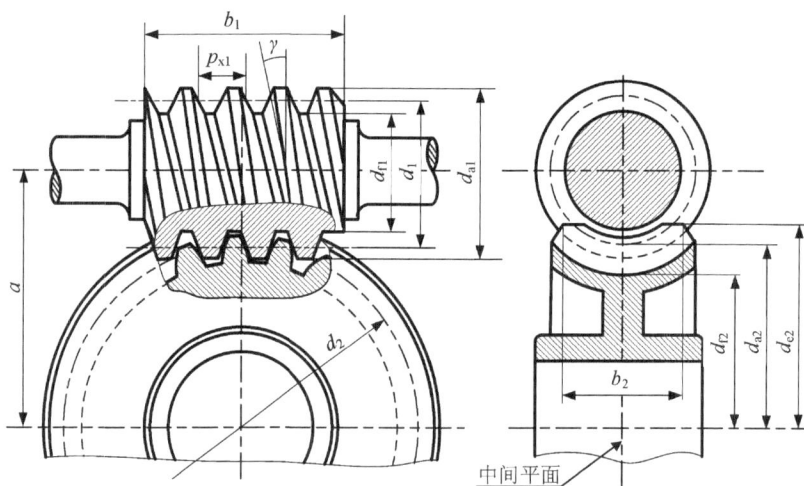

图 6-39　圆柱蜗杆传动

1. 模数 m 和压力角 α

蜗杆传动的几何尺寸以模数为主要计算参数。蜗杆传动的正确啮合条件为:在中间平面内,蜗杆的轴向模数、压力角分别应与蜗轮的端面模数和端面压力角相等,蜗杆导程角等于蜗轮螺旋角且旋向相同。具体可表示为

$$\begin{cases} m_{a1}=m_{t2}=m \\ \alpha_{a1}=\alpha_{t2}=\alpha \\ \gamma=\beta \end{cases} \qquad (6-45)$$

蜗杆的常见标准模数值可见表 6 - 6。压力角标准值为 $\alpha=20°$。

表 6 - 6　蜗杆传动的 m、d_1 及 $m^2 d_1$ 值(GB/T 10085—1988)

模数 m /mm	蜗杆直径 d_1 /mm	蜗杆头数 z_1	直径系数 q	$m^2 d_1$ /mm³	模数 m /mm	蜗杆直径 d_1 /mm	蜗杆头数 z_1	直径系数 q	$m^2 d_1$ /mm³
1	**18**	1	18.000	18	6.3	(80)	1,2,4	12.698	3175
1.25	20	1	16.000	31.25		**112**	1	17.778	4445
	22.4	1	17.920	35	8	(63)	1,2,4	7.875	4032
1.6	20	1,2,4	12.500	51.2		80	1,2,4,6	10.000	5120
	28	1	17.500	71.68		(100)	1,2,4	12.500	6400
2	(18)	1,2,4	9.000	72		**140**	1	17.500	8960
	22.4	1,2,4	11.200	89.6	10	(71)	1,2,4	7.100	7100
	(28)	1,2,4	14.000	112		90	1,2,4,6	9.000	9000
	35.5	1	17.750	142		(112)	1,2,4	11.200	11200
2.5	(22.4)	1,2,4	8.960	140		**160**	1	16.000	16000
	28	1,2,4,6	11.2	175	12.5	(90)	1,2,4	7.200	14062
	(35.5)	1,2,4	14.2	221.9		112	1,2,4	8.960	17500
	45	1	18	281		(140)	1,2,4	11.200	21875
3.15	(28)	1,2,4	8.889	277.8		200	1	16.000	31250
	35.5	1,2,4,6	11.270	352.2	16	(112)	1,2,4	7.000	28672
	(45)	1,2,4	14.286	446.5		140	1,2,4	8.750	34840
	56	1	17.778	556		(180)	1,2,4	11.250	46080
4	(31.5)	1,2,4	7.875	504		250	1	15.625	64000
	40	1,2,4,6	10.000	640	20	(140)	1,2,4	7.000	56000
	(50)	1,2,4	12.500	800		160	1,2,4	8.000	64000
	71	1	17.750	1136		(224)	1,2,4	11.200	89600
5	(40)	1,2,4	8.000	1000		**315**	1	15.750	126
	50	1,2,4,6	10.000	1250		(180)	1,2,4	7.2	112500
	(63)	1,2,4	12.600	1575	25	200	1,2,4	8.000	125000
	90	1	18.000	2250		(280)	1,2,4	11.200	175000
6.3	(50)	1,2,4	7.936	1985		400	1	16.000	250000
	63	1,2,4,6	10.000	2500					

2. 传动比 i、蜗杆头数 z_1 和蜗轮齿数 z_2

对于蜗杆为主动件的蜗杆传动，其传动比为

$$i = \frac{n_1}{n_2} = \frac{z_2}{z_1} \neq \frac{d_2}{d_1} \tag{6-46}$$

式中，n_1、n_2 分别为蜗杆和蜗轮的转速，r/min；z_1、z_2 分别为蜗杆头数和蜗轮齿数。

选择蜗杆头数 z_1 时，要考虑传动比、效率及加工等因素。通常蜗杆头数为 1、2、4。若需要大的传动比且要求自锁时，取 $z_1 = 1$。当传递功率较大时，可采用多头蜗杆以提高传动效率。为避免蜗轮发生根切，齿数 z_2 不应小于 26，但也不宜大于 80。因为蜗轮齿数过高，会使整体结构尺寸增大，导致蜗杆长度增加、刚度降低，并影响啮合精度。一般 z_2 选用范围为 32~80。

3. 蜗杆分度圆直径 d_1 和直径系数 q

蜗杆相邻两圈螺纹上对应点沿轴线的距离 p_a 称为轴向齿距。如图 6-40 所示，蜗杆的导程角可由轴向齿距和导程计算得到

$$\tan \gamma = \frac{p_z}{2\pi r_1} = \frac{z_1 p_a}{\pi d_1} = \frac{z_1 m}{d_1}$$

$$d_1 = m \frac{z_1}{\tan \gamma} \tag{6-47}$$

上式表明，同一模数的蜗杆分度圆直径 d_1 同时决定于模数 m、头数 z_1 和导程角 γ。由于蜗

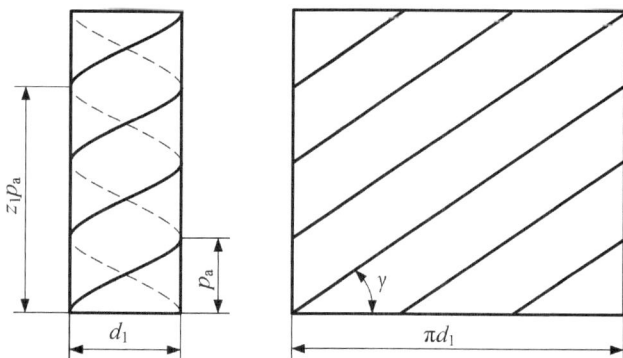

图 6-40 蜗杆导程与导程角

轮需要使用与蜗杆相当的刀具加工，其参数（m、α、z_1）和分度圆直径 d_1 必须与蜗杆相同，故对不同 d_1 的蜗杆，必须采用不同的刀具加工蜗轮。为减少滚刀数量并便于刀具的标准化，专门制定了蜗杆分度圆直径 d_1 的标准系列。定义蜗杆分度圆直径 d_1 与模数 m 的比值 q，称为蜗杆直径系数

$$q = \frac{d_1}{m} \tag{6-48}$$

由上式知，当模数 m 一定时，q 增大，则 d_1 变大，蜗杆的刚度和强度相应地提高。根据 $\tan \gamma = z_1/q$，当 q 较小时，γ 增大，传动效率 η 随之提高。因此，在蜗杆轴向刚度允许的情况下，应尽可能选用较小的 q 值，q 和 m 的搭配列于表 6-6 中。

4. 中心距

蜗杆传动的标准中心距为

$$a = \frac{1}{2}(d_1 + d_2) = \frac{1}{2}(q + z_2)m \qquad (6-49)$$

圆柱蜗杆传动的几何尺寸计算公式列于表 6-7 中，供计算时参考。

表 6-7 圆柱蜗杆传动的几何尺寸计算公式

名称	符号	计算公式
蜗杆轴面或蜗轮端面模数	m	取标准值
蜗杆轴向或蜗轮端面压力角	α	$\alpha = 20°$
中心距	a	$a = (d_1 + d_2)/2 = (q + z_2) \cdot m/2$
蜗杆直径系数	q	$q = d_1/m$
蜗杆轴向齿距	p_a	$p_a = \pi m$
蜗杆导程	p_z	$p_z = z_1 p_a$
蜗杆齿宽	b_1	$z_1 = 1、2$ 时，$b_1 \geqslant (12 + 0.1z_2)m$ $z_1 = 3、4$ 时，$b_1 \geqslant (13 + 0.1z_2)m$
蜗杆分度圆柱导程角	γ	$\gamma = \arctan(z_1 m/d_1)$
渐开线蜗杆基圆导程角	γ_b	$\cos \gamma_b = \cos \gamma \cos \alpha_n$
渐开线蜗杆基圆直径	d_{b1}	$d_{b1} = d_1 \tan \gamma /\tan \gamma_b = m z_1/\tan \gamma_b$
顶隙	c	$c = c^* m, \ c^* = 0.2$
蜗杆齿顶高	h_{a1}	$h_{a1} = h_a^* m, \ h_a^* = 1$
蜗杆齿根高	h_{f1}	$h_{f1} = (h_a^* + c^*)m$
蜗杆分度圆直径	d_1	$d_1 = qm$
蜗杆齿顶圆直径	d_{a1}	$d_{a1} = d_1 + 2h_a^* m$
蜗杆齿根圆直径	d_{f1}	$d_{f1} = d_1 - 2m(h_a^* + c^*)$
蜗轮分度圆直径	d_2	$d_2 = m z_2$
蜗轮咽喉圆直径	d_{a2}	$d_{a2} = d_2 + 2h_a^* m$
蜗轮齿根圆直径	d_{f2}	$d_{f2} = d_2 - 2m(h_a^* + c^*)$
蜗轮外径	d_{e2}	$d_{e2} \approx d_{a2} + m$
蜗轮咽喉母圆半径	r_{g2}	$r_{g2} = a - d_{a2}/2$
蜗轮齿宽	b_2	设计确定
蜗轮齿宽角	θ	$\theta = 2\arcsin(b_2/d_1)$

6.8.3 蜗杆传动工作分析

1. 蜗杆传动的滑动速度

如图 6-41 所示，蜗杆传动在节点 C 处啮合，设蜗杆的圆周速度为 v_1，蜗轮的圆周速度为 v_2，v_1 和 v_2 呈 90° 角，而使齿廓之间产生很大的相对滑动，相对滑动速度 v_s 为

$$v_s = \sqrt{v_1^2 + v_2^2} = \frac{v_1}{\cos \gamma} \qquad (6-50)$$

相对滑动速度 v_s 沿蜗杆螺旋线方向。齿廓之间的相对滑动引起磨损和发热，导致传动效率降低。

2. 蜗杆传动的转向判定

对于轴交角 $\Sigma = 90°$ 的蜗杆传动，蜗杆和蜗轮的转向可用蜗杆的手握方法来判定。如图 6-42 所示，右旋蜗杆使用右手定则，即四指顺着蜗杆的转动空握成拳，大拇指垂直于四指方向，此时大拇指指向的相反方向表示蜗轮在啮合点圆周速度 v_2 的方向，即蜗轮的转向。左旋蜗杆用左手定则判定。

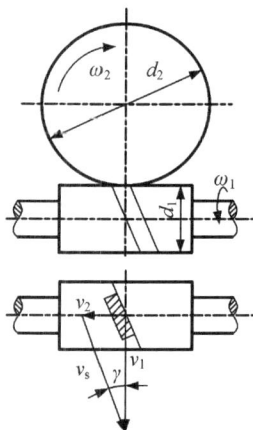

图 6-41　蜗杆齿面滑动速度　　　　图 6-42　蜗轮转向判定

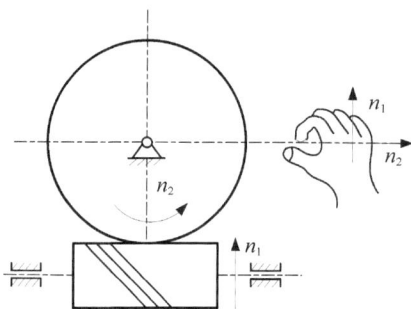

6.8.4　蜗杆传动的失效形式及材料选择

蜗杆传动的主要失效形式为胶合，其次才是点蚀和磨损。轮齿强度计算是针对蜗轮进行的。强度的计算参照圆柱齿轮进行齿面及齿根强度的计算，而在选择许用应力时，适当考虑胶合与磨损失效的影响，并且对闭式蜗杆传动还要进行热平衡计算。

蜗杆一般用碳素钢或合金钢制造。对于高速重载的蜗杆，可用 15Cr、20Cr、20CrMnTi 和 20MnVB 等，经渗碳淬火至硬度为 56～63 HRC，也可用 40、45、40Cr、40CrNi 等经表面淬火至硬度为 45～50 HRC。对于不太重要的传动及低速中载蜗杆，常用 45、40 等钢经调质或正火处理，硬度为 220～230 HBS。

蜗轮常用铸锡青铜、铸铝铁青铜或灰铸铁制造。铸锡青铜用于滑动速度 $v_s > 4$ m/s 的传动，常用牌号有 ZCuSn10P1（铸锡磷青铜）和 ZCuSn5PbZn5（铸锡锌铅青铜），其抗胶合性和减磨性好，但价格较贵。铸铝铁青铜一般用于 $v_s \leqslant 4$ m/s 的传动，常用牌号为 ZCuAl10Fe3 和铸铝铁镍青铜 ZCuAl9Fe4Ni4Mn2。铸铁用于滑动速度 $v_s < 2$ m/s 的传动，常

用牌号有 HT150 和 HT200 等。近年来随着塑料工业的发展,也用尼龙或增强尼龙来制造蜗轮。

6.8.5　蜗杆传动的受力分析

蜗杆传动的受力分析与斜齿圆柱齿轮相似。齿面上的法向力 F_n 可分解为三个相互垂直的分力:圆周力 F_t、径向力 F_r 和轴向力 F_a,如图 6-43 所示。由于蜗杆轴与蜗轮轴交错成 90°,所以蜗杆圆周力 F_{t1} 等于蜗轮轴向力 F_{a2},蜗杆轴向力 F_{a1} 等于蜗轮圆周力 F_{t2},蜗杆径向力 F_{r1} 等于蜗轮径向力 F_{r2},即

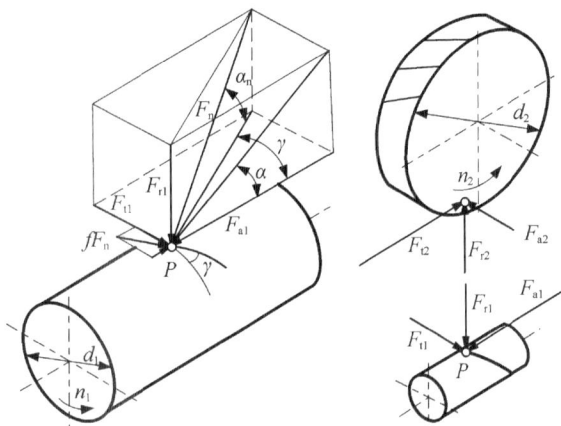

图 6-43　蜗杆受力分析图

$$
\begin{cases}
F_{t1}=F_{a2}=\dfrac{2T_1}{d_1}=F_n\cos\alpha_n\sin\gamma+fF_n\cos\gamma \\[2mm]
F_{a1}=F_{t2}=\dfrac{2T_2}{d_2}=F_n\cos\alpha_n\cos\gamma-fF_n\sin\gamma \\[2mm]
F_{r1}=F_{r2}=F_{a1}\tan\alpha=F_{n1}\sin\alpha_n \\[2mm]
F_{n1}=\dfrac{F_{a1}}{\cos\gamma\cos\alpha_n}=\dfrac{2T_2}{d_2\cos\gamma\cos\alpha}
\end{cases}
\tag{6-51}
$$

式中,T_1、T_2 分别为作用于蜗杆和蜗轮上的转矩,N·m;$T_2=T_1 i\eta$,η 为蜗杆的传动效率;d_1、d_2 分别为蜗杆和蜗轮的分度圆直径,m;f 为摩擦因数。

蜗杆和蜗轮轮齿上的作用力:圆周力 F_t、径向力 F_r、轴向力 F_a 的方向,与蜗杆、蜗轮的转向、螺旋线旋向及是否为主动件有关,确定的方法与斜齿圆柱齿轮相似。当蜗杆为主动件时,圆周力 F_{t1} 与蜗杆转动方向相反,径向力 F_{r1} 指向轴心。轴向力 F_{a1} 的方向仍可采用手握法确定。对右旋蜗杆采用右手握住轴线,四指指向蜗杆的转动方向,拇指伸直所指的方向即为蜗杆轴向力 F_{a1} 的方向。蜗轮上的切向力 F_{t2} 推动蜗轮转动,与蜗杆的轴向力 F_{a1} 互为反力。蜗轮的轴向力 F_{a2} 和蜗杆切向力 F_{t2} 互为反力。二者的径向力互为反力。

6.9　轮系

在精密机械中,为了获得很大的传动比以实现远距离轴间传动,或者为了将输入轴的一种转速变换为输出轴的多种转速等原因,常采用一系列互相啮合的齿轮(包括圆柱齿轮、锥齿轮、蜗轮蜗杆等)组成齿轮传动链,将主动轴的运动或转矩传递到从动轴。这种由一系列齿轮组成的传动系统称为轮系。

6.9.1 轮系的分类

按照轮系工作时各齿轮的几何轴线在空间的相对位置是否固定，可将轮系分为三类：定轴轮系、周转轮系和混合轮系。在轮系运转过程中，各齿轮的几何轴线位置相对于机架的位置均固定不动的轮系，称为定轴轮系。若组成轮系的各齿轮轴线相互平行，则称为平面定轴轮系，否则称为空间定轴轮系，如图 6－44 所示。

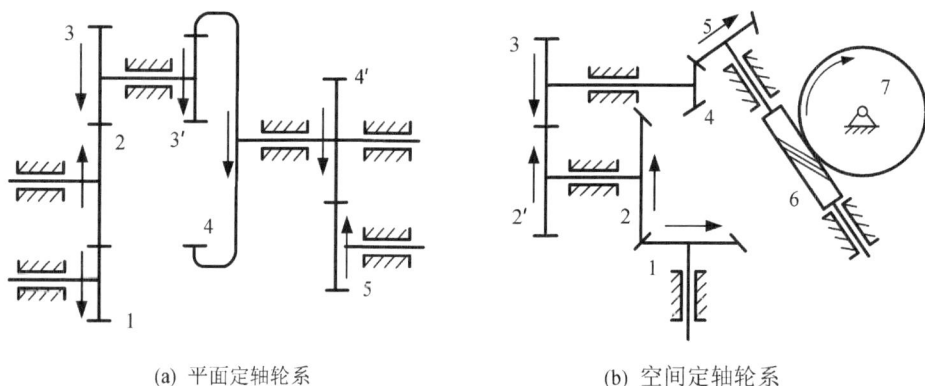

(a) 平面定轴轮系　　　　　　　(b) 空间定轴轮系

图 6－44　定轴轮系

轮系运转过程中，至少有一个齿轮的轴线位置相对于机架的位置不固定，而是绕某一固定轴回转，称为周转轮系。如图 6－45(a)所示的轮系，齿轮 1、3 和构件 H 分别绕固定轴线 O_1、O_3 和 O_H 回转。齿轮 2 除了绕自身轴线转动外，还随同构件 H 绕轴线 O_H 回转。图中轴线不动的齿轮称为中心轮或太阳轮，如齿轮 1 和 3；轴线转动的齿轮称为行星轮，如齿轮 2；作为行星轮轴线的构件称为系杆或行星架，如构件 H。通过在整个轮系

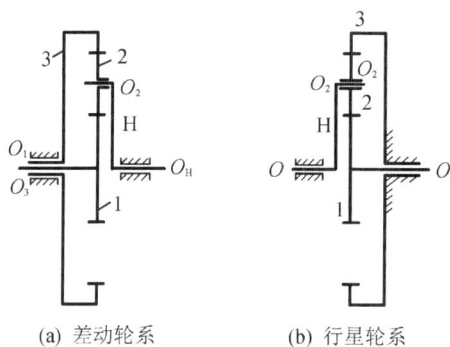

(a) 差动轮系　　　　(b) 行星轮系

图 6－45　周转轮系

上加上一个与系杆大小相同、旋转方向相反的角速度，即可将周转轮系转化成定轴轮系。

周转轮系一般分为两类：一种是自由度为 2 的周转轮系，称为差动轮系，如图 6－45(a)所示；另一种是自由度为 1 的周转轮系，称为行星轮系，如图 6－45(b)所示。

混合轮系是由定轴轮系和周转轮系或者由两个以上的周转轮系组成的轮系。如图 6－46 所示的混合轮系，包括周转轮系(由齿轮 1、2、2′、3 转臂 H 组成)和定轴轮系(由齿轮 3′、4、5 组成)。当轮系无法简化成一个定轴轮系时，称它为混合轮系。由于齿轮 1 和齿轮 4 的几何轴线不共线，且齿轮 2—2′的轴线绕齿轮 1 的几何轴线转动，因此该轮系为混合轮系。

6.9.2 轮系的传动比

轮系主动轴与从动轴的转速(角速度)之比称为轮系的传动比。轮系传动比计算包含两部分内容,首先是计算首末两轮的转速之比,接着确定两轮的转向关系。对于轴线平行的平面定轴轮系,可用"±"号标识转向关系:"+"表示转向相同,"−"表示转向相反。若轴线不平行时,则只能采用箭头表示其转向关系。定轴轮系各轮的相对转向可以通过逐对齿轮标注箭头的方法确定。平行轴外啮合齿轮,其两轮转向相反,用方向相反的箭头表示;平行轴内啮合齿轮,用方向相同的箭头表示。圆锥齿轮啮合时,在节点具有相同速度,故表示转向的箭头同时指向或背离节点。蜗轮的转向需要用左手或右手定则来判别,并标注相应的箭头方向。

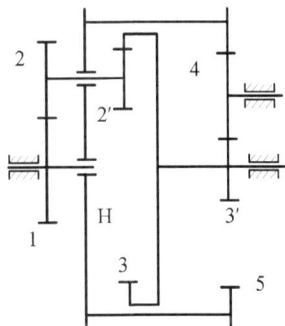

图 6 - 46 混合轮系

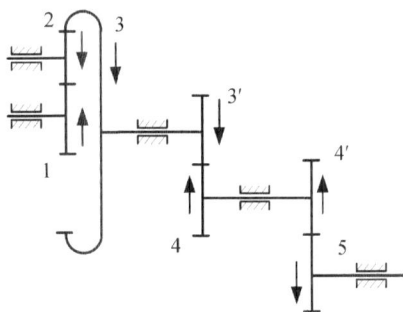

图 6 - 47 定轴轮系的传动比

1. 定轴轮系的传动比

对于图 6 - 47 所示的定轴轮系,各齿轮齿数已知时,各级啮合的传动比为

$$i_{12}=\frac{n_1}{n_2}=-\frac{z_2}{z_1}, \quad i_{23}=\frac{n_2}{n_3}=\frac{z_3}{z_2}, \quad i_{3'4}=\frac{n_{3'}}{n_4}=-\frac{z_4}{z_{3'}}, \quad i_{4'5}=\frac{n_{4'}}{n_5}=-\frac{z_5}{z_{4'}},$$

将各级传动比连乘后,可得轮系的传动比:

$$i_{12}i_{23}i_{3'4}i_{4'5}=\frac{n_1 n_2 n_{3'} n_{4'}}{n_2 n_3 n_4 n_5}=\left(-\frac{z_2}{z_1}\right)\left(\frac{z_3}{z_2}\right)\left(-\frac{z_4}{z_{3'}}\right)\left(-\frac{z_5}{z_{4'}}\right)=(-1)^3\frac{z_2 z_3 z_4 z_5}{z_1 z_2 z_{3'} z_{4'}}$$

即轮系传动比:

$$i_{15}=\frac{n_1}{n_5}=(-1)^3\frac{z_2 z_3 z_4 z_5}{z_1 z_2 z_{3'} z_{4'}}$$

上式表明,定轴轮系的传动比定于该轮系中各对齿轮传动比的连乘积。其大小等于各对齿轮中所有从动轮齿数的连乘积与所有主动轮齿数的连乘积之比。

$$i_{1k}=\frac{n_1}{n_k}=(-1)^m\frac{\text{从动轮齿数连乘积}}{\text{主动轮齿数连乘积}} \tag{6-52}$$

式中,m 为外啮合次数,仅限于平面定轴轮系。其他轮系的转动方向需用箭头标识。

2. 周转轮系的传动比

周转轮系中行星轮的运动是绕自身轴线的自转和绕系杆轴线的公转组成的复合运动，因此不能使用定轴轮系的传动比公式计算。解决问题的方法是把周转轮系中支承行星轮的系杆固定，将其转化为一个假想的定轴轮系，并保持轮系中各个构件之间的相对运动不变。然后，列出定轴轮系传动比的计算式，计算出周转轮系的传动比。

根据相对运动原理，对图 6 - 48(a) 所示的周转轮系加上一个 "$-\omega_H$" 的公共角速度，便可将原周转轮系转化为假想的定轴轮系，称为周转轮系的转化机构或转化轮系，如图 6 - 48(b) 所示。转化轮系中各构件的转速与原周转轮系构件转速的关系为

$$n_1^H = n_1 - n_H, \quad n_2^H = n_2 - n_H, \quad n_3^H = n_3 - n_H, \quad n_H^H = n_H - n_H = 0$$

按照定轴轮系的传动比公式，齿轮 1 与齿轮 3 在转化轮系中的传动比为

$$n_{1,3}^H = \frac{n_1^H}{n_3^H} = \frac{n_1 - n_H}{n_3 - n_H} = -\frac{z_2 z_3}{z_1 z_2} = -\frac{z_3}{z_1}$$

式中，"$-$" 号表示转化轮系中 n_3^H 与 n_1^H 的转向相反。

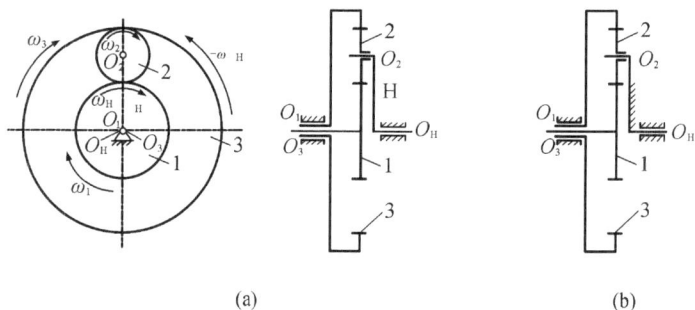

(a)　　　　　　　　　　　　　　(b)

图 6 - 48　周转轮系及转化轮系

根据上述原理，可得周转轮系传动比的通用计算公式：

$$i_{1,k}^H = \frac{n_1^H}{n_k^H} = \frac{n_1 - n_H}{n_k - n_H} = \pm \frac{\text{从动轮齿数连乘积}}{\text{主动轮齿数连乘积}} \qquad (6 - 53)$$

式(6 - 53)中含有原周转轮系的各轮绝对转速，可从中找出相应的待求值，如计算原周转轮系传动比 $i_{1,k}$，注意 $i_{1,k} \neq i_{1,k}^H$；式(6 - 53)仅适用于主从动轴相互平行的情形，n_1、n_k、n_H 均以数值代入，齿数比前的 "$+$" "$-$" 号按转化轮系的判别方法确定。

3. 混合轮系的传动比

由几个基本周转轮(系或定轴轮系)和周转轮系组合而成的混合轮系，不能转化成一个定轴轮系，所以不能用公式直接求解。计算复合轮系传动比时，首先将各个基本周转轮系和定轴轮系区分开来，然后分别列出计算的方程式，最后联立解出所要求的传动比。

正确区分各轮系的关键是找出各个基本周转轮系。一般方法是：先找出行星轮，支持

行星轮运动的构件就是系杆；几何轴线与系杆的回转轴线相重合，直接与行星轮相啮合的定轴齿轮就是中心轮，行星轮、系杆和中心轮构成一个基本周转轮系。区分出基本周转轮系以后，其余的就是定轴轮系。根据所列出的各轮系传动的方程式，联立求解后即可得出相应轮之间的传动比。

图 6-49 所示的混合轮系，齿轮 6、3 分别为输入和输出齿轮。整个轮系可沿虚线划分为两个基本轮系：左边齿轮 6、$1'$、$1''$、5、$5'$、4 组成定轴轮系，右边齿轮 1、2、$2'$、3 构成周转轮系。周转轮系转化机构的传动比为

$$i_{1,3}^{H} = \frac{n_1 - n_H}{n_3 - n_H} = -\frac{z_2 z_3}{z_1 z_{2'}}$$

定轴轮系的传动比为

$$i_{6,4} = \frac{n_6}{n_4} = -\frac{z_{1''} z_5 z_4}{z_6 z_{1'} z_{5'}}, \quad n_1 = n_{1'} = n_{1''} = -\frac{z_6}{z_{1''}} n_6$$

整理后可得

$$n_H = n_4 = -\frac{z_6 z_{1'} z_{5'}}{z_{1''} z_5 z_4} n_6$$

联立以上各式，可得齿轮 3 的转速计算式：

$$n_3 = \frac{z_1 z_{2'} z_6}{z_2 z_3 z_{1''}} n_6 - \left(1 - \frac{z_1 z_{2'}}{z_2 z_3}\right) \frac{z_6 z_{1'}}{z_{1''} z_4} n_6$$

代入各轮齿数，可得

$$n_3 = -\frac{1}{9} n_6$$

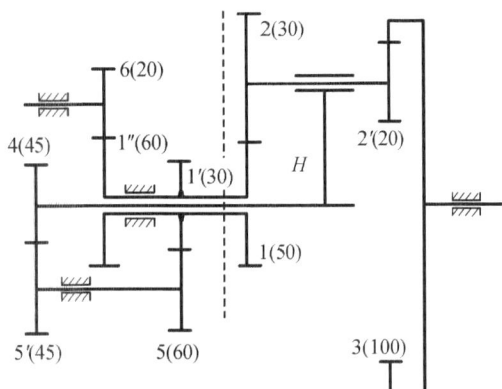

图 6-49 混合轮系传动比计算

6.10 齿轮传动链设计

在精密机械和仪器中，齿轮传动多以运动传递为主，此时传动链设计可按照下列步骤进行：

（1）根据传动的要求和工作特点，正确选择传动形式。

（2）确定传动级数，并分配各级传动比。

（3）确定各级齿轮的齿数和模数，计算齿轮主要尺寸。对于精密传动链，需要进行误差分析和估算。

（4）传动结构设计，包括齿轮的结构、齿轮与轴的连接方式等。

6.10.1 传动形式的选择

齿轮传动的形式，需要根据使用要求和工作特点正确地进行选择。

(1) 结构条件对齿轮传动的要求，如空间位置的限制、各轴的相互位置关系等。

(2) 对齿轮传动精度的要求。

(3) 齿轮传动的工作速度及对传动平稳性、噪声的要求。

(4) 齿轮传动的工艺性要求。

(5) 传动效率、润滑条件等。

传动形式的选择通常需要对设计对象进行整体分析，从多个方面分别拟定相应的传动方案。然后根据技术经济条件对比，选定最优方案。在低速、小力矩、普通精度的传动场合，通常可以采用简化啮合的方式，以降低成本。直齿轮传动速度一般不大于 5 m/s，斜齿轮传动速度可达 50 m/s，但会产生轴向力。蜗轮蜗杆多用于大传动比场合，锥齿轮用于相交轴传动且精度要求不高的场合。精密传动需要进行误差分析和精度计算，并设计消除空回误差的结构。

6.10.2 齿轮传动参数选定

1. 传动比

在总传动比确定后，就需要确定齿轮传动级数和各级传动比。传动比的分配会影响到整个传动链的结构布局和传动性能。为减少误差来源，应尽量减少传动的级数。多级传动时可按照先小后大、最小体积、最小转动惯量的原则来分配传动比。先小后大原则可以有效减小齿轮转角误差，提高传动精度。最小体积原则一般采取的是等传动比分配，可以减少机构体积和重量，比较适合在仪器中使用。最小转动惯量原则用于需要正反转、频繁启停的机构中，可使传动链快速响应控制。

2. 齿数和模数

模数的确定可采用类比法、结构工艺性、强度条件三种方式。类比法是参考相同工作状态的传动链来确定模数。按照结构工艺性确定时主要考虑传动装置的外形尺寸、轴距、传动比、小齿轮齿数等条件，计算选择标准模数值。仪器传动机构传递力矩较小，因而常采取这种方式确定模数。大功率传动机构中的模数，则需要按照轮齿的弯曲强度或接触强度条件分别计算和校核，并选取标准模数。

标准直齿轮的最小齿数为 17。当中心距不受限制和需要高精度传动时，小齿轮齿数应取 25 以上。在模数小齿数要求小的场合，可采用变位齿轮。

6.10.3　齿轮传动的结构设计

通过齿轮传动的强度计算，只能确定齿轮的主要尺寸，如齿数、模数、齿宽、螺旋角、分度圆直径等，齿轮结构设计需要确定齿轮的轮辐、轮毂的形式和尺寸，以及齿轮与轴的连接方式。

齿轮的齿根圆直径与轴径接近时，常将二者做成一体，称为齿轮轴。齿轮直径远大于轴直径时，则需要将二者分开制造。直径较小的齿轮可做成实心结构，齿顶圆直径小于 500 mm 的齿轮可采用锻造或铸造，常采用辐板式结构。为减轻齿轮重量，可在腹板上开孔。对于大而薄的齿轮可采用组合式结构，以节约材料。非金属材料齿轮也应做成组合式，便于与轴连接。

蜗轮结构一般为组合式，齿圈用青铜制作，齿芯用铸铁或钢制造。齿圈与齿芯可用过盈配合、螺栓连接、拼铸等方式制造。

齿轮与轴的连接可采用销连接、螺钉连接、键连接等方式(参见第 10 章"机械连接")。

6.11　齿轮传动链的误差分析

6.11.1　齿轮的误差

在加工过程中，轮齿的各项参数都会与设计值产生偏差，如齿形误差、齿厚误差、齿距误差等。国家标准规定圆柱齿轮及传动共分 12 级精度等级，从高到低依次为 1、2、3、…、12 级，其中常用精度等级为 5~6 级。此外，对齿轮副还规定了侧隙。侧隙是指一对轮齿啮合时非工作表面之间存在的间隙，它取决于齿轮副的中心距和实际齿厚影响。侧隙由最小侧隙和侧隙公差决定。小模数齿轮的侧隙共规定七种类型，从小到大依次表示为：a、b、c、d、e、f、g。

理论分析上认为，一对轮齿是无侧隙啮合的。而在实际应用中，适当的侧隙是齿轮副正常工作的必要条件。侧隙的存在可以补偿轮齿受力变形、热膨胀，以及加工误差而引起的轮齿卡住、补偿制造和装配中的误差，还可提供储存润滑油的空间。由此可见，合适的侧隙是齿轮传动机构正常工作的重要条件，但对于分度和示数传动中齿轮副必须有较小的侧隙，尤其对于需要频繁正反转运动的齿轮副，其侧隙有更严格的要求。

6.11.2　齿轮的空回误差

空回是主动轮反转时从动轮转动滞后的一种现象。滞后的转角即为空回误差角。空回的主要原因是齿轮啮合时轮齿间存在侧隙。

　　产生空回误差的因素有两个方面。一个是齿轮本身的误差，如中心距增大、齿厚偏差、基圆偏心和齿形误差等；另一个是装配误差，如齿轮与轴装配偏心、滚动轴承转动圈的径向偏摆以及固定圈与壳体的配合间隙、轴的刚度、环境温度变化等。在减速传动链中，最后几级的空回误差对其整体空回误差影响最大，可以通过提高最后几级的制造精度，降低整个传动链的空回误差。

　　减小或消除精密传动链的空回误差，可以从提高齿轮的制造精度着手，合理控制啮合精度；也可设计消除侧隙的结构，利用一般精度齿轮达到更高精度的传动要求。常用的调整侧隙方法有：双片齿轮、游丝、单向弹簧力、偏心轴等。

　　图 6-50 为利用弹簧力消除侧隙的齿轮结构。采用两部分可周向错动的剖分齿轮结构，通过拉伸弹簧或扭转弹簧的作用迫使两部分错开，填充整个啮合轮齿的齿槽，以消除侧隙的影响。有时也利用固定双片齿轮消除空回。固定双片齿轮结构与剖分齿轮相似，区别在于调整好侧隙后利用螺钉将两部分齿轮紧固，而不用弹簧力调整。双片齿轮可以传递较大的力矩，结构简单，其缺点是轮齿磨损后需要重新调整。

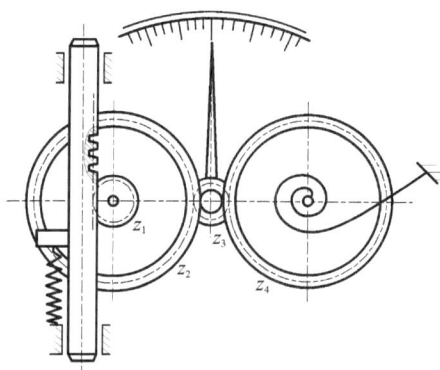

　　图 6-51 所示的百分表结构采用游丝消除侧隙。利用接触游丝的反力矩，迫使各级齿轮在传动时总在固定齿面啮合，以消除侧隙对空回的影响。接触游丝应安装在传动链的最后一环，以保证传动链中的齿轮都是单面压紧，不会出现测量值变化而指示值不变的情形。游丝结构简单、工作可靠，在小型仪表齿轮传动链中得到广泛应用。偏心轴消除游隙是通过转动偏心轴来调整啮合齿轮的中心距，以达到减少侧隙的目的，多用于悬臂式齿轮结构的侧隙调整。

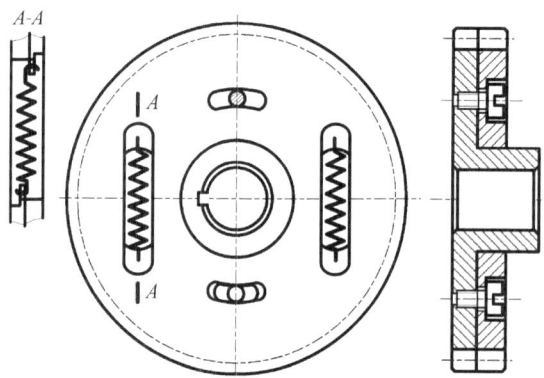

图 6-50　利用弹簧力消除侧隙　　　　　图 6-51　百分表游丝结构

【拓展阅读】

中国古代机械伟大发明——记里鼓车和指南车

现代汽车都有里程表记录行驶里程。早在一千多年前的汉朝，中国就发明了计录里程的工具——记里鼓车，也称作记道车、大章车、记里车、司里车。汉代刘歆在《西京杂记》中记载："汉朝舆驾祠甘泉汾阴，备千乘万骑，太仆执辔，大将军陪乘，名为大驾。司马车驾四，中道。辟恶车驾四，中道。记道车驾四，中道。"汉代科学家张衡在原有记道车的基础上研制了记里鼓车。《古今注》记载："记里车，车为二层，皆有木人，行一里下层击鼓，行十里上层击镯。"《晋书》中记载经过改进后的情形："记里鼓车，驾四。形制如司南。其中有木人执槌向鼓，行一里则打一槌。"宋朝的卢道隆、吴德仁分别对记里鼓车进行改进和升级，使得外形更加美观，工艺水平也远超汉朝时期。《宋史》记载："记里鼓车，一名大章车。赤质，四面画花鸟，重台，勾阑，镂拱。行一里，则上层木人击鼓；十里，则次层木人击镯。一辕，凤首，驾四马。""凡用大小轮八，合二百八十五齿，递相钩锁，犬牙相制，周而复始。"记里鼓车之后多用于皇帝出行时的一种仪仗，原本计算里程的功能反而被逐渐弱化。到了元朝时期，记里鼓车的制造技术彻底失传。

根据文献记录，记里鼓车是利用齿轮传动的方式来实现累计行驶里程和报数的。记里鼓车内传动结构如图 6-52 所示。车轮转动后依次带动母齿轮、传动轮、铜旋风轮、传动轮、下平轮、小平轮、上平轮，实现里程计数。其中，母齿轮齿数为 18，传动轮齿数为 54。铜旋风轮的齿数为 3，下平轮、上平轮齿数均为 100，小平轮齿数为 10。车轮的圆周长 1 丈8 尺（古时 6 尺为一步），则车轮转一圈车行 3 步。车行一里（即三百步）车轮和母齿轮转动100 圈，传动轮和铜旋风轮转 100/3 圈，下平轮和小平轮转 1 圈，上平轮转 1/10 圈。根据齿轮传动比可得：车每行一里，轴 B 转动 1 圈；车行十里，轴 C 转动 1 圈。在这两轴分别附装一个拨子，行车一里，轴 B 上的拨子便拨动上层木偶击鼓一次；行车十里时，轴 C 上的拨子便拨动下层木偶击鼓一次。

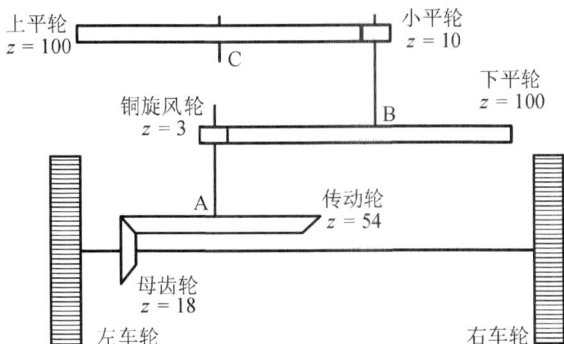

图 6-52　记里鼓车的齿轮传动机构

指南车是利用齿轮机构指示方向的一种机械装置,利用齿轮传动系统指示方向,显示了古代机械技术的卓越成就。当车辆行走时车轮带动车内的齿轮转动,通过传递转向时两个车轮的差动,使车上的指向木人转动与车辆转向相反的角度,保证木人始终指向所设置的方向,"车虽回运而手常指南"。《宋史·舆服志》详细记载了燕肃和吴德仁所造指南车的结构和技术规范,"……立木仙人于上,引臂南指。用大小轮九,合齿一百二十。…… 中立贯心轴一,高八尺,径三寸。其车行,木人指南"。

对指南车进行复原研究发现,根据齿轮结构不同可区分为"定轴轮系指南车"和"差速轮系指南车"。定轴轮系指南车的所有齿轮转轴都是固定的,车身转向时需要借助绳轮离合器来确定指向。车直线行走时离合器齿轮相互分离,转弯时则根据转动方向不同进行啮合,驱动立轴反方向转动相应角度,保证指向不变。差速轮系指南车则利用两边车轮的转速差进行指向调整。直线行走时差速器不工作,指向无变化;转向行走时两车轮速度存在差异,差速器开始工作,带动指向轴偏转一定角度,保证车辆转向始终不变。

从现代机械学的理论分析,指南车的齿轮系是由定轴齿轮系或差动齿轮系构成。定轴齿轮系的补偿原理形成了开环自动调整系统,而差动齿轮系形成了闭环自动调整系统。指南车的研制发明表明自动化设计思想在中国的萌芽,它说明按扰动调整原则的开环自动调整的发明和应用,在我国已经有2000多年历史,而西方到19世纪30年代才发明了利用这一原理的蒸汽机的转速调整器。李约瑟认为:"指南车是一切控制论机械的祖先之一。"

课后思考题

6-1　渐开线有哪些重要性质?渐开线齿轮传动有哪些优点?

6-2　节圆与分度圆,啮合角与压力角有何区别?

6-3　什么是齿轮的"根切"?说说它的危害和避免措施。

6-4　说明直齿轮、斜齿轮、直齿锥齿轮、蜗轮蜗杆传动的正确啮合条件,并比较各种传动的特点。

6-5　比较直齿轮、斜齿轮、直齿锥齿轮、蜗轮蜗杆传动机构啮合后的受力情况,说明各分力的大小和方向。

6-6　什么是空回误差?齿轮传动中如何消除空回误差?

6-7　标出图题6-7中蜗轮蜗杆的螺旋线方向和转向。

6-8　图题6-8所示为一圆柱蜗杆-直齿锥齿轮机构。已知输出轴上锥齿轮转向为 n_4,为使中间轴上轴向力抵消一部分,试确定:

　　(1)蜗轮、蜗杆的转向和螺旋线方向。

　　(2)各轮所受的圆周力、径向力和轴向力的方向。

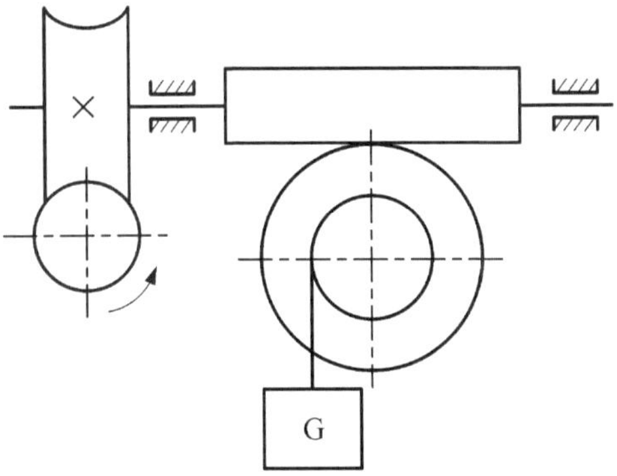

图题 6-7 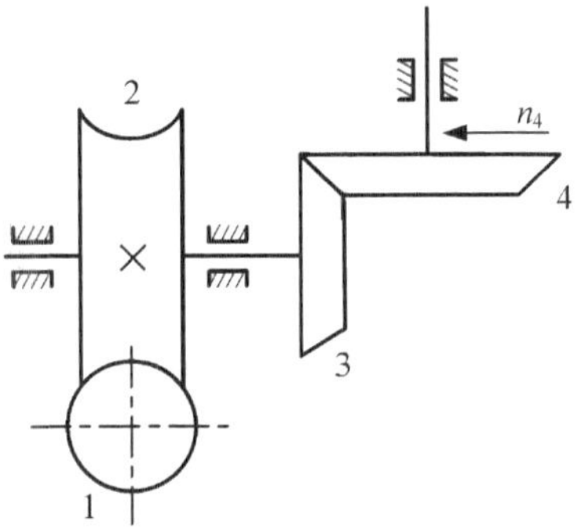　　　　　　　　　　　　　图题 6-8

6-9　在图题 6-9 所示轮系中，单头右旋蜗杆 1 的回转方向如图，各轮齿数分别为 $z_2=$
37，$z_2{'}=15$，$z_3=25$，$z_3=20$，$z_4=60$，蜗杆转速 $n_1=1450$ r/min(方向如图)，求轴
B 的转速及方向。

6-10　在图题 6-10 所示双螺旋桨飞机的减速器中，已知 $z_1=26$，$z_2=20$，$z_4=30$，$z_5=$
18，$n_1=15000$ r/min，试求 n_P 和 n_Q 的大小和方向。

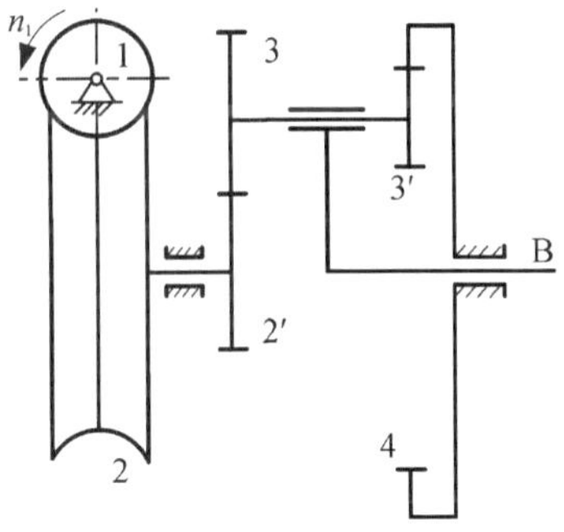

图题 6-9 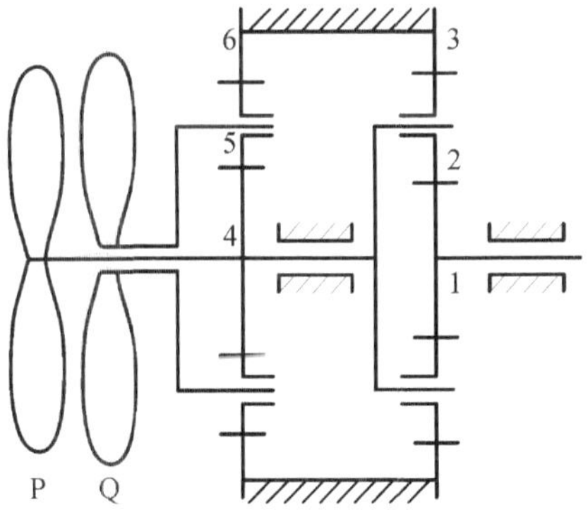　　　　　　　　　　　　　图题 6-10

6-11　在图题 6-11 所示的自行车里程表机构中，C 为车轴，已知 $z_1=17$，$z_3=23$，$z_4=$
19，$z_4{'}=20$，$z_5=24$，设轮胎受压变形后车轮的有效直径为 0.7 m。当车行驶 1 km
时要求指针 P 正好回转一周，求出齿轮 2 的齿数 z_2。

6-12　在图题 6-12 所示的复合轮系中，设已知 $n_1=3549$ r/min，又各轮齿数为 $z_1=36$，
$z_2=60$，$z_3=23$，$z_4=49$，$z_4{'}=69$，$z_6=131$，$z_7=94$，$z_8=36$，$z_9=167$，试求行星
架 H 的转速(大小及转向)。

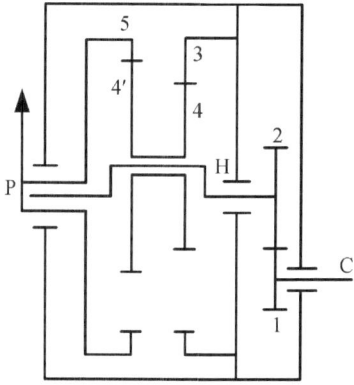

图题 6‐11

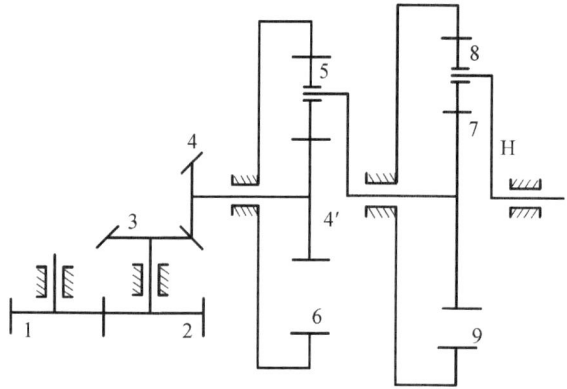

图题 6‐12

6‐13 现有四个标准直齿圆柱齿轮,各齿轮的模数、压力角、加工精度均相同,齿数分别为:$z_1 = 24$,$z_2 = 48$,$z_3 = 72$,$z_4 = 96$,要求将其组成一个两级齿轮减速链,并使传动比最大且传动精度最高。确定齿轮链结构并画出传动简图。

螺旋传动

7

7.1 概述

7.1.1 螺旋传动的分类

螺旋传动利用螺杆和螺母组成的螺旋副的相对运动，将旋转运动变换为直线运动，可用于实现测量、调整以及传递运动等功能。传动中可以将螺杆固定，螺母转动并沿轴线移动；也可以将螺母固定，螺杆转动并移动，分别适用于不同的应用场合。螺旋传动的运动关系为

$$l = \frac{P_{\mathrm{h}}}{2\pi}\varphi \tag{7-1}$$

式中，l 为螺旋传动的位移；P_{h} 为螺纹导程；φ 为螺纹副的相对转角。

按其用途的不同螺旋传动可分为：传力螺旋传动、传导螺旋传动、调整螺旋传动。按螺旋副摩擦性质的不同螺旋传动可分为：滑动螺旋传动、滚动螺旋传动、静压螺旋传动。

7.1.2 螺纹

1. 螺纹的形成

螺纹是螺旋传动的基础。若取一平面图形（三角形、梯形、矩形等），使其平面始终通过圆柱轴线并沿着螺旋线运动，其移动轨迹在空间形成一个螺旋形体，称为螺纹。图7-1中将一直角三角形绕在圆柱表面上。三角形的斜边与底边的夹角 φ，称为螺旋线升角。

按照螺纹断面形状可将其分为四种类型，如图7-2所示。

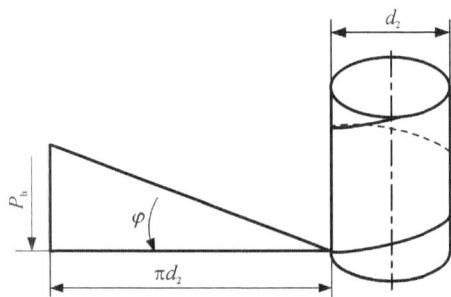

图7-1 螺纹的形成图

（1）三角形螺纹。牙型为三角形，牙型角 $\alpha = 60°$，牙根厚，强度高，对中性好。当量摩

擦角小，易自锁。三角形普通螺纹分为粗牙螺纹和细牙螺纹。粗牙螺纹广泛用于螺纹连接，细牙螺纹适用于薄壁零件和微调机构。

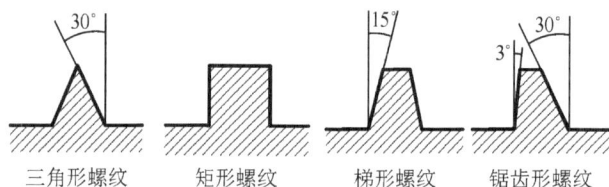

图 7-2　螺纹类型

（2）矩形螺纹。牙型为正方形，牙型角 $\alpha=0°$，牙厚为螺距的一半，当量摩擦系数较小，效率较高，但牙根强度较低，轴向间隙难以补偿，对中精度低，精加工困难，常用于力传动。

（3）梯形螺纹。牙型为等腰梯形，牙型角 $\alpha=30°$，效率比矩形螺纹低，但易于加工，对中性好，牙根强度较高，当采用剖分螺母时还可消除因磨损而产生的间隙，多应用于螺旋传动。

（4）锯齿形螺纹。锯齿形螺纹工作面的牙侧角为 $3°$，非工作面的牙侧角为 $30°$，兼有矩形螺纹效率高和梯形螺纹牙根强度高的优点，适用于单向承载的螺旋传动等。

按照螺旋线绕行方向，螺纹可分为左旋和右旋螺纹，机械设备中一般采用右旋螺纹。根据螺旋线的数目，可分为单线螺纹和多线螺纹。

2. 螺纹的主要参数

（1）大径 d、D——外螺纹牙顶或内螺纹牙底所在的圆柱面直径，称为公称直径，代表螺纹规格。

（2）小径 d_1、D_1——外螺纹牙底或内螺纹牙顶所在的圆柱面直径，常取作危险剖面的计算直径。

（3）中径 d_2、D_2——母线通过牙型上沟槽与凸起宽度相等处圆柱面直径，近似等于螺纹的平均直径 $d_2\approx(d+d_1)/2$。螺纹受力分析时以中径为准，也是确定螺纹几何参数和配合性质的直径。

（4）螺距 P——相邻两牙在中径圆柱面的母线上对应两点间的轴向距离。

（5）导程 P_h——同一螺旋线上相邻两牙在中径圆柱面的母线上的对应两点间的轴向距离。

（6）线数 n——螺纹螺旋线数目，一般为便于制造，$n\leqslant4$。单线螺纹：$P_h=P$；多线螺纹：$P_h=nP$。

（7）牙型角 α——螺纹轴向平面内螺纹牙型两侧边的夹角。

（8）升角 φ ——中径圆柱面上螺旋线的切线与垂直于螺旋线轴线的平面的夹角。

除矩形螺纹外，其余螺纹都已经标准化。相关的螺纹尺寸及标记，可查阅国家标准。

7.1.3　螺旋副的受力分析

螺旋副中的螺母受到的轴向载荷是沿螺纹各圈分布的，分析时常用一个作用于螺纹中径圆周点上的集中载荷代替，并将螺母等速旋转视为其沿着斜面做等速滑动。图 7-3 所示的矩形螺纹，在驱动力矩 T 的作用下沿螺纹中径展开后的斜面上升。此时滑块受到三个力作用：圆周力 F_t、载荷 F_a、全反力 F_R，三力相互平衡驱动滑块匀速运动。

$$F_t = F_a \tan(\varphi + \rho) \tag{7-2}$$

式中，φ 为螺纹升角；ρ 为摩擦角，$\rho = \arctan f$，f 为表面的滑动摩擦因数。驱动力矩 T 可表示为

$$T = F_t \frac{d_2}{2} = F_a \frac{d_2}{2} \tan(\varphi + \rho) \tag{7-3}$$

三角形螺纹的轴向载荷 F_a 在螺纹牙上引起的摩擦力（图 7-4）为

$$F_f = F_N f = \frac{F_a}{\cos \frac{\alpha}{2}} f = F_a f_v \tag{7-4}$$

式中，α 为螺纹牙型角；f_v 为螺纹的当量摩擦因数；对应的摩擦角称为当量摩擦角 ρ_v：

$$\rho_v = \arctan f_v = \arctan \frac{f}{\cos \alpha/2}$$

由此，三角形螺纹旋合的驱动力矩为

$$T = F_t \frac{d_2}{2} = F_a \frac{d_2}{2} \tan(\varphi + \rho_v) \tag{7-5}$$

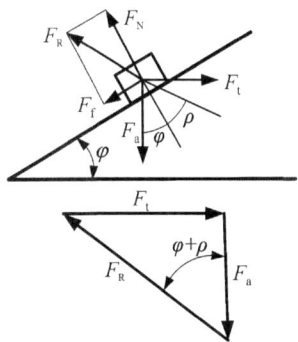

图 7-3　矩形螺纹受力分析　　　　图 7-4　三角形螺纹的受力分析

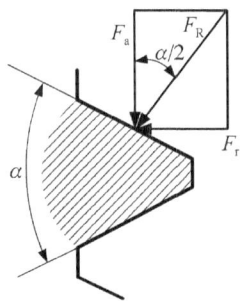

螺旋副的滑动摩擦因数 f 与组成的材料紧密相关，其数值可参见表 7-1 所示。

表 7-1　螺旋副的滑动摩擦因数 f

螺杆和螺母材料	f
淬火钢和青铜	0.06～0.08
钢和青铜	0.08～0.10
钢和耐磨铸铁	0.10～0.12
钢和铸铁	0.12～0.15
钢和钢	0.11～0.17

螺旋副的效率为有效功与输入功之比。螺纹旋合时的传动效率为

$$\eta = \frac{F_a P_h}{2\pi T} = \frac{\tan \varphi}{\tan(\varphi + \rho_v)} \qquad (7-6)$$

当螺母反向松开时，轴向载荷 F_a 变为主动力，螺母有向下运动或运动的趋势，如图 7-5 所示。此时，F_t 成为阻止滑块运动的载荷。若 $F_t = 0$，滑块在 F_a 和 F_R 的作用下保持静止。此时，无论轴向载荷多大，螺母都将保持不动，称为螺纹的自锁。自锁的发生条件为螺旋升角 φ 小于当量摩擦角 ρ_v。此时

$$F_t = F_a \tan(\varphi - \rho_v) \leqslant 0 \qquad (7-7)$$

自锁现象对于螺纹连接有着重要的意义，但对于螺纹传动却不适用。传动螺纹多选用自锁能力差的梯形、锯齿和矩形螺纹。

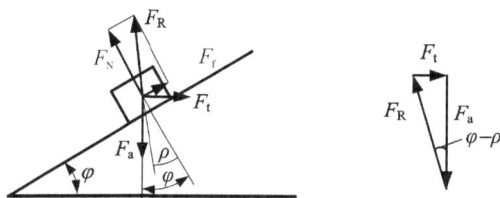

图 7-5　螺旋副自锁

7.2　滑动螺旋传动

7.2.1　滑动螺旋传动的形式与特点

滑动螺旋传动主要有两种形式：螺母固定，螺杆转动并移动；螺杆固定支承并转动，螺母移动(图 7-6)。第一种方式的螺母起支承作用，结构简单并消除了螺杆与轴承间的轴向窜动，容易获得较高的传动精度。缺点是轴向尺寸大，刚性较差，仅适用于行程短的情况。第二种方式结构紧凑，刚度较大，适用于行程较长的应用。

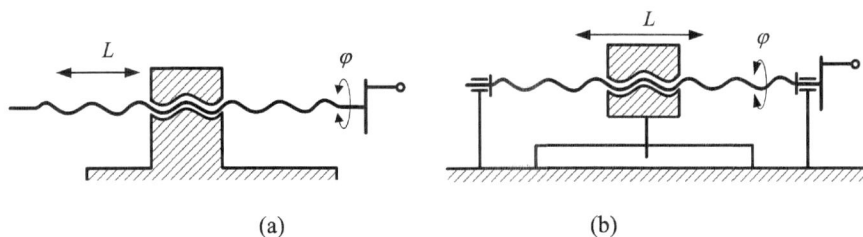

(a)   (b)

图 7-6　滑动螺旋传动基本形式

差动螺旋传动的原理如图 7-7 所示。螺杆上制有两段导程分别为 P_{h1} 和 P_{h2} 的螺纹。螺杆转动角度 φ 时，螺母实际位移是螺杆的移动距离和螺母相对螺杆移动距离之和或之差。螺母的移动距离为

$$l = \frac{\varphi}{2\pi}(P_{h1} \pm P_{h2}) \tag{7-8}$$

上式中"＋"表示两段螺旋旋向相反时的位移，"－"表示两段螺旋旋向相同时的位移。使用两个导程差很小的螺旋就可以实现对螺母进行微小距离运动的控制。

滑动螺旋传动的特点：降速传动比大，具有增力作用，能自锁，效率低、磨损快，不适于高速和大功率传动。

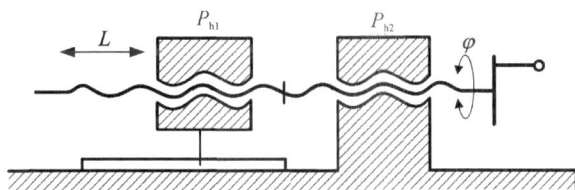

图 7-7　差动螺旋传动

7.2.2　滑动螺旋传动计算

滑动螺旋传动的失效形式主要有：螺纹磨损、螺杆变形、螺杆或螺纹牙的断裂等。因此，设计计算包括：耐磨性、刚度、稳定性、强度，以及驱动力矩、效率和自锁等多个方面。

1. 耐磨性计算

根据耐磨性的计算可以确定螺杆的直径和螺母高度。螺纹工作表面的压强越高磨损越快，通常限制螺纹工作表面压强，即

$$p = \frac{F_a P}{\pi d_2 h H} \leqslant [p] \tag{7-9}$$

式中，p 为螺纹工作表面压强，$N \cdot mm^{-2}$；P 为螺纹螺距，mm；F_a 为螺纹工作时的轴向载荷，N；d_2 为螺纹中径，mm；H 为螺母高度，mm；h 为螺纹工作高度，梯形和矩形螺纹

取 $0.5P$，三角螺纹取 $0.5413P$；$[p]$ 为螺纹材料的许用压强，具体见表 7 - 2。

定义螺母高度为 $H = \xi d_2$，螺纹中径的设计公式可写为

$$d_2 \geqslant \sqrt{\frac{F_a P}{\pi \xi h [p]}} \tag{7-10}$$

系数 ξ 可根据螺纹形式确定：整体式螺母，ξ 取 1.2~2.5；剖分式螺母，ξ 取 2.5~3.5。计算所得的螺纹中径 d_2 需要根据国家标准选取，并对螺距 P 取标准值。由于螺纹牙间载荷并非均匀分布，螺母螺纹的圈数应不超过 10 圈，若超过应更换材料或增大螺纹直径。

表 7 - 2　螺纹材料的许用压强

螺杆材料	螺母材料	$[p]/(N \cdot mm^{-2})$	速度范围 $/(m \cdot min^{-1})$
钢	青铜	18~25	低速
钢	铜	7.5~13	
钢	铸铁	13~18	<2.4
钢	青铜	11~18	<3.0
钢	铸铁	4~7	6~12
钢	耐磨铸铁	6~8	
钢	青铜	7~10	
淬火钢	青铜	10~13	
钢	青铜	1~2	>15

2. 刚度计算

螺杆的变形包括了两部分：轴向载荷 F_a 的拉伸（压缩）和转矩 T 的扭转。刚度计算的目的是把螺距变化量限制在允许范围内，以保证传动精度。螺距变化量的计算：首先计算出载荷作用下一个螺距长度上的变化量，再计算出每米长的螺距累积变化量，并校核刚度条件。

在轴向载荷 F_a 和转矩 T 的作用下，一个螺距长度上产生的螺距变化量为

$$\lambda_P = \lambda_{F_a} + \lambda_T = \frac{F_a P}{EA} + \frac{T P^2}{2\pi G I_P} \tag{7-11}$$

式中，E 为螺杆材料弹性模量；A 为螺杆中径截面积；G 为其剪切弹性模量；I_P 为螺杆极惯性矩。

对于每米长度上的螺距累积变化量，可用单个螺距长度上的变化量乘以螺距总数计算。每米长的螺距累积变化量（单位：μm）为

$$\lambda=\frac{1000}{P}\lambda_{\mathrm{P}}=\left(\frac{4F_{\mathrm{a}}}{\pi d_2^3 E}+\frac{16TP}{\pi^2 G d_2^4}\right)\times 10^6 \qquad (7-12)$$

每米长螺距累积变化量的允许值，可参考表 7 - 3 选用。

表 7 - 3　螺杆每米长度允许螺距变化量

精度等级	5	6	7	8	9
$[\lambda]/\mu\mathrm{m}$	10	15	30	55	110

3. 稳定性计算

按照压杆稳定理论，承受过大载荷的细长杆件容易发生侧弯失稳。承受较大轴向载荷的螺杆，特别是对于长度与直径比较大的情形，必须考虑其承载的稳定性问题。螺杆失稳的临界载荷为

$$F_{\mathrm{ac}}=\frac{\pi^2 E I_{\mathrm{a}}}{(\mu L)^2} \qquad (7-13)$$

式中，F_{ac} 为失稳的临界载荷，N；L 为螺杆两端支承间长度，mm；I_{a} 为螺杆截面的惯性矩，对于梯形螺纹 $I_{\mathrm{a}}=\pi d_2^4/64$；$\mu$ 为长度系数，同螺杆支承情况相关。定义螺杆支承系数 $m=\pi^3 E/(64\mu^2)$，可将上式改写为

$$F_{\mathrm{ac}}=m\frac{d_2^4}{L^2} \qquad (7-14)$$

支承系数的取值可参见表 7 - 4。

保证螺杆不失稳的条件是

$$\frac{F_{\mathrm{ac}}}{F_{\mathrm{a,max}}}\leqslant S_{\mathrm{F}} \qquad (7-15)$$

式中，$F_{\mathrm{a,max}}$ 为最大轴向载荷；S_{F} 为安全系数，取值范围为 2.5～4。对于不能满足上述条件的螺杆，必须加大中径，直到满足条件为止。

表 7 - 4　螺杆支承系数

螺杆支承情况	$m\,/(\mathrm{N}\cdot\mathrm{mm}^{-2})$
两端固定	40×10^4
一端固定，一端不完全固定	28×10^4
一端固定，一端铰支	20×10^4
两端不完全固定	18×10^4
两端铰支	10×10^4
一端固定，一段自由	2.5×10^4

4. 强度计算

螺旋传动的强度计算分为螺杆强度计算和螺纹强度计算两个方面。螺杆由于受到轴向力和扭转载荷的共同作用，按照第四强度理论计算：

$$\sigma_{eq}=\sqrt{\left(\frac{4F_a}{\pi d_1^2}\right)^2+3\left(\frac{T}{0.2d_1^3}\right)^2}\leqslant[\sigma] \tag{7-16}$$

式中，d_1 为螺杆螺纹小径；$[\sigma]$ 为螺杆材料许用应力，常取 $[\sigma]=\sigma_s/(3\sim5)$，$\sigma_s$ 为材料的屈服应力。

螺纹强度计算包括螺杆螺纹强度计算和螺母螺纹强度计算。通常螺杆材料的强度高于螺母材料，因此仅需对螺母螺纹的强度进行验算。在忽略螺杆螺母的径向间隙后，螺母螺纹强度表示为

$$\tau=\frac{F_a}{\pi dhn}\leqslant[\tau] \tag{7-17}$$

$$\sigma_b=\frac{3F_ah}{\pi db^2n}\leqslant[\sigma_b] \tag{7-18}$$

式中，d 为螺母螺纹大径，mm；b 为螺纹根部宽度，mm，对于梯形螺纹 $b=0.65P$；n 为螺纹旋合圈数，$n=H/P$；$[\tau]$ 和 $[\sigma_b]$ 分别为螺母材料的许用剪切应力和弯曲应力，见表 7-5。

表 7-5　螺母材料的许用应力

螺母材料	$[\tau]/(N \cdot mm^{-2})$	$[\sigma_b]/(N \cdot mm^{-2})$
钢	$0.6[\sigma]$	$1\sim1.2[\sigma]$
青铜	$30\sim40$	$40\sim60$
铸铁	40	$45\sim55$
耐磨铸铁	40	$50\sim60$

7.2.3　滑动螺旋传动的设计

滑动螺旋传动的设计包括传动型式选择、螺纹类型确定、螺旋副材料选用、主要参数确定，以及螺纹副与滑板连接结构确定五个方面内容。

传动型式的选择需要根据应用场合和条件，确定螺旋传动的类型。载荷较大的传力螺旋多采用梯形螺纹。传动精度要求高的传导螺旋，则多采用三角形螺纹。

螺纹副的材料选用需要根据用途、精度等级以及热处理工艺等条件选定。总体要求是具有良好的耐磨性和加工工艺性。螺杆硬度高于螺母以减少磨损。螺杆材料一般选用

Y40Mn、45 钢、50 钢等；重要的传动场合，需要用热处理工艺提高耐磨性的可用 T10、65Mn、40Cr、40WMn、18CrMnTi 等材料。对于热处理后尺寸稳定性高的螺杆，可用 9Mn2V、CrWMn、38CrMoAlA 等合金工具钢或轴承钢。螺母材料则多选用锡青铜、黄铜、耐磨铸铁，以及聚乙烯和尼龙等材料；重载条件下可选用铝青铜、铸造黄铜、球磨铸铁、45 钢等。

　　螺旋传动设计中需要确定的参数有：螺杆直径、长度、螺距、头数、螺母高度等。通常多参照同类机构，按照类比法设计并确定相关参数。保证在整个工作行程内螺杆与螺母正确旋合的条件下，尽可能缩短螺纹长度。受到支承结构的影响，螺杆直径应尽可能取大些，以保证足够的刚度。通常应满足螺杆长径比条件：$L/d_1 \leqslant 25$，对超限的受压螺杆需要进行稳定性计算。精密测微螺旋的螺距多用标准值并选用单头螺纹，避免多头螺纹周期误差。多头螺纹主要在实现小转角大位移的情况下使用。

7.3　滑动螺旋的传动精度

7.3.1　螺旋传动的误差

　　螺旋传动的精度是指螺杆与螺母间实际相对运动保持理论值的准确程度。实际相对运动为螺母与螺杆的相对位移，它与理论值的差异程度就是传动精度的表现。影响螺旋传动精度的因素主要有以下几项：螺纹参数误差、螺杆轴向窜动误差、偏斜误差和温度误差。

1. 螺纹参数误差

　　影响螺旋传动精度的螺纹误差主要是螺距误差 Δl_1、中径误差 Δl_2、牙型半角误差 Δl_3。

　　螺距误差是螺距实际值与理论值之差，可分为单个螺距误差和螺距累积误差。进一步的计算分析表明，螺母的运动误差为螺杆各螺距误差的代数和。螺杆的螺距误差(包括单个螺距误差和螺距累积误差)直接影响着传动精度，而螺母的螺距累积误差对传动精度几乎没有影响。因此，精密螺旋传动中对螺杆的加工精度要求较高，螺母选取适当的精度即可。螺杆和螺母旋合范围内也会产生螺距累积误差，其大小同螺杆和螺母在旋合范围内的累积螺距误差大小有关。对于长径比较大的螺杆，由于其刚性差导致螺母在螺杆各段的配合时易产生偏心，也会引起螺杆螺距误差，应适当控制其中径的径向圆跳动误差。

　　螺纹的中径误差是其中径理论值和实际值之差，直接影响螺旋副的旋合间隙及旋合性能。如图 7-8 所示，由于内外螺纹制造时存在中径误差，螺旋副就会产生中径间隙并引起轴向的传动误差：

$$\Delta l_2 = (\Delta D_2 - \Delta d_2)\tan \alpha/2 \tag{7-19}$$

螺纹牙型半角误差是实际牙型半角与理论牙型半角之差。牙型半角误差会引起螺纹旋和轴向间隙改变,并导致轴向间隙改变。图 7-9 所示螺杆螺纹左右两侧牙型半角误差分别为 $\Delta\alpha_{al}/2$ 和 $\Delta\alpha_{ar}/2$,螺母的两侧误差为 $\Delta\alpha_{bl}/2$ 和 $\Delta\alpha_{br}/2$,所引起的轴向误差为

$$\Delta l_3 = \frac{h}{\cos^2\dfrac{\alpha}{2}}\left(\left|\Delta\frac{\alpha_{bl}}{2}-\Delta\frac{\alpha_{al}}{2}\right|+\left|\Delta\frac{\alpha_{br}}{2}-\Delta\frac{\alpha_{ar}}{2}\right|\right) \tag{7-20}$$

式中,h 为螺纹牙旋合高度。可以看出当螺纹左右两侧牙型半角相同时,对螺距的变化影响很小。实际生产中一次切削加工出来的螺纹牙型半角相差不大,因而对传动精度影响很小。

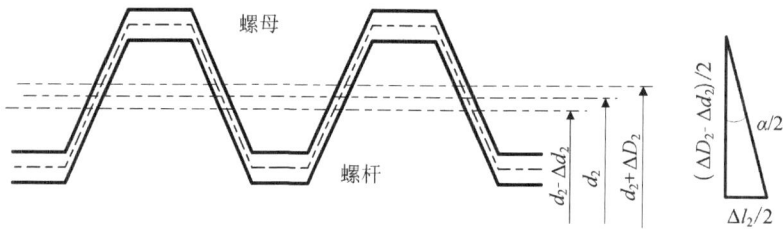

图 7-8　螺纹中径误差

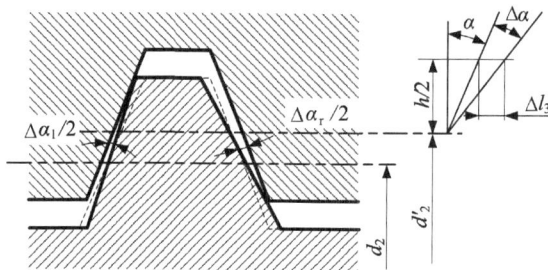

图 7-9　螺纹牙型半角误差

2. 螺杆轴向窜动误差

当螺杆轴肩的端面和轴承的止推面与螺杆轴线不垂直时,如图 7-10 所示,二者分别与轴线成 α_1 和 α_2 的角度。螺杆转动时,这些偏差将导致螺杆周期性地轴向窜动,并转化为螺母的位移误差。螺杆轴向窜动误差以螺杆转动一圈为一个循环周期,最大的窜动误差为

$$\Delta l_{4,\max}=D\tan\alpha_{\min} \tag{7-21}$$

式中,D 为螺杆轴肩直径;$\alpha_{\min}=\min[\alpha_1,\alpha_2]$。

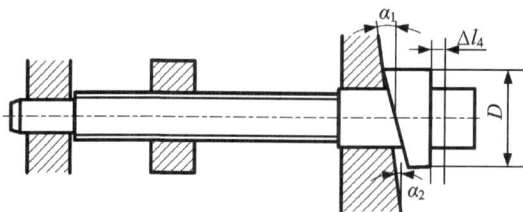

图 7-10　轴向窜动误差

3. 偏斜误差

偏斜误差产生原因是螺杆的轴线方向与移动件的运动方向不平行，如图 7 - 11 所示。螺杆移动量为 l，移动件的位移为 x。当偏斜角度为 ψ 时，产生的偏斜误差为

$$\Delta l_5 = l - x = l - l\cos\psi = 2l\sin^2\frac{\psi}{2} \approx l\frac{\psi^2}{2} \tag{7-22}$$

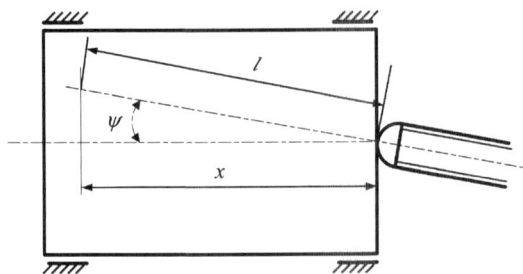

图 7 - 11　偏斜误差

4. 温度误差

当螺旋副工作环境与制造环境的温度相差较大时，会引起螺杆长度和螺距的变化，并带来传动误差。这种因温度变化而产生的传动误差称为温度误差。温度误差可按公式表示为

$$\Delta l_t = l_w\alpha\Delta t \tag{7-23}$$

式中，l_w 为螺杆螺纹长度；α 为螺杆材料的线膨胀系数，钢材料取 $11.6\times10^{-6}/℃$；Δt 为工作温度与制造温度之差。

7.3.2　提高螺旋传动精度的方法

1. 误差补偿法

提高螺纹副零件的制造精度，减小制造和装配误差，可以提高传动精度。但对于高精度要求的螺旋传动，除了规定合理的制造精度外，还可采取校正措施以提高精度。

螺杆的螺距误差是螺旋传动精度的主要影响因素。螺杆螺距误差校正装置如图 7 - 12 所示。螺母在螺杆上移动时，螺母导杆同时沿校正尺的工作面移动。工作面上的凸凹轮廓会使螺母转动中有一个附加角度。该附加角度引起螺母的附加位移，用于补偿螺杆螺距误差所引起的传动误差。

2. 消除轴向窜动

为消除轴向窜动，可将螺杆端部去掉轴肩制成球面，并使球面与止推面接触点位于螺杆轴线上，如图 7 - 13 所示。取消轴肩后，即可消除由轴肩的端面与轴承的止推面与螺杆轴线不垂直而引起的周期性轴向窜动。

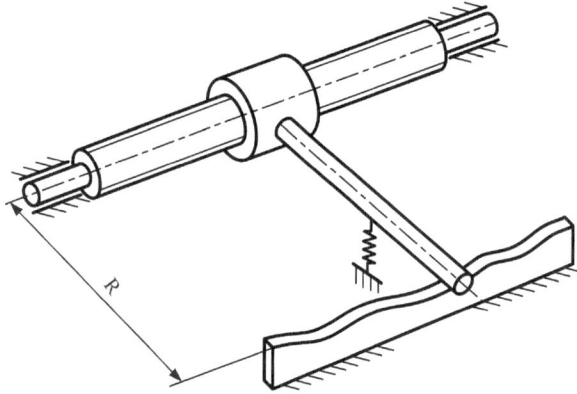

图 7-12　螺距误差校正原理

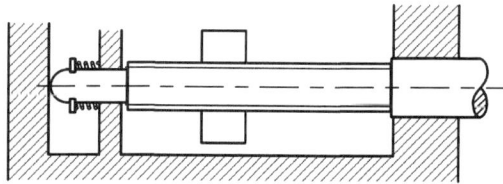

图 7-13　消除轴向窜动的结构

3. 改进移动件的连接

螺纹副零件与滑板的连接结构主要有三种方式：刚性连接、弹性连接、活动连接。如图 7-14 和 7-15 所示。刚性连接虽然牢固可靠，但当螺杆轴线与滑板运动方向不平行时，容易在机构中产生附加应力导致磨损加快，严重时会使机构卡死而失效。弹性连接利用连接元件自身的张紧力可以消除二者之间的间隙。

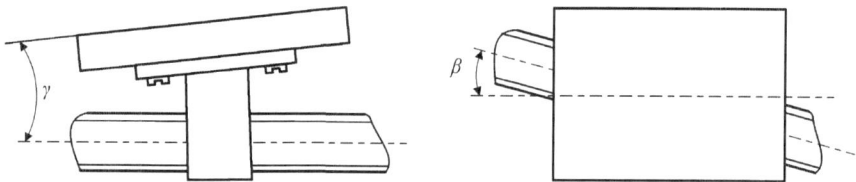

图 7-14　刚性连接结构

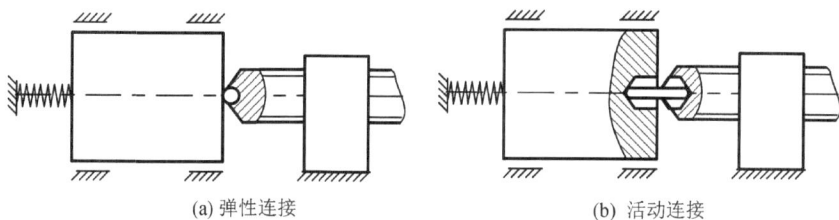

(a) 弹性连接　　　　　　　　　　(b) 活动连接

图 7-15　弹性连接与活动连接结构

4. 消除空回

螺旋机构的螺纹旋合中存在间隙。若螺杆的转动方向改变，螺母无法立即反向运动，而是在螺杆转动一定角度后螺母才开始反向运动，这种现象称为空回。空回影响正反向转动的螺旋传动，导致传动误差。消除空回的方法是在保证螺旋副灵活运动的前提下，消除螺杆与螺母之间的间隙。

利用弹簧的单向回复力可以使螺旋副的工作表面保持单面接触，消除接触面沿单向力作用方向上的间隙，从而消除空回现象，图 7-15(a) 中的弹簧就是提供了单向接触力。此方法还可用于消除支承处的轴向间隙，不用对螺母和螺杆进行加工，能够保证二者良好的接触，提高使用寿命。

使用调整螺母消除螺旋副间隙有两种方法：径向调整和轴向调整。径向调整法利用结构设计使螺母产生径向收缩，从而减小螺纹旋合后的间隙以消除空回。图 7-16 给出了径向螺母调整法的结构，分别为：开槽螺母结构、卡簧螺母结构、对开螺母结构。

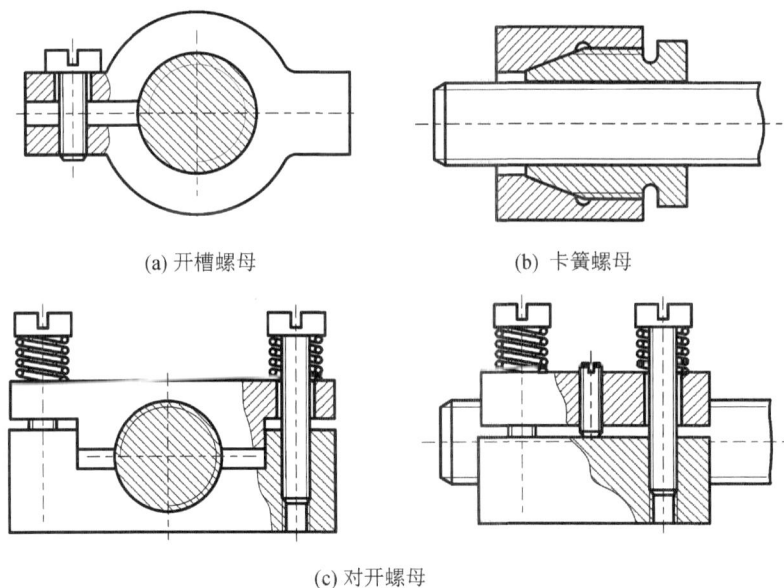

(a) 开槽螺母　　　　　　　　　　(b) 卡簧螺母

(c) 对开螺母

图 7-16　螺纹间隙径向调整结构

轴向调整法中可使用开槽螺母、刚性双螺母、弹性双螺母等结构，如图 7-17 所示。使用的调整方法有螺钉调整、双螺距调整(螺母间螺距不同于螺杆螺距)、弹簧调整等。利用调整螺母消除空回，可同时消除螺纹副的多项旋合间隙，并能有效防止螺杆的轴向窜动。其结构简单，调整方便，工作可靠。

此外，还可利用塑料螺母的弹性变形以消除空回。塑料螺母使用聚乙烯 PE 和聚酰胺 PA 等高分子材料制作并被压紧于螺杆上，塑料材料的弹性恢复变形可以消除螺旋副的间隙。工作时可利用塑料螺母的高弹性和自润滑性，提高接触质量并减少磨损。

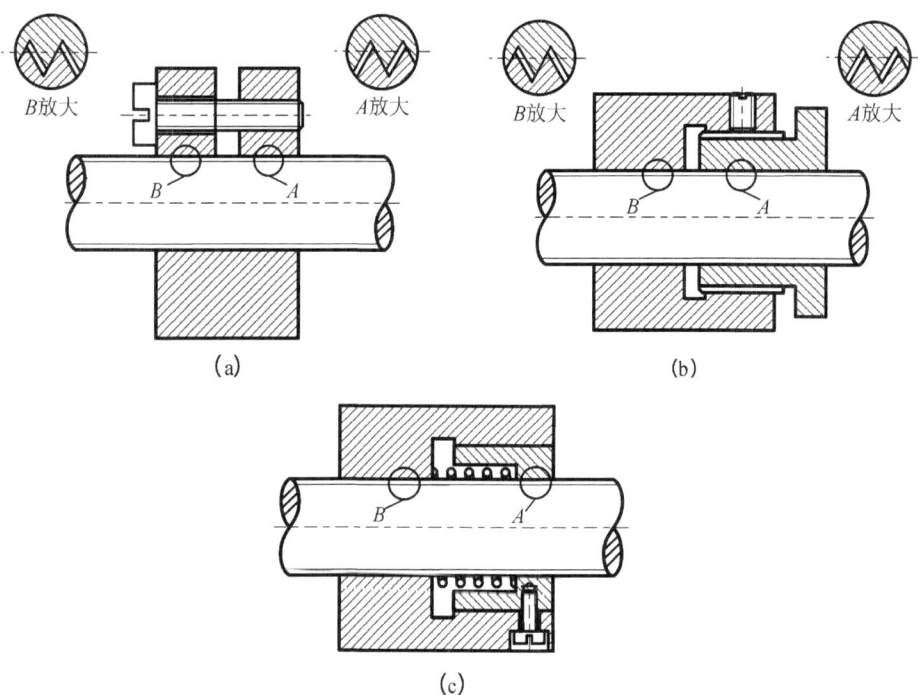

图 7-17 螺纹间隙轴向调整结构

7.4 滚珠螺旋传动

滚珠螺旋传动是在螺杆和螺母滚道之间放入适量的滚珠,将螺旋副的滑动摩擦变为滚动摩擦的螺旋传动。滚珠螺旋传动主要由四部分组成:螺杆、螺母、滚珠、滚珠返向器。螺杆转动时,带动滚珠沿螺纹滚道滚动。螺母上设有滚珠返向器,与螺纹滚道一同构成滚珠的循环通道。滚珠在完成一个循环后从滚道末端滚出,再通过循环通道返回到滚道起始端,开始下一次循环。为了在滚珠与滚道之间形成无间隙甚至小过盈量配合,可设置预紧装置。为延长工作寿命,设有润滑件和密封件。

滚珠螺旋传动与滑动螺旋传动或其他直线运动副相比,具有大降速比、传动效率高达 $80\% \sim 95\%$、运动平稳、工作寿命长、定位精度和重复定位精度高、同步性好、可靠性高等优点,缺点是不能自锁、制造工艺复杂,成本也较高。

7.4.1 滚珠螺旋传动结构及类型

1. 螺纹滚道截形

螺纹滚道法向截形指通过滚珠中心且垂直于滚道螺旋面和滚道表面交线的形状。常用的截形有两种：单圆弧和双圆弧，如图 7-18 所示。滚珠和滚道表面在接触点处的公法线，与过滚珠中心的螺杆直径线间的夹角 β，称为接触角。理想接触角 $\beta=45°$。滚道半径 r_s（或 r_n）与滚珠直径 D_w 的比值，称为适应度：$f_{rs}=r_s/D_w$（或 $f_m=r_n/D_w$）。适应度对滚珠螺旋的承载能力影响较大，一般可取 f_{rs}（或 f_m）$=0.52\sim0.55$。

单圆弧形滚道的砂轮成型比较简单，易于得到较高精度；但接触角随初始间隙和轴向力大小变化，效率、承载能力和轴向刚度均不够稳定。双圆弧滚道的接触角基本保持不变，效率、承载能力和轴向刚度稳定；滚道底部不与滚珠接触，可贮存一定的润滑油和脏物，使磨损减小。双圆弧滚道的主要缺点在于砂轮修整、加工和检验比较困难。

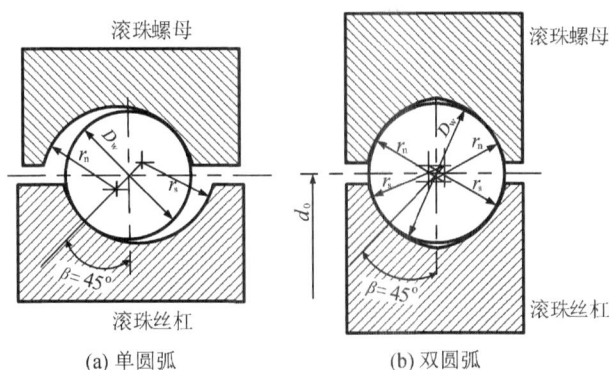

图 7-18　螺纹滚道法向截形

2. 滚珠循环方式

按滚珠返回的方式不同滚珠循环可以分为内循环式和外循环式两种。内循环方式的滚珠在循环过程中始终与螺杆（丝杠）表面保持接触，如图 7-19 所示。螺母的侧面孔内装有接通相邻滚道的反向器，引导滚珠越过丝杠的螺纹顶部进入相邻滚道形成循环回路。螺母上具有循环回路的数目称为列数。内循环螺母的列数常为 2～4 列，且各个反向器沿螺母圆周均匀分布。

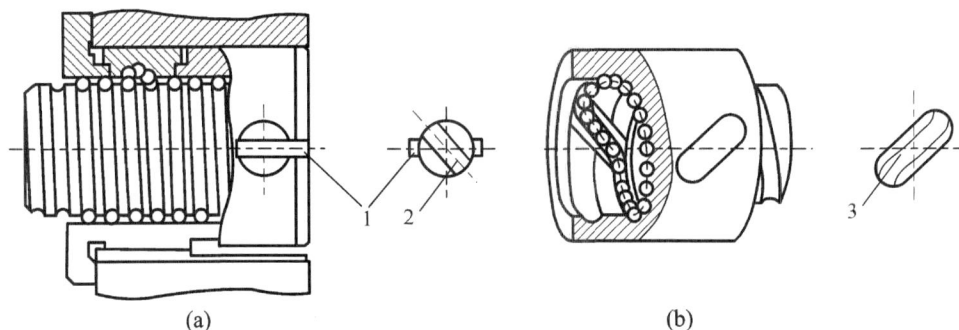

1—凸键；2、3—反向键。

图 7-19　滚珠内循环结构

滚珠在一个循环中绕螺纹滚道的圈数称为工作圈。内循环的圈数是一列一圈，因而滚珠循环的回路短、流畅性好、效率高，螺母的径向尺寸也较小；缺点是反向器的回珠槽具有空间曲面，加工工艺较复杂。

外循环式的滚珠在循环反向时离开丝杠螺纹滚道，在螺母体内或体外做循环运动。外循环可分为螺旋槽式、插管式、端盖式三种，如图7-20所示。螺旋槽式直接在螺母外圆柱面上加工出螺旋线凹槽作为循环通道，如图7-20(a)所示。凹槽两端分别与螺纹滚道相切，同时利用挡珠器引导滚珠通过，最后用套筒覆盖凹槽，封闭循环通道。其优点是结构简单、制造容易、径向尺寸小，缺点是挡珠器易磨损。

插管式利用弯管代替螺旋凹槽，将弯管两端插入螺母上与滚道相切的孔内，外加压板固定如图7-20(b)所示。弯管端部引导滚珠进出弯管，构成循环通道。插管式结构简单、工艺性好、适于批量生产，缺点是弯管凸出螺母外部，径向尺寸较大，且弯管两端耐磨性和抗冲击性差。端盖式循环结构由螺母1上的通孔和端盖2上的短槽组成返回通道，如图7-20(c)所示，其特点是结构紧凑、工艺性好，但滚珠在通过短槽时容易卡住。

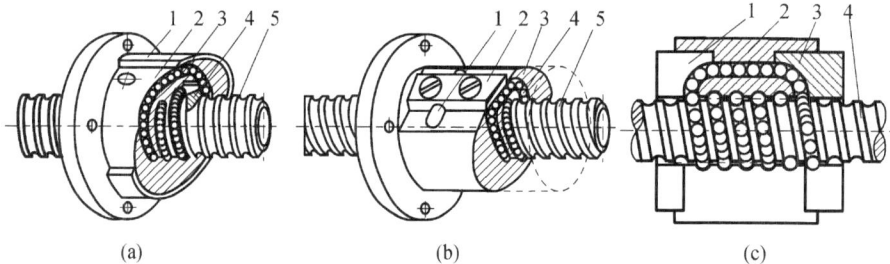

(a)螺旋槽式：1—套筒；2—螺母；3—滚珠；4—挡珠器；5—丝杠。(b)插管式：1—弯管；2—压板；3—螺母；4—滚珠；5—丝杠。(c)端盖式：1—螺母；2—左端盖；3—右端盖；4—丝杠。

图7-20 滚珠外循环结构

3. 滚珠螺旋副轴向间隙的调整和预紧方法

滚珠螺旋副的轴向间隙，是承载时在滚珠与滚道型面接触点的弹性变形所引起的螺母位移量和螺母原有间隙的总和。为了保证滚珠丝杠副的反向传动精度和轴向刚度，必须消除此轴向间隙。

滚珠丝杠螺母副常用双螺母预紧消除轴向间隙。利用两个螺母的相对轴向位移，使两个滚珠螺母中的滚珠分别贴紧在螺旋轨道的两个相反侧面上，并产生一定的变形晕，以消除轴向间隙并提高刚度。螺母的预紧力过大会使空载力矩增加，降低传动效率和缩短使用寿命。因此，一般需要经过多次调整，以保证既能消除间隙又能灵活运转。

调整时除螺母预紧外，还应特别注意使丝杠安装部分和驱动部分的间隙尽可能小，并且具有足够的刚度。常用的预紧方法有：垫片调隙式、螺纹调隙式、齿差调隙式。

垫片调隙式结构如图 7 - 21 所示。改变垫片的厚度 Δ，使内外两个螺母产生轴向相对位移，以达到消除间隙和预紧的目的。螺纹调隙式结构如图 7 - 22 所示，转动右端的两个锁紧螺母即可进行预紧。这种调隙方式结构简单、调整方便，滚道磨损时可随时进行调整，缺点是预紧量不够准确。

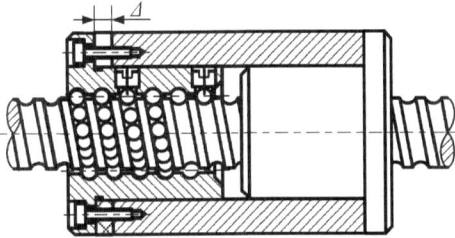

图 7 - 21 垫片调隙式结构

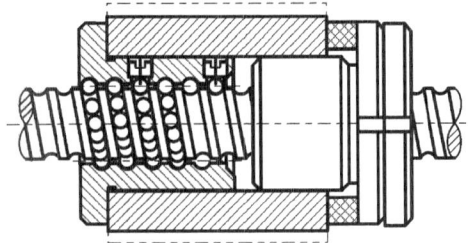

图 7 - 22 双螺母螺纹调隙式结构

4. 滚珠螺旋的支承方式

螺杆的轴承组合及轴承座、螺母座以及其他零件的连接刚性，对滚珠螺旋副传动系统的刚度和精度都有很大影响，需在设计和安装时认真考虑。为了提高轴向刚度，螺杆支承常用推力轴承为主的轴承组合，仅当轴向载荷非常小时才使用向心推力轴承。

图 7 - 23(a)是一端装止推轴承的支承方式(固定-自由式)。其承载能力小，轴向刚度低，适用于短丝杠，如用于数控机床的调整环节或升降台式数控机床的垂直坐标中。图 7 - 23(b)是滚珠丝杠较长时，一端装止推轴承固定，另一端由深沟球轴承支承(固定-支承式)。为了减小丝杠热变的影响，止推轴承的安装位置应远离热源(如液压马达)。图 7 - 23(c)是螺杆两端均装止推轴承并施加预紧拉力，这种支承方式有助于提高传动刚度，但对热伸长较为敏感。图 7 - 23(d)是两端装双重止推轴承及深沟球轴承(固定-固定式)，丝杠两端采用双重支承，如止推轴承和深沟球轴承，并施加预紧拉力。这种支承形式可使丝杠的热变形能转化为止推轴承的预紧力。

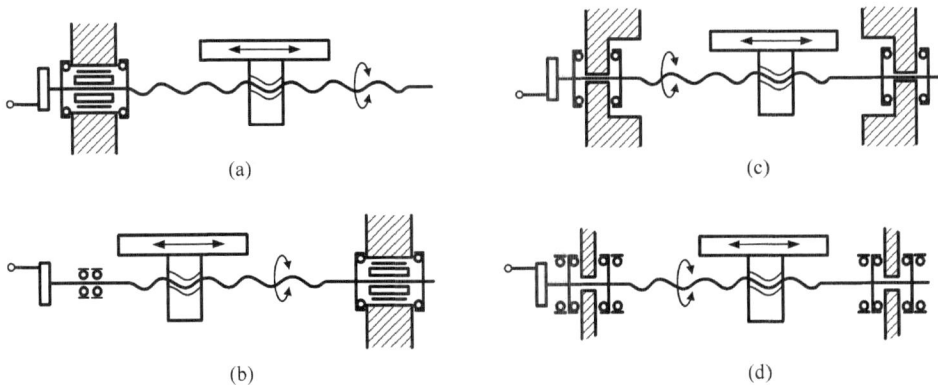

(a)

(c)

(b)

(d)

图 7 - 23 滚珠螺旋的支承方式

7.4.2 滚珠螺旋的设计

滚珠螺旋的设计是按照已知的工作条件选用。滚动螺旋副已经标准化,有专门生产厂家制造。在选用时,需要根据工作条件和受载情况选择合适的类型,确定尺寸后进行组合结构设计,必要时对其使用寿命、刚度、临界载荷等进行校核。

当滚动螺旋副在较高转速下工作时,应按寿命条件选择其尺寸,并校核其载荷是否超过额定静载荷;在低速工作时,应按寿命和额定静载两种方式确定其尺寸,选择其中尺寸较大的滚动螺旋副;静止状态或转速低于 10 r/min 时,可按额定静载荷选择其尺寸。

滚动螺旋副的选用计算包括螺旋副寿命计算、静载荷计算、螺杆强度计算、螺杆稳定性计算、横向振动计算、驱动转矩计算等。计算项目则根据工作机类别和工作需要进行选择性计算,如传力螺旋副应进行螺杆强度计算;长径比大的受压螺杆应进行稳定性计算;转速较高、支承距离较大的螺杆应校核其临界转速等。计算方法可参照机械设计手册。

7.5 静压螺旋传动

静压螺旋传动采用液体摩擦来代替滑动摩擦和滚动摩擦,依靠外部液压系统提高压力油,压力油进入螺杆与螺母螺纹间的油缸,促使螺杆、螺母、螺纹牙间产生压力油膜而被分隔开。外部载荷主要由压力油膜承载。

图 7-24 为静压螺旋传动系统示意图。当螺杆无外载荷时,通过每一油腔沿间隙留出的流量相等,螺纹牙两侧的油压及间隙也相等。即 $P_{r1} = P_{r2} = P_{ro}$,$h_1 = h_2 = h_0$,螺杆保持在中间位置。

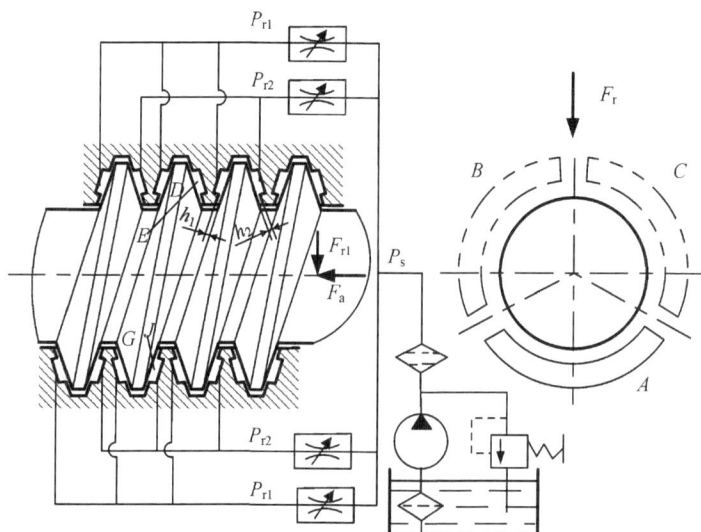

图 7-24 静压螺旋传动系统

当螺杆受轴向力 F_a 而偏向左侧时，间隙 h_1 减小，h_2 增大。在节流阀的作用下，使 $P_{r1} > P_{r2}$，从而产生一个平衡 F_a 的反作用力。当螺杆受径向力 F_r 作用而沿载荷方向产生位移时，油腔 A 侧间隙减小，B、C 侧间隙增大。同样，由于节流阀的作用，使 A 侧的油压增高，B、C 侧油压降低，形成压差与径向力 F_r 平衡。当螺杆一端受径向力 F_{r1} 作用而形成一个倾覆力矩时，螺母上对应油腔 E、J 侧间隙减小，D、G 侧间隙增大。由于节流阀的作用使螺杆产生一个反向力矩，使其保持平衡。分析以上三种情况可知，当每一个螺旋面上设有三个以上的油腔时，螺杆(或螺母)不但能承受轴向载荷，同时也能承受一定的径向载荷和倾覆力矩。

静压螺旋与滑动螺旋和滚动螺旋相比，具有下列特点：

(1) 摩擦阻力小，效率高。流体摩擦代替滑动和滚动摩擦，摩擦因数小，传动效率高可达 99%。

(2) 寿命长。螺纹表面不直接接触，能长期保持工作精度。

(3) 传动平稳，低速时无爬行现象。

(4) 传动精度和定位精度高。

(5) 具有传动可逆性，必要时应设置防止内转机构。

(6) 缺点是需要一套可靠的供油系统，螺母结构复杂，制造比较困难。

【拓展阅读】

工匠精神

工匠精神是指工匠不仅要具有高超的技艺和精湛的技能，而且还要有严谨、细致、专注、负责的工作态度和精雕细琢、精益求精的工作理念，以及对职业的认同感、责任感、荣誉感和使命感。工匠精神在每个国家有不同的说法，德国人称为"劳动精神"，美国人称为"职业精神"，日本人称为"匠人精神"，韩国人称为"达人精神"。通过对古今中外工匠精神的比较研究，发现大国工匠精神主要表现在以下五个方面：执着专注、作风严谨、精益求精、敬业守信、推陈出新。

专注就是内心笃定而着眼于细节的耐心、执着、坚持的精神，这是一切"大国工匠"所必须具备的精神特质。从中外实践经验来看，工匠精神都意味着一种执着，即一种几十年如一日的坚持与韧性。"术业有专攻"，心无旁骛，在各自领域成为"领头羊"。严谨是大国工匠做事认真规范，脚踏实地，坚持标准，认真细致，一丝不苟，保持初心，不易被外界所诱惑。精益求精是对每个产品、工序都凝神聚力、精益求精、追求极致的职业品质。"天下大事，必作于细"，能基业长青的企业，无不是精益求精才获得成功的。敬业是基于对职业的敬畏和热爱而产生的一种全身心投入的认认真真、尽职尽责的职业精神状态。中华民族历来有"敬业乐群""忠于职守"的传统，敬业是中国人的传统美德，也是当今社会主义核心价值观的基本要求之一。

工匠精神的核心要素是创新精神。"创新是一个民族进步的灵魂，是一个国家兴旺发达的不竭动力。"一个民族的创新离不开技艺的创新。在现代工业条件下，对于工匠技艺的要求已经不仅仅是像传统工匠那样，只是从师傅那里学得技艺从而能够保持和发扬祖传工艺技法。实际上，传统工艺也是在传承与创新中得到发展的，要将传承与创新统一起来，在传承的前提下追求创新。现代机械制造尤其是现代智能制造，对技艺提出了越来越高的难度和精度要求，不仅要有娴熟的技能，而且要求技术创新。每一个产品的开发，每一项技术的革新，每一道工艺的更新，都需要有工匠的创新技艺参与其中。

工匠精神的本质：道技合一，追求卓越。中国哲学对工匠精神有着深刻的认知：道技合一或"匠工蕴道"。在《庄子》的多篇文章中，表达了对工匠精神的本质看法。《庄子》以庖丁解牛、匠石运斧、老汉粘蝉等事例告诉人们，古代匠人的技艺能够达到鬼斧神工的至高境界，即所谓"臣之所好者，道也，进乎技矣"。庖丁的技法能够以神遇而不以目视，达到"官知止而神欲行，依乎天理"的境地，足以见得，古代工匠精神既是实践的积淀，同时又是内心对道的追求的展现。万物的本性都是道的体现，匠工蕴道。在庖丁的精神境界里，则深蕴着对道的追求和把握，同时也将这种追求和把握与技艺的完善结合在一起，从而达到鬼斧神工的境界。大国工匠精神早已注入中华民族基因，确需大力挖掘、延续和传承。

课后思考题

7-1 说说螺纹螺距和导程的区别与联系。

7-2 滑动螺旋传动的主要优缺点有那些？

7-3 在滑动螺旋的耐磨性计算中，为什么要限制螺纹扣数 $n \leqslant 10$？什么情况下需要进行稳定性验算？

7-4 影响螺旋传动精度的因素有哪些？说明提高螺旋传动精度的方法。

7-5 何谓螺旋传动的空回误差？消除空回的方法有哪些？

7-6 滚珠螺旋传动有哪些优缺点？说明其适用场合。

7-7 说说静压螺旋传动的特点及其适用场合。

轴与轴系零件

8.1 轴

8.1.1 轴的分类

轴是机械系统中的重要零件之一，其主要作用有：支承回转零件、传递转矩和运动。回转运动的机械零件，都必须安装在轴上才能实现其功能。

按照承载类型，轴可分为：心轴、传动轴和转轴，如图 8-1 所示。心轴工作时仅承受弯矩而不传递转矩，如滑轮支承轴。根据工作时的转动情况，心轴还可分为：转动心轴和固定心轴。转动心轴同回转零件一起转动，承受变应力载荷；固定心轴不随零件转动，仅承受静应力载荷。传动轴在工作中只承受转矩，如汽车的传动轴、机床中的光杠等。转轴在工作中既承受弯矩又传递转矩的轴，如减速器中的齿轮轴。

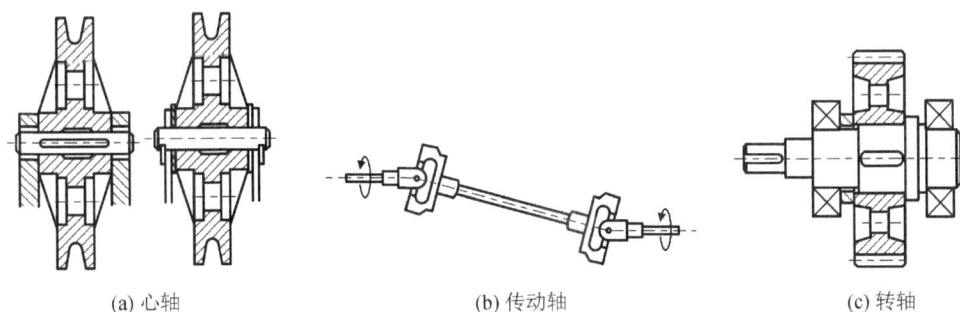

| (a) 心轴 | (b) 传动轴 | (c) 转轴 |

图 8-1 轴的分类

按照轴线的形状，轴可以分为：直轴、曲轴和挠性软轴，如图 8-2 所示。轴的各截面几何中心在一条直线上的称为直轴，截面几何中心不在一条直线上的则称为曲轴。曲轴是动力机械中实现往复运动和旋转运动转换的专用零件，兼有转轴和曲柄的双重功能，如内燃机、曲柄压力机中的曲轴。挠性软轴能够在弯曲状态下将运动和转矩传递到任意位置，用于连续振动场合以缓和冲击载荷的影响。

精密机械中的轴多用直轴，其结构又可分为：光轴和阶梯轴。光轴截面结构简单、加工容易，主要缺陷在于轴上零件的装拆和固定不便，多见于农业、纺织机械设备。阶梯轴的各段截面直径不同，可在承载后满足各段强度接近相等，同时也便于轴上零件的定位和安装。

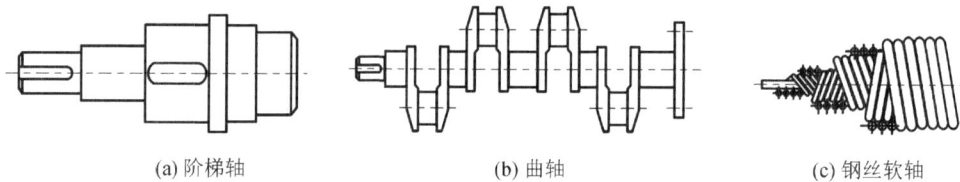

(a) 阶梯轴　　　　　　　(b) 曲轴　　　　　　　(c) 钢丝软轴

图 8-2　轴的结构

8.1.2　轴上载荷及设计准则

工作时轴上多数情况下为变载荷。轴上应力同载荷性质既有联系又有区别。变载荷可引起变应力，静载荷可引起静应力和变应力。因此，轴在弯矩和转矩作用下的应力多为变应力或者按照变应力处理。

轴常见的失效形式有：疲劳断裂、塑性变形或脆性断裂、过量的弯曲和扭转变形、高速共振，以及轴颈磨损和高温工况蠕变等。其中，疲劳断裂占到轴失效总量的 40%～50%，塑性变形和脆性断裂一般发生在因振动、冲击等瞬时过载的情形。因此，轴的设计准则是：根据轴在实际工作条件下可能发生的失效形式，保证轴具有不发生该种失效的工作能力，并且结构合理、工艺性良好。

8.1.3　轴的设计

轴的设计主要涉及三方面内容：材料选择、结构设计、工作能力计算。

材料选择需要根据工作要求，并考虑实现要求的热处理方式和制造工艺进行，以做到经济合理。结构设计则需要按照传动能力、轴上零件的安装和定位以及轴的制造工艺等方面的要求，合理地确定轴的结构形式和尺寸。轴的结构工艺性，是指满足具有合理的结构、加工装配工艺性好、热处理变形小等要求。

轴的工作能力计算，主要涵盖了强度、刚度、回转精度、热变形、振动稳定性等方面内容。承受较大载荷时轴必须进行强度计算。对于高精度运转的轴，刚度要求必须满足。回转精度指轴回转时理想回转轴线与实际回转轴线间的偏离跳动量，它影响轴的平稳运行。轴的回转精度通常要求在规定的指标内。轴的设计一般按以下步骤进行：

（1）选择材料：根据工作条件和经济性原则，选取合适材料、毛坯形式和热处理方法。

（2）按照轴传递转矩估算最小直径。

（3）轴的结构设计：按照受力情况，轴上零件的装配及位置、加工工艺等要求，确定形状和尺寸。

（4）工作能力计算：按照工作要求对轴的危险截面进行强度、刚度、振动稳定性计算和校核。

轴设计的特点：根据强度、刚度等条件设定的基本尺寸不能满足结构要求，仍需按照结构要求进行修正。因此，轴设计应是在满足强度、刚度等要求条件下，着重解决结构的合理性。轴结构的设计结果具有多样性，设计时需要对多种结果进行综合评价，选择较优方案。

8.1.4 轴的常用材料

轴的材料选择，在满足使用要求的基础上力求做到经济合理。轴的材料应有足够的硬度，应力集中不敏感，能满足刚度、耐磨性、耐腐蚀性等要求，并具有良好的加工性能。轴的常用材料有：碳钢、合金钢、不锈钢、青铜、黄铜、球磨铸铁等。

碳钢价格便宜，强度足够高，对应力集中不敏感，便于进行各种热处理而应用广泛。轴常用碳钢有 35 钢、45 钢、50 钢，其中 45 钢应用最广泛。为保证机械性能，一般进行调质或正火处理。轻载或不重要的轴，可采用 Q235、Q255、Q275 等普通碳钢。合金钢常用于制造传递大功率并要求减小尺寸与质量的轴，以及工作于高温、低温和具有腐蚀介质环境中的轴。常用合金钢有 20Cr、40Cr 等。选用合金钢只能提高轴的强度和耐磨性，对刚度影响不大。形状结构复杂的轴可用铸钢、合金铸钢、球墨铸铁等。精密仪器中为了防磁，可以采用青铜、黄铜来制作轴。表 8-1 给出轴常用材料的力学性能。

表 8-1 轴常用材料的力学性能

材料牌号	热处理	毛坯直径 /mm	硬度/HB	力学性能/MPa				备注
				σ_b	σ_s	σ_{-1}	τ_{-1}	
Q235-A	热轧或锻后、空冷	≤40		432	235	180	104	不重要或载荷
		>100~250		569	275	228	132	不大的轴
45	正火 回火	≤100	170~217	588	294	238	138	应用最为广泛
		100~300	162~217	569	284	230	133	
		300~500	162~217	549	275	222	128	
	调质	≤200	217~255	637	353	268	155	
40Cr	调质	≤100	241~286	736	539	344	199	载荷较大、冲击较小的轴
		100~300	241~286	686	490	317	183	
		300~500	229~269	637	441	291	168	

材料牌号	热处理	毛坯直径/mm	硬度/HB	力学性能/MPa				备注
				σ_b	σ_s	σ_{-1}	τ_{-1}	
40CrNi	调质	25		981	785	477	275	性能接近40Cr，用于重要的轴
40MnB	调质	≤200	241～286	736	490	331	191	
35SiMn	调质	≤100	229～286	785	510	350	202	
42SiMn		100～300	217～269	736	441	318	184	
20Cr	渗碳	15	表面 HRC 56～62	834	539	371	214	强度和韧性都较高的轴
	淬火	30		637	392	278	160	
	回火	≤60		637	392	278	160	
2Cr13	调质	≤100	197～248	647	411	294	170	腐蚀条件下工作的轴
QT600-3			197～269	588	412	212	182	外形复杂的轴
QT400-15			156～197	392	294	142	123	

注：表中 σ_{-1}、τ_{-1} 按照如下关系计算，并取整。钢：$\sigma_{-1} \approx 0.27(\sigma_b + \sigma_s)$；$\tau_{-1} \approx 0.156(\sigma_b + \sigma_s)$；球墨铸铁：$\sigma_{-1} \approx 0.36\sigma_b$；$\tau_{-1} \approx 0.31\sigma_b$。

8.1.5 轴的结构设计

轴的结构设计影响因素有：载荷的性质、大小、方向、分布情况；轴与轴上零件、轴承、机架的相互结合关系；轴的加工和装配工艺等。设计过程应遵循以下原则：

(1) 受力合理，利于提高轴的强度和刚度。

(2) 轴与机架、轴上零件之间定位准确可靠。

(3) 便于加工制造，轴上零件便于装拆和调整。

(4) 减少应力集中，节约材料，减轻质量。

可以看出，轴的结构设计涉及轴的载荷分配、零件定位、制造工艺、安装工艺等多方面的内容，需要确定轴上零件的布置和定位方法、各轴段的轴径和长度以及工艺性结构等。

1. 轴上零件的布置

根据工作条件布置轴上零件的位置，以保证工作位置正确、分布合理，便于装拆。需要考虑轴上零件的类型、尺寸和数量，轴上载荷的大小、方向和性质，以及零件的安装和定位关系。这是轴上零件布置的首要任务。

图8-3所示为单级圆柱齿轮减速器的输入轴布置图。齿轮对称布置在两轴承之间，两轴承尽量靠近齿轮，减少支承跨距和弯矩，提高轴的刚度和强度。在不影响轴承盖螺钉装拆条件下，带轮位置尽量靠近轴承盖，减少悬臂长度。

轴上零件的不同布置方式和定位方法，对应不同的装配顺序，同样可得到不同的轴结构和加工工艺。

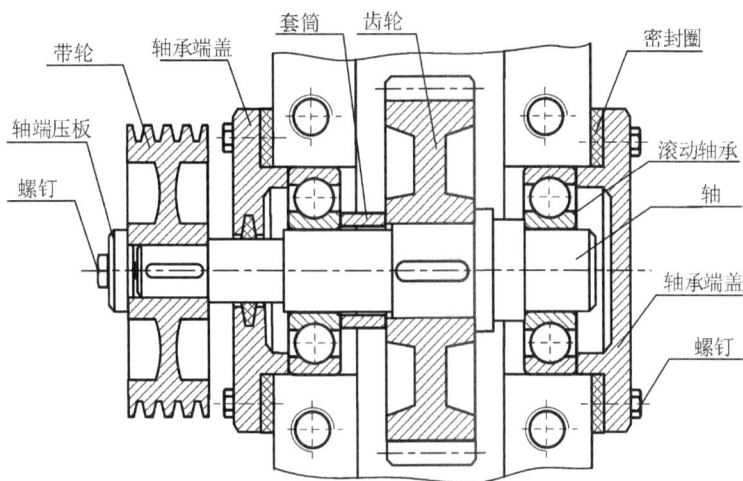

图 8 - 3　单级齿轮减速器轴的结构设计

2. 零件的轴向固定

轴上零件的轴向固定方法有：轴肩和轴环、套筒、圆螺母、弹簧挡圈、轴端压板等。

轴肩和轴环由定位面和内圆角组成。如图 8 - 4(a)所示，轴肩和轴环的圆角半径应小于零件倒角或外圆角半径。轴环尺寸可查阅相关设计手册确定。轴肩和轴环定位固定简单可靠，承受轴向力大，应用广泛。其缺点是加大了轴径，容易产生应力集中。套筒定位常用于轴的终端，常与轴肩或轴环配合使用，以保证零件双向正确固定，轴端压板用于轴端零件固定，参见图 8 - 3。圆螺母可用于轴中间或轴端定位，能承受较大的轴向力。弹性挡圈用于轴向力不大时零件的轴向定位，如图 8 - 4(b)和(c)所示。

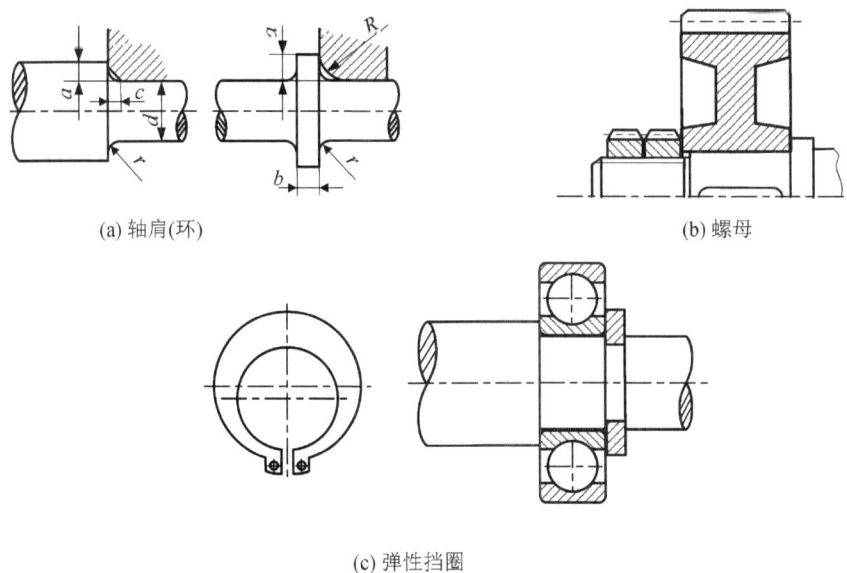

(a) 轴肩(环)　　　　　　　　　　　(b) 螺母

(c) 弹性挡圈

图 8 - 4　零件的轴向定位方式

3. 零件的周向固定

轴上零件的周向固定,需要根据传递转矩的大小和性质、轮毂与轴的对中精度要求、加工工艺性等因素确定。常用的固定方法有:键连接、紧定螺钉、销连接、过盈压合连接等(内容详见第 10 章"机械连接"部分)。

4. 轴的工艺性

轴的工艺性包括加工工艺性和装配工艺性。加工工艺性主要包括:

(1) 轴的台阶数尽可能少,减少加工环节。

(2) 不同轴段轴线应位于同一母线上,具有多个键槽时应布置在同一母线上,减少装夹定位。

(3) 同轴度要求高或长径比较大时,轴两端应设计工艺中心孔。

(4) 轴肩设计圆角过渡,减少应力集中。

(5) 设计退刀槽和砂轮越程槽,保证加工顺利。

装配工艺性主要便于轴上零件装配,防止零件表面的刮伤和擦伤,无配合表面间不接触或无过盈的方式装配。轴段设计倒角,便于装配和配合面对中,也可在配合段的装入端设计导向锥面等。

滚动轴承固定用的轴肩高度应符合尺寸安装要求,便于轴承拆卸。

8.1.6 轴的尺寸设计

1. 轴的最小直径估算

最小轴径的估算通常采用"按扭转强度计算"的方法进行估算,以确定最小轴径,并作为基本尺寸用于轴的结构设计。按照材料力学扭转强度理论,轴所能传递的最大扭矩可表示为

$$\tau_{\max} = \frac{T}{W_t} = \frac{9.55 \times 10^6 P/n}{0.2d^3} \leqslant [\tau] \tag{8-1}$$

式中,T 为轴传递的转矩,N·mm;$\tau_{\max}$ 为最大扭转切应力,MPa;W_t 为轴的抗扭截面系数,mm³;P 为传递的功率,kW;n 为转速,r/min;$[\tau]$ 为许用切应力,MPa。由上式可得最小轴径的计算公式为

$$d \geqslant \sqrt[3]{\frac{9.55 \times 106 P/n}{0.2[\tau]}} = A\sqrt[3]{\frac{P}{n}} \tag{8-2}$$

式中,A 为许用切应力 $[\tau]$ 的计算系数,其数值与轴的材料、载荷性质等密切相关。表 8-2 列出了几种常用材料的 A 和 $[\tau]$ 值,可供计算选用。

表 8 - 2　轴常用材料的系数 A 和[τ]

轴材料	Q235、20	Q255、35	45	40Cr、20CeMnTI、35SiMn
[τ]/MPa	12～20	20～30	30～40	40～52
A	160～135	135～118	118～107	107～198

　　计算所得的最小轴径，只能用于对轴径尺寸的估算。当轴上有键槽或销钉孔时需要将轴径相应加大。轴上加工一个键槽，轴径加大 3%～5%，两个键槽则增大 7%～10%。

　　根据强度条件确定了最小轴径后，还需对阶梯轴各段的直径和长度分别进行计算和修正。计算的依据除了强度和刚度外，还包括与轴上零件(或标准件)的配合关系。轴与滚动轴承相配合的轴颈，其直径必须符合滚动轴承的内径标准系列。与一般零件相配合的轴头部分，必须与零件的毂孔尺寸一致。轴上螺纹、花键直径必须符合相应标准。轴上零件必须有适当的可调整间隙结构。

　　轴的结构设计完成后，需要进行工作能力计算，对其结构的实际工作能力进行准确验算，也称为轴的工作能力准确计算。计算的内容包括强度计算、刚度计算等。

2. 轴的强度计算

　　轴的强度用弯扭合成强度计算，需要确定轴上各种载荷的大小、性质、作用方向、支承跨距等，绘制轴的空间弯矩图和转矩图，选择危险截面并按照强度理论进行校核。按照强度理论计算轴的合成弯矩：

$$M_{eq}=\sqrt{M^2+(\alpha T)^2} \tag{8-3}$$

式中，α 为校正系数，取决于转矩的性质。扭转切应力对称循环变化时：α＝1，脉动循环变化时：α＝0.6；切应力为静应力时：α＝0.3。

　　轴危险截面上的强度条件为

$$\sigma_{eq}=\frac{M_{eq}}{W}=\frac{\sqrt{M^2+(\alpha T)^2}}{W}\leqslant[\sigma] \tag{8-4}$$

式中，σ_{eq} 为计算截面上的当量弯曲应力，MPa；W 为轴计算截面的抗弯截面系数，mm³；[σ]为轴的弯曲许用应力，MPa。按弯扭合成强度计算，适用于承受较大弯矩的轴。此方法已经考虑到支承的特点、轴跨距、轴上载荷的分布，以及应力性质等因素，对一般用途轴的强度计算足够。对重要用途的轴，仍需按照安全系数法进行精确计算。

3. 轴的刚度计算

　　刚度计算的目的在于保证轴在外载荷作用下产生的弯曲和扭转变形不超过允许的极限值。过大的弯曲和扭转变形，会影响到轴上零件的正常工作和传动精度，还会引起轴的旋转共振。轴的弯曲刚度用挠度 y 和偏转角 θ 来表示，扭转刚度用扭转角 φ 度量，如

图 8-5 所示。

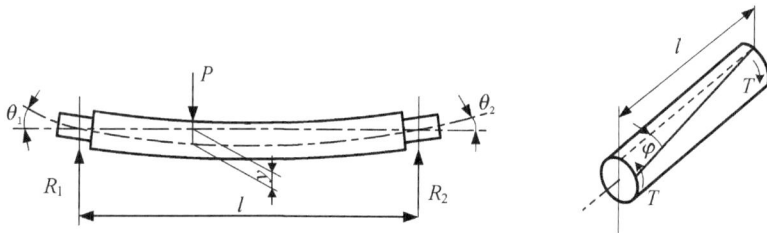

图 8-5 挠度、偏转角和扭转角

刚度计算包括弯曲刚度和扭转刚度两个方面，分别计算在承载条件下，轴的弯曲和扭转变形量是否满足相应的刚度条件。表 8-3 列出了部分轴的允许变形量。

弯曲刚度条件：$y \leqslant [y] \text{mm}$，$\theta \leqslant [\theta] \text{rad}$

扭转刚度条件：$\varphi \leqslant [\varphi]°/\text{m}$

轴的弯曲变形可以按照材料力学中计算梁的弯曲变形方法和公式来计算。轴的扭转变形采用每米轴长上的扭转角表示。等直径轴的扭转角按照扭转变形公式计算。

$$\varphi = \frac{Tl}{GI_p} = \frac{32Tl}{G\pi d^4} \text{ rad} \tag{8-5}$$

式中，T 为轴上承受的转矩；l 为轴段长度；G 为材料的切变模量；I_p 为轴截面的极惯性矩。阶梯轴应分段分别计算，并用叠加法求得最终扭转角。

$$\varphi = \sum \frac{Tl_i}{GI_{pi}} = \frac{1}{G} \sum \frac{32Tl}{I_{pi}} \text{ rad} \tag{8-6}$$

表 8-3　轴的允许变形量

变形种类	适用场合	许用值	变形种类	适用场合	许用值
挠度 y/mm	一般用途的轴	$0.0003 \sim 0.0005$	转角 θ/rad	滚动轴承	$\leqslant 0.001$
	刚度要求较高	$\leqslant 0.0002l$		向心球轴承	$\leqslant 0.05$
	感应电机轴	$\leqslant 0.01\Delta$		调心球轴承	$\leqslant 0.05$
	安装齿轮轴	$(0.01 \sim 0.05)m_n$		圆柱滚子轴承	$\leqslant 0.0025$
	安装蜗轮轴	$(0.02 \sim 0.05)m$		圆锥滚子轴承	$\leqslant 0.0016$
				齿轮处轴截面	$0.001 \sim 0.002$
扭角 φ/(°/m)	一般传动	$0.5 \sim 1$			
	较精密传动	$0.2 \sim 0.5$			
	重要传动	< 0.25			

注：l 为轴支撑间的跨距；Δ 为电机定子与转子间的间隙；m_n 为齿轮法面的模数；m 为蜗轮的模数。

8.2　轴承

轴承用于支承轴及轴上零件，保证轴的空间位置和旋转精度，并可减少轴与支承零件间的摩擦和磨损。按照承受载荷方向的不同，可将轴承分为：向心轴承、推力轴承和向心推力轴承。按照工作时摩擦性质的不同，可将轴承分为：滑动摩擦轴承、流体摩擦轴承、滚动摩擦轴承等。

滑动摩擦轴承(简称滑动轴承)可按照工作表面的摩擦状态分为：液体润滑滑动轴承和非液体润滑滑动轴承。滑动轴承具有结构简单、制造方便、成本低的优点。液体润滑时摩擦小、寿命长、精度高，在低速重载、大冲击振动、高速、高精度等应用中具有优越性，多用于机床主轴、汽轮机、内燃机以及仪器仪表中。

滚动摩擦轴承(简称滚动轴承)具有摩擦阻力小、启动快、效率高、旋转精度高的特点，并且已经标准化，使用和维护方便，因此在精密机械中应用较广。滚动轴承的主要缺点有：径向尺寸比滑动轴承的大，抗冲击能力较差，高速重载条件下使用寿命较短，易出现振动和噪声。

8.2.1　滑动轴承

1. 径向滑动轴承

常用的径向滑动轴承可以分为整体式和剖分式(对开式)两大类。

(1) 整体式滑动轴承。整体式滑动轴承(JB/T 2560—91)如图 8-6 所示。轴承套压装在轴承座孔中，配合为 H8/s7。轴承座顶部设有安装油杯的螺纹孔，轴套上开有油孔槽。整体式轴承结构简单、制造成本低，装拆轴较困难，多用于低速、轻载和间歇工作的场合。

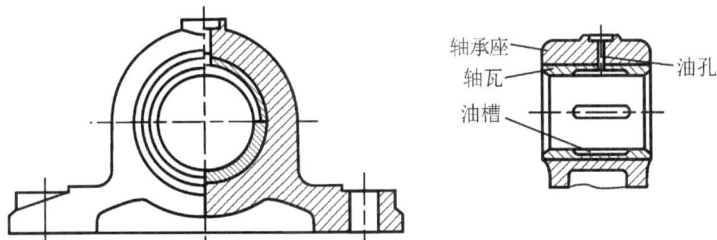

图 8-6　整体式滑动轴承

(2) 剖分式滑动轴承。剖分式滑动轴承由轴承盖、轴承座、剖分轴瓦和螺栓组成。轴承座被剖分为轴承座和轴承盖，如图 8-7 所示。剖分式滑动轴承装拆轴时操作方便，通常在不承受载荷的轴瓦表面加工油沟和油孔。轴径比较长时可采用调心轴承，如图 8-8 所示。

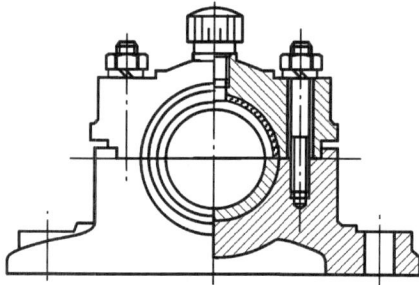

图 8-7 剖分式滑动轴承

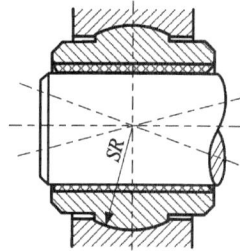

图 8-8 调心式滑动轴承

2. 推力滑动轴承

推力滑动轴承用于承受轴向载荷。它由轴承座、套筒、径向轴瓦、止推轴瓦等组成。轴瓦底部制成球面形式，并用销钉来防止它随轴颈转动，润滑油从底部进入，上部流出，如图 8-9 所示。由于工作面上相对滑动速度不相等，越靠近轴颈边缘处的相对滑动速度越大，磨损越严重，导致工作面上压力分布不均匀。因此，常将推力轴承的相对滑动

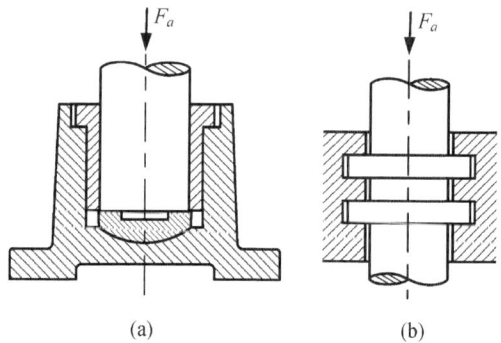

图 8-9 推力滑动轴承

端面制成环状端面，如图 8-9(b)所示。这种结构也能够承受双向轴向载荷，常用于低速轻载的场合。

滑动轴承中的轴瓦直接与轴颈接触，起到支承和减少摩擦的作用。因此，轴瓦必须具有一定的强度和刚度，并在轴承中能够可靠定位，方便润滑剂注入和散热，以及方便装拆、调整等。轴瓦通常分为：整体式和对开式，如图 8-10 所示。工作时的轴瓦必须在轴承中准确定位，不能产生轴向或周向移动。常用的定位方法有：销钉定位、螺钉定位、凸耳定位等。图 8-11 给出的分别是螺钉定位和销钉定位方式。轴瓦内表面常加工有油孔和油槽，用于将润滑剂导入整个摩擦表面。

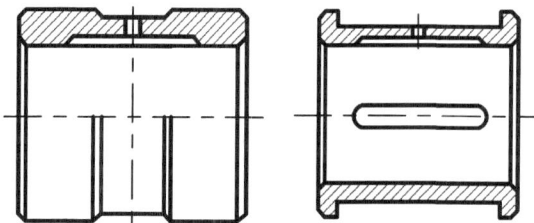

图 8-10 整体式和对开式轴瓦

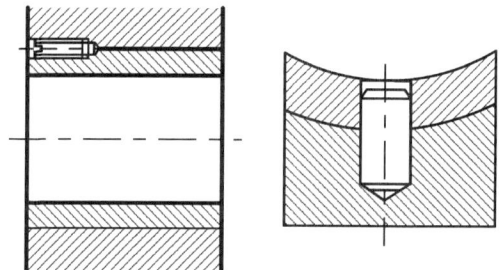

图 8-11 轴瓦的固定

3. 滑动轴承的材料

滑动轴承的失效形式有：磨粒磨损、刮伤、胶合、疲劳磨损、腐蚀等。根据失效形式，滑动轴承轴瓦材料应具有以下特性：

（1）良好的减摩性、耐磨性和抗胶合性。

（2）良好的摩擦顺应性、嵌入性和磨合性。

（3）足够的强度和抗腐蚀能力。

（4）良好的导热性、工艺性、经济性等。

常用的滑动轴承材料有三大类：金属材料，如轴承合金、铜合金、铝基合金和铸铁等；多孔质金属材料；非金属材料，如工程塑料、橡胶等。轴承合金又称巴氏合金或白合金，是锡、铅、锑、铜等金属合金。其弹性模量和弹性极限都很低，嵌入性及摩擦顺应性好，缺点是强度低、价格较贵，适用于重载和中高速场合。铜合金具有较高的强度、较好的减磨性和耐磨性，常用的有锡青铜、铅青铜和铝青铜等。

润滑剂按照物理属性可分为三类：润滑油、润滑脂、固体润滑剂。转速低的轴承，宜选用黏度大的润滑油；载荷小、转速高的轴承，宜选用黏度小的润滑油。润滑脂多用于转速较低、载荷不高的场合。固体润滑剂可在摩擦表面形成固体润滑膜，常用于高温、低速、重载及不宜使用润滑油脂的场合，如石墨材料、聚四氟乙烯、二硫化钼、二硫化钨等。

8.2.2　静压轴承

液体静压滑动轴承是利用液压系统将高压油经节流器导入轴承油腔形成承载油膜，将轴颈浮起并承受外界载荷。径向静压滑动轴承如图 8 - 12 所示。轴承受载荷后，轴颈与轴承间的间隙发生改变。载荷作用面的间隙变大，相对面的间隙变小，从而导致各油腔的压力发生变化，形成压力差以平衡外载荷。载荷改变时，轴颈与轴承的间隙改变引起各油腔的压力差随之变化，与外界载荷建立起新的平衡状态。

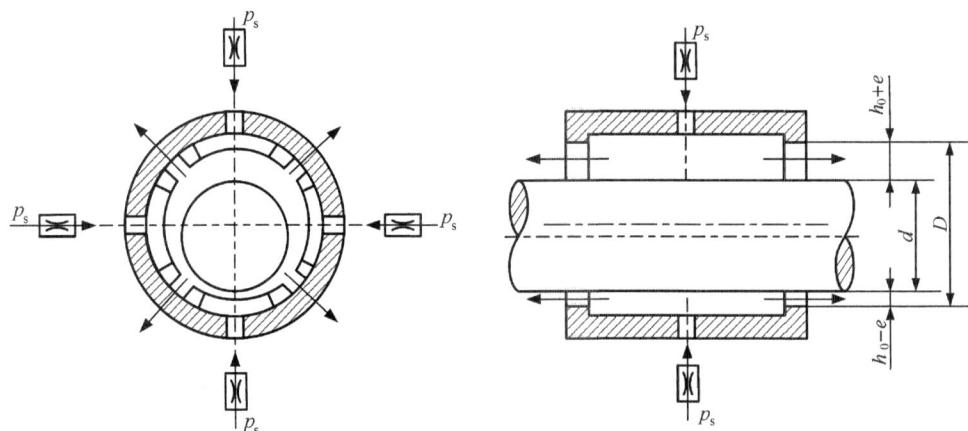

图 8 - 12　径向静压滑动轴承

液体静压轴承由外部提供油压支承，不受轴颈转速影响，具有较高的承载能力；能保证轴承的液体摩擦状态，磨损小寿命长；轴承的刚度大，抗振性好，运转精度高。其缺点是需要一套复杂的供油系统，成本高、体积大、维护繁琐。静压轴承一般适用于精密而运转稳定的机床、天文望远镜等。

空气润滑滑动轴承又称空气轴承，也可分为气体动压轴承和气体静压轴承。气体动压轴承依靠轴颈和轴承的相对运动从外部吸入空气建立承载气膜，如图 8 - 13(a)所示。气体静压轴承的结构与液体静压轴承类似，但没有气腔结构，如图 8 - 13(b)所示。空气轴承的气膜厚度一般在 20 μm 左右，回转精度高、噪声小，但对制造精度要求很高，气体必须经严格过滤后才能使用。空气轴承的承载能力较低，密封较困难。它在高速磨头、高速离心机、陀螺仪表、原子反应堆冷却用压缩机等尖端设备中应用。

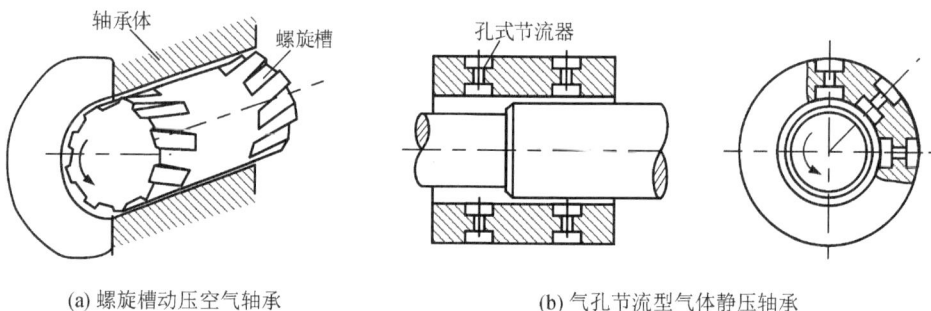

(a) 螺旋槽动压空气轴承　　　　　　(b) 气孔节流型气体静压轴承

图 8 - 13　空气润滑径向轴承

8.2.3　滚动轴承

标准滚动轴承的结构如图 8 - 14 所示，包括外圈 1、内圈 2、滚动体 3 和保持架 4。通常内圈随轴颈一起转动，其外表面上制有滚道，限制滚动体的侧向移动。外圈多装配于轴承座中，静止不动，其内表面也制有滚道。滚动体是滚动轴承的核心元件，在内圈和外圈间的滚道中滚动，形成滚动摩擦。常用的滚动体有：球、圆柱滚子、圆锥滚子、球面滚子、滚针，如图 8 - 15 所示。保持架用于将滚动体均匀隔开，避免滚动体间相互碰撞，减小磨损和发热。滚动轴承大多数已经标准化。

滚动轴承的内圈、外圈和滚动体多用轴承铬钢制造，如 GCr15、GCr15SiMn 等，淬火后表面硬度不低于 61～65 HRC。保持架可用低碳钢冲压而成，或用铜合金、铝合金、塑料等加工成实体架。

1. 滚动轴承的类型和代号

根据滚动体的种类，滚动轴承可分为球轴承和滚子轴承。滚子轴承按照滚子种类分为圆柱滚子轴承、圆锥滚子轴承、滚针轴承以及调心滚子轴承。按照滚动体的列数，可分为单列轴承、双列轴承和多列轴承。

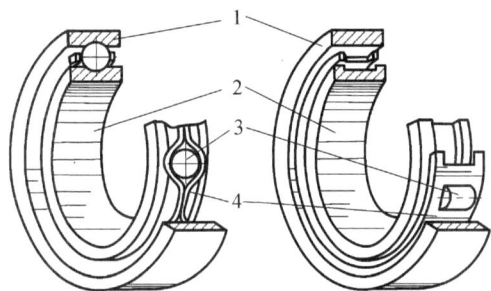

图 8－14 滚动轴承的基本结构

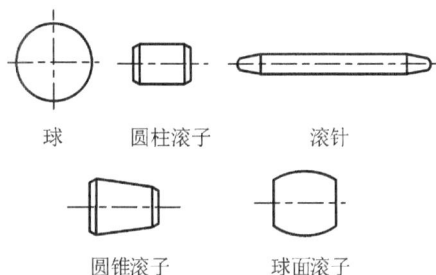

图 8－15 滚动体的形状

滚动轴承按承受的主要载荷方向或公称接触角的不同，分为向心轴承和推力轴承，如表 8－4 所示。

表 8－4 滚动轴承的分类

轴承类型	向心轴承		推力轴承	
	径向接触轴承	向心角接触轴承	推力角接触轴承	轴向接触轴承
公称接触角	$\alpha = 0°$	$0° < \alpha < 45°$	$45° < \alpha < 90°$	$\alpha = 90°$
轴承举例	深沟球轴承	角接触球轴承	推力调心球轴承	推力球轴承

公称接触角是指轴承径向平面与滚动体和滚道接触点公法线之间的夹角，常用 α 表示。接触角 α 越大，轴承承受轴向载荷的能力越强。向心轴承主要承受径向载荷，其公称接触角为：$0° \leqslant \alpha \leqslant 45°$；推力轴承主要用于承受轴向载荷，其接触角大小为：$45° < \alpha \leqslant 90°$。此外，根据轴承工作时能否适应两滚道轴线间一定范围内的角偏差，轴承还可分为调心轴承和非调心轴承。常用滚动轴承的主要性能和结构特点列于表 8－5 中。

表 8－5 常用滚动轴承的类型与性能

轴承类型及代号	结构简图	承载方向	极限转速	允许偏斜角	性能与应用
调心球轴承 10000			中	2°～3°	承受径向载荷和较小的轴向载荷；外圈表面为球面，具有调心性能，适用于对中性差和多点支承的轴

轴承类型及代号	结构简图	承载方向	极限转速	允许偏斜角	性能与应用
调心滚子轴承 20000			低	2°~5°	性能同调心球轴承，但承载能力更大；耐振动、冲击，适用于重载场合
圆锥滚子轴承 30000 $\alpha=10°\sim18°$ 30000B $\alpha=27°\sim30°$			中	2′	能同时承受较大的轴向和径向载荷；内外圈可分离，装拆方便，一般成对使用。适用于刚性大、载荷大的轴。30000 型以径向载荷为主，30000B 型以轴向载荷为主
推力轴承 50000			低	不允许	只能承受轴向载荷，轴线必须垂直于轴承底座平面；适用于轴向载荷大、转速不高的场合
深沟球轴承 60000			高	8′~15′	主要承受径向载荷，以及少量的轴向载荷，摩擦因数小，适用于刚性较大、转速高的轴
角接触轴承 70000C $\alpha=15°$ 70000AC $\alpha=25°$ 70000B $\alpha=45°$			高	2′~10′	能同时承受较大的轴向和径向载荷，也可单独承受轴向载荷；接触角越大，轴向承载能力越大。适用于刚性较大、跨度不大的轴。通常成对使用

续表

轴承类型及代号	结构简图	承载方向	极限转速	允许偏斜角	性能与应用
圆柱滚子轴承 N 0000		↑	高	$2'\sim4'$	只承受较大的径向载荷；承载力大，耐冲击；对角位移敏感；适用于刚性很大、对中良好的轴。内、外圈可分离
滚针轴承 NA 0000		↑	—	—	只承受径向载荷，承载能力大；径向尺寸小，无保持架时滚针间有摩擦，极限转速低；有保持架时可提高转速。适用于径向尺寸小、载荷较大的场合

国家标准 GB/T 272—1993 规定了滚动轴承代号的表示方法。滚动轴承代号由基本代号、前置代号和后置代号组成，用字母和数字表示，其构成形式见表 8 - 6。

（1）基本代号。表示轴承的类型和尺寸，属于轴承代号的核心。基本代号由内径代号、尺寸系列代号和类型代号组成。

内径代号为基本代号右起两位数字，表示方法可见表 8 - 7。尺寸系列代号包括直径系列代号和宽度系列代号。基本代号右起第三位为直径系列代号，代表同一内径的轴承所具有的不同外径和宽度。直径系列代号有 7、8、9、0、1、2、3、4、5，对应的轴承外径尺寸依次递增。宽度系列代号为基本代号右起第四位数字，代表相同结构、内径和外径轴承的宽度尺寸。正常宽度系列的轴承代号为"0"，通常省略不标出。调心滚子轴承和圆锥滚子轴承的宽度系列代号"0"必须标出。类型代号为基本代号右起第五位数字，表示轴承结构的类型，可参见表 8 - 6 的内容。

表 8 - 6　滚动轴承代号的构成

前置代号	基本代号					后置代号						
	五	四	三	二	一							
		尺寸系列代号		内径代号								
轴承分部件代号	类型代号	宽度系列代号	直径系列代号	内径代号		内部结构代号	密封与防尘结构代号	保持架及材料代号	特殊轴承材料代号	公差等级代号	游隙代号	多轴承配置代号	其他代号

表 8-7 滚动轴承内径代号

内径代号	00	01	02	03	轴承内径与5之商数	内径作分母表示
轴承内径/mm	10	12	15	17	20~495	>495

（2）后置代号。用字母和数字等表示轴承结构、公差以及材料等特殊要求。常用的后置代号主要有内部结构代号、公差等级代号和游隙代号等。

内部结构代号紧跟基本代号之后，用字母表示同一类型轴承的不同内部结构。如角接触球轴承分别用 C、AC 和 B 表示不同的接触角度：15°、25°和 40°。同一类型轴承的加强型号用 E 表示。

公差等级代号表示方式为"/Px"，数字 x 表示等级。轴承公差等级由高到低共六级：/P2、/P4、/P5、/P6、/P6X、/P0，其中 6X 仅用于圆锥滚子轴承。"/P0"级为普通级，通常省略不标。

（3）前置代号。用于表示轴承的分部件特点，用字母表示。如 L 表示内外圈可分离轴承的内外圈，K 表示滚子和保持架组件等。

2. 滚动轴承的选择与计算

选用滚动轴承时，需要考虑载荷的大小、方向和性质、转速要求、调心性能、装拆方便性，以及经济性。载荷较大且有冲击时，宜选用滚子轴承；载荷轻而冲击小时，可选用球轴承。同时具有径向和轴向载荷的，若轴向载荷较小，选用深沟球轴承或接触角较小的角接触轴承；轴向载荷较大时，选用大接触角的角接触轴承或圆锥滚子轴承，也可使用向心球轴承和推力轴承组合使用。

轴承的工作转速应低于允许的极限转速。转速较高时优先选用球轴承。同类型轴承中，外径尺寸小的适用于高速场合，外径尺寸较大的适用于低速、重载场合。轴的支承跨距大、刚性差，多点支承、轴承座分别独立安装等场合，应选用调心轴承整体轴承座孔中的轴承必须沿轴向装拆时，优先选用内、外圈可分离的轴承。

图 8-16 所示为深沟球轴承在径向载荷作用下滚动体及滚道上各点压力分布状态。载荷 F_r 通过轴颈作用于轴承内圈，再经过滚动体和外圈传递到轴承座。根据力的平衡条件，可求出受载最大的滚动体所受的载荷。对于滚动体数量为 z 的点接触轴承：

$$F_0 = \frac{4.37}{z}F_r \approx \frac{5}{z}F_r \qquad (8-7)$$

在径向载荷下的角接触轴承，滚动体受力沿着接触点的法线方向，并与径向平面夹角为接触角 α。滚动体受力可分解为轴向分力和径向分力，如图 8-17 所示。角接触轴承的承载区和载荷变化与深沟球轴承类似。根据力的平衡条件，受载最大的滚动体的载荷为

$$F_0 = \frac{4.08}{z}F_r \approx \frac{4.6}{z}F_r \qquad (8-8)$$

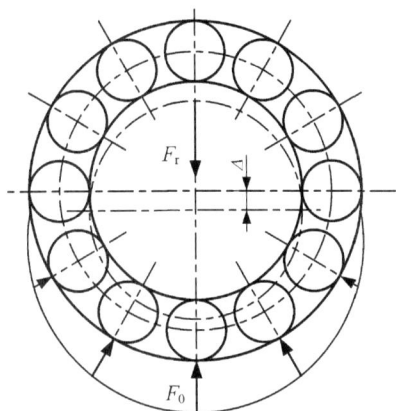

图 8-16　球轴承的载荷分布

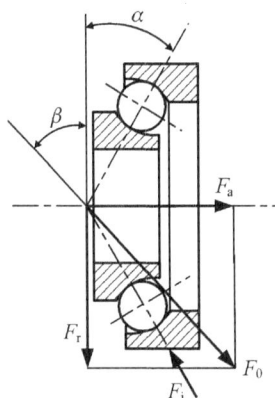

图 8-17　角接触轴承的轴向、径向分力

滚动轴承工作时，通常外圈固定，内圈随轴颈转动。固定圈上承载区内各点的接触应力按照稳定脉动循环状态变化。变化频率取决于滚动体中心圆周速度、滚动体直径和数量；应力幅的大小与接触点位置有关。转动圈上的任一点在进入承载区后，承受到一次载荷压力的作用，大小则取决于转动套圈与滚动体接触点在承载区内所处的位置。

滚动轴承的主要失效形式是滚动体和滚道表面的疲劳点蚀。滚道和滚动体表面出现片状剥落，导致滚动时产生振动和噪声，旋转精度降低。对于低速运转或间歇工作的滚动轴承，其主要失效形式是滚道表面或滚动体的塑性变形。

3. 滚动轴承的寿命与额定载荷

滚动轴承的寿命一般指其疲劳寿命，即轴承中任一元件的材料出现疲劳点蚀扩展之前，轴承的一个套圈相对于另一个套圈的总转数，或者为一定转速下工作的小时数。

轴承标准规定以可靠度为 90% 的轴承寿命作为标准寿命，称为基本额定寿命，用 L_{10} 表示。轴承的基本额定寿命指一组相同轴承在相同条件下运转，当其中 10% 的轴承发生疲劳点蚀破坏，而其余 90% 仍能正常工作时的总转数 L_{10}（以 $10^6 r$ 为单位表示）；或者用一定转速下的工作小时数 L_h 表示。

轴承的基本额定寿命与其所受载荷大小有关。定义基本额定动载荷是轴承的基本额定寿命为 $L_{10} = 10^6 r$ 时轴承所能承受的最大载荷，记为 C。基本额定动载荷对于向心轴承指的是纯径向载荷，称为径向基本额定动载荷，用 C_r 表示；对于推力轴承则为轴向基本额定动载荷，用 C_a 表示。基本额定动载荷 C 表征了轴承的抗疲劳点蚀的能力，是选择轴承型号的依据。轴承的 C 值可在手册中查取。

基本额定动载荷是在特定试验条件下得到的，实际使用时轴承的工作条件往往与试验条件常常不尽相同。因此，需要将实际工作载荷换算为试验条件下的载荷，称为当量动载荷 P。当量动载荷计入了实际工作条件对轴承寿命的影响，在其作用下的轴承寿命与实际载荷下的寿命相同。对于向心轴承和推力轴承，当量动载荷分别为径向当量动载荷 P_r 和轴向当量动载荷 P_a，其计算公式为

$$P = (XF_r + YF_a)f_p \tag{8-9}$$

式中，F_r、F_a 分别为轴承的径向载荷和轴向载荷，N；X、Y 为径向和轴向动载荷系数，可查表 8-8 选取；f_p 为冲击载荷系数，从表 8-9 中选取。

表 8-8　径向、轴向动载荷系数 X、Y

轴承类型		相对轴向载荷 F_a/C_{0r}	e	单列轴承				双列轴承			
				$F_r/F_a \leqslant e$		$F_r/F_a > e$		$F_r/F_a \leqslant e$		$F_r/F_a > e$	
				X	Y	X	Y	X	Y	X	Y
深沟球轴承		0.014	0.19				2.30				2.30
		0.028	0.22				1.99				1.99
		0.056	0.26				1.71				1.71
		0.084	0.28				1.55				1.55
		0.11	0.30	1	0	0.56	1.45	1	0	0.56	1.45
		0.17	0.34				1.31				1.31
		0.28	0.38				1.15				1.15
		0.42	0.42				1.04				1.04
		0.56	0.44				1.00				1.00
角接触球轴承	$\alpha=15°$ (7000C)	0.015	0.38				1.47		1.65		2.39
		0.029	0.40				1.40		1.57		2.28
		0.058	0.43				1.30		1.46		2.11
		0.087	0.46				1.23		1.38		2
		0.12	0.47	1	0	0.44	1.19	1	1.34	0.72	1.93
		0.17	0.50				1.12		1.26		1.82
		0.29	0.55				1.02		1.14		1.66
		0.44	0.56				1.00		1.12		1.63
		0.58	0.56				1.00		1.12		1.63
	$\alpha=25°$ (7000AC)	—	0.68	1	0	0.41	0.87	1	0.92	0.67	1.41
	$\alpha=40°$ (7000B)	—	1.14	1	0	0.35	0.57	1	0.55	0.57	0.93
调心球轴承		—	$1.5\tan\alpha$	—	—	—	—	1	$0.42\cot\alpha$	0.65	$0.65\cot\alpha$
圆锥滚子轴承		—	$1.5\tan\alpha$	1	0	0.40	$0.4\cot\alpha$	1	$0.45\cot\alpha$	0.67	$0.67\cot\alpha$

注：1. C_{0r} 为轴承的基本额定静载荷。

2. 调心轴承的接触角 $\alpha=8°\sim13°$；圆锥滚子轴承接触角 $\alpha=11°\sim16°$。具体数值可在《轴承手册》中查取。

表 8‑9　冲击载荷系数 f_p

载荷性质	f_p	举例
没有冲击或轻微冲击	1.0～1.2	电动机、透平机、发电机、通风机、水泵
中等冲击	1.2～1.8	车辆、动力机械、空气锤、造纸机、冶金设备、橡胶机械、水力机械、卷扬机、木材加工机、机床、印刷机、内燃机、减速器、起重机
强大冲击力	1.8～3.0	轧钢机、破碎机、球磨机、振动筛、石油钻井设备、农业机械

试验研究结果表明，滚动轴承的基本额定寿命 L_{10}、基本额定动载荷 C，以及轴承的当量动载荷 P 满足如下关系式：

$$L_{10}=\left(\frac{C}{P}\right)^{\varepsilon} \tag{8-10}$$

式中，L_{10} 的单位是 $10^6 r$；ε 为寿命指数，对于球轴承：$\varepsilon=3$，滚子轴承：$\varepsilon=10/3$。以小时数表示工作寿命时的计算公式为

$$L_h=\frac{10^6}{60n}\left(\frac{C}{P}\right)^{\varepsilon}=\frac{16667}{n}\left(\frac{C}{P}\right)^{\varepsilon} \tag{8-11}$$

设计计算时，给定轴承预计寿命 L_{10}，已知轴承所承受的当量动载荷 P，则所需要的轴承应具有的基本额定动载荷 C 可计算为

$$C=PL_{10}^{\frac{1}{\varepsilon}}\leqslant C_r(C_a) \tag{8-12}$$

4. 角接触轴承的寿命计算

如图 8‑18 所示，角接触轴承的支承面与轴线成一接触角 α。在承受径向载荷 F_r 时要产生内部轴向力 S，其大小等于轴承各承载滚动体产生的轴向分力之和。内部轴向力的大小与轴承结构有关，计算方法见表 8‑10。实际计算中，将轴承宽度中点作为支反力作用点。

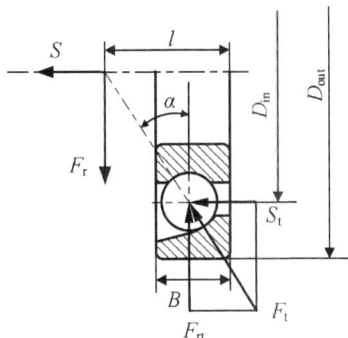

图 8‑18　附加轴向力

表 8-10　角接触轴承的内部轴向力 S

轴承类型	角接触球轴承			圆锥滚子轴承
	7000C($\alpha=15°$)	7000AC($\alpha=25°$)	7000B($\alpha=40°$)	30000
S	eF_r	$0.68F_r$	$1.14F_r$	$F_r/2Y$，Y 为 $F_a/F_r>e$ 的载荷系数

内部轴向力 S 总是指向轴承套圈相互分离的方向，并通过内圈作用于轴上。通常将角接触轴承成对安装使用，使二者的轴向力相互抵消。安装方式有正装和反装两种，如图 8-19 所示。面对面的正装方式，轴承支反力位于其支承跨距中间，适合于传动零件位于两轴承之间的场合；背靠背的反装方式，适合于传动零件位于两轴承之外的场合。

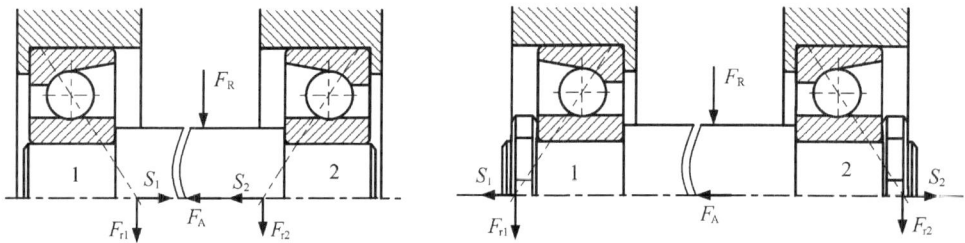

图 8-19　角接触轴承的正装和反装

确定角接触轴承的载荷时，需要根据轴向力的平衡条件区分轴承的"压紧"和"放松"状态。图 8-20 给出了一对正向安装的轴系结构。F_R 和 F_A 为斜齿轮的径向力和轴向力，F_{r1} 和 F_{r2} 分别为轴承 I 和 II 的径向载荷，S_1 和 S_2 分别为其相应的内部轴向力。两轴承的轴向载荷 F_{a1} 和 F_{a2} 则应根据下列两种情况分析。

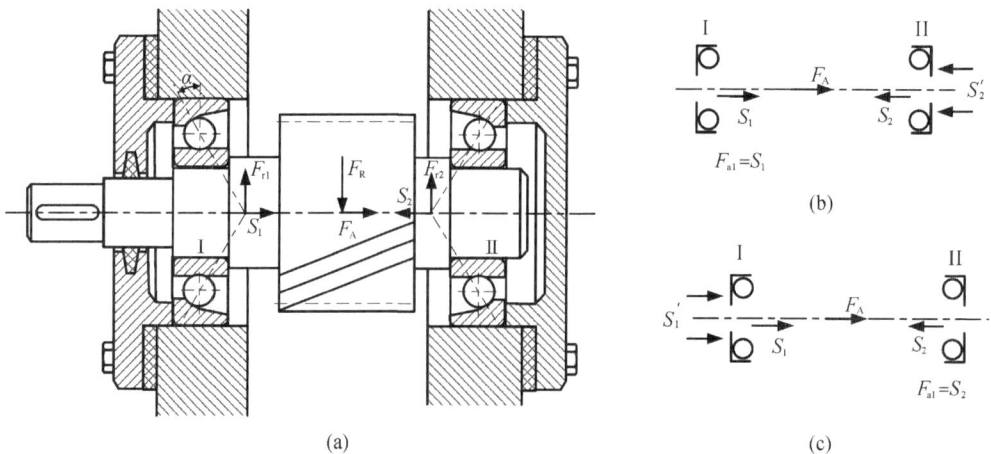

图 8-20　角接触轴承的轴向受力分析

（1）$S_1+F_A>S_2$ 时，轴承 II 被压紧，其所受的轴向载荷应与轴承 I 的内部轴向力 S_1 和轴系轴向载荷 F_A 相平衡。相应地，轴承 I 处于放松状态，其轴向载荷只有内部轴向力

F_{s1}。两轴承的轴向载荷分别为

$$F_{a1}=S_1$$

$$F_{a2}=S_1+F_A$$

（2）$S_1+F_A<S_2$ 时，轴承 I 被压紧，轴承 II 处于放松状态。轴承 I 所受的轴向载荷应与 F_A 和 F_{s2} 相互平衡。两轴承的轴向载荷分别为

$$F_{a1}=S_2-F_A$$

$$F_{a2}=S_2$$

　　滚动轴承不产生周向约束。对轴线合力矩为零的平衡条件，是由外力对轴线的矩与轴系的输入（输出）转矩之和为零实现的。

8.2.4　滚动轴承的结构设计

　　为了使轴承正常工作，除了正确选择轴承类型和尺寸外，还应进行结构设计。解决轴承的固定、配合、调整、润滑、密封等问题。

1. 轴承的支承结构

　　滚动轴承的支承结构主要有三种方式：两端固定；一端固定，一端游动；两端游动，如图 8-21 所示。两端固定适用于轴跨距较小且工作温度变动不大的场合。当轴跨距较大或工作

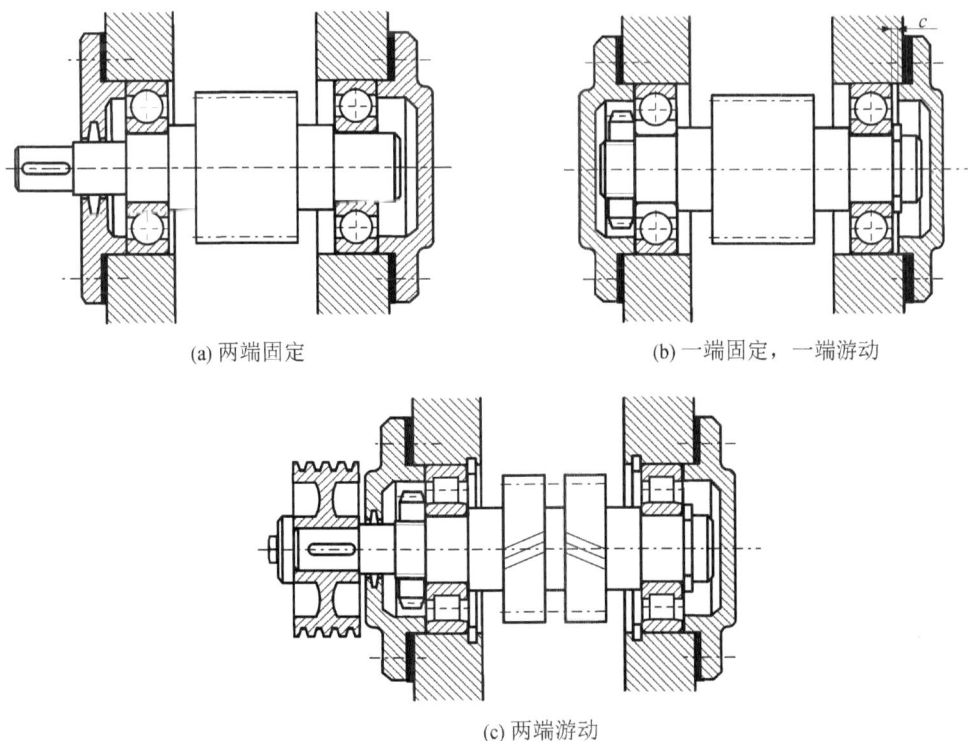

(a) 两端固定　　　　　　　　　(b) 一端固定，一端游动

(c) 两端游动

图 8-21　轴承的固定方式

温度较高时，需要采用第二种方式，固定端限制了轴两个方向的移动，游动端则可用于补偿轴的变形或膨胀伸长量。预留间隙取值为 $c=0.2\sim0.4$ mm。两端游动支承应用于人字形齿轮轴，防止齿轮啮合时干涉和卡死。

2. 轴承的固定

滚动轴承的固定是通过限制轴承内、外圈的轴向移动来实现的。内圈的固定多用轴肩固定一端，另一端采用弹性挡圈、挡板、螺母等方式，其中轴肩的高度需要与轴承端面可靠接触并方便轴承装拆。弹性挡圈多用于轴向载荷较小、转速不高的场合；挡板由螺钉固定，可承受一定的轴向载荷；圆螺母可用于轴向载荷较大、转速高的场合，如图 8 - 22 所示。

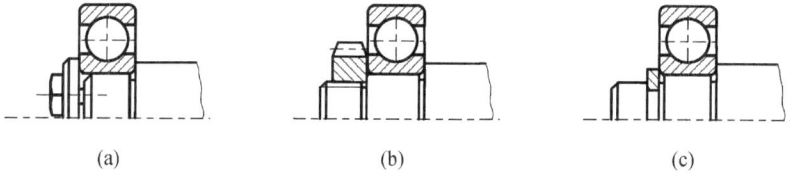

(a)　　　　　　　(b)　　　　　　　(c)

图 8 - 22　滚动轴承内圈的固定方式

外圈的固定方式如图 8 - 23 所示。与内圈固定相似，外圈的固定方式也具有弹性挡圈、端盖、卡环等方式，使用时可根据具体应用条件选用。

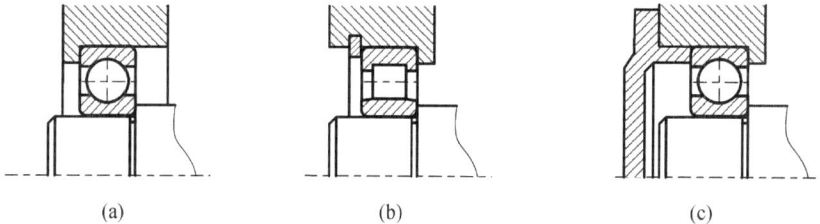

(a)　　　　　　　(b)　　　　　　　(c)

图 8 - 23　滚动轴承外圈的固定方式

轴承装拆时是不允许通过滚动体传递装拆力的。装入内外圈时，应利用套筒等直接将轴承压入轴颈或轴承座。较紧的配合可使用压力机装配，大过盈量配合使用温差法装配。拆卸时使用多爪结构的拆卸器。

3. 轴承的游隙

轴承游隙的大小对轴承的寿命、效率、旋转精度、温升及噪声等都有很大的影响。游隙过大，则轴承的旋转精度降低，噪声增大；游隙过小，轴热膨胀会使轴承受的载荷加大，寿命缩短，效率降低。

轴承装配和工作中游隙的控制和调节，主要是使轴承、内外圈做适当的相对轴向位移。装配时，通过增加或减少端盖处的垫片厚度或转动调整螺母，即可调节轴承的游隙，如图 8-24 所示。

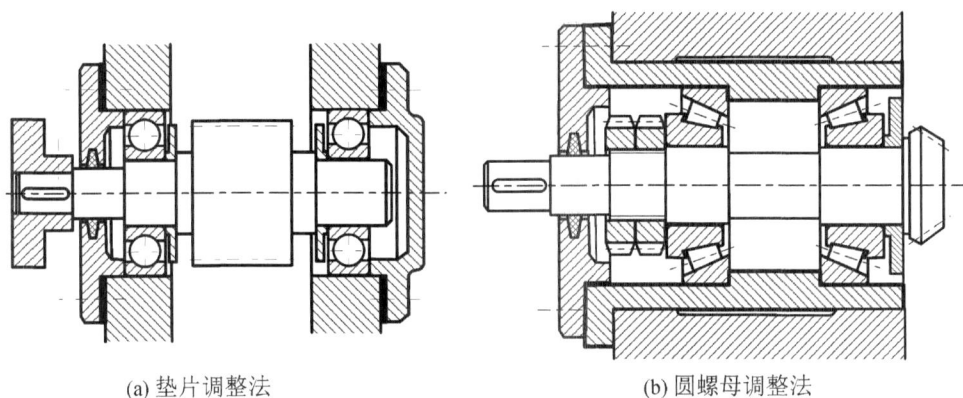

(a) 垫片调整法　　　　　　　　　　(b) 圆螺母调整法

图 8-24　轴承游隙的调整

　　轴承的游隙可通过预紧的方式进行调整和消除。常用的预紧方法除了图 8-24 的垫片和圆螺母调整法外，还有弹簧预紧、套筒预紧、压紧磨窄外圈的角接触轴承等，如图 8-25 所示。实际工作中会由于磨损使轴系的轴向间隙发生变化，需要对其进行调整以保持正确的轴向间隙 。

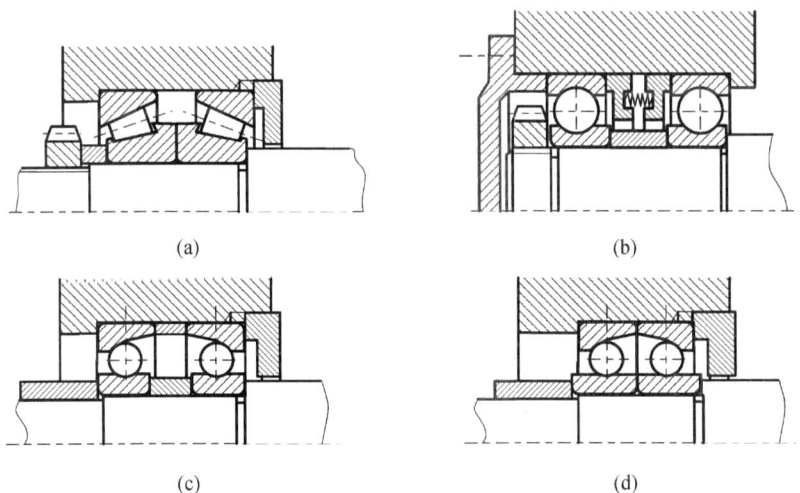

(a)　　　　　　　　　　　　(b)

(c)　　　　　　　　　　　　(d)

图 8-25　轴承的预紧

4. 轴承的润滑与密封

　　轴承的润滑是为了降低摩擦阻力和减轻磨损，同时也有冷却、吸振、防锈蚀等作用。滚动轴承的润滑剂有润滑脂、润滑油和固体润滑剂三类。

　　密封的目的是为了防止润滑剂流失和防止灰尘、杂质等侵入轴承内部。常用的密封方式有接触式和非接触式两种。接触式密封有毛毡密封和唇式密封圈密封两种。图 8-24(a) 左端轴承为毛毡密封，主要用于脂润滑的场合，圆周速度不超过 4～5 m/s。唇式密封圈密封如图 8-26 所示，适用于轴颈速度不超过 8～10 m/s 的场合。

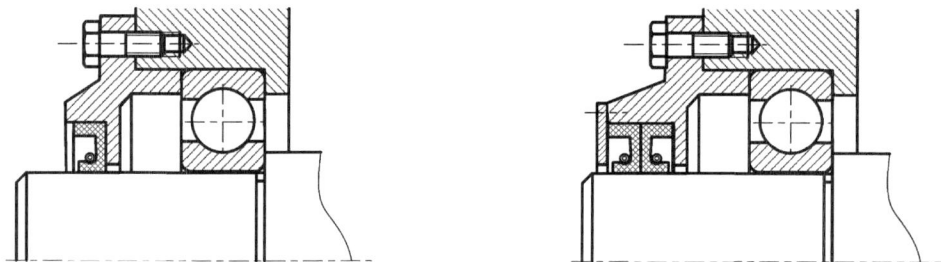

图 8-26　唇式密封圈密封

非接触式密封方式有间隙式密封和迷宫式密封两种。间隙式密封如图 8-27 所示。轴和轴承盖间留有极小的径向间隙：0.1～0.3 mm，并可填充润滑脂以增强密封效果。迷宫式密封是在旋转和固定的密封件之间构成弯曲的缝隙结构，最小缝隙宽度为 0.2～0.5 mm，并可填充润滑脂以提高密封效果，如图 8-28 所示。

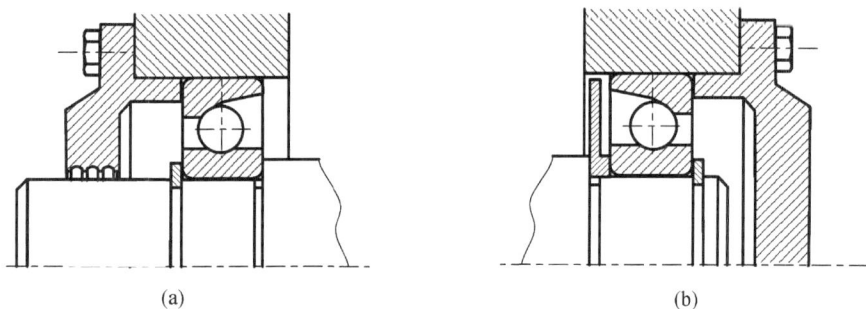

(a)　　　　　　　　　(b)

图 8-27　间隙式密封

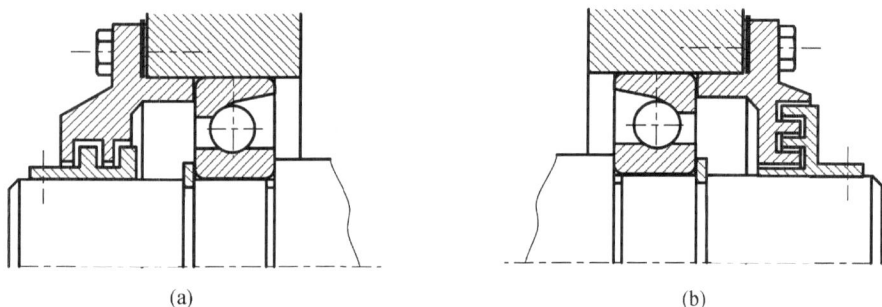

(a)　　　　　　　　　(b)

图 8-28　迷宫式密封

8.2.5　精密机械的其他支承形式

精密机械设备中多以传递运动为主，主要特点是载荷轻、惯性小、振动小、运转精度高。因此，轴承支承方式也与普通机械有着显著区别。

1. 顶尖支承和球支承

顶尖支承是由带有圆锥轴颈的顶尖和沉头圆柱孔的支承件组成。如图 8-29(a)所示。顶尖圆锥角一般为 60°,沉头孔圆锥角为 90°。顶尖支承的接触面很小,摩擦力矩小,多用于低速和轻载场合。支承轴线相对轴颈倾斜时运动件仍能正常工作,但润滑状况较差,磨损快。顶尖支承的轴颈多用 T10、T12 碳素工具钢制造,淬火硬度为 50~60 HRC,支承件多为锡青铜、黄铜、人造宝石等。

球支承由球形轴颈与具有内锥面的轴承组成。球支承的运动件除绕轴线转动外,还可在通过轴线任意平面内摆动,常用作各种螺钉的支承以及仪器的支架、天线等结构。图 8-29(b)中表示的分别是具有内锥面和球面的承导件。

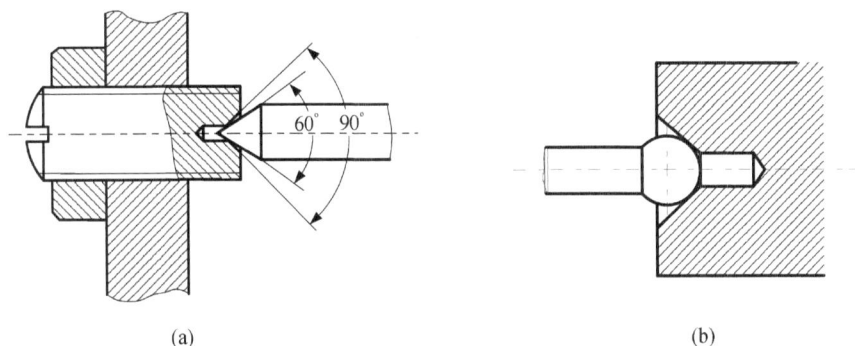

图 8-29 顶尖支承和球支承

2. 滚珠支承

与滚动轴承相比,填入式滚珠支承没有保持架和内圈,因而具有较小的径向轮廓尺寸,如图 8-30 所示。锥形轴尖由填入封闭外圈的滚珠支承,滚珠与轴尖为滚动摩擦接触。外圈一般通过螺纹与机架连接,便于调整运动件的轴向位置和支承间隙。

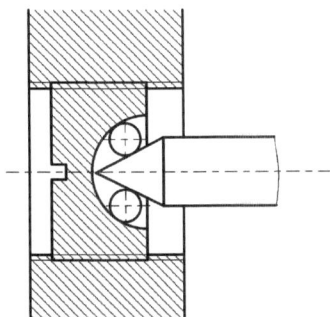

图 8-30 填入式滚珠支承及安装结构

密珠支承的结构如图 8-31 所示。其支承圈上无滚道,滚珠直接在保持架孔内滚动。保持架上滚珠按照一定的规律排列,任意两个滚珠的路径均不重复。在预紧载荷作用下,滚珠与支承圈之间产生微量的弹性变形，使内外支承圈和滚动体的制造误差对支承旋转精度的影响大大降低。滚珠经过研磨选配后，可得到很高的旋转精度，常用于精密主轴结构中。

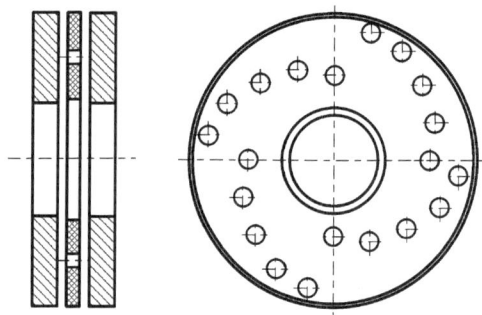

图 8-31 密珠支承

3. 弹性支承

弹性支承依靠支承零件的弹性变形来完成运动件的导向，因而摩擦力矩很小，在精密机械中得到较多的应用。图 8-32 中是常见的弹性支承型式：悬簧式、十字形片簧式、张丝式、吊丝式。弹性支承的优点包括：摩擦极小、无间隙、寿命长、结构简单、成本低；弹性支承的缺点包括：运动件转角一般不超过 2π 弧度，不能承受大的力。

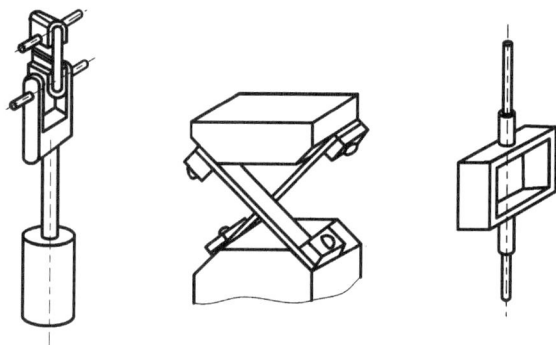

图 8-32 弹性支承

8.3 联轴器

联轴器用于连接两根分离的轴，并传递转矩或运动。按照两根被连接轴的相对位置，可将联轴器分为刚性联轴器和挠性联轴器。刚性联轴器用于两根轴线对中准确，且在工作中不会发生相对移动的情形。挠性联轴器具有挠性元件，可以实现一定程度的相对偏转，常用于两轴间有相对偏移的场合，以实现对轴线偏移的补偿和缓冲偏心振动。由此可见，联轴器的功能有：连接传动、补偿偏移、吸振缓冲。

挠性联轴器可以实现对轴线偏移的补偿。轴线偏移可分为四种情形：轴向偏移、径向偏移、角度偏移、综合偏移，如图 8 - 33 所示。按照补偿偏移方式和结构的不同，可将挠性联轴器分为无弹性元件和有弹性元件两种，其中有弹性元件联轴器根据弹性元件材料分为金属弹性元件和非金属弹性元件两类。

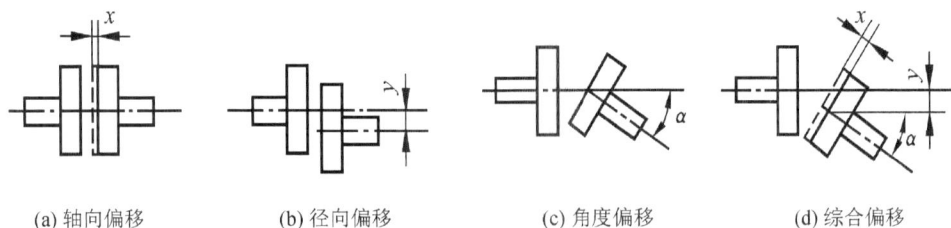

(a) 轴向偏移	(b) 径向偏移	(c) 角度偏移	(d) 综合偏移

图 8 - 33　两轴间的偏移

联轴器的选择：在载荷平稳、转速稳定、同轴度好、轴间无相对位移的情况下可选用刚性联轴器。两轴有相对位移的情况应选用无弹性元件的挠性联轴器；同轴度不易保证，载荷、速度变化较大的场合，选用具有缓冲、减振作用的弹性联轴器。其他要求：装拆方便、尺寸较小、质量较轻、维护简便，联轴器的安装位置应尽量靠近轴承。

联轴器的计算转矩：

$$T_i \approx KT \leqslant T_n \tag{8-13}$$

式中，T 为工作转矩；T_n 为许用名义转矩；K 为载荷系数，可按照原动机和工作机特性从载荷系数表中选取。

8.3.1　刚性联轴器

常见的刚性联轴器有：套筒联轴器和凸缘联轴器。

套筒联轴器如图 8 - 34 所示，是由连接两轴端的套筒和连接零件组成。连接零件可以是销钉、键、紧定螺钉等。套筒联轴器的主要特点是结构简单、径向尺寸小，但装拆需要较大的轴向移动空间。它适用于传递转矩较小，且便于轴向装拆的场合，连接轴径一般不大于 60～70 mm。

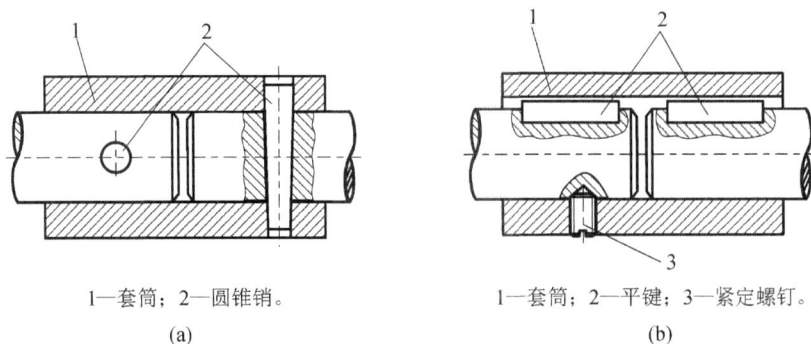

1—套筒；2—圆锥销。　　　　　　　　　　1—套筒；2—平键；3—紧定螺钉。

(a)　　　　　　　　　　　　　　　　　(b)

图 8 - 34　套筒联轴器

凸缘联轴器由两个带有凸缘的半联轴器和连接螺栓组成,如图 8 - 35 所示。两个半联轴器分别用键与轴相连,再用螺栓将二者连为一体。半联轴器的对中方式有两种:凸肩凹槽对中和配合螺栓对中。凸肩和凹槽配合对中时,装拆需进行轴向移动,不适宜需要经常拆卸的场合。配合螺栓对中不需凸肩和凹槽结构,装拆方便。转矩传递依靠螺栓的剪切作用,因而径向尺寸较小。其缺点是配合螺栓孔需要铰制。

凸缘联轴器的材料常用碳钢和铸铁。

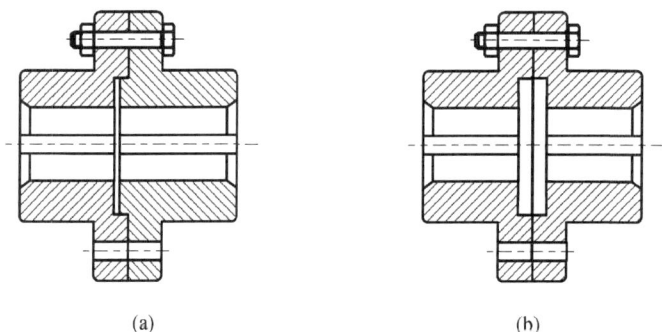

(a)   (b)

图 8 - 35　凸缘联轴器

8.3.2　挠性联轴器

挠性联轴器具有一定挠性形变,可以补偿两个被连接轴间的偏移,吸收由于轴线偏移引起的振动、缓和冲击。

1. 无弹性元件挠性联轴器

1) 十字滑块联轴器

十字滑块联轴器由半联轴器 1、3 及中间盘 2 组成,如图 8 - 36 所示。中间盘的两端面有相互垂直的径向凸肩,分别嵌入半联轴器的径向凹槽中。凸肩可在凹槽内滑动,以补偿两轴间的径向和角度偏移。该联轴器具有结构简单、径向尺寸小、传递转矩较大、对安装精度要求不高等优点。转速常限制在 300 r/min 内。十字滑块联轴器已系列化,材料常为 45 钢和 ZG310 - 570。

2) 齿轮联轴器

齿轮联轴器由两个具有外齿的半联轴器 1、4 和两个具有内齿的外壳 2、3 构成,如图 8 - 37 所示。两外壳用螺栓联为一体,两半联轴器分别与两轴相连,依靠内、外齿啮合传递转矩。两半联轴器间具有较大的轴向间隙,内、外齿啮合时具有较大的顶隙和侧隙,外齿其齿顶为球面,球面中心在轴线上(图 8 - 37(c)),因此齿轮联轴器具有较大的补偿综合偏移的能力。齿轮联轴器的常用材料为 45 钢和 ZG310 - 570,并已系列化。

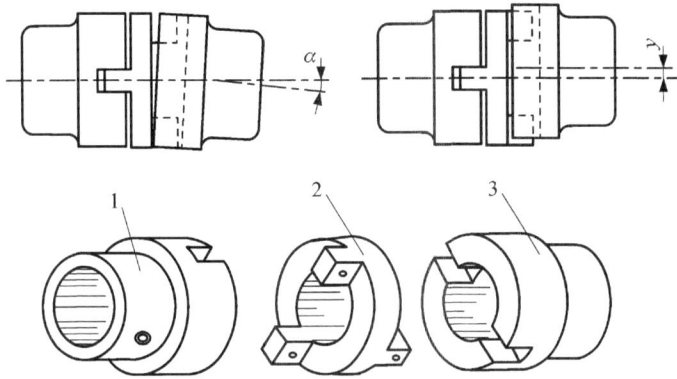

图 8 - 36 十字滑块联轴器

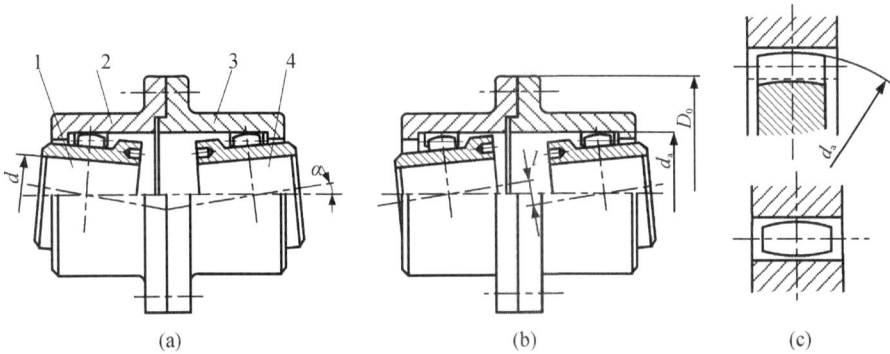

图 8 - 37 齿轮联轴器

2. 有弹性元件联轴器

具有弹性元件的联轴器包括：弹性套柱销联轴器和弹性柱销联轴器，且均已标准化。

弹性套柱销联轴器的结构类似于凸缘联轴器，只用有弹性套的柱销代替了螺栓，如图 8 - 38 所示。安装弹性套柱销联轴器时，应留出足够的柱销拆装空间 B。在传递转矩时弹性套受力变形，具有良好的吸振缓冲作用和综合偏移的补偿能力，但弹性套易损坏，适用于经常正反转、高速轻载的场合。

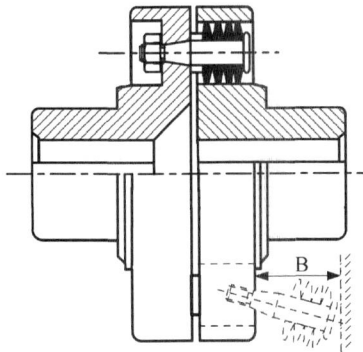

图 8 - 38 弹性套柱销联轴器

弹性柱销联轴器依靠尼龙柱销传递转矩,如图 8 - 39 所示。相比于弹性套柱销联轴器,弹性柱销联轴器具有结构简单、加工维修方便、传递转矩大、寿命长、补偿轴向偏移能力较大的优点,但其补偿径向和角度偏移能力小,吸振缓冲能力差。工作温度不宜大于70 ℃。弹性柱销联轴器已标准化(GB/T 5014—2003)。

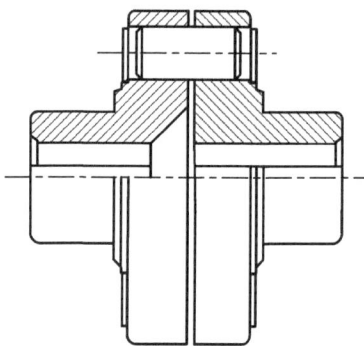

图 8 - 39　弹性柱销联轴器

8.3.3　联轴器的选择

联轴器多已标准化或系列化,设计时主要从相关手册中选用。通常根据类型和尺寸两个方面进行选择。

(1) 按照工作条件选择合适的类型。工作条件包括:两轴线对中性、载荷平稳性(平稳、变动、冲击)、轴的工作转速、设备条件(安装、维修、工作温度、外形尺寸、寿命)等。

(2) 根据传递的转矩、轴径和转速选择联轴器的尺寸。设计选用的型号需满足三个条件:计算转矩 $T_c \leqslant [T]$;工作转速 $n \leqslant [n]$;轴径位于所选型号范围内。

非标准联轴器,需要进行尺寸设计,并进行必要的校核。

8.4　离合器

离合器可在工作中随时实现动力链的连接和断开,以保证传动系统平稳运行,也可用作安全防护装置。离合器的基本工作要求是:接合迅速,分离彻底,动作准确可靠,平稳无冲击。

常见的离合器有:牙嵌离合器、摩擦离合器、自动离合器等。

8.4.1　牙嵌离合器

牙嵌离合器由两个端面带有齿形结合牙的半离合器组成,如图 8 - 40 所示。此类离合器依靠齿形牙的相互嵌合来传递转矩,并能自动补偿磨损的间隙,具有结构简单、尺寸较小的特点。缺点是在主动轴转动时接合会产生冲击,故只能在停车或低速时接合。常用的牙形有矩形、梯形和锯齿形，如图 8-41 所示。矩形牙不便于接合，分离比较困难。梯形牙强度较高，能传递较大的载荷。离合器牙的工作表面应硬度高、芯部韧。常用低碳钢经渗碳处理，使工作表面硬度可达 56～62 HRC。

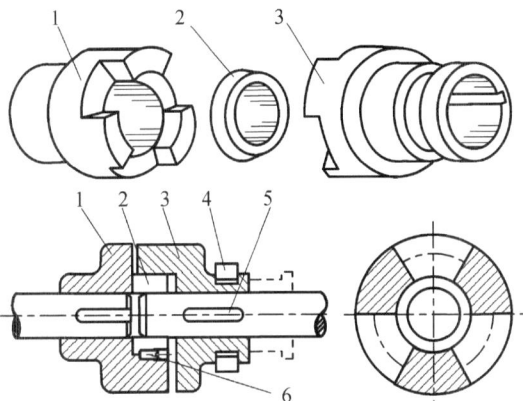

图 8-40　牙嵌离合器

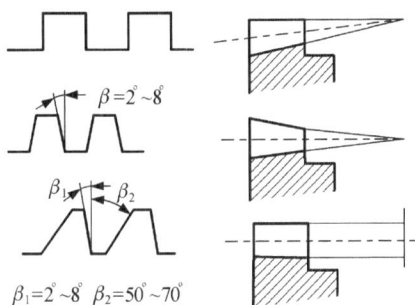

图 8-41　离合器常用牙型

8.4.2　摩擦离合器

摩擦离合器利用主、从动盘的接触面间的摩擦力矩传递动力，可以分为单盘式和多盘式两种。单盘式摩擦离合器由两个摩擦盘组成，如图 8-42 所示。摩擦盘 1 固定于主动轴上，摩擦盘 2 用导向平键与从动轴 5 连接，两盘中间装有摩擦片 6。利用操纵结构控制拔叉 3 向左或者向右移动，实现接合或分离。单盘摩擦离合器适用于轻型机械，如包装、纺织机械等。多盘离合器使用多对摩擦盘，具有更高的传动能力。

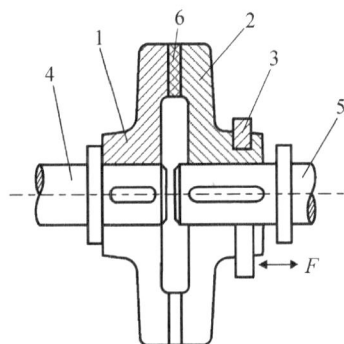

图 8-42　单盘摩擦离合器

8.4.3　自动离合器

1）超越离合器

超越离合器能根据两轴角速度的相对关系自动结合和分离。主动轴转速大于从动轴时，离合器接合，动力从主动轴传递到从动轴；反则，离合器分离，动力传递中断。图 8-43 所示为滚柱式超越离合器和棘轮式超越离合器。两种离合器仅当星轮和棘轮顺时针转动时，方可传递动力。

2）安全离合器

安全离合器的作用是，当工作转矩超过机器允许的极限值时，即能自动分离或打滑，以保护机器不致损坏。常见的安全离合器有嵌合式和摩擦式两种。图 8-44 所示分别为弹

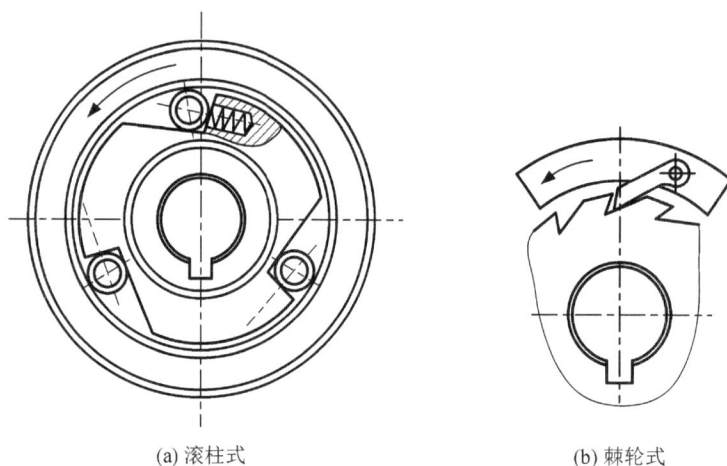

(a) 滚柱式　　　　　　　　　(b) 棘轮式

图 8-43　超越离合器

簧牙嵌式、弹簧滚珠式和弹簧盘式离合器。三种离合器都可通过弹簧来调节所能传递的最大动力，过载时将使离合器分离，动力传递中断。

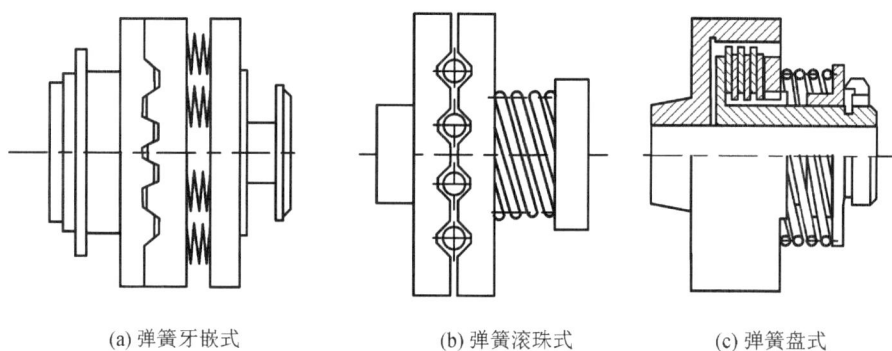

(a) 弹簧牙嵌式　　　　(b) 弹簧滚珠式　　　　(c) 弹簧盘式

图 8-44　安全离合器

【拓展阅读】

科技创新助力高端轴承产业发展

中国在高铁技术上的成就举世瞩目，已经成为世界上高铁运营里程最长、在建规模最大、高速列车运行数量最多、商业运营速度最高、高铁技术体系最全、运营场景和管理经验最丰富的国家。"中国速度"刷新了高铁商业运营速度的记录，高铁已经成为中国科技创新的代表。然而，辉煌成就仍然无法掩盖事实——国内没有厂家能够提供满足高铁运行所需的高端轴承。事关列车运行安全，高铁采用的 P4 等级高端轴承主要是从 SKF、NTN、德国 FAG 等公司引进。国产轴承虽占据全球 20% 的市场份额，但大多集中于中低端市场。

高铁用轴承必须具有在高速度、高加速度的条件下可靠度高、耐冲击性强以及能够承受不断变化冲击负荷的能力。制造出这些高端轴承必须解决"高纯度材料"和"高质量加工"两个方面的问题。轴承钢中的氧、钙元素含量要低于 10 mg/kg，各种夹杂物含量要求更低。屈服强度 1100 MPa，抗拉强度 1300 MPa，渗碳后表面硬度高于 800 HV。接触疲劳寿命 4000 MPa 强度下循环次数不低于 10^9，10^7 循环次数下弯曲疲劳强度不低于 900 MPa。经过数十年的攻关，国内企业已攻克高端轴承钢生产工艺中的难点，生产出添加稀土材料的高端稀土轴承钢，下一步的目标是突破国外采用的真空脱气冶炼技术打造的超高纯轴承钢。解决轴承钢材料后，需要进一步完成高质量制造问题。高端轴承制造涉及学科门类众多，需要进行全面合作攻关，突破细质化热处理、先进密封润滑技术等难关。

目前国内轴承企业联合高校共同攻关，研制了大型高速铁路轴承综合性能试验台、防尘密封性能试验台、防水密封性能试验台、耐久性能试验台，并成功研发出时速 250 和 350 公里的高铁轴承。在打破国外技术垄断的同时，也让我国的轴承市场摆脱了国外厂商的价格控制。根据 2015 年规划的国产高端轴承的发展路线，预计到 2025 年就可以实现高端数控机床和高铁轴承的 90% 国产化，到 2030 年实现飞机轴承的 90% 国产化。高端轴承技术和产业的发展依然需要很长的道路去追赶和超越。

课后思考题

8-1　精密机械中轴的主要作用是什么？按照载荷特点轴可以分为哪几类？各自有何特点？

8-2　轴的结构设计应满足的基本要求是什么？

8-3　常见的轴为什么多为阶梯轴？它的优点有哪些？轴上的阶梯数和各部分直径是如何确定的？

8-4　说明联轴器和离合器的区别，以及各自的用途。

8-5　说明轴上零件的轴向固定方式及应用特点，并说明哪些方式可用于轴端零件的固定。

8-6　径向滑动轴承的主要结构有哪几种？各有何特点？

8-7　滑动轴承的轴瓦材料应具备哪些性能？试举出几种常用轴瓦材料。

8-8　滚动轴承主要有哪些类型？各有何特点？

8-9　说明下列轴承代号的含义：6241、6410、30207、5307/P6、7208AC/P5、N 370/P2、6308/P53。

8-10　滚动轴承的寿命和额定寿命是如何定义的？何谓基本额定动载荷？何谓当量动载荷？

8-11　角接触轴承的内部轴向力是如何产生的？此轴向力对轴承寿命有何影响？

8-12　为什么要调整轴承游隙？如何调整？

8-13　预紧滚动轴承的作用是什么？有哪些方法？

8-14　滚动轴承的润滑和密封方式有哪些？各有何特点？

9 弹性元件

9.1 概述

9.1.1 弹性元件及分类

材料的弹性是自身固有的一种物理属性，指材料在外力作用下产生变形，撤去外力后恢复原来形状的性能。材料的弹性变形可以用来实现多种载荷作用和能量储存等功能。利用材料弹性和结构完成各种功能的机械零件，称为弹性元件。

精密机械中的弹性元件主要功能有：

（1）测力——测力弹簧、力矩弹簧等。

（2）产生振动——振动筛、振动传输机中的支承弹簧。

（3）储存能量——钟表发条等。

（4）缓冲和吸振——各类支承中的减振弹簧。

（5）控制机械运动——实现机械运动控制，如气门弹簧、离合器弹簧等。

（6）改变机械自振频率——某些电机、压缩机等的弹性支承。

（7）消除空回和间隙——消除微动装置中的空行程。

按照结构特点，常见弹性元件可以分为：片簧、平卷簧、螺旋弹簧、弹簧管、波纹管、膜片弹簧等。按照承载方式弹性元件可分为：拉伸弹簧、压缩弹簧、扭转弹簧以及弯曲弹簧。根据制作材料不同，可分为金属材料制作的弹性元件和非金属材料制作的弹性元件，前者主要为各种弹簧零件，后者则多表现为橡胶、塑料等制作的吸能减振零件。

根据用途不同，弹性元件可分为两个大类：测量弹性元件和力弹性元件。测量弹性元件可以将测量对象，如力、压力、温度、位移等，变换成弹性元件的位移，并通过转化机构进行量化测量。力弹性元件则用于实现力封闭作用，作为传动系统的能源或者对结构进行封闭。

弹性元件的主要特点：结构简单、价格低廉、占据空间小、安装和固定简单、工作可靠。

9.1.2 弹性元件材料

由于工作中载荷变化大、冲击多,弹性元件必须具有较高的弹性极限和疲劳极限,足够的冲击韧性和塑性,以及良好的热处理性能。常用的弹性材料有金属材料和非金属材料两大类。

1)金属材料

常用弹性元件金属材料有:碳素弹簧钢、合金弹簧钢以及有色金属合金。

碳素弹簧钢如 65 钢、70 钢,价格低廉,热处理后强度较高、强度韧性适中,一般适用于小尺寸弹簧。合金弹簧钢如 65Mn、50CrVA 钢,具有优良的弹性极限、疲劳极限、冲击韧性和塑性,热处理性能好、淬透性好、回火稳定性好,适用于变载荷、冲击和工作温度较高的场合。

有色金属合金具有耐腐蚀、防磁、导电性好等特性,如锡青铜、铍青铜、硅青铜等,可用于特殊场合。铝合金材料弹性模量小、灵敏度高、重量轻、易加工、无需热处理,但耐腐蚀性差。

2)非金属材料

常用的弹性非金属材料包括:橡胶、塑料、石英、陶瓷、空气等。其中橡胶和塑料为最常用材料。二者的弹性模量很低,灵敏度高,但弹性模量的温度系数较大,易老化,主要用于制作各种刚度较小的减振吸能元件。石英材料弹性模量高,变形响应快,且对温度变化不敏感,常用于制作耐高温的高精度弹性元件,如微型传感器薄膜结构。其主要缺点在于加工困难,但随着微细加工工艺的进步,其应用已经越来越广泛。陶瓷材料与石英类似,多用于制作耐高温、耐腐蚀的弹性元件。

硅是一种新型弹性材料。在硅片上可直接制作出各种弹性元件和结构,多见于微型传感器件和执行机构,具有灵敏度高、动态相应快、体积小等优点,但也存在工艺复杂、制作成本高等缺点。空气用作弹性材料多用于车辆和大型设备的减振缓冲,主要优点是刚度易于调节,适用于多种复杂载荷场合,并具有很好的系统控制性能。

9.1.3 弹性元件的基本特性

弹性元件的基本特性指的是作用在其上的工作载荷(如力、压力、温度等)与变形量(拉伸、压缩、弯曲、扭转等)之间的关系。可用解析式表示为

$$\lambda = f(F) \tag{9-1}$$

式中,λ 为弹性元件的变形量;F 为工作载荷。将载荷与变形量的关系绘制成曲线,称为弹性元件的特性曲线。常用弹性元件的最大非线性误差来描述其特性,即特性曲线与理想曲

线之间的最大偏差和最大变形之间的百分比，也称为弹性元件的非线性度，如图 9 - 1 所示。

$$S = \frac{\Delta\lambda_{\max}}{\lambda_{\max}} \times 100\% \qquad (9-2)$$

弹性元件的主要性能指标是刚度，定义为产生单位变形量的载荷。线性弹性元件的刚度为常数。刚度的倒数称为柔度。

$$F' = \lim_{\Delta\lambda \to 0}\left(\frac{\Delta F}{\Delta\lambda}\right) = \frac{dF}{d\lambda} \qquad (9-3)$$

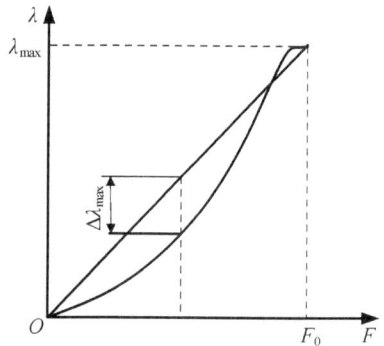

图 9 - 1 弹性元件特性曲线

多个弹性元件并联使用时，系统刚度等于每个元件的刚度之和。串联使用时的系统柔度等于每个元件柔度之和。并联系统的特性曲线为折线，每段折线表示的刚度等于已承载元件的刚度之和；随着承载元件增多，刚度不断增大。对于串联系统，对应的则是随着柔度增加，变形也增大。

$$F' = \frac{F}{\lambda} = \frac{\sum_{i=1}^{n} F_i}{\lambda} = \frac{\sum_{i=1}^{n} F_i'\lambda}{\lambda} = \sum_{i=1}^{n} F_i' \qquad (9-4)$$

$$\frac{1}{F'} = \frac{\lambda}{F} = \frac{\sum_{i=1}^{n} \lambda_i}{F} = \frac{\sum_{i=1}^{n} \frac{F'}{F_i'}}{F} = \sum_{i=1}^{n} \frac{1}{F_i'} \qquad (9-5)$$

9.1.4 弹性元件特性的影响因素

弹性元件的特性与自身的材料性能、尺寸、使用条件等紧密相关。以圆柱螺旋弹簧为例，其特性为

$$\lambda = f(D, d, n, G) = F\frac{8D_2^3 n}{Gd^4} \qquad (9-6)$$

式中，F 为弹簧承受的载荷，N；λ 为弹簧变形量，mm；G 为材料切变模量，N/mm^2；D_2 为弹簧中径，mm；d 为弹簧丝直径，mm；n 为弹簧有效工作圈数。

1）几何参数的影响

弹簧的几何尺寸（D、d、n）的误差将改变弹簧的刚度特性。此时，可将弹簧变形量的相对误差表示为弹簧中径误差、工作圈数误差、簧丝直径的三项相对误差之和。

$$\delta\lambda_z = \frac{\Delta\lambda_z}{\lambda} = 3\frac{\Delta D_2}{D_2} - 4\frac{\Delta d}{d} + \frac{\Delta n}{n} \qquad (9-7)$$

由上式可以看出，尺寸参数引起的误差基本可以通过调整法消除，以使弹簧特性满足要求。

2）温度的影响

温度对弹簧特性的影响，主要体现在材料的切变模量和弹性模量的变化上。当工作环境温度发生改变时，材料的切变弹性模量随之变化，可近似为

$$G_t = G_0[1 + \alpha_G(t - t_0)] \tag{9-8}$$

式中，G_t、G_0 分别为温度 t 和 t_0 时弹性材料的切变模量，N/mm^2；α_G 为切变模量的温度系数，N/mm$^2 \cdot$℃。由此可得，切变模量的温度特性引起的弹簧特性相对误差为

$$\delta\lambda_w = -\frac{\Delta G}{G_0} = -\alpha_G(t - t_0) \tag{9-9}$$

同理，弹性模量的温度特性引起的弹簧特性相对误差为

$$\delta\lambda_w = -\frac{\Delta E}{E_0} = -\alpha_E(t - t_0) \tag{9-10}$$

由于弹性材料的温度系数 α_G 和 α_E 多为负数，温度降低时切变模量和弹性模量都会增大，导致弹性元件的刚度升高。为减少温度的影响，可选用温度系数低的材料，或采用正温度系数材料进行温度误差的补偿。

3）弹性滞后和弹性后效

弹性滞后是指在弹性范围内加载和卸载时特性曲线不重合的现象，如图 9-2(a)所示。作用载荷从零增加到最大载荷 F_0 时元件特性曲线为 I，载荷从最大值减小到零时的特性曲线为 II。加载卸载路径曲线不重合，出现同一载荷对应两个不同变形量的情形。

弹性后效是指载荷改变后弹性元件变形量不是立即紧跟完成变化，而需要一段时间去逐渐完成，如图 9-2(b)所示。载荷增加到 F_0 后保持不变，变形量从 λ_1 逐渐增加到 λ_0；同样在卸载时载荷变为零后，变形量减小到 λ_2，然后再逐渐减小到零。

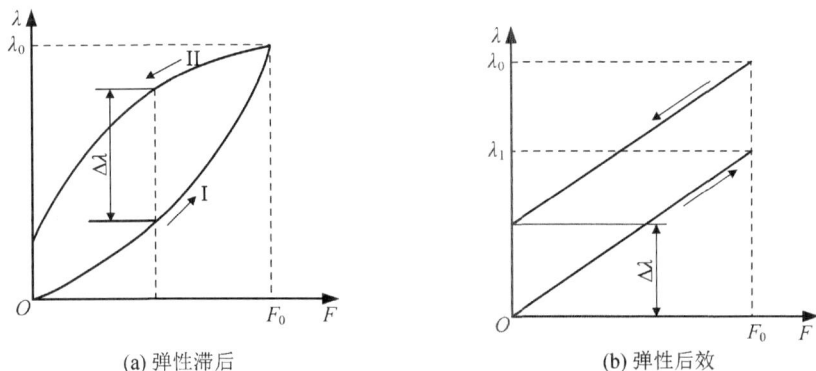

(a) 弹性滞后　　　　(b) 弹性后效

图 9-2　弹性滞后和弹性后效

为了减少弹性元件的弹性滞后和弹性后效，应当注意以下几方面：

（1）选择弹性滞后、弹性后效较小的材料。

（2）采用合理的加工工艺，特别是热处理工艺，提高材料的比例极限。

（3）减小弹性元件的工作应力，结构设计上应避免工作时应力集中。

（4）注意弹性元件与其他零件的连接方法，避免因连接不当引起附加的弹性滞后、弹性后效。

9.2 螺旋弹簧

9.2.1 螺旋弹簧的特点

螺旋弹簧是用金属线材绕制而成的空间螺旋线结构，可以将沿轴线方向的力或垂直于轴线平面内的力矩转换为弹簧两端的相对位移（轴线位移或角位移），或者将两端的相对位移转化为力或力矩。弹簧丝截面可以是圆形、方形、菱形等。根据绕制的外形可分为圆柱形、圆锥形、抛物线形等。

按照载荷作用方式不同，圆柱形螺旋弹簧可以分为三种类型：拉伸弹簧，代号：L 型；压缩弹簧，代号：Y 型；扭转弹簧，代号：N 型。三类弹簧形式如图 9-3 所示。

螺旋弹簧制造简单、成本低、特性稳定，常作为测量弹簧和结构力封闭之用。

螺旋弹簧多用铅浴淬火和等温回火的冷拔碳素钢丝制造。制作过程包括：卷绕、端面加工（钩环制作）、热处理、工艺性试验、强压处理（喷丸强化）、时效处理等工序。对卷制好后的弹簧进行强压处理，可显著提高其承载能力。对弹簧表面进行喷丸处理，也可提高其疲劳强度和寿命。

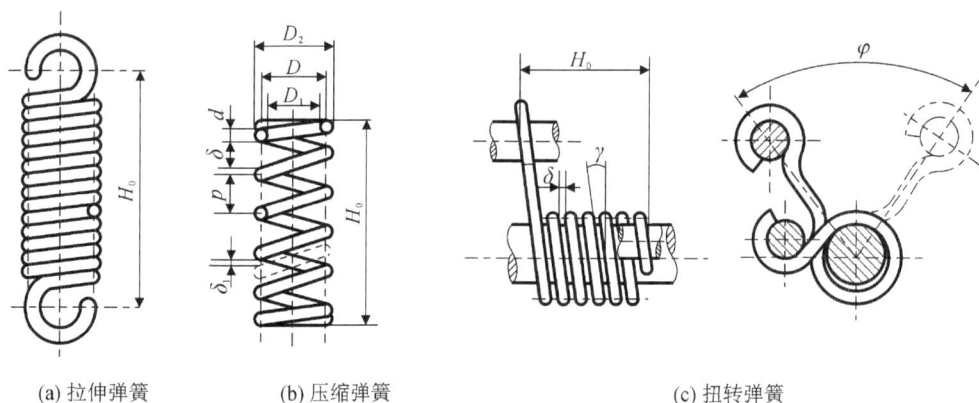

(a) 拉伸弹簧　　(b) 压缩弹簧　　(c) 扭转弹簧

图 9-3　螺旋弹簧形式

9.2.2　圆柱螺旋弹簧的结构及参数

螺旋拉簧处于不受外力的自由状态时，各圈应互相并拢。拉簧分无初拉力和有初拉力两种。有初拉力的弹簧在载荷大于初始拉力时，各圈开始分开。拉簧的两端制有钩环，便于安装和加载，如图 9-3(a)所示。钩环的结构如图 9-4 所示。直接弯制钩环制造方便，但在弯折处存在应力集中现象，采用圆锥过渡的方式可有效解决。载荷较大时采用可转钩环和可调钩环结构。

圆柱压缩弹簧的结构如图 9-3(b)所示。自由状态下各圈之间有适当间距 δ，以承载变形。最大载荷下各圈间仍有间隙 δ_1，避免簧丝间压紧接触，保持一定的弹性。压簧的两端一般有压紧的死圈结构，通常占据 3/4～7/4 圈的弹簧圈数。死圈结构仅起到支承作用而不参与变形，主要使端面垂直于轴线，减少承载后的侧弯现象。压簧端部有磨平和不磨平两种，磨平的端部用于重要场合。

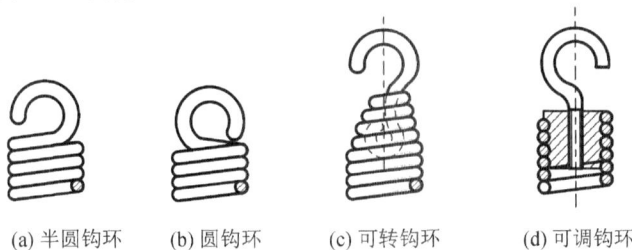

(a) 半圆钩环　　(b) 圆钩环　　(c) 可转钩环　　(d) 可调钩环

图 9-4　拉伸弹簧钩环结构

扭簧用于承受外加转矩，产生扭转角变形 φ，其所承受的载荷和变形关系可参考压簧。

圆柱弹簧的主要结构参数有：中径、内径、外径、总圈数、节距、螺旋角等，计算方法参见表 9-1。

表 9-1　圆柱弹簧的主要结构参数

计算项目	压簧	拉簧	备注
中径 D	$D = Cd$		d 为标准值
内径 D_1	$D_1 = D - d$		
外径 D_2	$D_2 = D + d$		
总圈数 n'	$n' = n + 1.5 \sim 2$	$n' = n$	$n \geqslant 2$
节距 p	$p = d + \lambda/n + \delta \approx D/3 \sim D/2$	$p \approx d$	
轴向间隙 δ	$\delta = p - d \geqslant 0.1d$		
螺旋角 γ	$\gamma = \arctan p/\pi D$		常取 $5° \sim 9°$
自由长度 H_0	不磨平：$H_0 = np + (n' - n + 1)d$ 磨平：$H_0 = np + (n' - n + 0.5)d$	$H_0 = nd +$ 挂钩尺寸	
展开长度 L	$L = \pi D n'/\cos \gamma$	$L = n\pi D +$ 挂钩展开长度	

表 9-1 中的 C 为弹簧中径与簧丝直径之比，称为弹簧的旋绕比或者弹簧指数。合理选用旋绕比 C 值，可使弹簧参数适当，便于制造和使用。C 值过小时，弹簧丝卷绕受力剧烈，内外侧应力相差巨大，材料利用率降低。相反地，当 C 值过大时弹簧丝的内应力过小，卷制后回弹显著、加工性变差，弹簧过软容易失稳。通常情况下 C 值取 5~8 为宜。

9.2.3 圆柱螺旋弹簧的特性

压缩弹簧的特性线如图 9-5 所示。H_0 为弹簧的自由高度。在预加最小载荷 F_1 作用下，弹簧压缩量为 λ_1，高度减小为 H_1。在最大工作载荷 $F_{\max}$ 作用时，弹簧被压缩至 H_2，压缩量为 $\lambda_{\max}$。整个弹簧的变形量 λ_h 为两个载荷的压缩量之差：

$$\lambda_h = \lambda_{\max} - \lambda_1 = H_0 - H_2 \tag{9-11}$$

在极限载荷 F_3 作用时，弹簧簧丝的应力将达到弹性极限，其压缩变形量为 λ_3，弹簧高度进一步减低到 H_3。设计时弹簧的载荷受到工作条件的限制，一般应保证其直线的特性关系。因此，最小载荷常取值：$F_1 = (0.1 \sim 0.5)F_{\max}$；$F_{\max} \leqslant 0.8F_3$。

拉伸弹簧的特性线也是一条直线，但存在是否有预拉力的区分，如图 9-6 所示。图 9-6 右下方为有预拉力的特性线，自由状态下受到预拉力 F_0 作用的情形。通常情况下预拉力的取值为：簧丝直径 $d \leqslant 5$ mm 时，预拉力为极限载荷的 1/3；$d > 5$ mm 时，预拉力为极限载荷的 1/4。

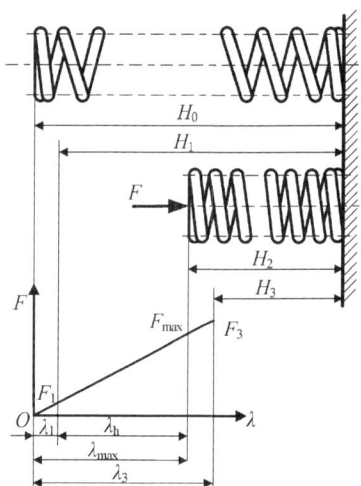

图 9-5 压缩弹簧的特性线　　图 9-6 拉伸弹簧的特性线

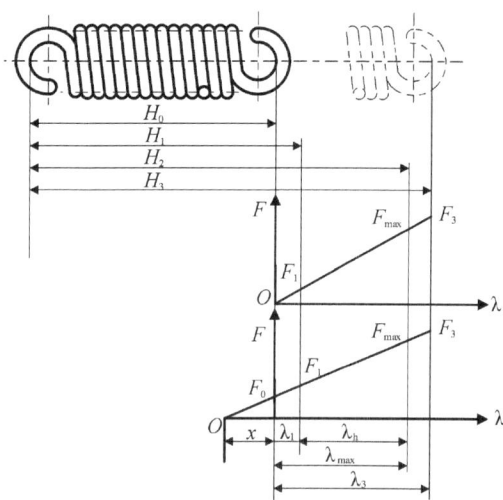

9.2.4 螺旋圆柱弹簧的强度和刚度

1. 压缩弹簧

在轴向载荷 F 作用下，压簧簧丝截面上作用有扭矩 T、弯矩 M_b、切向力 F_Q 和法向力

F_N，如图 9 - 7 所示。将轴向载荷向簧丝截面中心等效转移，得到各项载荷如下：

$$T = FR = \frac{FD}{2}\cos\gamma \quad (9-12)$$

$$M_b = \frac{FD}{2}\sin\gamma \qquad (9-13)$$

$$F_Q = F\cos\gamma \qquad (9-14)$$

$$F_N = F\sin\gamma \qquad (9-15)$$

由于升角 $\gamma = 5° \sim 8°$ 较小，计算时可忽略弯矩 M_b 和法向力 F_N。实际计算时，常将螺旋升角 γ 取为 0，其结果并不影响计算精度。根据材料

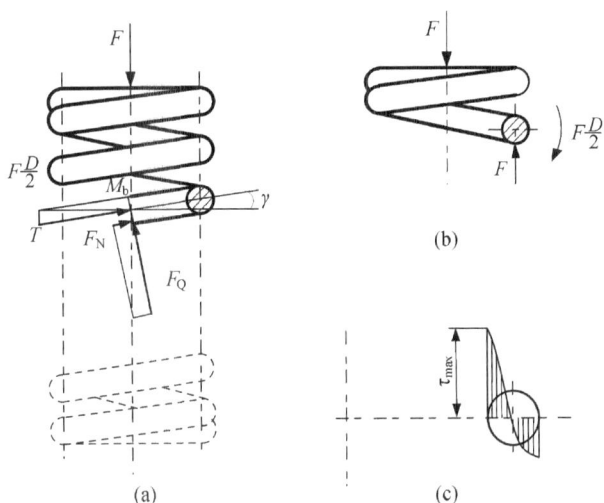

图 9 - 7　压缩弹簧受力分析

力学理论，在扭矩 T 和切向力 F_Q 作用下，受到簧丝曲度的影响，其截面上的应力为非线性，最大应力在簧丝内侧(图 9-7(c))。最大切应力可按下式计算：

$$\tau_{max} = K_1 \frac{8FD}{\pi d^3} \qquad (9-16)$$

其中曲度系数 K_1 用以修正簧丝曲率对切应力分布的影响。圆截面簧丝的曲度系数为

$$K_1 = \frac{4C-1}{4C-4} + \frac{0.615}{C} \qquad (9-17)$$

由此可得螺旋弹簧的强度条件和设计公式为

$$\tau_{max} = K_1 \frac{8FD}{\pi d^3} \leqslant [\tau] \qquad (9-18)$$

$$d = 1.6\sqrt{\frac{F_{max} K_1 C}{[\tau]}} \qquad (9-19)$$

从上式可以看到，簧丝直径与旋绕比直接相关，碳素弹簧钢的许用应力又与簧丝直径相关。

压缩弹簧受到轴向载荷时，弹簧变形量由式(9-6)变化为

$$\lambda = \frac{8FD_2^3 n}{Gd^4} = \frac{8FC^3 n}{Gd} \qquad (9-20)$$

同理可得弹簧的有效圈数：

$$n = \frac{G\lambda d}{8FC^3} \qquad (9-21)$$

计算结果进行圆整处理。最小圈数为 2 圈。$n < 15$ 圈时取为 0.5 圈的倍数；$n > 15$ 圈时取整圈数。

压缩螺旋弹簧的刚度为

$$F' = \frac{F}{\lambda} = \frac{Gd^4}{8D_2^3 n} = \frac{Gd}{8C^3 n} \tag{9-22}$$

由上式可知，旋绕比对刚度影响显著。同等条件下，C 值越大的弹簧刚度越小；反之刚度越大。同理，圈数越多，弹簧刚度越小。

压缩弹簧的一个主要失效现象是失稳。失稳指的是当载荷达到一定数值时，弹簧出现侧向弯曲而导致刚度迅速降低、工作失效的现象。弹簧的失稳同样与两端支承情况相关。设计时使最大载荷不超过弹簧稳定的临界载荷，以保证压缩弹簧的稳定性。同时，当载荷超出临界值时，可以通过改变弹簧两端的支承情况，或使用导套和导杆结构，提高压缩弹簧的横向稳定性。

2. 拉伸弹簧

无预拉力的拉伸弹簧，其特性与压缩弹簧相似，计算方法也相同。有预拉力的拉伸弹簧需要在其特性线中增加预拉力变形部分，然后就可使用压缩弹簧的强度条件来进行设计和计算。预拉力的估算可用以下公式计算：

$$F_0 = \frac{\pi d^3}{8D_2} \tau' \tag{9-23}$$

式中，τ' 为拉伸弹簧的初切应力。

拉伸弹簧的有效圈数可用下式计算：

$$n = \frac{G\lambda d^4}{8(F - F_0)D_2^3} \tag{9-24}$$

3. 扭转弹簧

扭转弹簧的载荷垂直于其自身轴线，其任一簧丝截面上将作用有弯矩 M_b 和转矩 T'。

$$M_b = T\cos\gamma \tag{9-25}$$

$$T' = T\sin\gamma \tag{9-26}$$

同样由于螺旋升角较小，扭转簧丝截面主要承受弯矩作用，其上应力分布情况与压缩弹簧类似。最大弯曲应力为

$$\sigma_{b,max} = K_2 \frac{M_b}{W} \leqslant [\sigma_b] \tag{9-27}$$

式中，$\sigma_{b,max}$ 为簧丝截面的最大弯曲应力，MPa；M_b 为簧丝截面上的弯矩，N·mm；W 为簧丝抗弯截面模量，mm³；K_2 为扭转弹簧曲度系数，圆弹簧丝 $K_2 = (4C-1)/(4C-4)$；$[\sigma_b]$ 为许用弯曲应力，常取为 $[\sigma_b] = 1.25[\tau]$。

扭转弹簧的变形量为

$$\varphi = \frac{M_b l}{EI} = \frac{180 M_b D n}{EI} \qquad (9-28)$$

式中，I 为簧丝截面的极惯性矩；E 为材料的弹性模量，$\mathrm{N/mm^2}$。

扭转弹簧的有效圈数：

$$n = \frac{EI\varphi}{180 M_b D} \qquad (9-29)$$

对于高精度扭转弹簧，各圈之间需要保留一定的间隙，以防止承载时各圈之间相互摩擦而影响特性。簧丝的旋向要与外加载荷方向一致，使簧丝内侧的应力与卷绕应力反向，以提高承载能力。对于有心轴结构的扭转弹簧，在承载后由于弹簧内径变小，需要防止"抱轴"现象。

9.2.5　圆柱螺旋弹簧的设计

圆柱弹簧的设计任务是在已知弹簧的最大工作载荷、最大工作变形以及结构和工作条件的情况下进行，通过计算和选择，确定弹簧的几何尺寸和结构参数。设计中需要保证弹簧有足够的强度、刚度，又要符合载荷变形特性曲线的要求，工作可靠不失稳。主要设计步骤如下：

(1) 根据工作条件和载荷情况选择弹簧材料和确定许用应力。

(2) 选择旋绕比 C、计算曲度系数 K_1。

(3) 根据强度条件试算弹簧丝直径 d。

(4) 刚度计算：确定工作圈数 n。

(5) 稳定性验算。

(6) 进行结构设计，计算全部有关尺寸。

(7) 绘制弹簧工作图。

9.3　游丝

平卷簧，又称平面涡卷簧，是由金属带材绕制成的平面螺线形弹性元件。平卷簧可分为两大类：游丝和发条。游丝是用于产生反作用力矩的小尺寸平卷簧，转角较小。发条用于储存能量，作为动力源带动机构执行一定的动作和功能，转角较大。

精密仪器中的游丝可分为两种：测量游丝和接触游丝。测量游丝是测量链的组成部分，在测量链中产生作用力矩，如电工仪表中的反作用力矩游丝和钟表中的振动系统恢复力矩游丝。此类游丝在实现给定的特性方面有较高的要求。接触游丝则主要在传动机构中产生作用力矩，以保证零件表面的相互接触。

9.3.1 游丝的材料和结构

精度较高的游丝材料需要满足的要求有：弹性特性合适、误差小、弹性滞后和弹性后效小、温度敏感性低、防磁和抗蚀性好等。此外，其结构上要求重心位置准确位于几何中心，各圈间距离相等、工作不碰圈等。常用材料有：锡青铜（QSn4-3）、铍青铜（QBe2）、恒弹性合金（Ni42CrTi）、不锈钢、黄铜、铜锌镍合金等。锡青铜的弹性、工艺性、导电性都很好，但弹性滞后和后效大于铍青铜；铍青铜强度高、价格贵，可用于制作高性能游丝。

游丝是一种平面螺线结构的弹性元件，如图 9 - 8 所示。通常采用外端固定、内端转动的方式。其外端多采用可拆卸连接，如锥销楔紧、夹片等方式，以便于调整游丝长度，得到不同特性。长时间使用和工作环境温度的波动都会导致游丝特性改变，因而需要设置调整装置，对其初始位置和刚度进行调整，以保证所需的特性。

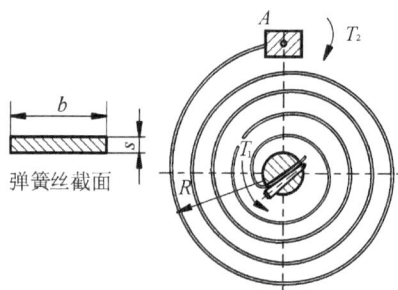

图 9 - 8 游丝的结构

9.3.2 游丝的特性

矩形截面游丝在力矩作用下产生弯曲变形，其特性公式为

$$M = \frac{EI_a}{L}\varphi = \frac{Ebh^3}{12L}\varphi \qquad (9-30)$$

式中，M 为游丝轴上的力矩，N·mm；E 为材料弹性模量，N/mm^2；L 为游丝长度，mm；b 为游丝宽度，mm；h 为游丝厚度，mm；φ 为游丝转角，rad。从上式可得，游丝的转角变形与其宽度、厚度、长度尺寸紧密相关。

游丝的内端随转轴同步转动，其各圈转动角度之和等于轴的转角 φ。随圈数增加，每圈的转角会减小。理论分析和实验研究表明，由于外端固定方法的不完善，游丝扭转后各圈之间会产生比较大的偏心，并随每圈的转角增大而增大。偏心分布的游丝对转轴产生一个侧向力，对其正常工作非常不利。因此，游丝工作转角较大时，应增加圈数，使每圈转角下降，减小偏心和侧向力的影响。对于转角大于 2π 的，圈数取 10～14 圈；转角小于 2π 的，圈数取 5～10 圈。

游丝的宽度和厚度之比称为游丝的宽厚比：$u = b/h$。根据特性公式，长度不变时，游丝厚度的变化显著影响其特性。游丝宽厚比 u 增大时，截面积 bh 必须增大，以满足弹性特性的要求，此时材料内部应力将减小，弹性后效和滞后现象将得到改善。高精度的游丝多采用大宽厚比的结构，如电工仪表游丝，宽厚比取 $u = 8～15$。对弹性后效和滞后要求不高的游丝，可取较小的宽厚比 $u = 4～8$。振动条件下工作的游丝，需要减小重量以保证较高的振动稳定性，宽厚比取较小值，如手表游丝 $u = 3.5$。

9.3.3　游丝的设计

游丝设计通常是按照给定的特性，直接选取标准规格尺寸的游丝。相同特性的游丝可以有多种规格，选用时必须考虑圈数、厚度、宽度等参数对其工作的影响。标准规格游丝不能满足要求，则需进行非标准游丝的设计计算。设计条件为最大游丝力矩 M_2 和最大游丝转角 φ_2，或最小游丝力矩 M_1 和最小游丝转角 φ_1，以及游丝的用途和安装空间。需要确定的参数为游丝的宽度 b、厚度 h、长度 L（圈数 n），以及其他结构参数。设计时先根据游丝转角选择圈数 n，再按照使用条件确定游丝的外径 D_1 和内径 D_2，计算后可得游丝长度 L。选定游丝的宽度 b 和厚度 h 后，校核弯曲时游丝的最大应力。最后根据校核数据圆整确定游丝长度、圈数、圈间距等参数。考虑到制造工艺的需要，通常游丝的圈间距等于厚度的整数倍。一般要求 $a \geqslant 3h$，以保证工作中游丝各圈间不接触。

9.4　片簧

9.4.1　片簧

片簧是用带材或板材制作各种形状弹簧，如图 9-9 所示。按外形片簧可分为：直片簧和弯片簧；按安装情况分为：有初应力片簧和无初应力片簧；按截面形状分为：等截面片簧和变截面片簧。

片簧主要用于作用力和行程均较小的场合，如继电器触点（图 9-9(a)）。弯片簧用于安装空间小、而需要增大其工作长度的场合，如棘爪防反装置（图 9-9(b)）。片簧的固定端与载荷点之间的位置可调整，其实际工作长度能够按照需要变化相应的尺寸，其计算方法可按照梁的计算方法进行。

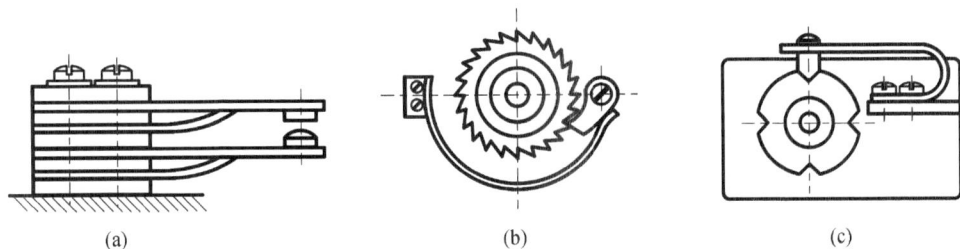

(a)　　　　　　　　(b)　　　　　　　　(c)

图 9-9　片簧

9.4.2　直片簧

直片簧的外形和固定结构如图 9-10 所示。双螺钉机构用于防止片簧的转动，只采用一个螺钉固定时，必须采用防转结构设计。片簧的固定部分宽度大于工作部分，需要采用光滑圆角过渡，以减少应力集中。当片簧用于电触点时，需要对基座和固定螺钉做绝缘处理。变截面片簧的截面尺寸随长度方向发生变化。在承受载荷时，沿长度方向表面各处的应变相同，常用于进行力和力矩测量。

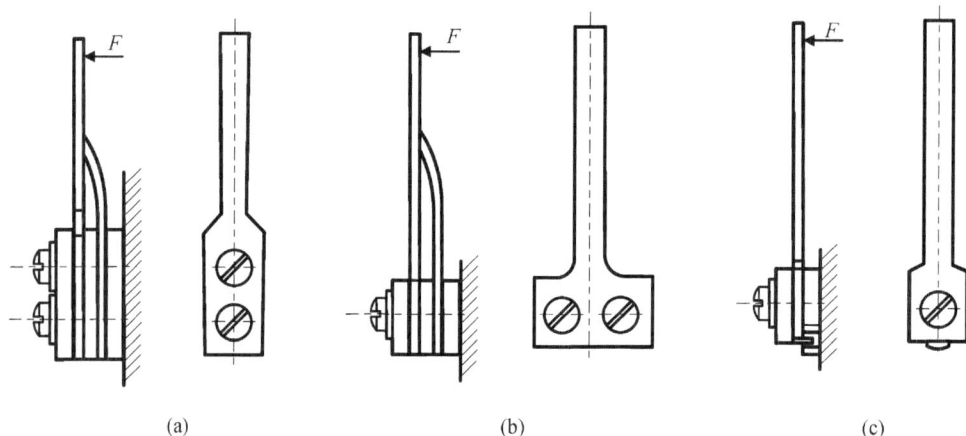

(a)　　　　　　　　　(b)　　　　　　　　　(c)

图 9 - 10　直片簧的结构

有初应力片簧可以承受更高的载荷。图 9 - 11(a)为有初应力片簧的特性示意图。1 为片簧的自由状态，在支片 A 的作用下，片簧产生挠度处于水平位置 2。当外界载荷小于 A 的支撑力 F_1 时，片簧不发生变形；当外界载荷大于 F_1 时，片簧才继续变形。相比于图 9 - 11(b)的无初应力片簧，在同样的外界载荷 F_2 作用下，有初应力片簧的挠度为 $\lambda_1 + \lambda_2$；无初应力片簧的挠度为 λ_2。有初应力片簧的特性具有较小的斜率，其对外界扰动引起应力的变化量要小些，承载能力较好。

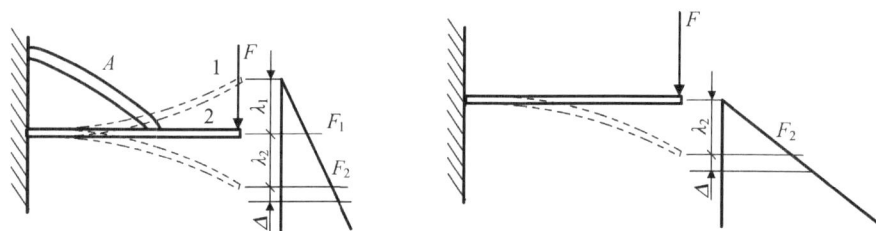

图 9 - 11　有初应力片簧和无初应力片簧的特性

9.5　其他弹性元件

9.5.1　热双金属弹簧

热双金属弹簧由具有不同线膨胀系数的两个金属片钎焊或轧制而成，线膨胀系数高的为主动层，线膨胀系数低的为被动层。线膨胀系数的差异导致温度变化时两种材料的变形不一致，而产生弯曲现象。利用热双金属弹簧可以将温度变化转化为弹簧变形，固定弹簧一端位移，可将这种变形转化为力。图 9-12 为常见热双金属弹簧。其主要形状有直片形、U 形、螺旋形。直片形多用于变形较小的场合，U 形可用于变形较大且安装空间较小的地方，螺旋形多用于需要将温度变化为转角的场合。

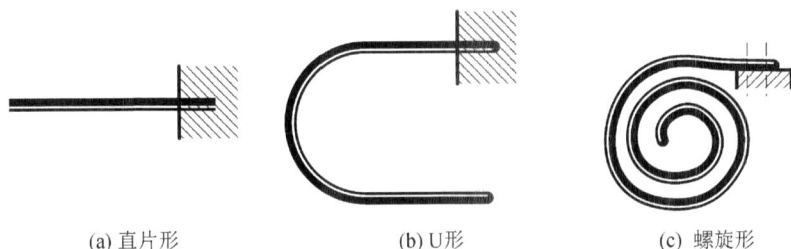

(a) 直片形　　　　(b) U 形　　　　(c) 螺旋形

图 9-12　热双金属弹簧

热双金属弹簧的材料要求：线膨胀系数相差大、弹性模量相近、良好的力学性能和加工性、焊接容易。常用的被动层材料有：铁镍合金。镍含量 36% 的合金在低于 150 ℃ 时的温度膨胀系数几乎为零，常用作被动层材料。较高温度工作时，采用含镍 40%～46% 的合金，可得到较小的膨胀系数。主动层材料有两类：有色金属和黑色金属。有色金属包括黄铜、锰镍铜合金；黑色金属包括铁镍铬、铁镍钼合金。

9.5.2　弹簧管

弹簧管又称波登管，是一种弯成圆弧形的空心管，管截面多为椭圆形或扁圆形，如图 9-13 所示。弹簧管的开口端连接在压力管路上，封闭端自由。当压力注入弹簧管内时，管截面变成圆形，迫使管子曲率变小，自由端向外移动产生位移。其位移量与管内外压力差成正比。弹簧管常用作压力测量的敏感元件。自由端位移受到约束时，可将压力差变为集中力。

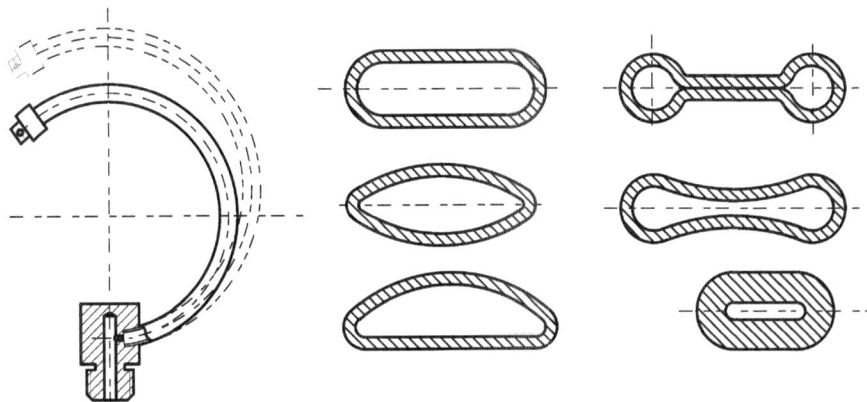

图 9-13　压力弹簧管和管截面形状

弹簧管的材料应根据用途选择。测量压力不大而对迟滞要求不高时,采用黄铜、锡青铜;压力较高时,采用合金弹簧钢;强度高、迟滞小、特性稳定的场合可采用铍青铜和恒弹性合金;在高温和腐蚀介质中工作,可采用镍铬不锈钢。

9.5.3　波纹管

波纹管是一种具有环形波纹的圆柱薄壁管,可以是单层或多层结构,如图 9-14 所示。波纹管常用作压力测量和控制的敏感元件,也可用作密封元件和挠性连接件。波纹管的材料主要有黄铜、锡青铜、铍青铜和不锈钢等。

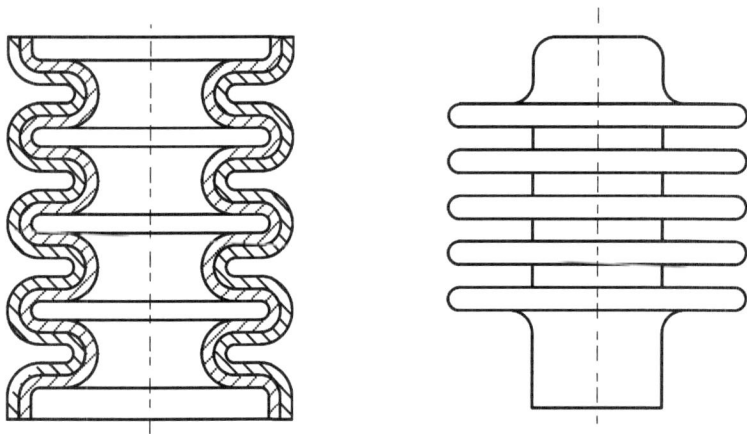

图 9-14　波纹管

9.5.4　形状记忆合金弹性元件

形状记忆合金的形状被改变后,当温度达到一定的跃变温度,就可自动恢复到原来的形状。形状记忆合金弹性元件受温度的作用可以伸缩,具有“记忆”功能,主要用于恒温、恒载荷、恒变形量的控制系统中。此时,其既是传感元件又是执行元件,系统主要利用弹性元件的伸缩变形驱动执行机构,因此弹性元件的工作应力变化也较大。形状记忆合金弹性元件用于汽车自动控制领域,实现温度自反馈控制、车门和发动机防盗装置等,以提高汽车的舒适性和安全性。

9.5.5　波形弹簧

波形弹簧是一种金属薄圆环上有若干起伏峰谷的弹性元件,由薄板冲压而成。改变弹簧自由高度、厚度以及波数能够改变其承载能力。主要优点是能够以很小的变形承受较大的载荷,通常应用在要求变形量和轴向空间都很小的场合。制作材料通常有 $60Si_2MnA$、$50CrVA$、$0Cr17Ni7A1$ 等。

【拓展阅读】

为国造器的科学家——南仁东

南仁东是我国著名天文学家、中国科学院国家天文台研究员，国家重大科技基础设施建设项目——500 米口径球面射电望远镜(FAST)工程首席科学家、总工程师。没有南仁东，就没有 FAST。20 多年来，南仁东一心专注于 FAST 工程。1993 年，他和天文学家们共同提出在国内建造新一代射电"大望远镜 FAST"。1994 年 6 月启动选址工作，他踏遍贵州上百个窝凼和洼坑，最终确定贵州省平塘县的"大窝凼"为最适合的建造位置。

建造如此巨大口径的射电望远镜，在国际上没有先例可循。他和同事在主动反射面设计、馈源支撑系统优化、馈源与接收机及关于测量与控制技术等需要进行全面攻关。经历了多年的努力，他们自主研发了 FAST 的绝大部分技术。作为项目总工的南仁东，几乎每一个工程难题都参与解决。"中国天眼"于 2016 年 9 月 25 日正式竣工。这项历时 22 年的大科学工程的建成，将中国天文学研究推向了一个更为广深的世界。

胸怀祖国、服务人民；敢为人先、坚毅执着；真诚质朴、精益求精；淡泊名利、忘我奉献。南先生 20 多年的心血与精神，聚成了世界最大的射电望远镜。他用生命点亮"天眼"，诠释了科学家的人生。

课后思考题

9-1　什么是弹性元件的基本特性？影响弹性元件特性的因素有哪些？

9-2　若干个弹性元件并联或串联组成系统，其系统刚度如何计算？

9-3　拉伸、压缩弹簧的旋绕比取值范围是多少？过大或过小会产生什么问题？

9-4　设计压缩弹簧是否允许工作载荷超过极限载荷？如发生上述情况采用哪些措施改进？

9-5　压缩弹簧的失稳条件是什么？当不能保证弹簧稳定时可采取哪些措施？

9-6　设计百分表用接触游丝。已知：游丝的总转角为 $5\pi/2$，为了使游丝能可靠地保证结构的力封闭，游丝在开始的 $\pi/2$ 转角内所产生的力矩为 $M_{min} = 54 \times 10^{-3}$ Nmm。根据游丝安装空间，选定外径为 18 mm，内径为 4 mm，游丝材料用黄铜，$\sigma_b = 600$ N/mm^2，$E = 1.2 \times 10^5$ N/mm^2。

10

机械连接

机械连接是将零件结合在一起的结构。按照结构特点，机械连接又可分为不可拆连接和可拆连接两种。不可拆连接中至少会有一个零件的结构、尺寸等属性发生破坏，如铆接、焊接和胶接等。可拆连接中的所有零件都不会损坏，可进行反复装拆而不影响连接性能，如螺纹连接、键连接和销连接等。此外，精密仪器中还存在光学零件和机械零件的连接。

根据连接过程中零件的作用不同，可将其分为连接件和被连接件。连接件主要用于实现连接功能，如螺栓、销钉、键等，具有一定的强度和定位作用。被连接件是普通的机械零件，它们在连接件的作用下相互结合在一起，并具有一定的相互位置关系。

连接的基本要求：

(1) 保证足够的连接强度，连接结构能够承受一定的载荷作用。

(2) 保证足够的连接精度，被连接件间有准确的位置关系。

(3) 保证连接结构的可靠性，连接结构在振动和冲击下不松动。

(4) 工艺性好，装拆方便。

(5) 满足必要的特殊属性，如密封性、绝缘性等。

10.1 螺纹连接

10.1.1 螺纹连接的分类

螺纹连接属于可拆连接的一种，具有结构简单、装拆方便、工作可靠的优点，在机械设备中应用广泛。按照连接方式的不同，螺纹连接可分为四种：螺栓连接、双头螺柱连接、螺钉连接、紧定螺钉连接，如图 10-1 所示。

螺栓连接用在被连接件加工有通孔的场合，优点是结构简单、装拆方便，是最常用的一种连接形式。双头螺柱连接适用于不便于加工出通孔的情形，连接时先将螺柱拧入螺纹孔中，再安装被连接件和螺母等。螺钉连接与双头螺柱用途相似，但其结构简单、紧凑且不宜经常装拆，以免损坏螺纹孔。紧定螺钉连接把紧定螺钉拧入被连接件的螺孔中，其末端顶入另一被连接件的表面或凹坑中，以固定两零件的相对位置，并可传递不大的轴向力或转矩。

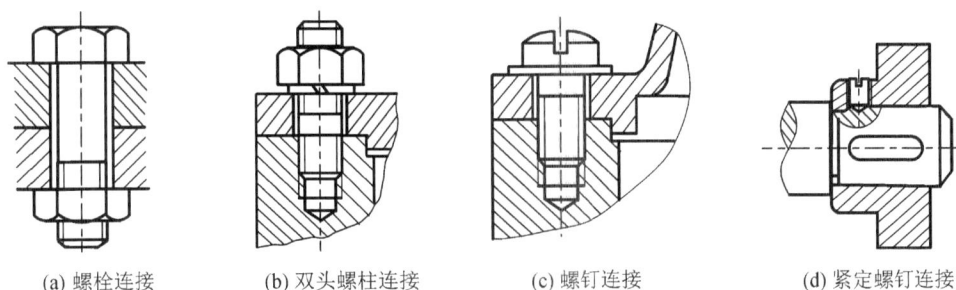

(a) 螺栓连接　　(b) 双头螺柱连接　　(c) 螺钉连接　　(d) 紧定螺钉连接

图 10 - 1　螺纹连接的基本形式

10.1.2　螺纹连接件

连接用螺纹有普通螺纹和特殊专用螺纹两大类。普通螺纹连接可选用粗牙和细牙两种螺纹。粗牙螺纹的螺距大、旋合迅速，主要用于普通机械零件的连接；细牙螺纹具有更小的螺距和螺纹深度，螺旋升角小，防松能力强，适用于薄壁零件上的螺纹，主要用于精密机械系统和仪器中。

精密机械中多使用螺钉连接。常用圆柱头螺钉、球面圆柱头螺钉、沉头螺钉等。圆柱头螺钉承载面较大，适用于经常拆装的场合。由于拧紧时不损坏被连接件表面，一般不需用垫圈，多用于固定有色金属及其合金等较软的零件。位于设备表面的螺钉则多选用沉头螺钉。

使用螺钉连接时，需要保证足够的拧入深度。钢材料的拧入深度一般为螺钉公称直径的 1 倍，铸铁为 1.5 倍，铝材料为 1.5～2.5 倍。对于精密仪器中常见的薄壁零件，需要对其局部进行加厚处理，以满足螺钉连接时的拧入深度。图 10 - 2 给出了增加拧入深度的几种结构形式。

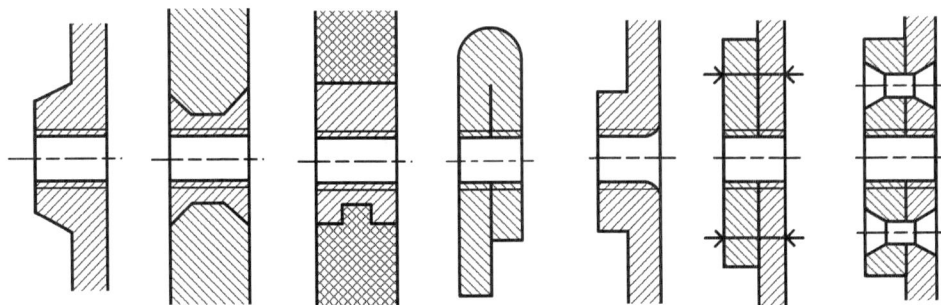

图 10 - 2　增加拧入深度的结构

10.1.3　螺栓连接的预紧和防松

螺纹连接的预紧是在装配时对螺母(螺钉)施加适当的拧紧力矩。预紧后的螺栓受预紧拉力作用,而被连接件则受压力作用,如图 10-3 所示。预紧的目的是增加连接的刚度,保证连接的可靠性和密封性,防止受载后被连接件间出现缝隙或发生相对滑移,提高连接变载荷下的疲劳强度和防松能力。预紧力大小需要根据载荷性质、连接刚度等条件选定。通常可用测力矩扳手或定力矩扳手来控制预紧力的大小。

预紧力矩由两部分组成:螺纹副的摩擦阻力矩 T_1 和螺母支承面上的摩擦阻力矩 T_2。

$$T_\Sigma = T_1 + T_2 = F_a \frac{d}{2}\tan(\varphi + \rho_v) + F_a f_c r_f \tag{10-1}$$

对于普通粗牙螺纹,在无润滑情况下拧紧时的力矩可近似计算为

$$T_\Sigma \approx 0.2 F_a d \tag{10-2}$$

式中,F_a 为预紧力,N;d 为螺纹公称直径,mm;φ 为螺纹升角;ρ_v 为螺纹副当量摩擦角;f_c 为支承面摩擦系数;r_f 为摩擦半径,$r_f = (D_1 + d_0)/4$,D_1 和 d_0 分别为螺母支承面的内外径。

按照螺纹自锁条件,连接用螺纹升角一般为:$1.5° \sim 3.5°$,小于螺纹副当量摩擦角 $6° \sim 11°$,一般都具有自锁功能。然而,在振动、冲击、变载荷、温度变化的情况下,连接的预紧力会瞬间消失,使被连接件发生松脱。因此,螺纹连接的防松措施必不可少。

按照工作原理,防松措施可分为三类:摩擦防松、机械防松、其他防松。

1) 摩擦防松

摩擦防松的原理是使螺纹副中的压力不随载荷变化,

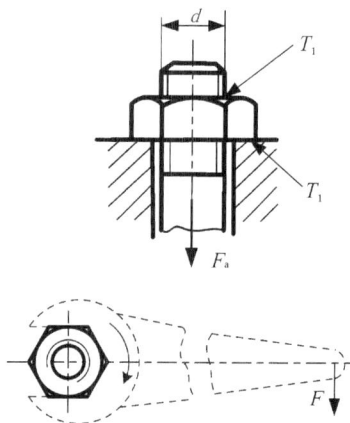

图 10-3　螺纹的预紧

保持摩擦阻力矩存在来防止松脱。主要应用弹簧垫圈、双螺母、自锁螺母等方式。弹簧垫圈在压紧后会沿轴线产生反弹力,将螺纹副压紧,以保持摩擦力矩防止松脱。其结构简单、应用广泛,如图 10-4 所示。双螺母防松时两个螺母相互压紧,螺栓旋合段受拉,从而在螺栓轴向作用压力以防止松动,多用于低速、重载场合,如图 10-5 所示。图 10-6 给出了自锁螺母防松的方式,它依靠其收口颈部上的弹性力来达到防松目的,缺点在于可靠性差。

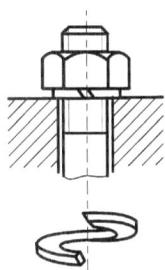

图 10-4　弹簧垫圈防松　　　　图 10-5　双螺母防松　　　　图 10-6　自锁螺母防松

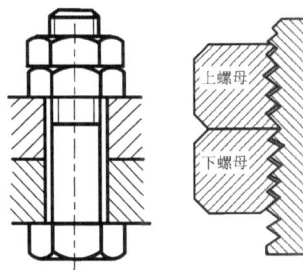

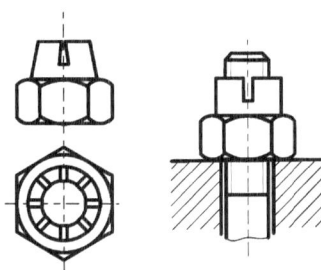

　　2）机械防松

　　机械防松利用附加零件将螺母与螺栓固定为一体，防止相互转动松脱，防松效果可靠。采用的方法有：开槽螺母与开口销、圆螺母与止动垫圈、串联钢丝等。开口销需要在螺栓上加工销孔，如图 10-7 所示；止动垫圈需要将部分弯曲靠紧螺母的侧面，如图 10-8 所示；串联钢丝适合螺钉的防松，如图 10-9 所示。

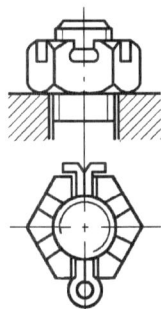

图 10-7　开口销防松　　　　图 10-8　止动垫圈防松　　　　图 10-9　串联钢丝防松

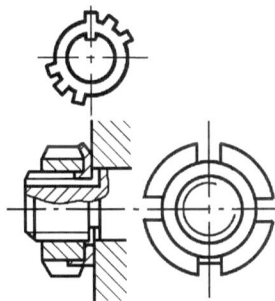

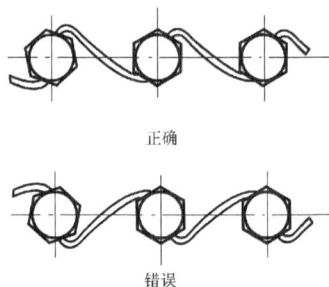

10.2　键连接和销连接

　　键连接主要是用来实现轴和轮毂（如齿轮、带轮等）之间的周向固定，并传递运动和转矩的，有些还可以实现轴上零件的轴向固定或轴向移动（导向）。键连接结构简单、工作可靠、装拆方便，在机械设备中得到广泛应用。

10.2.1　键连接的分类及特点

　　按照键的形状和装配方式，键连接可分为：平键、半圆键、花键、楔键等，其中平键应用最为广泛。

1) 平键

平键的断面呈长方形，工作时主要是靠键的两侧面传递转矩和运动。键的顶面与轮毂上的键槽底面留有间隙，装配时不影响轴与轮毂的同轴精度，对中性好。常用的平键有普通平键和导向平键两种，如图 10 - 10 所示。

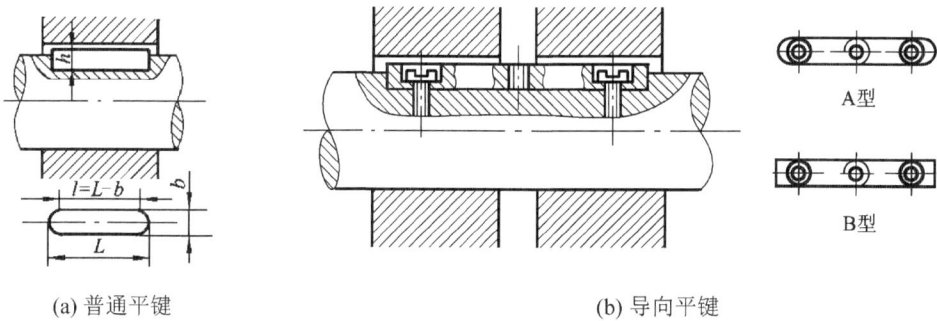

(a) 普通平键　　　　　　　　　　　(b) 导向平键

图 10 - 10　平键连接

普通平键有圆头、平头和单圆头三种。圆头键的轴槽用端铣刀加工，键在槽中固定良好，但轴上键槽引起的应力集中较大；平头键的轴槽用盘铣刀加工，轴的应力集中较小；单圆头键常用于轴端。

当轴上零件需沿轴向滑动时，可采用导向平键，如图 10 - 10(b)所示。导向平键用螺钉固定于键槽中，对轴上零件的移动起导向作用。为了拆卸方便，在导向键的中部设有起键螺孔，其余特点与普通平键相同。

2) 半圆键

半圆键连接与平键连接类似，也是以键的两侧面作为工作面。半圆键轴上的键槽用圆盘铣刀铣出，键在轴的键槽中能绕其几何中心摆动，适应轮毂中键槽的斜度，如图 10 - 11 所示。这种键连接的优点是工艺性能好，装配方便，尤其适用于锥形轴与轮毂的连接。缺点是半圆形键槽严重削弱了轴的强度，一般只用于轻载锥形轴端的连接。

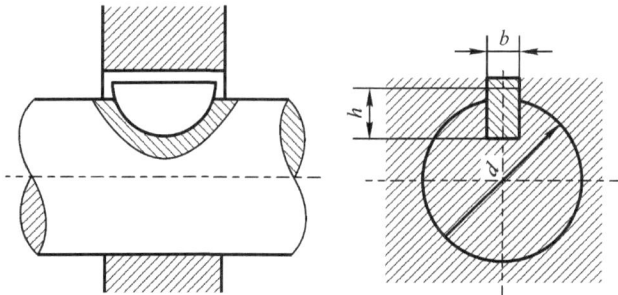

图 10 - 11　半圆键连接

3）花键

在大型机器和精密仪器中也采用花键连接，它是在轴和轮毂孔周向均布有多个键齿和槽所构成的连接，如图 10 - 12 所示。键齿的工作面是侧面，依靠轮和轮毂孔内凸出的齿相互挤压来传动。多齿同时承载，花键连接具有承载能力高、受力均匀、对中性好、导向精度高等优点，常用于定心精度高、载荷大或轴上零件需要滑动的场合。

按照齿形不同，花键可分为矩形花键和渐开线花键，它的选用和设计与平键类似。计算过程可参阅相关文献。

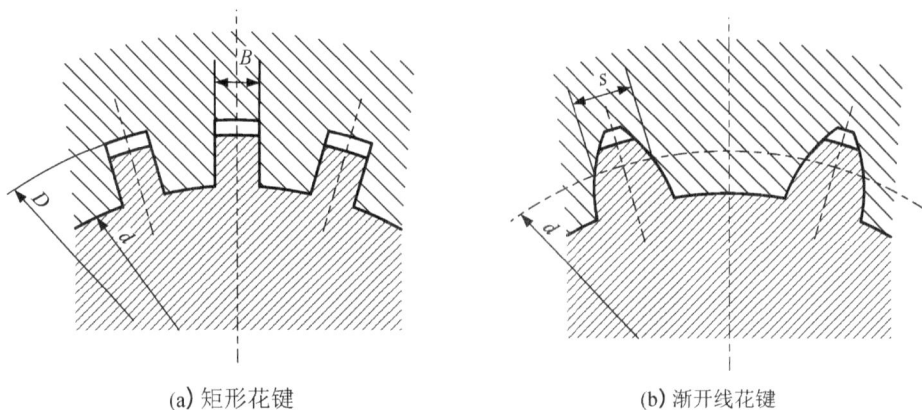

(a) 矩形花键   (b) 渐开线花键

图 10 - 12   花键连接

10.2.2   键连接的设计和计算

键的类型应根据键连接的结构、使用特性及工作条件来选择。选择键的类型应考虑以下因素：对中性的要求；传递转矩的大小；轮毂是否需要沿轴向滑移及滑移的距离大小；键在轴的中部或端部等。

类型选定后，从国家标准中选择其剖面尺寸（$b \times h$）。键的长度 L 可按轮毂宽度 B 从标准中选取，一般键长度小于等于轮毂宽度即可（$L \leqslant B$），必要时进行强度校核。

键的失效形式主要是键和轮毂工作面的压溃，严重过载时会有键体剪切断裂。因此，应分别对其抗压强度和抗剪强度进行校核，如图 10 - 13 所示。

$$抗压强度：\sigma_\mathrm{p} = \frac{F}{kl} = \frac{2T}{dkl} \leqslant [\sigma_\mathrm{p}] \tag{10-3}$$

$$抗剪强度：\tau = \frac{F}{bl} = \frac{2T}{dbl} \leqslant [\tau] \tag{10-4}$$

式中，T 为键连接所传递的扭矩，N·mm；F 为挤压或剪切力，N；d 为轴径，mm；b 为键宽度，mm；l 为键的工作长度，mm；k 为键与轮毂槽的接触高度，$k = h/2$；$[\sigma_\mathrm{p}]$ 和 $[\tau]$ 分别为键的许用压应力和剪切应力，见表 10 - 1。

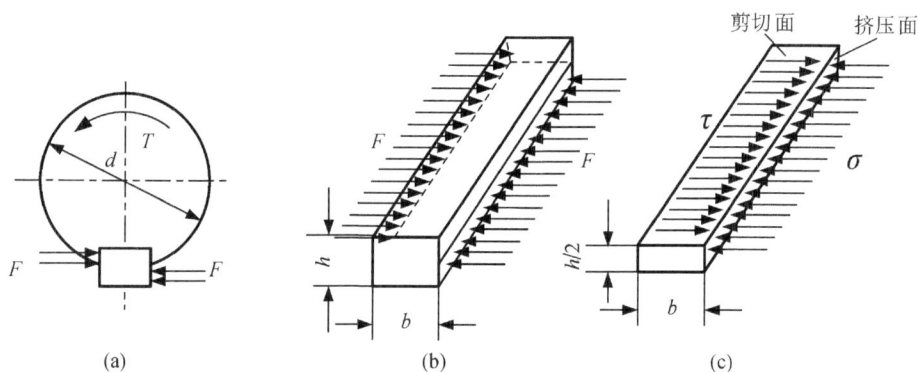

图 10 - 13 键连接的强度计算

表 10 - 1 键连接的许用应力　　　　　单位：MPa

种类	连接方式	轮毂材料	载荷性质		
			载荷平稳	轻微冲击	冲击
$[\sigma_p]$	静连接	钢	125～150	100～120	50～90
		铸铁	70～80	50～60	30～40
$[\sigma_p]$	动连接	钢	50	40	30
$[\tau]$	静连接	钢	120	90	60

使用一个平键不能满足轴所传递转矩的要求，可在同一轴毂连接处相隔 180° 布置两个平键。考虑到载荷分布的不均匀性，双键连接的强度只按 1.5 个键计算。

10.2.3 销连接

销连接常用作被连接零件间的定位，如图 10 - 14 所示，也可以传递一定的运动和转矩。有时，销连接也可用作过载保护装置，通过销钉的过载损坏来保护机械装置的安全，参见 8.3.1 节联轴器内容。

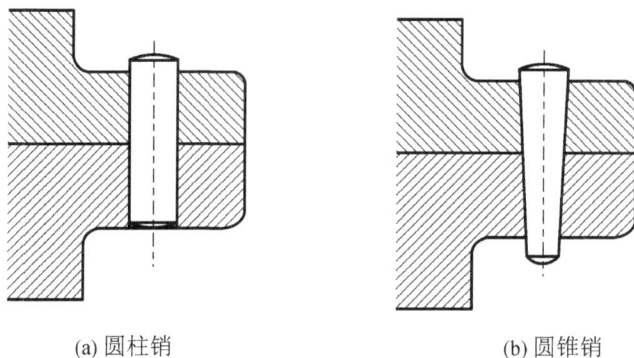

(a) 圆柱销　　　　　　　　　　　(b) 圆锥销

图 10 - 14 销钉连接

销钉已经标准化。圆柱销和圆锥销通常用于零件间的连接或定位，而开口销则用来防止螺母回松或固定其他零件。圆柱销结构简单、制造精度高，依靠过盈配合固定于被连接件上。定位应用时不宜多次拆卸，否则会影响连接的牢固性和精确性。圆锥销具有 1∶50锥度，具有自锁性，且定位精度不受多次拆卸的影响，缺点在于销钉孔需要铰制。销钉常用材料是 35 钢和 45 钢。

仪器结构中常要求两个零件相对位置准确，拆卸重装后仍能保持原有位置精度。当连接面为平面时需要用两个圆柱销定位，且两销钉中心距离越大则定位精度越高。连接面同时有平面和圆柱配合面时，可采用圆柱销定位，防止零件绕轴线转动。必要时要在零件上设计防转结构并配合销钉定位。

10.3　不可拆连接

不可拆连接的结构简单紧凑、工作可靠、成本低廉；缺点是拆卸不便，需破坏连接关系才能完成拆卸。按照不同的连接方式，不可拆连接分为：焊接、铆接、压合、铸合、胶接等。

10.3.1　焊接

焊接主要用于金属构件的制作，可将复杂零件分开制作，最后拼装起来，利用燃烧、电弧、线圈感应、高频摩擦等方式进行局部加热，将不同构件连接处的原子或分子相结合，形成不可拆的连接。按照加热方法和焊接过程，焊接可分为三类：熔焊、压焊和钎焊。

熔焊可分为气焊、电弧焊、电渣焊等。气焊是利用气体燃烧所产生的高温火焰来进行焊接的。火焰一方面把工件接头的表层金属熔化，同时把金属焊丝熔入接头的空隙中，形成金属熔池。当焊炬向前移动，熔池金属随即凝固成为焊缝，使工件的两部分牢固地连接成为一体。电弧焊是利用电弧放电(俗称电弧燃烧)所产生的热量将焊条与工件互相熔化并在冷凝后形成焊缝，从而获得牢固接头的焊接过程。电渣焊利用电流通过熔渣所产生的电阻热作为热源，将填充金属和母材熔化，凝固后形成金属原子间的牢固连接。其特点是焊缝宽大，适用大断面焊接。

压焊的类型有电阻焊、摩擦焊、感应焊、冷压焊等。电阻焊是利用电流通过焊件接触面及邻近区域时产生的电阻热，加热焊件至熔化或高塑性状态，并加压成焊接头。摩擦焊利用焊接接触区域间的高速相对运动摩擦加热，使接触区进入热塑性状态，加压冷却形成焊缝。感应焊利用电磁感应原理，使焊接件在高频交变磁场中产生电涡流，集肤效应将表面快速加热，加压焊接成型。

钎焊是将钎料熔化后填充焊接间隙并形成焊缝。焊件自身不熔化、变形及材料性能影响较小，缺点是焊接头强度低。钎焊时可使用易熔(软钎料)和难熔(硬钎料)两种钎料。易熔钎料熔点在 400℃～450℃ 以下，主要成分为铅锡合金，焊接机械强度较低。难熔钎料熔点在 450℃～500℃ 以上，常用有铜锌合金钎料和银铜锌合金钎料，焊接后的机械强度较高。

10.3.2 铆接

铆接利用铆接件的铆接颈部产生局部塑性变形，形成铆接头，将零件连接起来，如图 10-15 所示。在铆接力的作用下，零件亦产生塑性变形，需要控制铆接力以减少零件损伤。可以采取一定方法来以减少铆接力。如铆钉选用弹性模量较低的材料，增大被连接件的受力面，采用垫圈增大支承等方法。

精密仪器中，需要对玻璃、塑料、陶瓷等零件进行铆接，常采用扩铆法和收铆法。扩铆法利用空心铆钉进行铆接，减少铆接时的冲击力并扩大支承面，如图 10-16 所示。将材料向内收合完成铆接的，则是收铆法或滚边。

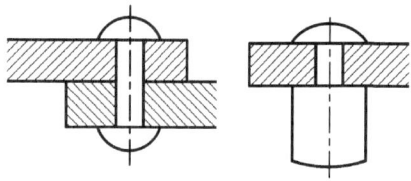

图 10-15 铆钉和铆接颈　　　　图 10-16 空心铆钉扩铆

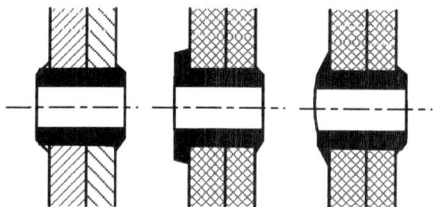

铆钉种类较多，多数已经标准化。其制作材料主要有低碳钢、纯铜、黄铜、铝、铝合金等。空心铆钉多为黄铜制作。铆钉材料应与被连接零件材料类似，以保证铆接质量。

10.3.3 压合

压合是利用配合面间的过盈，将一个零件压入另一零件后形成的连接，也称为过盈连接。精密机械中常用光面压合和滚花压合两种。光面压合时被连接件表面多为光滑圆柱面，轴直径略大于孔直径，过盈量大小决定连接强度。为保证连接精度，压入长度应足够长。压入方式有冷压、热压等。

滚花压合是在被连接件表面滚上花纹后再压合。花纹一般滚在轴上，压入孔后，凸起的花纹将嵌入孔表面，将零件连接起来。滚花压合的连接精度一般低于光面压合，提高被连接件的同轴度时，需要配合定心夹具。

10.3.4 铸合

铸合是将小尺寸但有性能要求的零件铸入另一零件内的连接方法。被包裹的嵌入件一般为金属或合金，如黄铜、钢、青铜等，容纳嵌入件的基本件可以是金属材料或者非金属材料，如铝合金、锌合金、铸造黄铜、塑料、玻璃、陶瓷等，如图 10 – 17 所示。

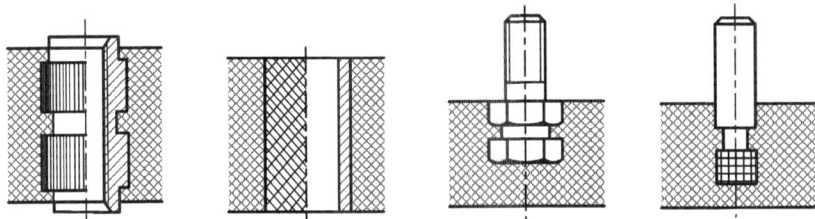

图 10 – 17 铸合连接的结构

铸合连接需要保证在力、力矩作用下，两个零件不产生相对移动或转动。为防止嵌入件的相对移动，可在其表面制作凹坑和凸块，表面滚花可以防止转动。

10.3.5 胶接

胶接是利用黏合剂将零件黏合起来的方法。黏合剂可在接合面上产生机械结合力、物理吸附力和化学键合力，经过固化后将两个零件连接起来。黏合剂种类繁多，分别具有不同的物理和化学性能，黏合的材料也各不相同，需要根据被连接件的材料和工作条件正确选用。

胶接的方法可以黏合多种材料，金属和非金属均可进行胶接，也可将二者混合黏合起来。胶接后的表面光滑、平整、美观，应力分布均匀，避免了铆接、焊接、螺钉连接的应力集中现象。胶接一般在常温或稍高的温度下进行，避免了因高温而使零件发生变形的情况。胶接黏合能够满足绝缘、密封、防腐蚀等多种使用要求。胶接的主要缺点是强度对温度变化较敏感，高温时黏合强度将降低。黏接表面需要进行清洁处理，去除污物才可进行黏合。胶接时固化时间较长，效率较低。

10.4 光学零件的连接

光学零件是精密仪器和设备中常见的零件，必须依靠机械结构连接后才可组成实用的光学系统。在光学仪器设计时，光学零件的形状、表面质量、内应力分布、相互位置和连接的可靠性等都会对系统的性能产生影响。光学零件的连接结构需要满足下列要求：

(1) 连接牢固可靠，保证零件定位准确，并且不引起内应力和变形。

(2) 便于装配、调整，方便光学零件的清洗。

(3) 光学孔径不受镜框切割。

（4）减少由于温度变化而引起的内应力的影响。

（5）选用无机材料，防止光学零件生霉。

10.4.1 圆形光学零件的固紧

圆形光学零件包括透镜、分划板、滤光镜、圆形反射镜等。常用的固紧方法有滚变法、压圈法、弹性元件法、电镀法和胶接法。

滚边法将光学零件装入制造好的金属镜框中，然后将镜框上的凸边压弯包在光学零件的倒角上，使零件与镜框固紧在一起，如图 10-18 所示。滚边法固紧结构简单、不增加轴向尺寸、无附加零件，对通光孔径影响小；缺点在于容易因受力不均而出现镜面倾斜和内应力。一般适用于小于 40 mm 的光学零件固紧中。

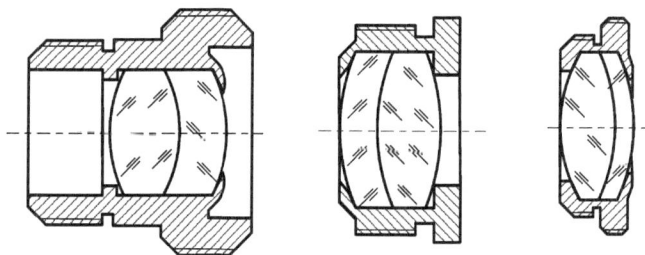

图 10-18　滚边法固紧

压圈法利用螺纹压紧光学零件。先将光学零件装入镜框中，然后旋转螺纹压圈，将其压紧。螺纹压圈有外螺纹和内螺纹两种，如图 10-19 所示。外螺纹压圈加工容易，使用较多。压圈法的优点是结构可拆、调整方便，可装入镉圈和弹性压圈来调节光学零件在镜框中的位置，适用于透镜组的装配固紧。主要缺点在于镜面上的受力不均匀，对温度变化适应能力差。压圈法多使用于大于 40 mm 的镜面固紧中。

弹性元件法利用开口弹性卡圈和弹性压板来压紧镜面，以实现固紧。弹性卡圈多用于要求不高的光学零件固紧，如图 10-20 所示。对于大直径的光学零件，则多使用弹性压板固紧，如图 10-21 所示。

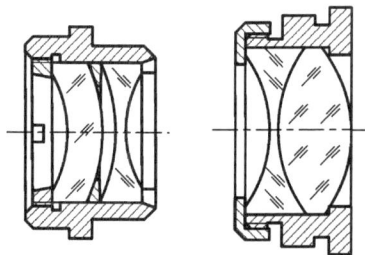

图 10-19　压圈固紧　　　　　　　　图 10-20　弹性卡圈固紧

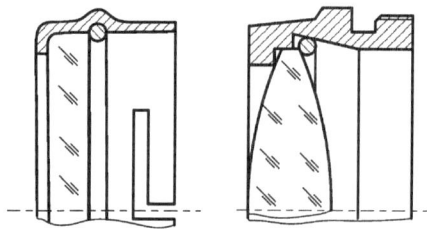

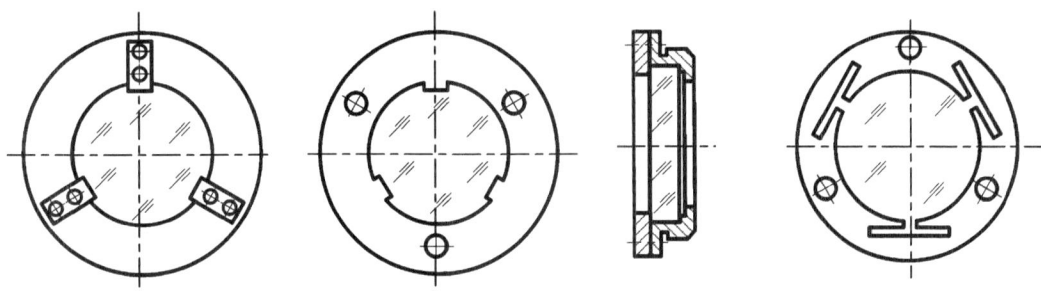

图 10 - 21　弹性压板固紧

10.4.2　非圆形光学零件的固紧

非圆形光学零件包括棱镜、反射镜、保护玻璃、玻璃刻尺等,尺寸形状各异,用途不一,固紧形式各不相同。常见的有夹板固紧、平板和角铁固紧、弹簧固紧、胶黏固紧等。夹板固紧多用于非工作面相互平行的棱镜。图 10 - 22 中利用三个定位板固紧,防止棱镜在底板上移动。平板和角铁固紧多用于直角棱镜和大尺寸的零件上。图 10 - 23 中的结构用于固紧大尺寸棱镜。

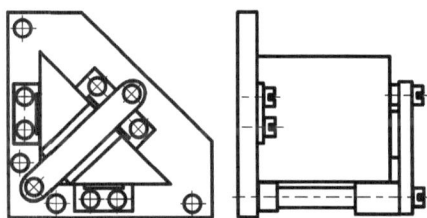

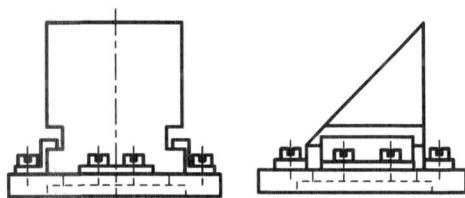

图 10 - 22　夹板固紧　　　　　　　　图 10 - 23　平板和角铁紧固

弹簧固紧法可保证连接有足够高的可靠性,容易控制对光学零件上的压力,且容易做到分布均匀。此外,温度变化对光学零件上应力的影响也可消除。图 10 - 24 是弯曲簧片固紧玻璃标尺的例子,但此方法仅适用棱镜尺寸不大的情况。

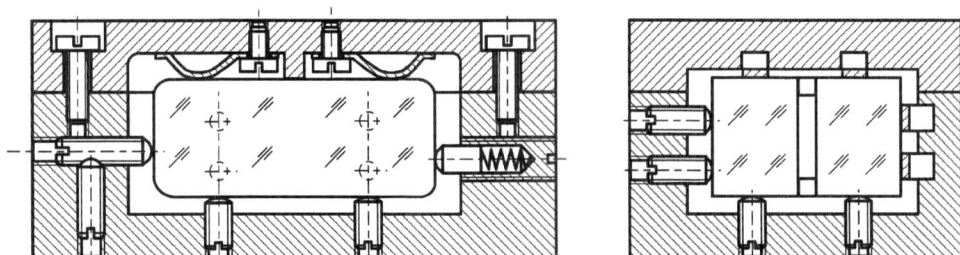

图 10 - 24　簧片固紧玻璃标尺

【拓展阅读】

小失误引发大事故：工程规范的重要性

螺栓连接是机械零件常用的连接方式，具有连接可靠、装拆方便等优点。然而所用螺栓的强度对整个连接起着关键作用，需要工程人员进行科学细致的计算和选择。不合理的螺栓强度经常导致严重甚至灾难性后果。1979 年从华盛顿机场起飞的 DC-10 客机因机翼发动机固定螺丝的损坏而坠毁，造成 275 人丧生。1991 年和 1992 年共有三架波音 747 货机因中心梁固定螺丝断裂，导致两台发动机坠落并拉低机翼而最终坠毁。

由于没正确使用连接螺栓也会引起严重后果。1990 年英航一架从伯明翰飞往西班牙的 5390 号客机，在约 5600 米的高空飞行时前挡风玻璃突然脱落。在巨大的内外压力差作用下，机长的半个身子被吸到机舱外。所幸的是在机组人员的共同努力下，该航班顺利迫降，机长仅受了一点外伤。事后调查发现，这架飞机的挡风玻璃安装时没有按照规定操作：按要求该客机挡风玻璃共需 90 个固定螺栓，但维修人员在更换挡风玻璃时仅安装了 84 个，并且这 84 颗螺栓都是比旧螺丝的直径小 0.66 mm 的备用螺丝，正是这些疏忽导致了事故的发生并几乎引发灾难性的后果。由此可见，工程技术人员的规范性操作非常重要。尊重科学规律，遵守规范化技术要求，避免各类事故风险是每个工程技术人员的必备态度和职业素养。

课后思考题

10-1 精密机械及仪器中常用的连接方式有哪些？各有何特点？

10-2 设计连接结构时应满足哪些基本要求？

10-3 螺纹连接中常用的防松方法有哪些？各有何特点？

10-4 精密机械中销钉的主要用途有哪些？圆柱销和圆锥销在使用上各有何特点？

10-5 光学零件连接应满足哪些基本要求？

10-6 精密机械中常用的不可拆连接有哪些类型？各有何优缺点？

仪器设计概论

11

11.1　仪器的概念及组成

11.1.1　仪器的概念及分类

　　仪器是人们对自然界的物质实体及其属性进行观察、监视、测定、验证、记录、传输、显示、分析处理与控制的各种器具和系统的总称。仪器的功能在于通过物理、化学或生物的方法，获取被检测对象运动或变化的信息，并转换为人们易于阅读和识别的表现形式，以便观测和记录或直接用于精密控制系统。仪器是信息技术的重要基本设备，涵盖了机械、电子、光学、计算机、材料、物理、化学、生物等多学科的先进技术，并对其进行高度综合和不断的发展。仪器仪表技术和生产的发展是一个国家的经济、技术、科技、教育等多方面综合实力的真实体现。生产的发展依靠科技，科技进步离不开仪器。

　　按照功能和应用，仪器仪表可分为测量仪器、控制仪器、计算仪器.分析仪器、显示仪器、生物医疗仪器、天文仪器、航空航海仪表、汽车仪表、电力仪表、石化仪表。从计量测试的角度，可将仪器分为计量测试仪器、计算仪器、控制仪器及装置。计量测试仪器的主要测量对象是如各种物理量，可分为以下几类：

　　(1) 几何量计量仪器。包括各种尺寸检测仪器，如长度、角度、形貌、相互位置、位移、距离测量仪、扫描仪、跟踪仪等。

　　(2) 热工量计量仪器。包括温度、湿度、流量测量仪器，如气压计、真空计、流量计、测温仪等。

　　(3) 机械量测量仪器。各种测力仪、硬度仪、加速度和速度测量仪、力矩测量仪、振动测量仪等。

　　(4) 时间频率计量仪器。如各种计时仪器与钟表、原子钟、频率测量仪等。

　　(5) 电磁计量仪器。用于测量各种电量和磁量的仪器，如各种交直流电流表、电压表、功率表、电阻测量仪、电容测量仪、静电仪、磁参数测量仪等。

（6）无线电参数测量仪器。如示波器、信号发生器、相位测量仪、频率发生器、信号分析仪等。

（7）光学与声学参数测量仪器。如光度计、光谱仪、色度计、激光参数测量仪等。

（8）电离辐射计量仪器。如各种放射性、核素计量，X、Y、γ 射线及中子计量仪器等。

计量测试仪器还经常与观察仪器（如显微镜、夜视仪、显示器等）和显示仪器（如记录仪、打印机）一起配套使用。计算仪器是以信息数据处理和运算为主的仪器，如各种专用计算器、通用电子计算机等。控制仪器和装置是针对控制对象按照生产要求设计制作的控制装置和自动调整与校正装置。

在现代的计量测试仪器中，测量和控制已经密不可分。在纳米测量技术中，精密工作台的纳米级精密定位就必须采用带有检测装置的闭环控制系统，否则难以达到高精度、高效率和高可靠性的控制要求。因此，测控仪器是利用测量与控制的理论，采用机、电、光各种计量测试原理及控制系统与计算机相结合的一种范围广泛的测量仪器。

11.1.2 精密仪器的组成

精密仪器是仪器仪表的一个重要分支，是用以产生、测量精密量的设备和装置，包括对精密量的观察、监视、测定、验证、记录、传输、变换、显示、分析处理与控制。精密是指仪器测量结果的随机误差小，但精密仪器设计不仅仅考虑测量结果的随机误差，还需要从仪器系统设计上减小误差的影响。精密仪器研究的技术内容主要包括机械技术、电子技术和光学技术。机械技术关系到仪器各部分的安装固定、测量精度、运动和定位精度，通常依靠精密机械系统来实现。电子技术主要实现对测量信号的转换、传输、放大及处理。光学技术则用于实现对被测量的转换、放大、显示等。光、机、电技术的结合是现代精密仪器应用和发展的重要特征。

对于测量用精密仪器，可按功能将仪器分为以下几个组成部分。

1）基准部件

基准部件为测量提供标准量，是决定仪器精度的重要环节。测量的过程是一个被测量与标准量相比较的过程。仪器中的标准量与其相关的装置一起，称为仪器的基准部件。仪器的标准量种类繁多，如位移测量的标准器件有量块、精密线纹尺、激光波长、光栅尺、感应同步器、容栅尺、精密丝杠、度盘、码盘等。对于复杂参数测量，其标准量有渐开线样板、表面粗糙度样板等。此外还有硬度块、频率计、时间、照度、流量、色度、温度等标准量供选用。标准量可以置于仪器中，也可用校准的方法复现到仪器中。

2) 传感器与感受转换部件

传感器是仪器的感受转换部件,用于感受被测量的原始信号,并将其转换为易于放大或处理的信号。传感器件的精度直接影响到仪器的整体精度。正确选用和设计传感器十分重要,通常要遵守仪器设计的精度原则和经济原则。

3) 放大传输部件

放大传输部件是利用多种原理将感受部件传来的微小信号放大、转换为下一部件能够直接接收的信号。仪器中常用的机械式放大如齿轮放大、杠杆放大、弹性及刚度放大等;光学式放大如光准直放大、显微镜放大、投影放大、摄影放大、莫尔条纹、光干涉等;电子式放大如前置放大、功率放大等;光电放大如光电管放大、倍增管放大等。

4) 瞄准部件

用来确定被测量的位置(或零位),要求瞄准的重复性精度要好。有时可将瞄准部件与读数部分合二为一,同时用于对准和读数。

5) 信息处理与运算装置

数据处理与运算部件主要用于数据加工、处理、运算和校正等。可以利用硬件电路、单片机或微机来完成。

6) 显示部件

显示部件是用指针与表盘、记录器、数字显示器、打印机、监视器等将测量结果显示出来。

7) 驱动控制器部件

驱动控制部件用来驱动测控系统中的运动部件,如测头运动、工作台移动、标准器运动,以及补偿与校正运动等。

8) 机械结构部件

机械结构部件用于对被测件、标准器、传感器的定位、支承和运动,如导轨、轴系、基座、微调、锁紧等机构。仪器所有的零部件都安装在基座或支架上,其精度对仪器精度起决定作用。

比长仪的结构如图 11-1 所示。在机架 3 上安装有读数显微镜 2 和瞄准显微镜 4,两个显微镜分别对准线纹尺 1 和被测工件 5,通过光学显微放大实现对准和读数。测量过程中先移动工作台 6,在瞄准显微镜 4 中将工件的左端对零,读取读数显微镜 2 中线纹尺 1 像的中心刻度值 l_1。移动工作台并在显微镜 4 中将工件右端对零,读取读数显微镜 2 中线纹尺 1 像的中心刻度值 l_2。被测工件 5 的长度为两次读数之差 $l_1 - l_2$。

通过测量过程可以看到,比长仪中的基准部件是线纹尺,它提供了长度的标准量。瞄

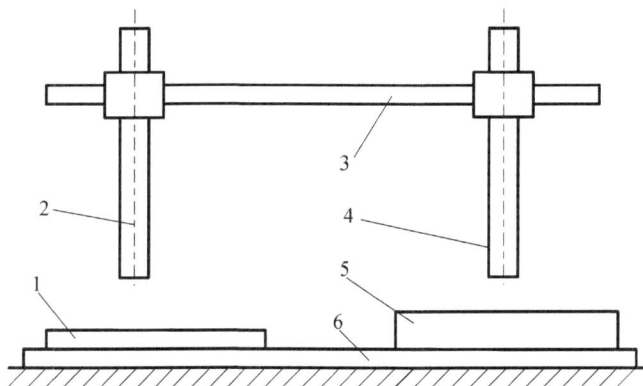

1—线纹尺；2—读数显微镜；3—机架；4—瞄准显微镜；5—工件；6—工作台。

图 11-1 比长仪

准显微镜和读数显微镜是感受和转换部件，分别感受被测量和标准量并进行转换放大，同时二者也是瞄准读数部件。机架 3 和工作台 6 是比长仪的机械结构部件。

11.2 精密仪器的发展趋势

11.2.1 精密仪器的发展现状

精密仪器的发展与社会生产力的进步相适应，与科学技术的发展密切相关。中国的算盘、记里鼓车、指南针、浑天仪、地动仪等都是古代著名的创造和发明。蒸汽时代的到来，要求提高机械加工水平，相应地出现了卡尺、千分尺、百分表、米尼表、扭簧表等机械量仪、光学比较仪、阿贝测长仪、测量显微镜等光学仪器以及电感测微仪等。20 世纪 60 年代开始，新型光源激光器的问世和电子技术的发展使仪器发展进入新的阶段。计算机技术和仪器测量与控制的结合，实现了测量与控制的自动化和智能化，促使仪器的发展进入了测控结合的智能化阶段。

"仪器仪表不仅是科学技术的工具，而且是信息社会发展的源头和基础。"精密仪器产业的发展对整个国民经济有巨大的引导和拉升作用，是经济发展的倍增器。精密仪器同时也是科学研究的先行官，科学理论的验证和实现必须依赖先进的科学仪器。扫描隧道显微镜(STM)、原子力显微镜(AFM)、光子扫描隧道显微镜(PSTM)、扫描近场光学显微镜(SNOM)和差分干涉显微镜等先进仪器的出现，在测量参数、测量对象、测量结果溯源等方面有了全新的进展。纳米测量技术的实现和发展使人们对自然的认知从宏观领域进入了微观领域，从微米层次进入到分子、原子级的纳米层次，即介观层次。同时也将研究领域拓展到生物、生命技术，从而产生新的物质处理技术、新的材料和工艺，是一个更深层次的信息革命。

现代航空航天和生物技术的发展，特别是其在环境监测、违禁品检验、军警侦缉等方面的应用，要求测量仪器不仅体积小、重量轻，而且要多功能集成化。目前，研究人员致力于将微型机械、微型传感器、微电子和微光学器件集成为微光机电系统，其核心就是高度集成化的微型测控仪器。

11.2.2　精密仪器的未来发展趋势

精密仪器的发展可概括为高精度、高效率、高可靠性及智能化、多样化和多维化。

现代仪器仪表作为典型的高科技产品，完全突破了传统的光、机、电构架，适应计算机化、网络化、智能化、多功能化的方向迅速发展，向着更高速、更灵敏、更可靠、更简捷地获取被分析、检测、控制对象全方位信息的方向迈进。随着计算机技术、网络通信技术的不断拓展，未来的测试仪器将是一个开放的系统概念。科学测试仪器正由单台智能化逐步走向通用模件化，并实现即插即用、灵活方便地组成针对不同对象的自动测试系统；难于实现网络化的大型科学仪器将向更高的测量精度、高可靠性和环境适应性方向发展，并且其使用的自动化水平不断提高，普遍具有自补偿、自诊断、自故障处理等功能。

近年来，纳米级的精密机械、分子层次的现代化学、基因层次的生物学以及高精密超性能特种功能材料研究成果的问世，促使仪器仪表不断向更深领域发展。传统的仪器仪表朝着高性能、高精度、高灵敏、高稳定、高可靠、高环保和长寿命的方向发展，而新型的仪器仪表与元器件将朝着小（微）型化、集成化、成套化、电子化、数字化、多功能化、智能化、网络化、专业化、规模化的方向发展。进入 21 世纪后，随着微机电技术、纳米技术、VR 技术、云计算、大数据等新技术的出现，精密仪器正向一个更快、更高、更全面、更可靠、更方便的方向发展。

11.3　仪器的设计过程

11.3.1　仪器的设计要求

仪器设计首先要明确设计要求。设计要求可以是收集得来的用户需求，也可以是设计人员分析、调研后得出的结论。按照要求去开展设计工作，则更容易达到预期目标。在确定仪器设计方案及结构方案时，需要注意遵守一些基本的设计要求，以期获得最佳的设计方案。

1）精度要求

精度反映了一台仪器的性能和测量时能达到的水平。常用一些精度指标表征，如静态测量的示值误差、重复性误差、复现性、稳定性、回程误差、灵敏度、鉴别力、线性度等，动态测量的稳态响应误差、瞬态响应误差等。

仪器的精度应根据被测对象的要求来确定。当仪器总误差占测量总误差比重较小时，常采用 1/3 原则，即仪器总误差应小于或等于被测参数总误差的 1/3；若仪器总误差占测量总误差的主导部分时，可允许仪器总误差小于或等于被测参数总误差的 1/2。

为了保证仪器的精度，仪器设计时应遵守一些重要的设计原则和设计原理，如阿贝原则、变形最小原则、误差平均作用原理、补偿原理、差动比较原理等。

2）检测效率要求

仪器的检测效率应与生产效率相适应。在自动化生产情况下，检测效率应适合生产线节拍的要求。提高检测效率可以缩短测量时间，减少环境变化对测量的影响，同时还可以节省人力、消除人的主观误差，提高测量的可靠性。

3）可靠性要求

可靠性要求就是要求设备在一定时间、一定使用条件下，无故障地发挥其功能的概率要高。可靠性要求可由可靠性设计来保证。

4）经济性要求

设计时应尽量选择最经济的方案，即技术先进、零部件少、工艺简单、成本低、可靠性高、装调方便。同时还要考虑仪器的功能，具有较好的功能与产品成本比，即价值系数高。

5）使用条件要求

使用条件不同，仪器的设计也不同。如仪器仪表应适应宽范围的温度、湿度变化，以及抗振和耐盐雾；在车间使用除了防振外，电磁干扰、防爆和阻燃、在线测量与离线测量，以及连续工作与间歇工作等因素在设计仪器时应慎重考虑，以满足不同使用条件的要求。

6）造型要求

仪器的外观设计极为重要，优美的造型、柔和的色泽是人们选择产品的考虑因素之一，有利于仪器的销售，同时也会使操作者加倍爱护和保养仪器，延长其使用寿命，提高工作效率。

11.3.2 仪器的设计过程

仪器的设计过程一般如图 11-2 所示。

（1）确定设计任务。设计任务可以是国家或部门根据经济与事业发展需要，由计划和科技部门下达，或者企业根据国内外市场调查自行确定的新产品开发任务，也有用户特殊定制确定的设计任务。

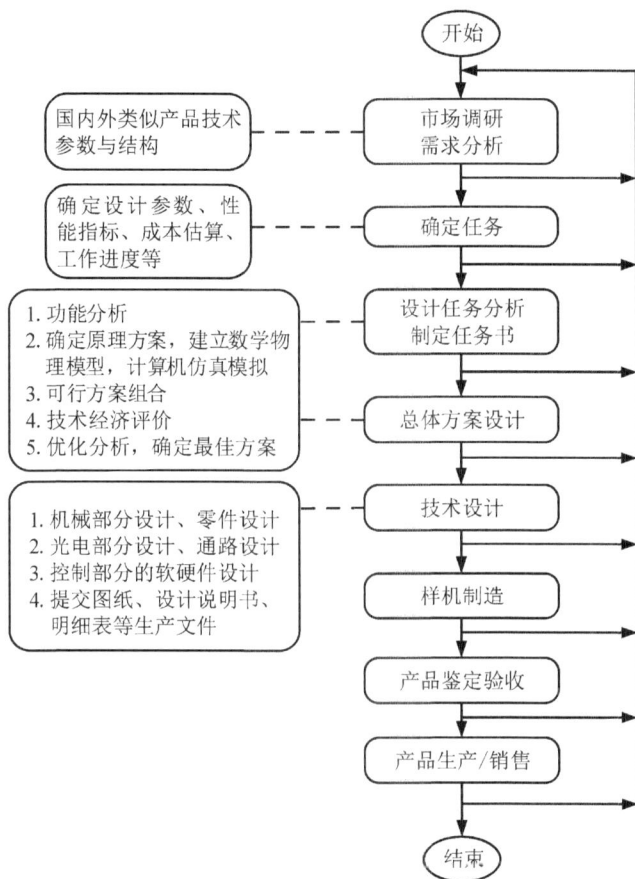

图 11-2　测控仪器的设计过程

（2）设计任务分析，制定设计任务书。仔细地阅读任务书，研究被测对象有什么特点，以及被测参数、精度要求、测量范围、检测效率、使用条件、经济情况、完成时间与验收方式等问题，制定详细的任务书。

（3）调查研究，获取详细资料。根据设计任务书的设定条件，对国内外同类产品的技术资料进行分析，获取详细资料，有助于设计工作的顺利展开。

（4）总体方案设计。总体方案要求具有先进性、创新性、合理性和可行性。在方案设计时首先确定原理方案，必要时要对仪器所包含的机、光、电各部分进行数学建模；然后确定系统的主要参数，进行精度设计和总体结构设计；绘制总体装配图和进行外观造型设计。

（5）技术设计。技术设计是在总体设计基础上，对机、光、电、计算机各部分进行具体详细设计的过程，如部件设计、零件设计、硬件电路设计、光学设计、软件设计、技术经济评价以及编写设计说明书、精度设计与计算。

（6）制造样机。包括产品机械加工、硬件电路制作、软件调试、整机装调，然后进行产品自检测试。对达不到要求的样机进行改进，同时做出经济评价和技术资料总结。

（7）产品鉴定或验收。对制造的样机根据设计任务书进行鉴定或验收。在产品鉴定和验收之前，研制者应编写出技术总结报告、使用说明书、鉴定测试大纲或检定规程、绘制设计图样等资料文件。

（8）设计定型后进行批量生产。进行生产工艺调整和产品销售。经济合理地组织批量生产，正确选择批量大小以合理确定生产间隔，对提高仪器生产和经济效益具有重要意义。

【拓展阅读】

工程创新的引领者——詹天佑

詹天佑被誉为"中国铁路之父""中国近代工程之父"，他不仅是我国修筑铁路工程的开拓者，更是工程创新思想的引领者。詹天佑关于工程实践创新与管理的理论思考和总结可以集中概括为工程创新的原则性与灵活性的统一。

詹天佑将工程标准化问题视作创新的基础。他主持编制了我国第一套铁路工程标准图——《京张铁路工程标准图》，并在此基础上制定了全面、严密、科学又具体实用的全国铁路技术标准，为开展大规模工程技术创新创造了基础性平台。詹天佑深知人才对于创新的重要性，"……在所有的事情中，最重要的是鼓励和帮助中国工程司师"。詹天佑制订出了中国第一份《升转工程师品格程度章程及在工学生递升办法》，对工程学员与工程技术人员逐年考核，按级提升，职责明确，奖惩分明。他注重培养年轻人才，为中国铁路事业大发展打下了良好的基础。在实践中，詹天佑充分地将尊重工程规律与因地制宜结合起来。在滦河铁路大桥工程、西陵铁路以及京张铁路工程的各个路段的勘测与施工中都切实地解决了大量实际难题，降低了施工难度并加快了施工进度。在国内主持筑路实践的同时，他坚持了解与追踪西方科技发展的进展动态，保持知识视野。对于西方铁路工程技术进展相关的材料、机车、挂钩、路线设计等方面给予了持续的关注，并及时将最新的技术与设备引入国内，确保中国铁路建设较高的技术水准。

课后思考题

11 – 1　测控仪器的概念是什么？

11 – 2　现代测控仪器的技术包含哪些内容？

11 – 3　测控仪器通常由哪几部分组成？各部分的功能是什么？

11 – 4　测控仪器的设计要求有哪些？

11 – 5　查阅文献，写一篇关于精密仪器发展或技术前沿的综述报告。内容要求包括：仪器或技术的起源概述、发展过程、技术原理、实际应用等相关内容。

11 – 6　举例说明精密仪器的八大功能结构和组成部件。

12 仪器的精度理论

精度是精密仪器的一项重要技术指标,是仪器设计的重要内容之一。仪器的精度理论是研究仪器误差的重要理论,包括精度分析和精度设计。精度分析通过分析影响仪器精度的各项误差来源和特性,研究误差的评定和计算方法,揭示误差的传递、转换和相互作用的规律。精度设计是确定误差合成与分配以及对仪器精度进行调整的原则和方法,为仪器结构设计和特性参数的确定提供依据。

12.1 精度理论的基本概念

12.1.1 误差

1. 误差的定义

对一个物理量进行测量时,所测得的数值 x_i 与其真值 x_0 之间的差称为误差,即

$$\Delta_i = x_i - x_0 \quad (i = 1, 2, \cdots n) \tag{12-1}$$

误差的大小反映了测量值与实际值的偏离程度。误差具有以下特点:误差是客观存在的,测量手段无论精度多高,总是有误差存在。误差具有不确定性,多次重复测量某物理量时,测得值并不完全相等,只有测量仪器的分辨率太低时,才会出现相等的情况。误差是未知的,通常被测量的真值是未知的,因而误差大小是未知的。

为了正确表达仪器精度,人们确定了以下基本概念来代替真值:

(1) 理论真值。设计时给定的或是用数学、物理公式计算出的给定值。

(2) 约定真值。对于给定目的具有适当不确定度并赋予特定量的值,有时是约定真值。

(3) 相对真值。若标准仪器的误差比一般仪器的误差小一个数量级,则标准仪器的测得值可视为真值,称为相对真值,有时也作为约定真值来使用。

(4) 算术平均值。多次重复测量某一物理量所得测量值的算术平均值。

2. 误差的分类

误差按照其数学特征可分为：随机误差、系统误差和粗大误差。

（1）随机误差。随机误差是由大量独立微小因素综合影响而造成的，其数值的大小和偏差方向没有一定的规律，但就其总体而言仍服从统计规律。大多数随机误差服从正态分布。

（2）系统误差。系统误差由一些稳定的误差因素影响所引起，其数值的大小和方向在测量过程中恒定不变或按一定的规律变化。一般来说，系统误差可以用理论计算或实验方法求得，也可以预测它的出现，并进行调整或修正。

（3）粗大误差。粗大误差指超出规定条件所产生的误差，一般是由于疏忽或者错误所引起，在测量值中一旦出现这种误差，必须予以剔除。

此外，按被测参数的时间特性，误差可分为静态参数误差和动态参数误差，前者是指测定不随时间而变化或随时间缓慢变化的静态参数所产生的误差，后者是测定随时间变化的动态参数所产生的误差。按照误差之间的关系可分为独立误差和非独立误差。独立误差各项彼此相互独立，计算的相关系数为零。

3. 误差的表示方法

1）绝对误差

被测量测得值 x 与其真值 x_0（或相对真值）之差称为绝对误差。在工程测量中，绝对误差一般都有量纲，能反映出误差的大小和方向。绝对误差可以表示为

$$\Delta = x - x_0 \tag{12-2}$$

针对测量仪器，绝对误差可以表示为仪器的示值与被测量真值（或相对真值）之差。

2）相对误差

绝对误差与被测量真值的比值称为相对误差。相对误差无量纲，可以表示为

$$\delta = \frac{\Delta}{x_0} \tag{12-3}$$

相对误差有两种表示方法：引用误差和额定相对误差。前者指绝对误差与仪器示值范围的比值；后者指示值绝对误差与示值的比值。

12.1.2 精度

精度是仪器测量值接近真值的准确程度，是误差的反义词。精度的高低是用误差来衡量的。误差大则精度低，误差小则精度高。通常把精度区分如下：

（1）正确度。它是系统误差大小的反映，表征测量结果稳定地接近真值的程度。

（2）精密度。它是随机误差大小的反映，表征测量结果的一致性或误差的分散性。

（3）准确度。它是系统误差和随机误差两者的综合反映，表征测量结果与真值之间的一致程度。

精密度高，正确度并不一定高，反之亦然。只有准确度高时，正确度和精密度才会都高。图 12-1 表示精度的几种情况。

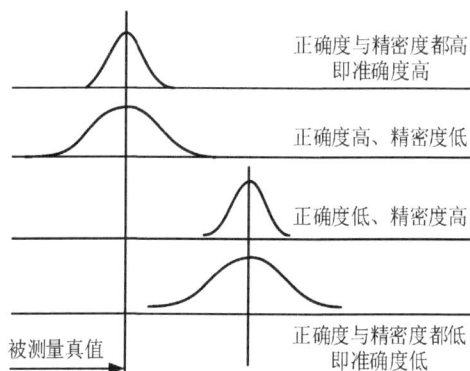

图 12-1　仪器的精度

12.1.3　仪器常用的精度指标

（1）灵敏度。输出值与输入值的变化之比。灵敏度是仪器对被测量变化的反应能力。仪器的输出量与输入量的关系可以用曲线来表示，称为特性曲线。特性曲线的斜率即为灵敏度。

（2）分辨率。仪器所能感受、识别或探测的输入量的最小值。如光学系统的分辨率是指光学系统可分清的两点间距离。要提高仪器测量的精密度，必须提高仪器的分辨率。提高仪器分辨率能够提高测量的精确度，但分辨率与精确度是完全独立的。仪器的分辨率选择适当时，才能达到所要求的精度。

（3）复现精度。在相同测量方法和条件下，在较短的时间间隔内对同一物理参数连续多次测量所得到的数据分散程度，反映了一台仪器固有的误差精密度。

（4）重复精度。它是指使用不同的测量方法、不同测试者、不同测量仪器、不同实验条件和较长的时间间隔内对同一物理参数做多次测量，所得到的数据的一致程度。对一个物理参数测量时，重复精度和复现精度都很高，则表明测量结果准确可靠，仪器的精度稳定。

（5）准确度。它是指测量仪器输出接近于真值的响应的能力。符合一定的计量要求，使误差保持在规定极限以内的测量仪器的等级或级别称为测量仪器的准确度等级，如零级、一级、二级等。

（6）稳定性。它是指精密仪器的计量特性随时间变化保持恒定的能力，是表征仪器计量性能的重要指标。精密仪器通常需要进行周期性的检定和校准以保持高的测量稳定性。

（7）示值误差。它是指仪器的示值与对应输入量的真值之差，通常包含有仪器的随机误差和系统误差。示值误差越小，表明仪器的准确度越高。

（8）引用误差。仪器的误差除以仪器特定值。该特定值一般称引用值，通常是量程或示值范围。

（9）视差。当仪器指示器与标尺表面不在同一平面时，观测者偏离正确观察方向进行读数和瞄准所引起的误差。

（10）估读误差。观测者估读指示器位于两相邻标尺标记间的相对位置而引起的误差。

（11）读数误差。由于观测者对计量器具示值读数不准确所引起的误差，包括视差和估读误差。

12.2　误差的来源与性质

仪器的设计、制造和使用的各个阶段都会产生误差，分别称为原理误差、制造误差和运行误差。从数学特性上看，原理误差多为系统误差，而制造误差和运行误差多是随机误差。

12.2.1　原理误差

原理误差是在仪器的设计中采用了近似的理论、数学模型以及结构等造成的误差。它仅与仪器的设计有关，而与制造和使用条件无关。原理误差通常是因把实际上仪器测量的非线性关系近似地进行线性处理而引起的误差。

例 12 - 1　激光扫描测径仪的原理误差。

激光测径仪的原理如图 12 - 2 所示，氦氖激光器 1 射出的激光经过反射镜 3、透镜 4、反射镜 2 和同步电动机带动的多面棱镜 5，再经过透镜 6 对工件 7 进行扫描，后经透镜 8 由光敏二极管 9 接收。记录激光被工件遮挡的时间内计数器脉冲数，就可计算得出工件的直径。实际测量时发现所测得工件直径总比实际数值小一些，主要原因就是存在原理误差。

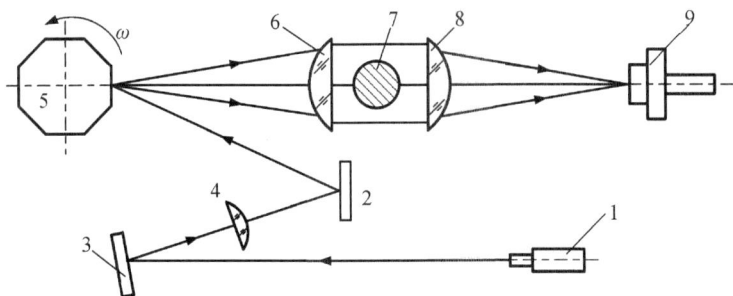

1—氦氖激光器；2、3—反射镜；4、6、8—透镜；5—多面棱镜；7—被测工件；9—光敏二极管。

图 12 - 2　激光测径仪的原理

仪器设计时，设定激光束在垂直方向的扫描线速度是匀速的，即

$$v = 2\omega f = 4\pi n f \tag{12-4}$$

式中，n、ω 分别为多面棱镜的转速和角速度；f 为透镜 6 的焦距，并已考虑了反射激光束的角速度是棱镜角速度的 2 倍。实际上，激光束在垂直方向上的扫描速度不是匀速的，而是不断变化的。激光束扫描位置 y 与时间 t 的关系为

$$y = f\tan(2\omega t) = f\tan(4\pi n t) \tag{12-5}$$

在该位置上，激光束在垂直方向上的扫描线速度可计算为

$$v_0 = \frac{\mathrm{d}y}{\mathrm{d}t} = 4\pi n f\sec^2(4\pi n t) = 4\pi n f[1 + \tan^2(4\pi n t)] = 4\pi n f\left[(1 + \left(\frac{y}{f}\right)^2\right] \tag{12-6}$$

式 (12-6) 表明，激光扫描线速度 v_0 不是匀速的，而是随着距离 y 变化。离光轴越远，扫描速度越高。这种原理上的近似导致仪器的测量值总是小于被测真值，产生了原理误差。

例 12-2 光学杠杆的原理误差。

光学杠杆是一种微小位移放大机构，其原理如图 12-3 所示。刻线分划板位于物镜焦平面上，中心点 O 即为物镜焦点。当光源照亮且测量反射镜无偏转时，点 O 和其成像 O' 是重合的。当侧测杆移动 s 后，反射镜绕支点转动 φ 角，反射光线偏转角度 2φ，像点在分划板上的偏移距离可表示为

$$y = f\tan 2\varphi = 2f\frac{\tan\varphi}{1 - \tan^2\varphi} \tag{12-7}$$

式中，φ 为在测杆位移 s 的作用下平面反射镜的偏转角；f 为物镜焦距。将 $\tan\varphi = s/a$ 代入上式可得

$$\frac{s}{a} = \frac{f}{y}\left[-1 + \sqrt{1 + \left(\frac{y}{f}\right)^2}\right]$$

按级数展开并取 $\sqrt{1 + (y/f)^2} \approx 1 + (y/f)^2/2 - (y/f)^4/8$，代入上式可得

$$s = a\left[\frac{y}{2f} - \left(\frac{y}{2f}\right)^3\right] \tag{12-8}$$

上式表明，光栅刻线像的位移 y 与测杆位移 s 的关系是非线性的。实际仪器中光栅刻线是以线性位移 y 来估计测量结果 s_0，即

$$s_0 = a\frac{y}{2f} \tag{12-9}$$

比较以上两式可得仪器的原理误差：

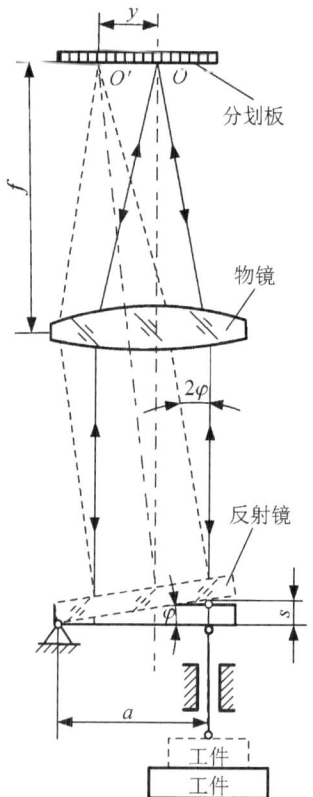

图 12-3 光学杠杆原理图

$$\Delta = s_0 - s = a\left(\frac{y}{2f}\right)^3 \tag{12-10}$$

仪器结构的作用方程与理论作用方程存在差异时就会产生机构原理误差。如正弦和正切机构的传动方程是非线性的，通常为简化设计用线性方程来近似处理传动规律就会引入原理误差。此外，数据处理时的近似、舍位、和模/数转换过程也存在着原理误差。在数据采集中，理论上只要采样过程满足采样定理，则所得的离散信号将完全确定原来的模拟信号。然而实际使用的采样脉冲都有一定宽度，导致最终采样信号并不能完全复原模拟信号而引起原理误差。

原理误差产生于仪器的设计过程中，被看作仪器原理上的固有误差。在数学特征上原理误差属于系统误差，直接导致仪器准确度下降。因此，设计时应采取措施降低原理误差对仪器精度的影响。

12.2.2　制造误差

制造误差是指由仪器的零件、部件和其他各个环节在尺寸、形状、位置误差而引入的仪器误差。例如轴与套的圆度会引起轴系的回转误差，表面波纹度和粗糙度会影响运动的平稳性，光学仪器中透镜和棱镜的制造误差会引起成像畸变和光线方向的变化。因此，制造误差在仪器误差中占有极大的比重，其主要指的是构成测量链的零部件尺寸误差和安装误差。

图 12-4 所示为正切机构存在间隙而引起的误差。测杆和导套间存在配合间隙会引起测杆倾斜，以及测杆和摆动杆接触点位置的偏移。若测杆配合间隙的最大值为 $\Delta_{\max}$，配合长度为 h，则测杆的倾斜角 β 为

$$\beta = \pm\frac{\Delta_{\max}}{h} \tag{12-11}$$

测杆倾斜后使其垂直方向上的长度产生变化量：

$$\Delta s = l_1(1 - \cos\beta) \approx l_1\beta^2/2 \tag{12-12}$$

此项误差为 Δ 的二次量，相比一次误差可以忽略不计。另一方面，测杆倾斜造成摆动臂长 a 发生变化 $\Delta a = l_1\beta$，l_1 为测杆与轴套的配合中心到测杆与平面射镜接触点之间的距离。由正切机构的原理可知，当 a 发生误差 Δa 后引起的局部误差为 $\Delta s_1 = \Delta a \tan\beta$，得到测杆配合间隙引起的误差：

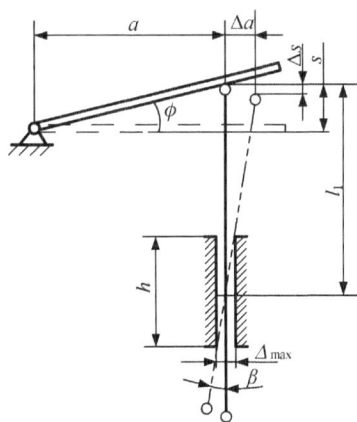

图 12-4　测杆与轴套配合间隙引起的误差

$$\Delta s_1 = sl_1\beta/a \tag{12-13}$$

仪器的制造误差是无法避免的。除了在制造过程中提高加工精度外，在设计过程中也应采取适当的措施进行控制。将仪器总精度指标在仪器的测量与控制等各环节之间进行正确的误差分配，合理地确定制造公差。应用仪器设计原理和原则，使制造误差对仪器精度的影响降至最低。在保证仪器功能和性能的前提下，以减小制造误差对仪器精度的影响为目标来选择仪器的结构参数。合理地选择结构工艺，遵循基面统一原则，设计基准应该考虑加工和装配的可行性。设置调整和补偿环节，有效地减小制造误差对仪器精度的影响。

12.2.3 运行误差

仪器在使用过程中所产生的误差称为运行误差，如力变形误差、磨损和间隙误差、温度变形误差，以及材料的弹性滞后、环境振动等干扰引起的误差。运行误差一般为随机误差，通过采用合理的措施、结构、材料等方法可以减小运行误差。

1) 力变形引起的误差

例 12-3 悬臂式坐标测量机的变形误差。

当测量装置移动时，仪器基座和支架所受力的大小和位置会发生变化，导致其结构件产生相应的变形。图 12-5 所示悬臂式坐标测量机，横臂 4 可绕立柱 1 回转，横臂上有 X 方向读数基准尺 3，侧头部件 5 可在横臂上移动，Z 向测量轴 6 做垂直方向运动。仪器横臂在测量过程中的变形将引起测量误差。当测头分别位于 A、B 两处时，横臂的挠曲变形和转角并不相同，导致测量误差。设横臂为 $a \times b = 50 \text{ mm} \times 200 \text{ mm}$ 的等截面梁，长度 $l = 3000 \text{ mm}$，侧头部件的自重 $W = 200 \text{ N}$。

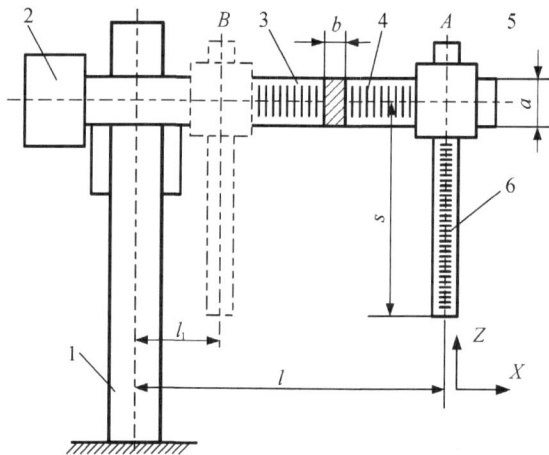

图 12-5 悬臂式坐标测量机原理图

当测头位于最右端 A 点时，横臂的挠曲变形分别由测头重量 W、横臂自重 q(共同引

起的弯曲力矩 $M_A = lW + 0.5 l^2 q$）所决定，如图 12-6 所示。带入相应参数计算后得到的变形数值为：$Y_A = y_{AW} + y_{Aq} + y_{AM} = -3.56$ mm，$\theta_A = \theta_{AW} + \theta_{Aq} + \theta_{AM} = -1.56 \times 10^{-3}$ rad。

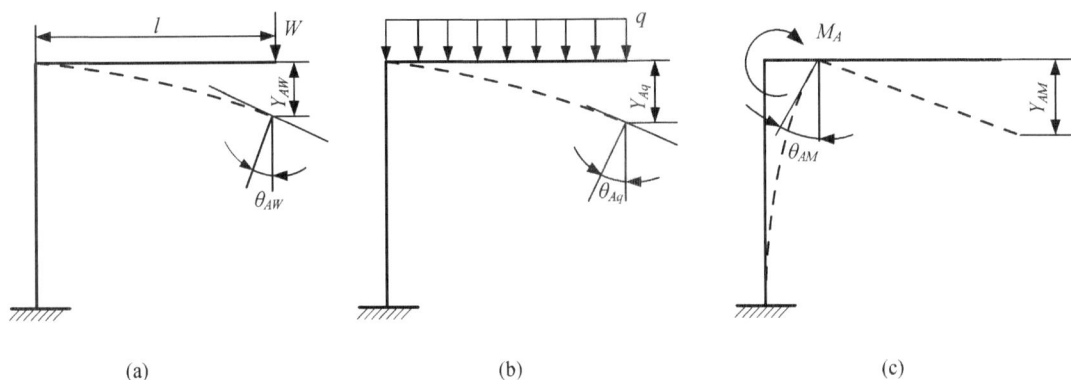

图 12-6　悬臂式坐标测量机受力变形

同理，当测头移动到横臂 B 处：$M_B = l_1 W + 0.5 l^2 q$，$l_1 = 400$ mm，则横臂上 B 点的挠曲变形和截面转角分别为：$Y_B = -0.13$ mm，$\theta_B = -0.46 \times 10^{-3}$ rad。

悬臂变形引起的测量误差分为两部分。测头从 B 移动到 A 点时，在测量方向 Z 方向上引起的测量误差为：$Y_A - Y_B = 3.43$ mm。X 方向读数基准尺 3 与测量线不在一条直线上，会引起阿贝误差。设 s 为测量线至横臂上基准尺的距离，若取 $s = 1000$ mm，则阿贝误差为：$s(\theta_A - \theta_B) = 1.11$ mm。由此可见，大型仪器的力变形引起的测量误差非常大。在设计中可以通过提高仪器结构件的刚度，合理选择支点的位置和材料，将重力引起的变形量降到最小。

2）测量力引起的变形误差

在接触式测量仪器中，测量力作用下的接触变形和测杆变形也会对测量精度产生影响。图 12-7 所示为灵敏杠杆测量情形。杠杆长为 70 mm，直径约为 8 mm，测球直径为 4 mm，测杆和被测零件材料同为钢。在测量力 $F = 0.2$ N 作用下，测球与被测面之间的接触变形约为 0.1 μm，测杆的弯曲变形约为 0.5 μm。这两项误差对测量时的瞄准精度产生直接影响。接触变形量的大小与接触表面的形状、材料、表面粗糙度以及作用力大小有关，设计中应尽量减小测量力并使其在测量中保持恒定不变。

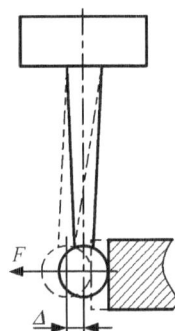

图 12-7　测量力引起的变形误差

此外，内应力、间隙、磨损等问题也会引起运行误差。如结构件在加工和装配过程中形成的内应力，释放后会引起零件或机构的变形并在仪器运行时产生误差，零件配合面之间存在间隙会在运动时造成空程误差。长期运行的磨损使零件产生尺寸、形状、位置误差，配合间隙增加，降低仪器工作精度的稳定性。降低摩擦减少磨损是保证仪器精度的基本要求。

使用环境影响指仪器在使用过程中环境温度、湿度、大气压力的波动、气源压力波动以及仪器电气设备的供电电压的波动等。温度的改变使仪器的零部件尺寸、形状、相互位置关系以及一些重要的特性参数产生变化并影响仪器精度。如 1 m 长的丝杠均匀温升 1 ℃时轴向伸长约为 0.011 mm，会导致传动时出现螺距误差。干扰可以是外界振动、外部电磁干扰等，也可以是内部电路与外界相互耦合干扰，都会破坏仪器的正常工作状态从而降低精度。

12.3　仪器误差分析

误差分析又称精度分析，是寻找影响仪器精度的误差根源及其规律，计算误差的大小并研究其对仪器总精度的影响程度，以便合理选择仪器设计方案、确定结构和技术参数，并为设置误差补偿环节提供科学依据，在确保经济性的前提下获得所需要的仪器总精度。仪器误差分析包含以下内容：

（1）分析仪器的工作原理、结构、制造工艺和使用条件，寻找仪器的源误差。

（2）计算分析各源误差对仪器精度的影响，即计算局部误差。局部误差是源误差和误差影响系数的乘积。每个源误差作用于仪器产生一个局部误差，仪器的总误差由许多个局部误差综合而成。

（3）精度综合。将各项局部误差合成仪器的总误差，并判断总误差是否满足仪器的精度设计要求。对不满足要求的，应进行精度分配调整或者改变设计方案，直至满足精度设计要求。

12.3.1　误差独立作用原理

仪器所指示的被测量值与仪器的被测量 x，以及仪器特性或结构参数的关系可用函数表示：

$$y_0 = f(x, q_{01}, q_{02}, \cdots, q_{0n}) \qquad (12-14)$$

式中，x 为被测量；$q_{01}, q_{02}, \cdots, q_{0n}$ 为仪器的特性或结构参数的理论值；n 为参数的个数；y_0 为在理想情况下仪器的指示值。当仪器的一个特性参数存在误差时：$q_i = q_{0i} + \Delta q_i$，仪器的实际输出为

$$y = f(x, q_1, q_2, \cdots, q_n) \qquad (12-15)$$

引起的仪器误差：

$$\Delta y = y - y_0 = f(x, q_1, q_2, \cdots, q_n) - f(x, q_{01}, q_{02}, \cdots, q_{0n})$$

当某一源误差 $\Delta q_i \neq 0$，而其他源误差均为"0"时，则由 Δq_i 引起的仪器误差为

$$\Delta y_i = y_i - y_0 = f(x, q_{01}, q_{02}, \cdots, q_{0(i-1)}, (q_{0i} + \Delta q_i), q_{0(i+1)}, \cdots, q_{0n}) - f(x, q_{01}, q_{02}, \cdots, q_{0n})$$

可以近似简化为

$$\Delta y_i \approx \mathrm{d} y_i = \frac{\partial y}{\partial q_i} \Delta q_i$$

其物理意义是：Δy_i 是由某一源误差 Δq_i 单独作用造成的仪器误差，又称为局部误差，并以 ΔQ_i 表示：

$$\Delta Q_i = \frac{\partial y}{\partial q_i} \Delta q_i$$

在仪器制造之前，仪器含有误差的实际方程式是未知的，偏导数 $\partial y / \partial q_i$ 也是未知的，可用理想方程式偏导数 $\partial y_0 / \partial q_i$ 代替：

$$\Delta Q_i = \frac{\partial y_0}{\partial q_i} \Delta q_i$$

式中，$\partial y_0 / \partial q_i$ 又称为误差影响系数，常用 P_i 表示。

若仪器有关特性参数都具有误差，且各源误差相互独立时：

$$\Delta y = \sum_{i=1}^{n} \frac{\partial y_0}{\partial q_i} \Delta q_i = \sum_{i=1}^{n} P_i \Delta q_i = \sum_{i=1}^{n} \Delta Q_i \qquad (12-16)$$

式中，Δy 是仪器中所有源误差共同作用所引起的仪器局部误差的总和。

一个源误差仅使仪器产生一个局部误差，局部误差是源误差的线性函数，与其他源误差无关，仪器总误差是局部误差的综合，称为误差独立作用原理。因此，在计算仪器总误差时可采用先逐个计算各源误差所引起的局部误差，再综合局部误差的方法计算出仪器总误差。

按照误差独立作用原理，在计算某个源误差所引起的局部误差时，可视其余各参数为理想值，并忽略各源误差对仪器精度影响的相关性以及非线性。误差独立作用虽然是近似性原理，但在大多数情况下都能适用。

12.3.2 微分法

仪器的输出与各作用参数之间的关系能用数学关系式表达，称此关系式为作用方程。当仪器具有准确的作用方程且源误差为各参数误差时，可通过对作用方程求全微分的方法来计算各源误差对仪器精度的影响。

例 12-4 激光干涉测长仪的误差分析。

图 12 - 8 所示为激光干涉仪光路图。激光源 S 发出的光，经分光镜 BS 分成两束，一束透过分光镜入射到测量反射镜 M_2 被返回，另一束反射后到参考镜 M_1 被返回。两束光在分光镜处相遇并发生干涉，所产生干涉条纹被光敏二极管 VD 接收。当干涉仪处于起始位置，其初始光程差为 $2n(L_m-L_c)$，对应的干涉条纹数为

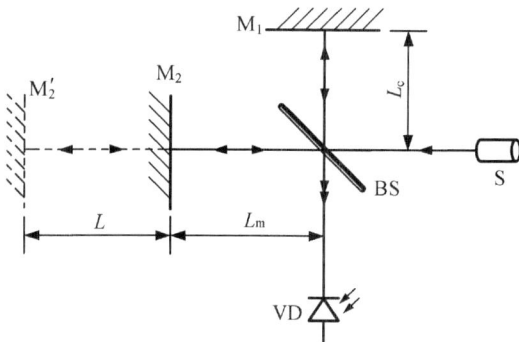

图 12 - 8　激光干涉光路图

$$K_1=\frac{2n(L_m-L_c)}{\lambda_0}$$

式中，L_m 为测量光路长度；L_c 为参考光路长度；λ_0 为真空中激光波长；n 为测量环境下光在空气中的折射率。

当反射镜 M_2 移动到 M_2' 时，设被测长度为 L，此时的干涉条纹数为

$$K=K_2+K_1=\frac{2nL}{\lambda_0}+\frac{2n(L_m-L_c)}{\lambda_0}$$

由此可得被测长度 L：

$$L=\frac{K\lambda_0}{2n}-(L_m-L_c) \tag{12-17}$$

考虑空气折射率、激光波长和被测尺寸变化，以及仪器基座受力状态发生等因素引起的测量误差。对上式进行全微分：

$$dL=\frac{\partial L}{\partial K}dK+\frac{\partial L}{\partial \lambda_0}d\lambda_0+\frac{\partial L}{\partial n}dn-\frac{\partial L}{\partial(L_m-L_c)}d(L_m-L_c)$$

$$=\frac{\lambda_0}{2n}dK+\frac{K}{2n}d\lambda_0-\frac{K\lambda_0}{2n^2}dn-d(L_m-L_c)$$

改写成增量形式：

$$\Delta L\approx\frac{\lambda_0}{2n}\Delta K+\frac{K}{2n}\Delta\lambda_0-\frac{K\lambda_0}{2n^2}\Delta n-\Delta(L_m-L_c)$$

代入理论公式 $L=K\lambda_0/2n$ 后，可得激光干涉测长仪的误差公式：

$$\Delta L\approx L(\frac{\Delta K}{K}+\frac{\Delta\lambda_0}{\lambda}-\frac{\Delta n}{n})-\Delta(L_m-L_c) \tag{12-18}$$

式中，ΔK 为计数误差；$\Delta\lambda_0$ 为真空波长对理论值的偏差；Δn 为测量环境下的空气折射率偏差；$\Delta(L_m-L_c)$ 为测量过程中光程差的变动量。

微分法运用微分运算解决误差计算问题，具有简单、快速的优点，但对于不能列入仪

器作用方程的源误差则无法处理，需要采取其他方法来计算。

12.3.3　几何法

几何法是根据源误差与其局部误差之间的几何关系，分析计算源误差对仪器精度的影响。首先画出机构某一瞬时作用原理图，按比例放大画出源误差与局部误差之间的关系。再依据其中的几何关系写出局部误差表达式，将源误差代入后即可求出局部误差大小。

例 12 - 5　仪器中螺旋测微机构误差分析。

如图 12 - 9 所示，由于制造或装配过程中存在误差，导致螺旋测微机构的轴线与滑块运动方向成一夹角 θ，由此而引起滑块的位置误差。

定义 L 为螺杆移动距离，φ 为螺杆转角，P 为螺距，则螺旋机构的传动方程可表示为：$L=\dfrac{\varphi}{2\pi}P$。由于源误差为夹角误差 θ，滑块的实际移动距离为：$L'=L\cos\theta=\dfrac{\varphi}{2\pi}P\cos\theta$，引起位置误差：

$$\Delta L = L-L' = \frac{\varphi}{2\pi}P-\frac{\varphi}{2\pi}P\cos\theta$$

$$= \frac{\varphi}{2\pi}P(1-\cos\theta)\approx\frac{\varphi}{2\pi}P\left(1-1+\frac{\theta^2}{2}\right)=\frac{\varphi P}{4\pi}\theta^2 \tag{12-19}$$

几何法的优点是简单、直观，适合于求解机构中未能列入作用方程的源误差所引起的局部误差，但在分析复杂机构的运行误差时较为困难。

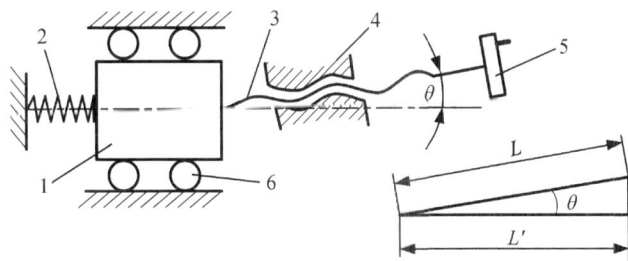

1—滑块；2—弹簧；3—丝杠；4—螺母；5—手轮；6—滚珠。

图 12 - 9　螺旋测微机构示意图

12.3.4　作用线与瞬时臂法

前述的微分法和几何法直接导出了源误差与局部误差间的关系，却忽略了源误差对仪器精度产生影响的过程。作用线与瞬时臂法是根据源误差在机构中的传递过程与机构位移传递紧密相关的特点，通过研究机构位移传递规律，说明源误差在机构中的传递过程。

1. 位移线和作用线

从传递位移的方式可将运动副分为两种：推力传动和摩擦力传动。前者传递位移依靠构件间的推力，后者的相互作用力为摩擦力。运动副构件间的瞬时作用力的方向线，称为作用线。推力传动的作用线是两构件接触区的公法线，摩擦力传动的作用线是两构件接触区的公切线。图 12-10(a) 为正弦机构属推力传动，图 12-10(b) 中圆盘依靠摩擦力带动直尺移动属摩擦力传动。图中推力副与摩擦力副的作用线分别为 l-l。如果把位移传递的过程看作是沿作用线传递的，位移沿作用线传递的公式为

$$dl = r_0(\varphi)d\varphi \qquad (12-20)$$

式中，$d\varphi$ 为转动件的瞬时微小角位移；$r_0(\varphi)$ 为瞬时臂，定义为转动件的回转中心至作用线 l-l 的垂直距离；dl 为移动件沿作用线的瞬时位移。在一些运动副中，转动件回转中心和两作用件接触点的位置是变化的，此时作用线 l-l 的位置和方向是变动的，瞬时臂 $r_0(\varphi)$ 的大小和方向也会是转角的函数。

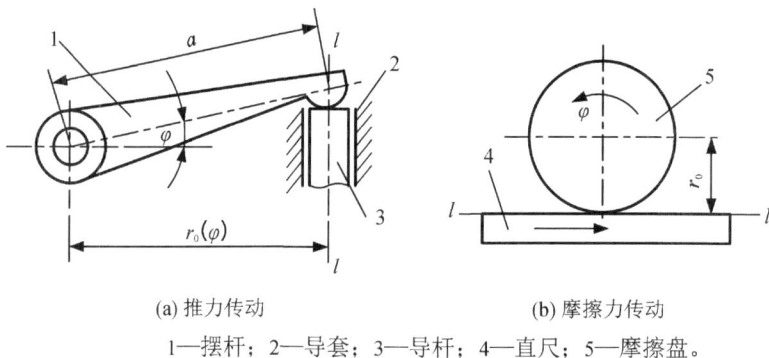

(a) 推力传动　　　　　　　　　　(b) 摩擦力传动

1—摆杆；2—导套；3—导杆；4—直尺；5—摩擦盘。

图 12-10　推力传动与摩擦力传动

例 12-6　齿轮齿条传动机构。

如图 12-11 所示，当齿轮向齿条传递位移时，作用线 l-l 通过接触区与齿面垂直，位移沿作用线传递的基本公式为：$dl = r_0(\varphi)d\varphi = r\cos\alpha d\varphi$，其中 α 为齿轮分度圆压力角；r 为齿轮分度圆半径。

当齿轮旋转 φ 角时，位移沿作用线传递的方程为

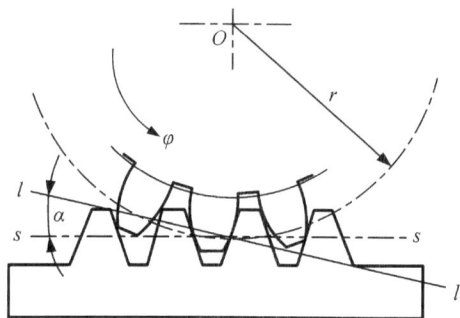

图 12-11　齿轮齿条机构

$$L = \int_0^\varphi r\cos\alpha d\varphi = r\cos\alpha\varphi$$

齿条的实际位移并不是沿作用线方向 $l-l$，而是沿位移线方向 $s-s$，此时作用线与位移线之间存在夹角 α。按照位移线与作用线之间的几何关系，位移沿位移线方向传递的公式为

$$\mathrm{d}s = \frac{\mathrm{d}l}{\cos\alpha}$$

故齿条的位移方程为

$$\mathrm{d}s = \frac{\mathrm{d}l}{\cos\alpha} = \frac{r\cos\alpha}{\cos\alpha}\mathrm{d}\varphi = r\mathrm{d}\varphi$$

$$s = \int_0^\varphi \mathrm{d}s = \int_0^\varphi r\mathrm{d}\varphi = r\varphi$$

由此可见，作用线只是作用力的方向线，而位移线是质点移动的轨迹，机构总是沿位移线方向传递移动。在多数情况下，作用线与位移线是重合的；当二者不一致时，需要将作用线上的瞬时位移转换为位移线上的位移。

2. 运动副的作用误差

运动副上的一个源误差所引起的作用线上的附加位移的总和称为作用误差；运动副上所有源误差引起的作用线上的附加位移的总和，称为该运动副的作用误差。

运动副的作用误差位于其作用线方向上。计算作用误差是依据源误差与作用线间的关系将其折算到作用线上。若源误差的方向与作用线方向一致，源误差就是作用误差。当源误差可以转换成瞬时臂误差时，按照附加位移的方式计算作用误差。当源误差不能折算成瞬时臂误差，其方向又与作用线不一致时，只能根据几何关系折算到作用线上。

设运动副的瞬时臂是 $r_0(\varphi)$，其中一个源误差表现为瞬时臂误差 $\delta r_0(\varphi)$，此时位移沿作用线传递的公式为

$$\mathrm{d}l = [r_0(\varphi) + \delta r_0(\varphi)]\mathrm{d}\varphi$$

瞬时臂误差 $\delta r_0(\varphi)$ 引起的作用线上的附加位移，即作用误差为

$$\Delta F = L - L_0 = \int_0^\varphi [r_0(\varphi) + \delta r_0(\varphi)]\mathrm{d}\varphi - \int_0^\varphi r_0(\varphi)\mathrm{d}\varphi = \int_0^\varphi \delta r_0(\varphi)\mathrm{d}\varphi \qquad (12-21)$$

3. 作用误差从一条作用线向另一条作用线的传递

在作用线与瞬时臂法中，把机构传递位移的过程视为位移从一条作用线向另一条作用线传递，直至传递到最后一对运动副的作用线上。在机构传递位移的同时，各对运动副上的作用误差也随之一起传递，最终影响到机构位移精度的总误差。

设机构中任意两个运动副作用线上的瞬时直线位移分别为 $\mathrm{d}l_a$ 与 $\mathrm{d}l_n$，定义作用线之间位移之比为作用线之间的传动比：

$$i'_{an} = \frac{\mathrm{d}l_n}{\mathrm{d}l_a} = \frac{r_{0n}(\varphi_n)\mathrm{d}\varphi_n}{r_{0a}(\varphi_a)\mathrm{d}\varphi_a} = \frac{r_{0n}(\varphi_n)}{r_{0a}(\varphi_a)}i_{an} \tag{12-22}$$

若第 a 个运动副的作用误差为 ΔF_a，即该运动副上所有源误差所引起的作用线上的位移总增量。将 ΔF_a 转换到第 n 条作用线上后，则第 n 条作用线上附加的位移增量为 ΔF_{an}：

$$\Delta F_{an} = i'_{an}\Delta F_a \tag{12-23}$$

若机构有 K 个运动副，则每个运动副的作用误差为 $\Delta F_j (j=1,2,\cdots,K)$，机构测量端运动副的作用线为第 K 条作用线。每个运动副的作用误差 ΔF_j 引起仪器测量端作用线上附加位移为 ΔF_{kj}。机构的位移误差 $\Delta \overline{F}$ 即为第 K 条作用线的附加位移的总和，即

$$\Delta \overline{F} = \sum_{j=1}^{K} \Delta F_{Kj} = \sum_{j=1}^{K} i'_{Kj}\Delta F_j \tag{12-24}$$

例 12-7 小模数渐开线齿廓偏差检查仪的测量原理。

如图 12-12 所示，被测齿轮 1 与半径为 R 的基圆盘 2 同心安装在主轴上，基圆盘 2 由钢带与主拖板 3 相连。在主拖板上安装了直尺 5，其角度 θ 可按照要求调整。在弹簧 12 的作用下，拖板 8 与直尺 5 保持接触。在拖板上安装了测量杠杆 9 和测微仪 10。转动手柄 7 时，丝杠 4 带动主拖板上下移动，基圆盘和被测齿轮 1 也带动旋转。直尺 5 上下移动，测量拖板 8 做水平移动。测量杠杆感受的是齿轮 1 的齿廓偏差信号，通过测微仪 10 放大显示。

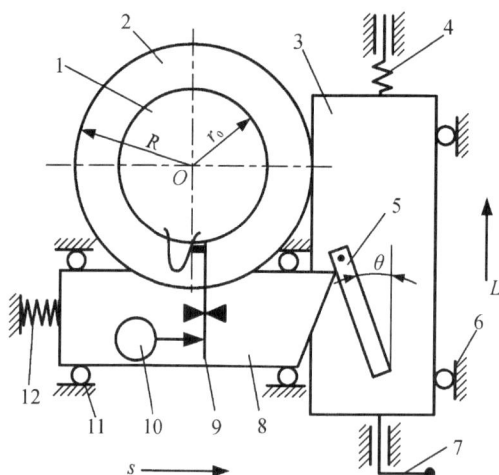

1—被测齿轮；2—基圆盘；3—主拖板；4—传动丝杠；5—直尺；6—主导轨；
7—手柄；8—测量拖板；9—测量杠杆；10—测微仪；11—测量导轨；12—推力弹簧。

图 12-12 小模数渐开线齿形检查仪

当主拖板向上移动的距离为 L 时，直尺向上移动了距离 L，基圆盘逆时针旋转 $\varphi=L/R$ 角。此时，在弹簧的作用下，测量拖板向右移动的距离为 $s=L\tan\theta$。被测齿轮的基圆半径为 r_0，测量开始前需将直尺角度调整为 $\theta=\arctan(r_0/R)$，则测量拖板的位移距离为

$$s=L\tan\theta=Lr_0/R=r_0\varphi \tag{12-25}$$

上式表明：测量拖板水平位移 s 与基圆盘的转角 φ 之间的关系是基圆半径为 r_0 的标准渐开线位移。如果被测齿轮齿形是标准的，则被测齿形的展开长度应为 $l=r_0\varphi$，测量拖板的位移为 $s=r_0\varphi$，则测量杠杆没有偏转，测微仪输出为零。当被测齿轮渐开线有误差时齿形的展开长度 $l\neq r_0\varphi$，而测量拖板的位移仍为 $s=r_0\varphi$。此时，测量杠杆将会发生偏转，测微仪的输出为渐开线齿廓偏差：

$$\Delta s=l-s=l-r_0\varphi \tag{12-26}$$

　　仪器的测量精度与所建立的标准渐开线位移的准确性紧密相关，影响标准渐开线位移精度的源误差也有很多项。下面运用作用线与瞬时臂法分析仪器中存在基圆盘安装偏心误差 e、基圆盘半径误差 ΔR、直尺表面直线度误差 δ，以及直尺倾斜角度的调整误差 $\Delta\theta$ 所引起的测量拖板的误差。为方便计算，这里将基圆盘 2 作为主动件、主拖板 3 为从动件，基圆盘与主拖板为摩擦力传动，作用线为 l_1-l_1。将直尺 5 作为主动件，测量拖板 8 为从动件，则为推力传动，作用线为 l_2-l_2，如图 12-13 所示。

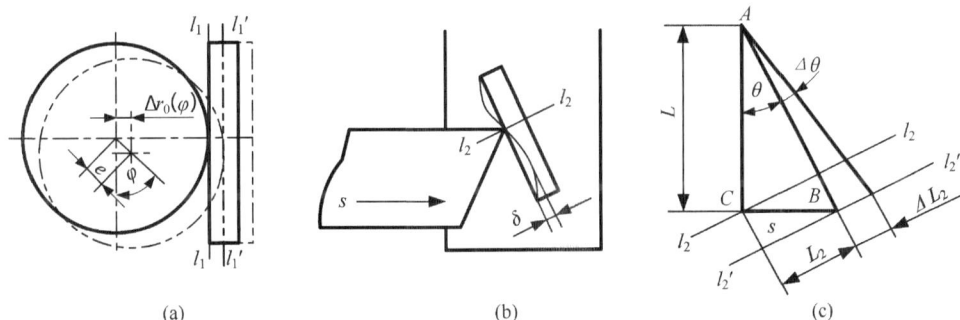

图 12-13　源误差与作用误差示意图

1) 基圆盘与主拖板运动副的作用误差

① 偏心距 e 的作用误差。如图 12-13(a) 所示，偏心距 e 可转换成瞬时臂误差 $\delta r_0(\varphi)=e\sin\varphi$ 引起的作用误差：

$$\Delta F_e=\int_0^\varphi \delta r_0(\varphi)\mathrm{d}\varphi=\int_0^\varphi e\sin\varphi\mathrm{d}\varphi=e(1-\cos\varphi)$$

该项误差的最大值为

$$\Delta F_e=2e$$

② 半径误差 ΔR 的作用误差。半径误差 ΔR 也可转换成瞬时臂误差 $\delta r_0(\varphi)=\Delta R$ 引起的作用误差：

$$\Delta F_R=\int_0^\varphi \delta r_0(\varphi)\mathrm{d}\varphi=\int_0^\varphi \Delta R\mathrm{d}\varphi=\Delta R\varphi$$

因此,该运动副上的作用误差为

$$\Delta F_1 = \Delta F_e + \Delta F_R = 2e + \Delta R\varphi \tag{12-27}$$

2) 直尺与测量拖板运动副的作用误差

① 直尺直线度 δ 的作用误差。如图 12-13(b)所示,误差 δ 与作用线 $l_2 - l_2$ 方向相同,其引起的作用误差为 $\Delta F_\delta = \delta$。

② 倾斜角误差 $\Delta\theta$ 的作用误差。倾斜角误差 $\Delta\theta$ 只能用几何法折算为作用误差。图 12-14(c)中当直尺向上移动的距离为 L 时,没有角度调整误差的作用线从 $l_2 - l_2$ 处移动至 $l_2' - l_2'$ 处,这时作用线方向的位移为 L_2。当存在角度调整误差 $\Delta\theta$ 时,在作用线 $l_2' - l_2'$ 方向上的位移变为 $L_2 + \Delta L_2$,作用线上的附加位移 ΔL_2 即为作用误差:

$$\Delta F_\theta = \Delta L_2 = \overline{AB}\,\Delta\theta = \frac{L}{\cos\theta}\Delta\theta$$

直尺与测量拖板运动副的作用误差为

$$\Delta F_2 = \Delta F_\delta + \Delta F_\theta = \delta + \frac{L}{\cos\theta}\Delta\theta \tag{12-28}$$

3) 作用线 $l_2 - l_2$ 方向上的总作用误差 ΔF_2^*

依据作用误差沿作用线之间传递的公式:

$$\Delta F_2^* = \Delta F_2 + i_{12}'\Delta F_1 \tag{12-29}$$

式中,i_{12}' 为作用线 $l_2 - l_2$ 与 $l_1 - l_1$ 之间的直线传动比。按照作用线之间传动比的概念以及几何关系,根据图 12-13(b)和(c)可得 i_{12}':

$$i_{12}' = \frac{\mathrm{d}l_2}{\mathrm{d}l_1} = \frac{\mathrm{d}l_1\sin\theta}{\mathrm{d}l_1} = \sin\theta$$

将式(12-27)和(12-28)以及 i_{12}' 带入式(12-29),可得到作用线 $l_2 - l_2$ 方向上的总作用误差 ΔF_2^*:

$$\Delta F_2^* = \delta + \frac{L}{\cos\theta}\Delta\theta + (2e + \varphi\Delta R)\sin\theta$$

4) 求测量拖板的位移误差

如图 12-13(b)所示,测量拖板的位移方向 s 与作用线 $l_2 - l_2$ 的方向不一致,夹角为 θ,根据作用线与位移线之间的关系以及基圆盘转角 φ 与主拖盘位移 L 之间的关系 $L = R\varphi$,则测量拖板的位移误差为

$$\Delta\bar{s} = \frac{\Delta F_2^*}{\cos\theta} = \frac{\delta}{\cos\theta} + \frac{R\varphi}{\cos^2\theta}\Delta\theta + (2e + \varphi\Delta R)\tan\theta$$

除了上述的方法外,误差分析还有其他方法,如数学逼近法、逐步投影法、矢量代数

法、球面三角法、经验估算法和实验测试法等，可参阅相关文献。

12.4   仪器误差综合

12.4.1   仪器误差的综合

误差分析通过计算得到了仪器的各项源误差及所引起的局部误差，将这些局部误差合成后即可得到仪器的总误差。由于影响仪器误差的因素很多，各源误差的性质又不同，误差综合方法也各不相同。

1. 随机误差的综合

仪器中随机误差大量存在，且分布规律又具有多样性（如正态分布、均匀分布、三角分布等）。在对随机误差进行综合时，可采用均方法和极限误差法。

（1）均方法。对仪器中 n 个单项随机性源误差，其标准差为 σ_1，σ_2，$\cdots$，σ_n。全部随机误差所引起的仪器合成标准差为

$$\sigma = \sqrt{\sum_{i=1}^{n}(\sigma_i)^2 + 2\sum_{1 \leqslant i < j}^{n} \rho_{i,j}(\sigma_i)(\sigma_j)} \qquad (12-30)$$

式中，$\rho_{i,j}$ 为第 i、j 两个相关随机误差的相关系数（$i \neq j$），其取值范围为 $-1 \sim 1$。若 $\rho_{i,j} = 0$，则表示两随机误差不相关，相互独立。

当仪器各个随机源误差相互独立时，上式可以改写成

$$\sigma - \sqrt{\sum_{i=1}^{n}(\sigma_i)^2}$$

合成后的总随机误差为

$$\delta = \pm t\sigma = \pm t\sqrt{\sum_{i=1}^{n}(\sigma_i)^2} \qquad (12-31)$$

式中，t 为置信系数。一般认为合成总随机误差服从正态分布，即当置信概率为 99.7% 时，$t = 3$；置信概率为 95% 时，$t = 2$。

（2）极限误差法。当各单项误差的标准差未知，但各随机误差的极限误差 $\delta_i = \pm t_i \sigma_i$ 已知时，用极限误差法可以得到合成总随机误差的不确定度为

$$\delta = \sqrt{\sum_{i=1}^{n}\left(\frac{\delta_i}{t_i}\right)^2 + 2\sum_{1 \leqslant i < j}^{n} \rho_{i,j}\left(\frac{\delta_i}{t_i}\right)\left(\frac{\delta_j}{t_j}\right)} \qquad (12-32)$$

若各单项随机误差相互独立，即 $\rho_{ij} = 0$，则

$$\delta = \pm t \sqrt{\sum_{i=1}^{n} \left(\frac{\delta_i}{t_i}\right)^2} \qquad (12-33)$$

2. 系统误差的综合

（1）已定系统误差用代数和法合成。对已定系统性源误差 Δ_1，Δ_2，$\cdots$，Δ_r，总已定系统误差为

$$\Delta_e = \sum_{i=1}^{r} \Delta_i \qquad (12-34)$$

（2）未定系统误差取值具有随机性，且只能估计出一定的极限范围，常用两种方法合成。

① 绝对和法。若 m 个未定系统性源误差的极限范围分别为：$\pm e_1$，$\pm e_2$，$\cdots$，$\pm e_m$，则合成系统误差为

$$\Delta_e = \pm \sum_{i=1}^{m} |e_i| \qquad (12-35)$$

这种方法对总误差的估计值偏大，但比较简便和直观，因而在原始误差数值较小或选择方案时采用。

② 方和根法。当 m 个未定系统源误差相互独立时，合成未定系统误差为

$$\Delta_e = \pm t \sqrt{\sum_{i=1}^{m} \left(\frac{e_i}{t_i}\right)^2} \qquad (12-36)$$

式中，t、t_i 分别为合成后未定系统误差和各单项未定系统误差的置信系数。

12.4.2　仪器总体误差的合成

1）一台仪器误差的综合

若一台仪器中各源误差相互独立且未定系统误差很少，可按系统误差处理，合成总误差为

$$U = \sum_{i=1}^{r} \Delta_i + \sum_{i=1}^{m} |e_i| \pm t \sqrt{\sum_{i=1}^{n} \left(\frac{\delta_i}{t_i}\right)^2} \qquad (12-37)$$

若一台仪器中未定系统误差数较多，需考虑未定系统误差的系统性和其随机性，可按下式合成：

$$U = \sum_{i=1}^{r} \Delta_i \pm t \left[\sqrt{\sum_{i=1}^{m} \left(\frac{e_i}{t_i}\right)^2} + \sqrt{\sum_{i=1}^{n} \left(\frac{\delta_i}{t_i}\right)^2} \right] \qquad (12-38)$$

2）一批同类仪器误差综合

当计算一批同类仪器的精度时，未定系统误差的随机性增大。误差合成时将未定系统

误差也按随机误差来处理。总合成误差为

$$U = \sum_{i=1}^{r} \Delta_i \pm t \sqrt{\sum_{i=1}^{m} \left(\frac{e_i}{t_i}\right)^2 + \sum_{i=1}^{n} \left(\frac{\delta_i}{t_i}\right)^2} \qquad (12-39)$$

12.4.3　数字显示式光学比较仪的误差分析与合成

例 12-8　数字显示式立式光学比较仪的误差分析。

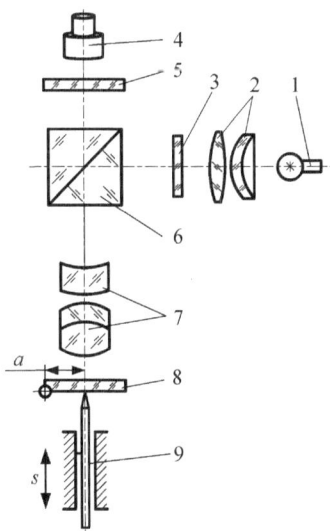

立式光学比较仪是一种精密测微仪,用数字显示取代传统立式光学计的目镜读数系统,如图 12-14 所示,使得仪器的使用和读数更加简便。比较仪运用标准器(量块)以比较法实现测量,适用于对五等量块、量棒、钢球及平行平面状精密量具和零件的外形尺寸作精密测量。其技术参数为:被测件最大长度(测量范围)为 180 mm,示值范围为 ± 0.1 μm。

1. 数字显示式光学比较仪的原理

数字显示式立式光学比较仪的原理如图 12-15 所示,光源 1 发出的光经聚光镜 2 照亮位于准直物镜 7 焦面上的光栅 3,经胶合立方棱镜 6 被反射,并经过准直物镜 7 以平行光出射,投射至平面反射镜 8 上。反射后的光束又重新进入物镜 7、立方棱镜 6,并由立方棱镜分光面透射后将光栅 3 刻线成像于物镜焦面上的光栅 5 上,形成莫尔条纹。当测杆 9 有微小位移时,光栅 3 刻线的像将沿光栅 5 表面移动,莫尔条纹光强将产生周期性变化,光电元件 4 接收该光强变化,经过光电转换、放大、细分、辨相、可逆计数后在显示窗口上显示测量值。

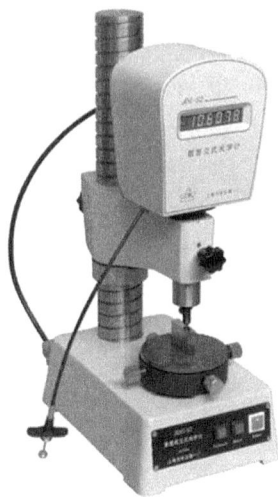

图 12-14　数字显示式立式光学比较仪　　图 12-15　立式光学比较仪的原理图

光学比较仪利用光学杠杆原理将量杆 9 的微小位移放大转换成光栅 3 刻线像在物镜焦平面上的位移,再通过光栅传感器将位移转换成数字显示值。选定物镜焦距 $f=100$ mm,反射镜摆动臂长 $a=6.4$ mm。光学杠杆放大比 $k=2f/a=31.25$。已知光栅距 $d=0.025$ mm,当光栅刻线像移动一个栅距时,光电信号变换一个周期,此时对应量杆位移 $s=d/k=0.8$ μm。测量电路上进行 8 倍细分后仪器分辨力可达到 0.1 μm。

2. 光学比较仪的未定系统误差

1) 光栅刻划累积误差 Δ_1 所引起的局部误差

普通光栅刻划累积误差范围为 ± 1 μm,折算到测量端上的误差应除以放大倍数($k=31.25$),即

$$e_1 = \pm \frac{1}{31.25} \text{ μm} \approx \pm 0.032 \text{ μm}$$

2) 原理误差

光学杠杆的原理误差参见式(12-10)。当仪器示值已确定的情况下,原理误差属已定系统误差。当仪器示值在示值范围内变动时,计算的原理误差属未定系统误差。设仪器的示值范围为 $s_{max} = \pm 0.1$ mm,则最大时示值 $y_{max} = k \times s_{max} = 3.125$ mm,而且当焦距 $f=100$ mm、杠杆臂长 $a=6.4$ mm 时,最大原理误差为

$$\Delta_{max} = \pm 0.024 \text{ μm}$$

实际应用中可通过调整反射镜摆动臂长 a 来降低原理误差。将杠杆摆动臂由 a 调整为 a_1 即可消除降低原理误差。由式(12-8)和(12-9)可得到调整臂长后的原理误差:

$$\Delta = s_0 - s = a\frac{y}{2f} - a_1\left[\left(\frac{y}{2f}\right) - \left(\frac{y}{2f}\right)^3\right] = (a - a_1)\frac{y}{2f} + a_1\left(\frac{y}{2f}\right)^3 \quad (12-40)$$

通常调节臂长 a 使 $y=0$ 和 $y=\pm y_{max}$ 处的原理误差都为"零",而在 $y=\pm y_1$ 处的原理误差为最大值,如图 12-16 所示。此时,进一步可计算出 $y_1 = y_{max}/\sqrt{3}$ 处残余最大原理误差:

$$\begin{aligned}\Delta_{max} &= (a - a_1)\frac{y_1}{2f} + a_1\left(\frac{y_1}{2f}\right)^3 \\ &= -2a_1\left(\frac{y_1}{2f}\right)^3 \approx \frac{-2}{3\sqrt{3}}a\left(\frac{y_{max}}{2f}\right)^3\end{aligned} \quad (12-41)$$

将最大指示值 $y_{max} = 3.125$ mm、$f=100$ mm、$a=6.4$ mm 代入上式,可得到残余最大原理误差值:

$$e_2 = \pm 0.01 \text{ μm}$$

调整摆动臂长度从理论上消除了原理误差中的累积部分。上述误差 e_2 是调整后的残余系统误差，可按照未定系统误差进行综合。

3）物理畸变引起的局部误差

物镜的畸变是指物镜在近轴区与远轴区横向放大率不一致而造成的像差。一般光学比较仪物镜的相对畸变约为 0.0005，即 $\Delta = 0.0005y$。将 Δ 换算到测量端：

$$e_3 = 0.0005 \times \frac{y}{k} = 0.0005s$$

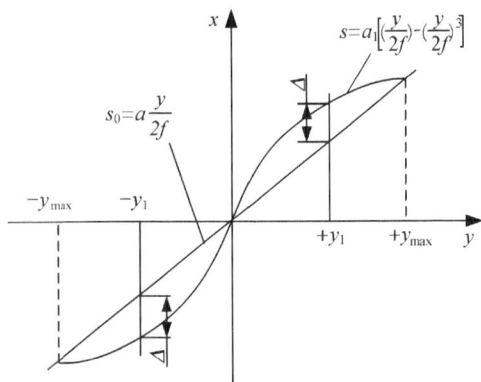

图 12-16 调整原理误差的方法

由于此项误差与被测量 s 成正比，属于累积误差，故在上面综合调整的过程中大部分已被消除。

4）反射镜摆动臂长不准所引起的局部误差

综合调整的过程是用两块量块，通过调整反射镜摆动臂长 a 反复校验仪器($-100\ \mu m$，0)或(0，$+100\ \mu m$)两点示值来实现的。同时，考虑由于显示系统示值变动性$\pm 0.1\ \mu m$ 对读数精度的影响为两次。故反射镜摆动臂长调整不准所引起的局部误差为量块检定误差与读数误差合成：

$$e_4 = \pm\sqrt{0.1^2 + 0.1^2 + 0.1^2 + 0.1^2} = \pm 0.2\ \mu m$$

3. 光学比较仪的主要随机误差

1）测杆配合间隙引起的局部误差

根据式(12-13)，测杆与套的配合间隙 $\Delta_{max} = 0.002\ mm$、$l = 28\ mm$，则测杆的倾斜角 β 为

$$\beta = \pm\frac{\Delta_{max}}{l} = \pm\frac{0.002}{28}\ rad = 7 \times 10^{-5}\ rad$$

取 $l_1 = 25\ mm$、$s_{max} = \pm 0.1\ \mu m$、$a = 6.4\ mm$ 带入式(12-13)，可得杆套配合间隙引起的局部误差：

$$\Delta s_1 = sl_1\beta/\alpha = \pm 0.027\ \mu m$$

2）示值变动引起的局部误差

数字式仪器示值变动量通常为± 1 个显示分辨力，来源于电子细分量化误差和各类干扰的影响。考虑到显示分辨力为 $0.1\ \mu m$，且确定一个量值需要两次读数，故示值变动引起的局部误差为

$$\Delta s_2 = \pm\sqrt{0.1^2 + 0.1^2} = \pm 0.14 \ \mu m$$

3）测量力变动引起的局部误差

比较仪的测量力为(2 ± 0.2)N。由测量力引起的压陷变形误差，只需计算测量力变动对测量结果的影响。若测量是球形测头对被测件平面，且二者材料都是钢，则压陷量δ可按以下公式计算：

$$\delta = 0.45 \times \sqrt[3]{\frac{P^2}{d}} \tag{12-42}$$

式中，P 为测量力，N；d 为测量头直径，mm。测量力的变动 ΔP 引起的压陷量变化即为测量力变动引起的误差 $\Delta\delta$，可对上式用微分法计算：

$$\Delta\delta = 0.45 \times \frac{2}{3} \times \sqrt[3]{\frac{1}{Pd}}\Delta P \tag{12-43}$$

以 $P=2$ N，$d=10$ mm 及 $\Delta P = \pm0.2$ N 代入，得测量力变动引起的局部误差为

$$\Delta s_3 = \Delta\delta = \pm 0.45 \times \frac{2}{3} \times \sqrt[3]{\frac{1}{2\times10}} \times 0.2 = \pm 0.02 \ \mu m$$

将上述各项未定系统误差与随机误差综合，得光学比较仪最大误差为

$$\begin{aligned}
\Delta_I &= \sqrt{e_1^2 + e_2^2 + e_3^2 + e_4^2 + \Delta s_1^2 + \Delta s_2^2 + \Delta s_3^2}\\
&= \pm\sqrt{0.032^2 + 0.01^2 + 0 + 0.2^2 + 0.027^2 + 0.14^2 + 0.02^2} \ \mu m\\
&= \pm 0.25 \ \mu m
\end{aligned}$$

4. 测量误差

光学计进行比较测量时的测量误差，除了上述仪器本身的误差外，尚有标准件误差和温度误差。

1）标准件误差

光学计为比较式测量仪器，故标准件量块的误差将影响到测量结果。若选用的量块为四等，根据"JJG 146—2003"，四等量块的检定误差为

$$\Delta_L = \pm(0.2 \ \mu m + 2.0\times10^{-3}L) \tag{12-44}$$

式中，L 是量块的中心长度，mm。

在使用光学比较仪的过程中，选用量块数一般不会超过 5 块，且只有一块尺寸大于 10 mm，其余 4 块因其尺寸小于 10 mm，故其检定误差可认为等于 $\pm0.2 \ \mu m$。由此可得标准件尺寸误差 Δ_s 为

$$\Delta_s = \sqrt{\Delta L_1^2 + \Delta L_2^2 + \Delta L_3^2 + \Delta L_4^2 + \Delta L_5^2}$$

$$= \pm\sqrt{4 \times 0.2^2 + (0.2 + 2.0 \times 10^{-3}L)^2}$$

$$= \pm\sqrt{0.2 + 0.08 \times \frac{L}{100} + 0.04 \times \left(\frac{L}{100}\right)^2}$$

2）温度误差

温度误差 Δ_T 可按下式计算：

$$\Delta_T = \pm L\sqrt{(\alpha - \alpha_0)^2 \Delta t^2 + \alpha_0^2 (t - t_0)^2} \times 10^3 \qquad (12-45)$$

一般取量块的线膨胀系数 α_0 为 $11.5 \times 10^{-6}/℃$。被测件对量块的线膨胀系数差$(\alpha - \alpha_0)$为$\pm 0.3 \times 10^{-6}/℃$；根据光学计使用环境的要求，室温对标准温度 20℃ 的偏差 Δt 为 ± 3 ℃；被测件对量块的温度差$(t - t_0)$为± 0.5 ℃。故

$$\Delta_T = \pm L \times 10^3 \times \sqrt{(3^2 \times 0.3^2 + 11.5^2 \times 0.5^2) \times 10^{-12}} \approx \pm\frac{L}{200} \qquad (12-46)$$

式中，L 为被测长度，mm。

综上所述，仪器误差 Δ_I、标准件误差 Δ_s 与温度误差 Δ_T 均为极限误差，采用方和根值综合计算后即为立式光学计的测量总误差：

$$\Delta_M = \sqrt{\Delta_I^2 + \Delta_s^2 + \Delta_T^2} = \pm\sqrt{0.26 + 0.08\left(\frac{L}{100}\right) + 0.29\left(\frac{L}{100}\right)^2} \qquad (12-47)$$

12.5　仪器的精度设计

精度设计是将给定的仪器总误差合理地分配到仪器的各个组成部件上，为正确设计仪器的各个部件结构，以及确定零部件的公差和技术要求提供依据。合理的精度设计需要对仪器各组成的部分源误差对仪器总精度的影响进行正确估计。对仪器精度影响较大的环节给予较严的精度指标，影响较小的环节则给予较宽松的指标，在满足仪器总精度要求的前提下降低制造成本。

12.5.1　仪器精度指标的确定

精度指标是根据设计任务或仪器的使用要求来确定的。通常以微小误差原理来确定仪器总精度指标，而使用检测能力指数法确定仪器总精确度指标时会更加科学合理。

1. 微小误差原理

在实际测量中，若忽略某项误差对结果总误差的影响小于不略去结果的 1/10，则该项误差可视为微小误差。微小误差在测量中是可以忽略不计的。

仪器的主要任务是完成测量。测量过程中的测量人员、测量仪器、环境条件、原理方法、测量对象和标准量都将导致测量误差，分别用 U_P、U_I、U_{co}、U_{pm}、U_o、U_s 表示。测量结果的合成不确定度为

$$U_M = \sqrt{U_P^2 + U_I^2 + U_{co}^2 + U_{pm}^2 + U_o^2 + U_s^2}$$

在测量中，若测量仪器(含测量标准)的不确定度为 U_I，其余误差的合成不确定度为 U_{oth}，考虑到两者一般不相关，上式可改写成：

$$U_M = \sqrt{U_I^2 + U_{oth}^2} \tag{12-48}$$

根据微小误差定义，若 U_I 为微小误差则应满足：$\sqrt{U_I^2 + U_{oth}^2} - U_{oth} \leqslant \dfrac{1}{10}\sqrt{U_I^2 + U_{oth}^2}$，解此不等式得

$$U_I \leqslant \sqrt{U_I^2 + U_{oth}^2} = \frac{1}{3} U_M \approx \frac{1}{3} U_{oth} \tag{12-49}$$

由此可见，测量仪器和测量标准的误差，只需为测量总误差的 1/3，其对测量精度的影响是微不足道的，可略去不计。因此，通常要求测量仪器和标准精度高于测量总精度指标一个等级。

根据微小误差原理，仪器总精度指标应小于或等于被测参数测量总不确定度的 1/3。在机械行业确定测量仪器精度原则是：仪器或设备总误差与被测参数的公差值之比保持在 1/3～1/10 的范围内。

2. 检测能力指数法

仪器测量的过程是操作人在一定条件下，利用一定的测量原理和方法将被测量与标准量进行比较的过程。按测量过程的不同性质可将其可分为三类：

(1) 参数检验。通过测量判断被测参数的量值是否在事先规定的范围 T 之内。此时，测量结果的总不确定度 U_M 应该尽量小，即 $U_M \leqslant T$。

(2) 参数监控。通过测量将被测参数控制在规定的范围内，包含了检测和测量结果控制生产过程两个步骤。参数监控是在生产过程中控制被测参数的生成过程，属于主动测量，目的是排除不正常的生产状态。监控过程的测量精度要求比参数检验更高。

(3) 参数测量。测定被测参数的具体量值，仅要求测量结果的 U_M 不超过给定的测量误差 $\Delta_{允}$。

M_{cp} 检测能力指数用以衡量检测能力的状况，定义为

$$M_{cp} = \frac{T}{6u} = \frac{T}{2U_M}$$

式中，u 为测量结果的标准不确定度；U_M 为测量结果的总不确定度（置信概率 99.7%，因子 $k_p=3$）。通常情况下，由于测量环节、测量条件、测量人员等方面的误差难以估计，U_M 的确定比较困难，而测量仪器精度指标 U_I 比较容易获取。从经济性和精度这两个方面来考虑 U_I 与 U_M 的比例关系：从经济性方面看应尽量增大 U_M，以降低测量仪器成本；从测量精度上看应使 U_I 为微小误差，即 U_I/U_M 应小于 1/3。考虑普遍的应用场景，通常取 $U_M=1.5U_I$，并用仪器测量的不确定度 U_I 估计检测能力指数 M_{cp}：

$$M_{cp}=\frac{T}{3U_I} \tag{12-50}$$

由上式可以看出，M_{cp} 数值越大则仪器的检测精度越高，检测能力也越强，即 M_{cp} 的大小反映了仪器精度的高低。依据检测能力指数 M_{cp} 数值以及检测性质的不同，将现行的计量检测精度状况分为 A、B、C、D、E 共 5 个精度等级，检测能力指数依次由高到低，参见表 12-1。

表 12-1　检测能力指数 M_{cp} 表

级档		A	B	C	D	E
检测与监控	M_{cp}	3~5	2~3	1.5~2	1~1.5	<1
	T/U_I	6~10	4~6	3~4	2~3	<2
	T/U_I	9~15	6~9	4.5~6	3~4.5	<3
测量	M_{cp}	1.7~2	1.3~1.7	1~1.3	0.7~1	<0.7
	$\Delta_允/U_I$	2.6~3	2~2.6	1.5~2	1~1.5	<1
	T/U_I	5~6	4~5	3~4	2~3	<2
检测能力评价		足够	一般		不足	低

在仪器的精度设计中，通常根据设计任务来检测能力指数 M_{cp} 的大小和被测参数检测精度的要求，利用式(12-50)确定测量仪器的精度指标。利用检测能力指数，在确定测量仪器精度指标时充分考虑了测量性质及检测能力要求的不同，对仪器精度提出了不同的要求，使其精度指标更加科学合理。

12.5.2　误差分配方法

仪器总误差是仪器的总系统误差与总随机误差之和。由于两误差项的性质不同，因而分配方法也不相同。

1. 系统误差分配

系统误差主要是原理误差及一些相对明确的误差，数目较少但对仪器精度影响较大。

这些误差在条件确定的情况下范围和大小均为确定值。因此，误差分配时对系统误差的处理过程是先计算，然后评价其数值的合理性，最后再与随机误差进行综合考虑。

1）系统误差的计算

首先计算原理性系统误差，依据误差分析的结果找出产生系统误差的可能源误差环节。根据一般经济工艺水平给出这些环节具体的误差值，计算仪器的局部系统误差，最后合成总系统误差 Δ_e。

2）总系统误差评定

若总系统误差 Δ_e 大于或接近仪器允许的总误差 Δ_I，说明系统误差值不合理。需要考虑采取技术措施以减小系统误差，或重新进行方案设计。

若总系统误差 Δ_e 小于 Δ_I 但大于 $\Delta_I/2$，一般可以先减小有关环节的误差值，再考虑采用误差补偿措施。

若总系统误差 Δ_e 小于或接近 $\Delta_I/3$，则初步认为所分配的系统误差值是合理的，待随机误差分配后，再进行综合平衡。

2. 随机误差分配

随机误差和未定系统误差的数量多，通常用方和根法进行综合。在仪器允许的总误差 Δ_I 中扣除总系统误差 Δ_e，剩下的是允许的总随机误差和总未定系统误差 Δ_Σ，即

$$\Delta_\Sigma = \Delta_I - \Delta_e \qquad (12-51)$$

随机误差的分配通常有等作用原则和加权作用原则两种方式。

1）等作用原则分配

等作用原则认为各源误差引起的局部误差相等地作用于总误差。则每个单项误差 δ_i 为

$$\delta_i = \frac{\Delta_\Sigma}{P_i \sqrt{n+m}} \qquad (12-52)$$

式中，n、m 分别为随机误差的数目与未定系统误差的数目；P_i 为误差的影响系数。

2）加权作用原则分配

加权作用原则认为各源误差引起的局部误差对总误差的作用不相等，以综合权 A_i 来表征某一环节误差控制的难易程度，数值越大表明此误差控制越难。按加权作用原则分配的各误差 δ_i 为

$$\delta_i = A_i \Delta_\Sigma / \left(P_i \sqrt{\sum_{i=1}^{n+m} A_i^2} \right) \qquad (12-53)$$

按加权作用原则分配误差既考虑了误差源对仪器精度的影响程度，也包含了误差控制的难易程度。赋予综合权 A_i 的数值时，需要有丰富的实际经验。

3. 误差调整

按不同原则进行误差分配后，会出现一些允许数值不合理的问题。采用等作用原则分配仪器误差并没有考虑各环节的结构或工艺的实际情况，或者加权作用原则综合权赋值不适当时，造成某些环节误差的允许值偏松，有的则偏紧。此时，应按照一定的衡量标准对所分配的误差值进行调整。

人们在调研制造行业实际工艺水平和使用技术水平的基础上制定出三个衡量误差分配合理性的标准：经济公差、生产公差和技术公差。

经济公差指在通用设备上，采用最经济的加工方法所能达到的加工精度。生产公差指在通用设备上，采用特殊工艺装备，不考虑效率因素进行加工所能达到的加工精度。技术公差指在特殊设备上，在良好的实验条件下，进行加工和检测时所能达到的加工精度。

进行误差调整时，首先依据各允许误差值在三个公差极限上的分布情况来确定调整对象。一般先调整系统误差、影响系数较大的误差以及容易调整的误差项目。第二步是把低于经济公差的误差项目都提高到经济公差上，并将其从允许的总随机和未定系统误差 Δ_Σ 中扣除，得到新的允许误差 Δ'_Σ。第三步将 Δ'_Σ 按相应原则再次分配到其余环节中，开始新一轮调整。经过多次调整后，多数环节的误差都在经济公差范围之内，少数环节的误差在生产公差范围之内，个别误差在技术公差范围之内，并且系统误差值小于随机误差。对个别超出技术公差的环节实施误差补偿，使其误差的允许值扩大到经济公差水平。补偿措施少而经济效益显著时，即可认为误差调整成功。

4. 误差补偿

误差补偿是公差调整的辅助手段，利用各种技术手段以降低误差源的影响。通常选择仪器中的系统误差源、影响系数较大的误差源、较易调整的误差源进行补偿。常用的方法有：误差值补偿法、误差传递系统补偿法和综合补偿法。误差值补偿法是直接减少误差源的方法，可以进行分级补偿、连续补偿和自动补偿。误差传递系统补偿法根据误差传递关系进行系统补偿，可以通过选择仪器的最佳工作区以减少局部误差，也可以改变误差传递函数进行最佳调整。综合补偿法则是利用机械、光学、电气等技术手段去抵消某些误差，达到综合补偿的目的。

12.5.3　精度分配举例

例 12-8　球径仪的精度分配。

球径仪是用于测量球面曲率半径的仪器，通过测量测环处的矢高来间接得到球面半径。仪器光路如图 12-17 所示，被测球面镜 15 放置于测环 14 上时，球面镜的矢高推动毫米刻尺 5 向下移动，即光路中的毫米刻尺像移动相同距离。此变化量可通过物镜 6 和目镜 9 组成的读数显微镜，经两次读数计算后获得。毫米刻尺在光路中心的刻度范围通过物镜组 6 在视场分划板 10 上成像，该像分别由 0.1 mm 刻尺 11 和平板测微器 13 进行 10 和 100 细分，达到 0.001 mm 的测量精度。

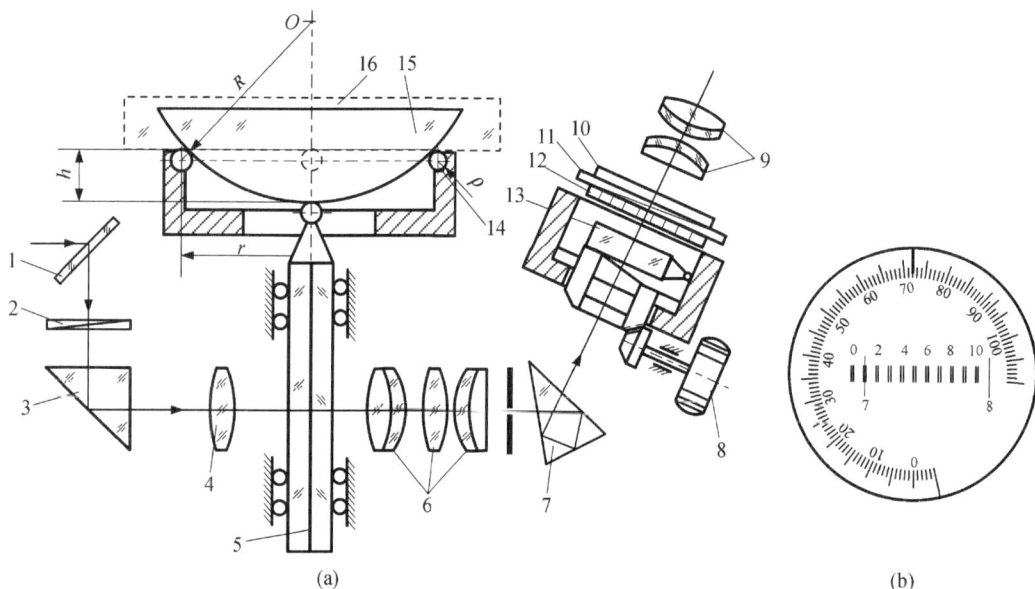

1—采光镜；2—滤色片；3—反射棱镜；4—聚焦镜；5—毫米刻尺；6—物镜组；7—棱镜；8—测微手轮；9—目镜组；10—视场分划板；11—0.1mm刻尺；12—0.001mm刻尺；13—平板测微器；14—测环；15—被测工件；16—平晶。

图 12-17　球径仪的测量原理与读数

球径仪的测量过程如下：首先进行仪器调零，将平晶 16 放置在测量环上，在目镜中观察毫米刻尺的零刻度像。转动平板测微器手轮使像夹在 0.1 mm 刻尺的零刻度双线中，并使 0.001 mm 尺盘 12 的零刻度线指向读数标记，此时仪器读数为 0。测量开始时，将工件放置在测量环上后从目镜观察毫米刻尺的像，转动平板测微器手轮使之位于 0.1 mm 刻尺某一刻度双线中。在目镜视场分别读取毫米刻尺、0.1 mm 刻尺、0.001 mm 尺盘的刻度值，三者相加读数即为测量值。当调零时读数不为零，可将两次读数相减得到矢高测量值。图 12-17(b) 中测量值读数为 7.172 mm。

球径仪测量时，被测量经仪器转换为刻尺的移动和细分。平板测微器转动使毫米刻尺像产生的偏移量与转动角度的关系被近似为线性而产生原理误差；此外还存在三个刻尺刻划误差、测量轴偏心误差、凸轮升程误差、平板玻璃制造误差，以及使用时的温度误差、对准误差、估读误差等。球径仪的主要源误差项和局部误差值如表 12-2 所示。

表 12-2　球径仪的源误差和局部误差值

源误差项		单位	局部误差		备注
名称	公式（取值）		公式	数值	玻璃厚度 $d=11$ mm
原理误差	$\Delta_1 = \left(1 - \dfrac{4}{n} + \dfrac{3}{n^3}\right)\dfrac{\alpha^3}{3!}d$	µm	$e_1 = \dfrac{\Delta_1}{\beta}$ $= \left(1 - \dfrac{4}{n} + \dfrac{3}{n^3}\right)\dfrac{\alpha^3}{3!}\dfrac{d}{\beta}$	$\|e_1\| = 0.085$	玻璃折射率 $n=1.5163$ 物镜放大倍数 $\beta=5$ $\alpha_{\max}=\pm0.0667$ rad
毫米刻尺误差	Δ_2	µm	$\delta_2 = \Delta_2$		
0.1 mm 刻尺误差	Δ_3	µm	$\delta_3 = \Delta_3/\beta$		
0.001 mm 刻尺误差	Δ_4	µm	$\delta_4 = \Delta_4/180$		
测轴与测环垂直度误差	Δ_5	rad	$\delta_5 = \dfrac{h}{2}\Delta_5^2$		最大测量矢高 $h=30$ mm
测轴偏心误差	Δ_6	µm	$\delta_6 = \dfrac{\Delta_6^2}{2R}$		被测最大半径：$R=260$ mm
物镜放大倍率误差	$\Delta_7 = \pm0.05\beta \times 0.05\%$	µm	$\delta_7 = \Delta_7/\beta$	$\delta_7 = \pm0.025$	
凸轮升程误差	Δ_8	µm	$\delta_8 = \dfrac{d(n-1)}{rn\beta}\Delta_8$		杠杆臂长 $r=14.6$ mm
平板玻璃厚度误差	Δ_9	µm	$\delta_9 = \dfrac{s}{d\beta}\Delta_9$		平板玻璃测量范围 $s=\pm50$ µm
平板玻璃转动臂长误差	Δ_{10}	µm	$\delta_{10} = \dfrac{s}{r\beta}\Delta_{10}$		
平板玻璃折射率误差	$\Delta_{11} = \pm50 \times 10^{-5}$	µm	$\delta_{11} = \dfrac{s}{n\beta}\Delta_{11}$	$\delta_{11} = \pm0.016$	
温度误差	$\Delta_{12} = \pm2℃$	µm	$\delta_{12} = 2h\lambda\Delta_{12}$	$\delta_{11} = \pm0.012$	膨胀系数 $\lambda=2\times10^{-6}$/℃
对准误差	$\Delta_{13} = \pm12.1$	µm	$\delta_{13} = \sqrt{2}\Delta_{13}$	$\delta_{13} = \pm0.228$	目视对准精度 $\pm10''$，两次读数
估读误差 Δ_{14}	$\Delta_{14} = 0.1$	µm	$\delta_{14} = \sqrt{2}\Delta_{14}$	$\delta_{14} = \pm0.141$	

1）系统误差分析

球径仪 14 项源误差中有 6 项未定系统误差：e_1、Δ_7、Δ_{11}、Δ_{12}、Δ_{13}、Δ_{14} 有明确的误差范围，剩余 8 项为随机误差。对 6 项未定系统误差按照均方差合成得到仪器的总系统误差 Δ_e：

$$\Delta_e = \pm\sqrt{e_1^2 + \delta_7^2 + \delta_{11}^2 + \delta_{12}^2 + \delta_{13}^2 + \delta_{14}^2} = \pm0.037 \text{ µm}$$

球径仪的允许误差 $U_1 = 1$ µm，系统总误差 Δ_e 小于 $U_1/3$，表明系统误差合理。

2）随机误差分配

系统总随机误差为系统允许误差 U_1 减去系统误差 Δ_e：

$$\Delta_\Sigma = U_1 - |\Delta_e| = (1 - 0.307)\ \mu m = 0.693\ \mu m。$$

随机误差按照等作用原则分配，详细分配过程如表 12-3 所示。

①首先确定各个随机误差源误差项：$\Delta_2 \sim \Delta_6$、$\Delta_8 \sim \Delta_{10}$ 共 8 项。

②确定随机误差的公差标准，通过查表确定经济、生产、技术三种公差极限。

③根据等精度原则分配局部误差值：$\delta_{i1} = \dfrac{\Delta_\Sigma}{\sqrt{8}} = \dfrac{0.693}{\sqrt{8}}\ \mu m = 0.245\ \mu m。$

④按照局部误差 δ_i 与源误差 Δ_i 的关系式计算出各项源误差值 Δ_{i1}。见表 12-4 第 5 行。

⑤评价各项源误差并将超出经济公差极限的作为调整对象：Δ_3、Δ_4、Δ_5、Δ_6、Δ_9、Δ_{10}。

⑥将上述误差调整至经济/生产公差极限得到 Δ'_{i1}，见表 12-3 第 7 行。

⑦计算调整后的各项局部误差 δ'_{i1}，见表 12-3 第 8 行。

⑧计算剩余各项的总随机误差：$\Delta'_\Sigma = \sqrt{\Delta_\Sigma^2 - \sum \delta_{i1}^2} = \sqrt{0.693^2 - 0.0735}\ \mu m = 0.638\ \mu m。$

⑨按等精度原则分配剩余两项误差：$\delta_{i2} = \dfrac{\Delta'_\Sigma}{\sqrt{2}} = \dfrac{0.638}{\sqrt{2}}\ \mu m \approx 0.451\ \mu m$，并重新计算 Δ_{i2}。

⑩重新评价和调整后各项源误差大多在经济公差极限上，Δ_8 在经济公差极限内，Δ_2 在生产公差极限内。

⑪观察 Δ_8 的经济公差极限，仍可继续调整。第二次调整结果见表 12-4 第 13 行。

⑫随机误差分配结果校验：$\Delta_{\Sigma F} = \sqrt{\sum \delta'^2_{i1} + \sum \delta'^2_{i2}} = \pm 0.695\ \mu m。$

表 12-3　球径仪的随机误差分配

1	误差分量	名称	Δ_2	Δ_3	Δ_4	Δ_5	Δ_6	Δ_8	Δ_9	Δ_{10}
		单位	μm	μm	μm		μm	μm	μm	μm
2	公差	经济	3	1	10	5	100	30	30	30
		生产	1	0.5	1	0.5	10	5	5	5
		技术	0.2	0.2	0.1	0.1	5	1	1	1
3	误差关系式 δ_i	公式		$\dfrac{\Delta_3}{\beta}$	$\dfrac{\Delta_4}{180}$	$\dfrac{h}{2}\left(\dfrac{\pi}{180 \times 60}\Delta_5\right)^2$	$\dfrac{\Delta_6^2}{2R}$	$\dfrac{(n-1)d}{nr\beta}\Delta_8$	$\dfrac{s}{d\beta}\Delta_9$	$\dfrac{s}{r\beta}\Delta_{10}$
		结果	Δ_2	$\dfrac{\Delta_3}{5}$	$\dfrac{\Delta_4}{180}$	$0.00127\Delta_5^2$	$\dfrac{\Delta_6^2}{520000}$	$0.05\Delta_8$	$0.0045\Delta_9$	$0.0034\Delta_{10}$

4	第一次分配	δ_{i1}	0.245	0.245	0.245	0.245	0.245	0.245	0.245	0.245
5		Δ'_{i1}	0.245	1.23	44.1	13.9	357	4.9	54	72
6		评价	技	超	超	超	超	生	超	超
7	第一次调整	Δ'_{i1}		1	10	5	100		30	30
8		δ'_{i1}		0.2	0.06	0.03	0.02		0.135	0.102
9	剩余误差	Δ'_Σ	$\Delta'_\Sigma = \sqrt{\Delta^2_\Sigma - \sum \delta^2_{i1}} = \sqrt{0.693^2 - 0.0735} = 0.638\ \mu m$							
10	第二次分配	δ_{i2}	0.451				0.451			
11		Δ_{i2}	0.451				9.02			
12		评价	生				经			
13	第二次调整	Δ'_{i2}	0.4				10			
14		δ'_{i2}	0.4				0.5			
15	总误差	$\Delta_{\Sigma F}$	$\Delta_{\Sigma F} = \sqrt{\sum \delta'^2_{i1} + \sum \delta'^2_{i2}} = \pm 0.695$							

球径仪的总误差：$|\Delta| = \sqrt{\Delta^2_e + \Delta^2_{\Sigma F}} = \sqrt{0.307^2 + 0.695^2}\ \mu m = 0.76\ \mu m$，小于仪器允许误差 U_1。

随机误差分配后，绝大多数在经济公差极限上，一项在生产公差极限内，一项在技术公差极限内。总系统误差小于总随机误差，且小于仪器总允许误差的 1/3，仪器总误差也小于仪器精度要求，因此仪器精度设计合理。

【拓展阅读】

自主创新、无畏艰难——"天鲲号"

"天鲲号"——我国第一艘自行设计建造、拥有完全自主知识产权的新一代疏浚造岛利器，亚洲最大的自航式绞吸挖泥船，是名副其实的"国之重器"。它的诞生填补了我国自主设计建造重型自航式绞吸挖泥船的空白，使我国挖泥船研制和建造技术跻身世界前列，表明了我国疏浚装备及关键技术领域已经处于世界领先水平。"天鲲号"的设计与建造集纳了此前获得国家科学技术进步奖特等奖的《海上大型绞吸疏浚装备的自主研发与产业化》项目的设计理念、应用技术、建造工艺等方面优势，持续创新攻关打破了西方国家技术封锁，拥有完全自主知识产权，成为"国轮国造"的集大成者。

作为我国高新技术与重型装备制造高度融合的里程碑，"天鲲号"实现了由"中国制造"向"中国智造"的完美蝶变。全电力驱动、超远距离输送、快速成岛……"天鲲号"拥有强大的挖掘系统和输送系统。它总装机功率达 25843 kW，绞刀额定功率 6600 kW，最大可达 9900 kW，设计每小时挖泥 6000 m³，泥泵输送功率达到 17000 kW，最大排泥距离达 15 km，均居世界前列。

"天鲲号"的智能化水平居世界前列，适应恶劣海况能力全球最强。全球首创在重型自航绞吸船配置钢桩台车/三缆定位双定位系统，油缸式柔性重型钢桩台车系统，可适应 3 m 高的波浪；三缆定位系统可适应 4 m 高的海浪。重型双耳轴形桥架，可实现6.5～35 m 挖深，配置的世界最大的波浪补偿系统，可保证船舶在大风浪工况下的施工安全，大幅提升施工效率。国际领先的自航绞吸船智能集成控制系统能够实现三维土质建模与显示、实时潮位推算、能效管理、大数据分析和智能自动挖泥控制，以泥泵封水泵、智能海水冷却系统、气动减震系统、海水淡化装置及折臂吊机等突破性的创新和应用新成果，保证"天鲲号"能够进行无人操控自动挖掘，具有全球无限航区适航能力和恶劣条件下的安全作业能力。

"水击三千里，抟扶摇而上者九万里"，这是对"天鲲号"的诗意描述。"全国工人先锋号""第26 届中国青年五四奖章集体"——"天鲲号"接连斩获两项荣誉称号。荣誉背后，是中国疏浚人打破国外长期垄断关键核心技术的艰难实践，也是"天鲲号"全体船员坚持创新创效的生动写照。

课后思考题

12-1 什么是原理误差和作用误差？

12-2 说明分析误差的微分法、几何法、作用线与瞬时臂法各自的适用场合和原因。

12-3 分析激光测径仪（图 12-2）的原理误差，并说明减小原理误差的方法。

12-4 图 12-16(b)的摩擦盘直尺运动副，其原始误差有摩擦盘直径误差 ΔD，摩擦盘回转偏心距 e，摩擦盘转角从 φ_1 转到 φ_2，求它们带来的作用误差（$\Delta D = 0.005$ mm，$e = 0.002$ mm，$\varphi_1 = 0°$，$\varphi_2 = 30°$）。

12-5 自准直仪原理如图题 12-5 所示，用分划板上的刻尺来测量反射镜偏转角 α，分划板上刻度为线性均匀刻度，求其原理误差。

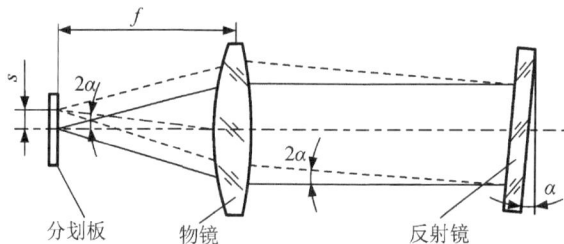

图题 12-5

12－6　参照表 12－3 完成对球径仪的误差分析和综合。

12－7　杠杆齿轮式机械测微仪中的结构尺寸如图题 12－7 所示。解答以下问题：

（1）分析仪器的原理误差。

（2）测微仪的主要误差项有哪些？

（3）用作用线和瞬时臂法分析杠杆短臂误差 Δa 所引起的局部误差。

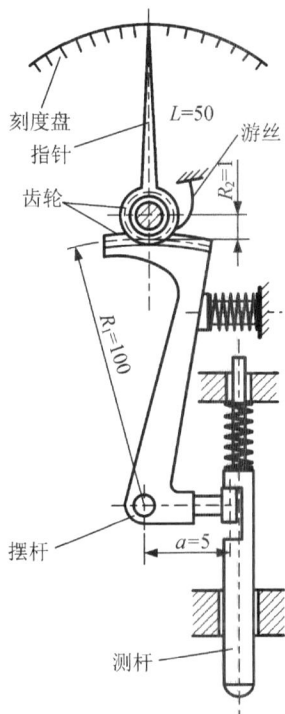

图题 12－7

13 仪器的总体设计

仪器总体设计是指在进行仪器具体设计前，从仪器自身的功能、技术指标、检测与控制系统框架及仪器应用的环境和条件等总体角度出发，对仪器设计中的全局问题进行全面的设想和规划。

13.1 仪器设计原则

仪器设计原则是设计人员在长期实践过程中不断总结和发展而逐渐形成的一系列普遍性的基本原则。正确掌握和遵循这些原则，可有效地保证和提高仪器精度，改善性能并降低成本。

13.1.1 阿贝原则

1. 阿贝原则

德国人 Ernst Abbe 于 1890 年提出"为使测量仪指示正确结果，必须将被测件测量中心线布置在基准件沿运动方向的延长线上"，后被称为"阿贝原则"。按照阿贝原则要求测量时需将仪器的读数刻线尺安放在被测尺寸线的延长线上，即被测零件的尺寸线和仪器中读数用的基准线应顺序排成一条直线。这样布置可以避免一次测量误差，不遵守阿贝原则时产生的误差称为"阿贝误差"。

图 13-1 中游标卡尺测量工件的直径时，读数刻尺和被测件的尺寸线相互平行，但两条尺寸线间存在偏距 S，不符合阿贝原则。由于导轨之间存在间隙，测量时卡尺的活动量爪在尺架上移动时会产生倾斜角 φ，因而带来测量结果的阿贝误差：

$$\Delta_1 = S \tan \varphi \tag{13-1}$$

假设 $S=30$ mm，$\varphi=1'$，可计算出因量爪倾斜引起的测量误差为：$\Delta_1 = 30 \times 0.0003$ mm $= 9 \times 10^{-3}$ mm。

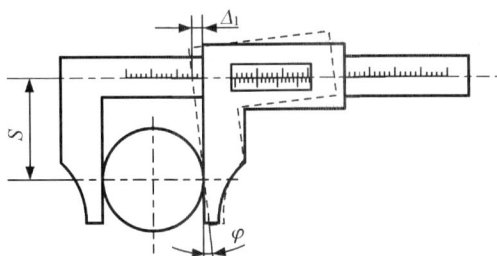

图 13-1　游标卡尺测量工件时的阿贝误差

图 13-2 中被测工件 1 与基准刻线尺 4 串联排列，瞄准显微镜 M_2 对准工件左端，从另一端读数显微镜 M_1 中读出测量初始值。然后移动支架将 M_2 对准工件右端，再从 M_1 中读出测量终值。两次读数值之差即为被测工件的长度。此比长仪测量时被测件的尺寸线和仪器标准读数线在一条线上，故符合阿贝原则。当比长仪的导轨存在误差时，在导轨上运动的支架 4 也会产生转角 φ，导致显微镜 M_2 的第二次瞄准位置由 M_2' 移到 M_2''，带来测量误差为

$$\Delta_2 = d - d' = d(1 - \cos\varphi) \approx d\varphi^2/2 \tag{13-2}$$

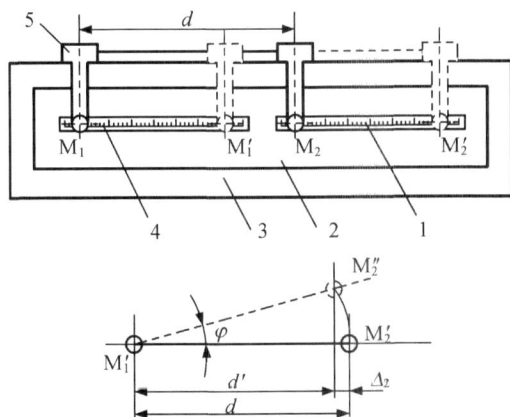

1—被测工件；2—工作台；3—底座；4—基准刻线尺；5—支架。

图 13-2　工件的直径测量用阿贝比较仪测量

式中，d 为被测长度。当取 $d=30$ mm，$\varphi=1'$ 时，计算测量误差为：$\Delta_2 = 30 \times (0.0003)^2/2 = 4.5 \times 10^{-6}$ mm。比较上述两误差项 Δ_1 和 Δ_2，可以看出 Δ_2 已微小到可忽略不计。式(13-1)中的误差 Δ_1 和倾角 φ 成一次方关系，常称为一次误差。式(13-2)中的误差 Δ_2 和倾角 φ 成二次方关系，称为二次微小误差。由此可见，遵守阿贝原则可消除一次误差，只保留二次微小误差，提高了仪器的精度。

2. 阿贝原则的扩展

阿贝原则在测量仪器设计中的意义重大，可在相同条件下获得更高的测量精度。然

而，在实际的设计中并不一定都能遵守阿贝原则，如遵守阿贝原则会造成仪器外廓尺寸过大，造成制造、运输以及使用时的困难。此外，对于多自由度测量仪器，很难做到各个坐标方向或一个坐标方向上各个平面内都能遵守阿贝原则。针对这些局限性，需要对阿贝原则进行必要的补充和扩展。1979 年，J. B. Bryan 将阿贝原则描述为：位移测量系统工作点的路径应和被测位移工作点的路程位于一条直线上。如果不可能，那么必须使传送位移的导轨没有角运动，或者用实际角运动的数据计算偏移的影响并予以补偿。

扩展后的阿贝原则包含三重含义：①标尺与被测量共线；②应使导轨没有角运动；③测量计算导轨的偏移并进行补偿。只要满足其中任意一条，即认为遵守了阿贝原则。后来设计人员对共线的要求进一步补充为："在长度测量中，要使仪器测量结果准确，必须把被测量和标准量布置在一条直线上，且瞄准点、读数点和导向面也要处于这一条直线上"，常称为"五要素共线"。当不能满足共线要求时，扩展后的原则提供了两种解决方法：导轨没有角运动和角偏移量补偿。在无法消除导轨角运动的情况下，可通过测出角运动引起的偏移量，对测量结果进行误差补偿。

补偿的方法可采用动态跟踪测量补偿和定点测量补偿。动态跟踪测量补偿法要实时监测导轨角运动偏移量，经过标定后可提供稳定可靠的补偿量。定点测量补偿法则需先对仪器进行定点测量误差标定，再在读数时依据测量结果与定点值之间的关系进行补偿。

例 13 - 1　爱彭斯坦(Eppenstein)光学补偿方法。

爱彭斯坦光学补偿方法是一种用结构布局来补偿阿贝误差的方法，用于高精度测长机的读数系统。图 13 - 3(a)为测长机原理图。测长机结构包括：床身 1、尾座 2、头座 3、100 mm 刻线尺 4 和双刻线分划板 7。尾座内装有光源 6，头座内装有读数显微镜 5。双刻线分划板和读数用 100 mm 刻线尺安装于床身上，并分别位于焦距为 f 的两个透镜 N_1 和 N_2 的焦平面上。反射镜 M_2、透镜 N_2 及照明光源与尾座连为一体，反射镜 M_1、透镜 N_1 与头座连为一体。测长机床身长度为 1 m，共安装 10 块间隔为 100 mm 的双刻线分划板，每块分划板上分别刻有 0～9 的数字。

测量开始时先将仪器调整对零，调整后双刻线指标 p 成像在 100 mm 刻尺的零刻线位置，记为 s_1 点。如果被测长度为 100 mm 的整数倍，测量时仅需将尾座向左移动。如被测长度除 100 mm 的整数倍外还包含 0.1～100 mm 的小数时，则需同时将头座向右移动相应的尺寸。当导轨平直且被测长度的尺寸为 100 mm 的整数倍时，新的双刻线指标 p' 也成像在刻尺面 s_1 处，测量结果不产生误差。如果导轨角偏移造成尾座倾斜角度 θ 时，p' 不再成像在 s_1 处，而是移动到 s_2 处，引起测量误差。

如图 13 - 3(b)所示，由于倾角 θ 的影响，在测量线方向尾座上端向左偏移 $\Delta L = h \tan \theta$。如果不采取补偿措施，此偏移量即为阿贝误差。尾座倾斜时连带 M_2、N_2 也倾斜角度 θ，双刻线指标 p' 通过 M_2、N_2 及 M_1、N_1 便成像到 s_2 点，双刻线指标在刻尺面移动距离为：$s_1 s_2 = f \tan \theta$。与此同时，头座也需向左移动 ΔL 以夹紧工件，使 p' 点的像也向左移动 ΔL 再次与 s_1 点瞄准。若仪器参数选择满足 $h = f$，则有 $h \tan \theta = f \tan \theta$。由此可见，由尾座倾斜而带来的阿贝误差在读数时被自动补偿而消除。这种通过结构布局随机补偿阿贝误差的方法被称为爱彭斯坦光学补偿方法。

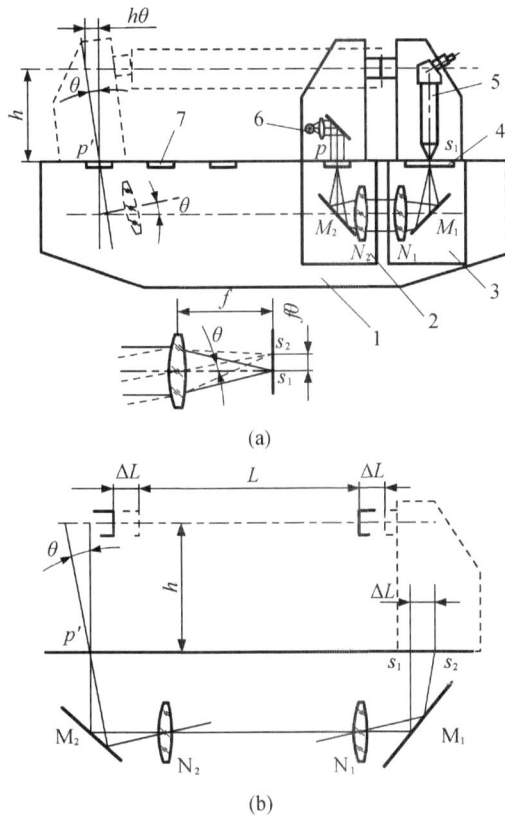

(a)

(b)

1—床身；2—尾座；3—头座；4—100 mm刻线尺；
5—读数显微镜；6—光源；7—双刻线分划板。

图 13 - 3　爱彭斯坦光学补偿方法

例 13 - 2　激光两坐标测量仪中监测导轨转角与平移的光电补偿方法。

高精度激光两坐标测量仪如图 13 - 4 所示，利用光电转换方法监测导轨转角和平移量并完成阿贝误差补偿。仪器采用双层工作台，下工作台 2 用滚柱支承在底座 1 上，上工作台 3 用滚珠轴承 4 支承在下工作台 2 上。上工作台 3 左右两边分别装有弹性顶块 5 和压电陶瓷组合体 6 和 7。在监控系统的反馈控制下，弹性顶块和压电陶瓷共同作用，可驱动上工作台相对于下工作台产生小位移或转角。

上工作台在水平面内的转角测量及校正原理如图 13-5 所示，采用了激光小角度测量法检测工作台的转角。在上工作台的左部装了一对角隅棱镜 3 和 8。若上工作台移动过程中发生转动，角隅棱镜 3 相对于 8 的光程差将发生增大或缩小。根据测得的偏差值和正负方向，通过电子电路驱动压电陶瓷 5 做相应的伸长或缩短，以补偿上工作台在移动过程中产生的转角来消除阿贝误差。采用类似的方式，还可以控制工作台的横向偏移，这里不再冗述。

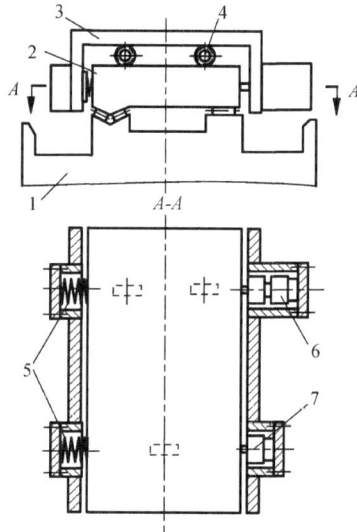

1—底座；2—下工作台；3—上工作台；
4—滚珠轴承；5—弹性顶块；6、7—压电陶瓷组合体。

图 13-4　激光两坐标测量仪的工作台结构

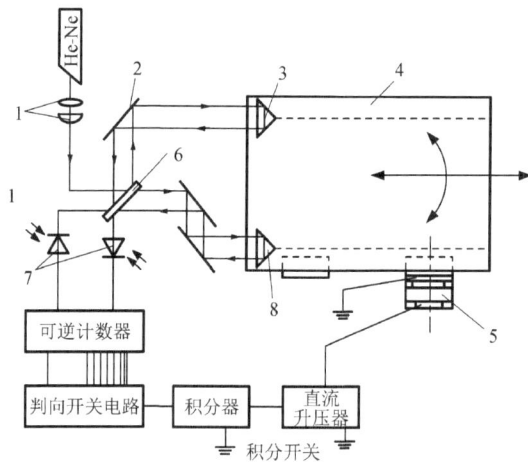

1—准直透镜组；2—全反射镜；3、8—角隅棱镜；4—上工作台；
5—压电陶瓷；6—分光移相镜；7—光电接收器。

图 13-5　转角测量及校正原理

13.1.2　变形最小原则

变形最小原则是指仪器工作过程中避免因受力和温度变化而引起的仪器结构变形，或者仪器状态和参数的变化，以降低对仪器精度的影响。仪器的变形通常包括：力变形和热变形。力变形是仪器承载或测量受力引起的变形，导致工作状态和测量结果出现误差。热变形指外界温度波动引起仪器或传感器件结构参数发生变化，如光电信号零漂及系统灵敏度变化等。仪器使用中的变形是客观存在的，因此必须采取措施以减少其对仪器精度的影响。

1. 减小力变形的技术措施

大型精密仪器和超精测量仪器中，力变形引起仪器部件相对位置发生变化带来的仪器误差不容忽视，设计中需要采取一定措施来减少力变形的影响。可采取的措施有：

（1）提高受力件的刚度。利用有限元法进行刚度设计、选择合理结构截面均可减小受力变形量。

（2）合理布局，避免测量链通过变形环节。如将线纹尺的刻线刻在中性面上，被测件的支点选在贝塞尔点上（相距 5/9 全长），都可有效地降低变形量。

（3）采用调整装置或预变形法消除工作应力变形的影响。

（4）利用补偿法和结构设计消除结构应力变形的影响。

例 13-3　1 m 激光测长机底座变形的结构布局和变形补偿法。

如图 13-6 所示，测长机底座 1 上装有沿导轨移动的工作台 4 和测量头架 3，以及两端的尾座和干涉仪 2。测量头架 3 由电动机、变速箱 6、闭合钢带 7、电磁离合器 8 带动在导轨上移动。被测件放置在工作台 4 上并可沿导轨移动。固定角隅棱镜 9 与尾座 5 固结在一起，可动角隅棱镜 12 与头架 3 内的测量主轴 11 固定在一起，测量主轴在测量头架内可作 ±5 mm 的轴向移动。激光器 13 的光束由分光镜 14 分为测量光路和参考光路，分别射向可动角隅棱镜 12 和固定角隅棱镜 9，两束光返回分光镜后发生干涉。测量干涉条纹的变化量即可获得被测工件长度。

测量开始时先进行对零操作。移动测量头架 3 使测量主轴 11 在一定测量力下与尾杆 10 接触，完成仪器对零。测量时将待测工件放置于工作台 4 上，并夹紧在尾杆 10 和主轴 11 之间。此时，底座 1 受力后发生变形，并改变了测量头架和工作台的相对位置。底座的变形包含被测工件重力增加和测量头架位置移动引起的导轨直线度的影响。

为减小误差影响，仪器的总体布局采取了以下措施：①固定角隅棱镜 9 与尾座 5 固定在一起；②固定角隅棱镜的锥顶安放在尾杆 10 的轴线离底座导轨面等高的同一平面内；③可动

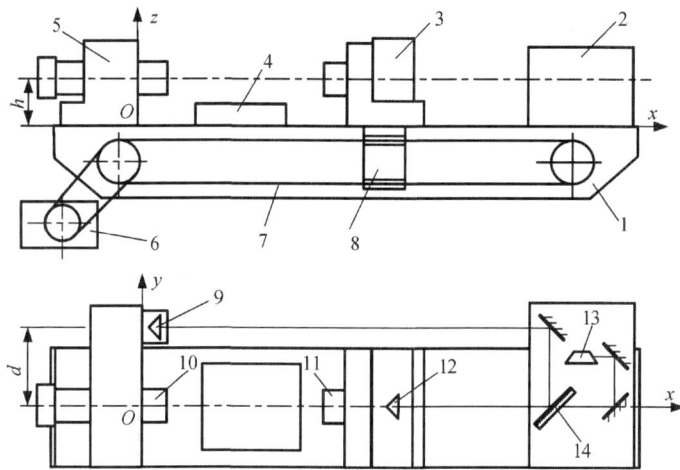

1—测长机底座；2—干涉仪；3—头架；4—工作台；5—尾座；6—变速箱；7—闭合钢带；
8—电磁离合器；9—固定角隅棱镜；10—尾杆；11—主轴；12—可动角隅棱镜；13—激光器；14—分光镜。

图 13-6 1m 激光测长机的工作原理

角隅棱镜 12 的锥顶位于测量主轴 11 的轴线上（符合阿贝原则）；④尽可能减小固定角隅棱镜 9 和尾杆 10 在水平面内的距离 d。这些措施可将重力变化引起的测量误差大大减小。

（1）尾座在 xOz 平面内产生倾角 θ。图 13-7(a) 中仪器对零时测量光路为分光器到可动角隅棱镜，相应的光程为 $2nL_1$；参考光路为分光镜到固定角隅棱镜，相应的光程表示为 $2n(s+d)$。当被测件的长度为 L 时，测量光路和参考光路的光程差为

$$\delta_1 = 2n[(s+d)-(L_1-L)] \tag{13-3}$$

如图 13-7(b) 所示，当尾座绕 y 轴转动在 xOz 平面内产生倾角 θ 时，测量方向上尾杆零位变动量为 $\Delta_1 = h\sin\theta$。此时测量光路由测量角隅棱镜到分光镜之间的距离为 $L_1 + \Delta_1 - L$。参考光路由固定角隅棱镜到分光镜的距离为 $[(s+d)+\Delta_1]$。由于仪器布局采用上述第①条和第②条措施，此时的光程差可表示为

$$\delta_2 = 2n[(s+d)-\Delta_1]-2n(L_1+\Delta_1-L) = 2n[(s+d)-(L_1-L)] \tag{13-4}$$

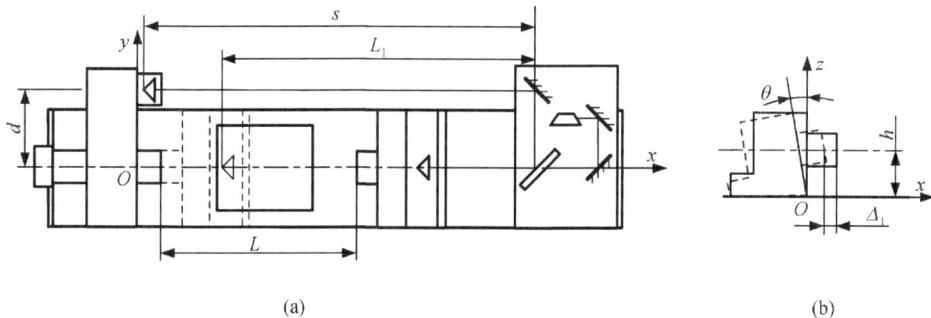

(a)

(b)

图 13-7 尾座绕 y 轴转动引起的测量误差

比较式(13-3)和(13-4)可见,尾座绕 y 轴转动时在 xOz 面内的变动量已由参考镜的变动量所补偿。如果上述两项措施中有一项不满足,都会引起测量误差。

(2) 尾座在 xOy 平面内产生倾角 φ。尾座绕 z 轴转动角度 φ 后,如图 13-8(a)所示,固定角隅棱镜相对尾杆在 x 方向的变动量为 $\Delta_2 = d\tan\varphi$。此变动量会引起测量和参考两路光程差的变化量为

$$\Delta\delta_2 = 2n\Delta_2 = 2nd\tan\varphi \approx 2nd\varphi$$

此误差项为一次误差,减小固定角隅棱镜和尾杆在水平面内的距离 d,即可降低尾座绕 z 轴转动引起的误差项,即上述第④项措施。

(3) 尾座在 yOz 平面内产生倾角 β。尾座绕 x 轴转动 β 角,如图 13-8(b)所示,其上的尾杆和固定角隅棱镜均绕原点转动 β 角,尾杆转动的距离为 $t \approx h\beta$。如图 13-8(c)所示,由于棱镜的入射方向不变,测量光路光程的变化量为

$$\Delta\delta_2 = 2nL(1-\cos\alpha) \approx 2nL \cdot 2\sin^2\frac{\alpha}{2}$$

式中,α 为实际测量时尾杆和主轴中心连线与无变形时测量主轴的夹角,且有 $\alpha \approx t/L = h\beta/L$。由此可得尾座绕 x 轴转动后的到光程差变化量:

$$\Delta\delta_2 = nL\alpha^2 \approx n\frac{h^2\beta^2}{L}$$

此误差项为二次误差,可忽略不计。由此可见,尾座绕 x 轴转动引起的测量误差对结果几乎无影响。

(4) 测量头架在 xOy 平面内倾斜。此时由于仪器结构的总体布局满足第③项措施,即符合阿贝原则,仅引起二次微小误差,因此可以忽略不计。

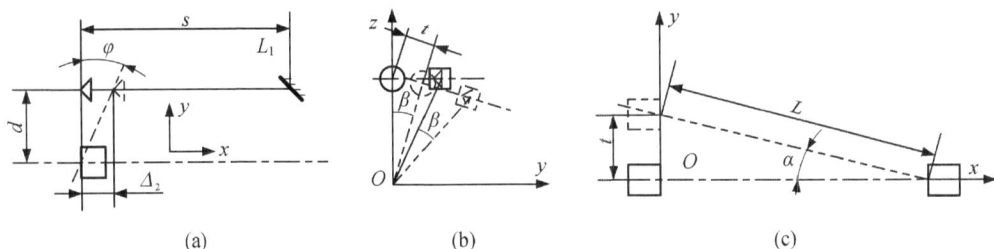

图 13-8　尾座绕 x 和 y 轴转动引起的测量误差

2. 减小热变形的技术措施

减小热变形的措施有:仪器保持恒温工作,以减小温度变化量;选用合适的材料,以减小线膨胀的影响,或选用线胀系数相反的材料进行补偿;采用补偿法消除温度变化的影

响，如测出被测件与标准件的温度 t_1 和 t_2，被测件与标准件的线胀系数 α_1 与 α_2，则温度误差的修正公式为

$$\Delta L = L[\alpha_1(t_1-20℃)-\alpha_2(t_2-20℃)] \tag{13-5}$$

例 13-4 扩散硅压力传感器零点温度漂移的补偿。

扩散硅压力传感器是在硅基片上用集成电路的工艺制成扩散电阻并组成桥路。图 13-9 所示的硅基片既是压力传感器承受压力的弹性膜片，又是将压力信号转换为电信号的元件。扩散硅压力传感器采用了半导体材料的扩散技术，不可避免地会出现三类问题：扩散电阻的离散性很大，桥路各电阻值不等，即 4 个电桥臂的阻值 $R_1 \neq R_2 \neq R_3 \neq R_4$；扩散电阻的各个电阻温度系数不等，即 $\alpha_1 \neq \alpha_2 \neq \alpha_3 \neq \alpha_4$；扩散电阻随温度产生非线性变化。因此，在组成测量桥路时，将产生严重且不同的零点温度漂移和灵敏度温度漂移。

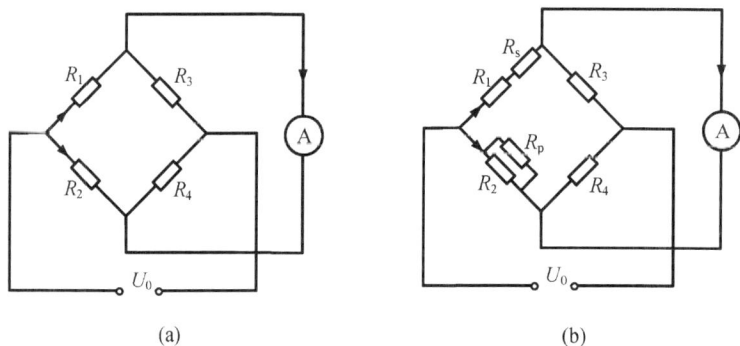

图 13-9 电阻式桥路及温度漂移补偿

实现扩散硅压力传感器零点温度漂移的补偿，可采用串并联、双并联、双串联电阻等多种方案。在某个桥臂上串联或并联一个恒定电阻后，该桥臂上等效电阻的温度系数将降低，其数值变化与所串、并联电阻选择有关。如图 13-9(b)所示，在 R_1 桥臂上串联恒定电阻 R_s，R_2 上并联 R_p，根据四个桥臂阻值和温度系数适当选择两个恒定电阻 R_s 和 R_p，可使温度波动时电桥仍能保持平衡，即补偿了电桥的温度漂移。电桥温度漂移补偿过程可参阅相关参考文献。

13.1.3 测量链最短原则

测量链最短原则是指构成仪器测量链环节的构件数目应最少。在精密测量仪器结构中与感受标准量和被测量信息的所有元件，包括被测件、标准件、感受元件、定位元件等均属于测量链。测量链元件的误差对仪器精度的影响最大。因此，测量链各环节的精度要求应最高，测量链环节的数目应最少，即测量链应最短。除测量链外，仪器中还有放大指示

链和辅助链，它们对仪器精度的影响程度要低于测量链。在需要为仪器用途增加机构时，应加在辅助链上。

测量链最短原则一般只能从原始设计上去保证，而不能采用补偿的办法实现。

13.1.4　基准统一原则

基准统一原则是对仪器各系统的位置关系、相互依赖关系来说的，或是针对仪器中的零件设计及部件装配要求来说的。在零件设计时应使零件的设计基面、工艺基面和测量基准面统一起来，以避免基准不一致带来的误差。在部件装配时，则要求设计基面、装配基面和测量基面一致。

复杂的仪器系统常常由机械系统、光学系统和光电变换部分组成。机械系统坐标、光学系统坐标、光电转化部分坐标或各个子系统的坐标都应统一到被测件位置的主坐标系中，即在设计中要考虑各子坐标系与主坐标系的转换关系，否则会带来测量结果的混乱。

13.1.5　精度匹配原则

根据仪器中各环节对整体精度影响的不同，分别对各部分提出不同的精度要求和适当的精度分配，这就是精度匹配原则。对于测量链中的各环节，应当保持足够高精度，而对于其他各环节则应分配不同的精度，否则就会带来经济上的浪费。

13.1.6　经济原则

经济性是评价现代产品设计的重要指标，设计人员应以最低的总成本获得可靠的产品性能。总成本里包括生产、储存、运输、使用以及维修各方面费用，应该从设计阶段开始对上述因素进行综合考虑。经济原则反映到精密仪器的设计之中，应从合理的工艺性、适当的精度要求、合适的材料选择、正确设置调整环节、提高使用寿命及零部件标准化等方面分别进行考虑。

13.2　仪器的设计原理

工作原理的设计是仪器总体设计的关键。仪器设计质量的优劣就在于能否有效合理地运用好相应的设计原理。运用好设计原理，通过正确地选用基准部件和运动方式，以满足设计任务提出的各项要求，并形成总体方案的初步轮廓。设计原理不是一成不变的，也处于不断总结、创新和丰富的过程中，勇于开拓、探索和总结也可不断形成新的原理。

13.2.1　平均读数原理

平均读数原理又称为误差平均原理,是指采用多次重复测量的方法获取平均值,可以提高测量精度。根据概率统计原理,采用多次重复测量值的平均数作为单一量测量值可显著减少测量结果的随机误差。

例 13-4　度盘双读数系统。

光学分度头采用单个读数头时,轴系晃动或度盘偏心都会给仪器带来读数误差。如图13-10所示,O 为度盘几何中心,O' 为主轴(图中虚线所示)回转中心,即度盘半径为 R 且其安装位置存在偏心距离 e。I 为读数头瞄准位置。当主轴转过 θ 角时,度盘几何中心转至 O_1 点。相对读数瞄准位置 I,则读数误差为

$$\Delta\theta_I = \frac{e}{R}\sin\theta \tag{13-6}$$

仪器主轴转动时轴系有晃动,引起的读数误差与上述结果类似。

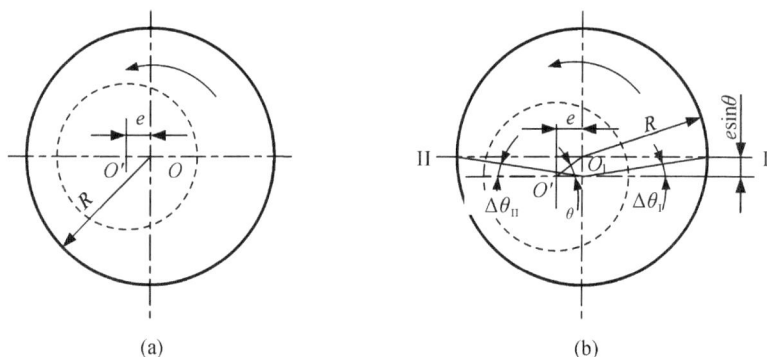

图 13-10　度盘安装偏心示意图

当采用平均读数原理时,在度盘的对径方向上同时安装两个读数头,并将两个读数头读数值的平均值作为此位置上的读数值。对读数头 II,如定义其读数误差为正,则读数头II 的读数误差为

$$\Delta\theta_{II} = \frac{e}{R}\sin(\theta+180°) = -\frac{e}{R}\sin\theta \tag{13-7}$$

比较式(13-6)和(13-7),可见二者的绝对值相等、符号相反,测量值取它们的平均值即可自动消除读数误差。因此,对于度盘安装偏心或轴系晃动误差,采用对径读数并取它们的平均值,可自动消除读数误差。

一般情况下,上述对一个读数头所引起的读数误差可用各阶谐波合成的周期误差来表示。假设度盘有刻划误差、安装偏心,分度头轴系有晃动、游动等缺陷,使用两个读数头的

读数平均值作为测量值时的读数误差为

$$\Delta \theta = \sum_{m=1}^{k} \frac{e_m}{R} \left[\sin m\theta + \sin m(180° + \theta) \right] \qquad (13-8)$$

式中，m 是各阶谐波的阶次；e_m 是各阶谐波的幅值。对于 m 次谐波，有

$$
\begin{aligned}
\Delta \theta_m &= e_m \left[\sin m\theta + \sin m(180° + \theta) \right]/R \\
&= e_m \left[\sin m\theta + \sin(m \cdot 180°)\cos(m\theta) + \cos(m \cdot 180°)\sin(m\theta) \right]/R
\end{aligned}
$$

$$(13-9)$$

当 $m=1,3,5,\cdots$ 奇数时，有 $\Delta\theta_{1,3,5}=e_m[\sin\theta+0 \cdot \cos\theta+(-1)\sin\theta]/R=0$。

当 $m=2,4,6,\cdots$ 偶数时，有 $\Delta\theta_{2,4,6}=e_m[\sin 2\theta+0 \cdot \cos 2\theta+1 \cdot \sin 2\theta]/R=2e_m$ $\sin\theta/R\neq 0$。

可以得出：使用两个读数头时，偶数次谐波误差不能被消除。将该式推广至有 n 个读数头的情况，即 $m=kn$ 次谐波误差不能消除。所以在测定所采用圆分度基准件各次谐波分量 e_m 大小的基础上，选取读数头的个数以消除幅值 e_m 较大的谐波，可获得理想的效果。

因此，在光学度盘式圆分度测量装置中，在度盘圆周上均布 n 个读数头的结构，并取 n 个读数头读数值的平均值作为读数值时，则可以消除 $m=kn$ 阶谐波以外的所有谐波对读数误差的影响。应用多读数头结构的平均读数原理，在消除轴系晃动、度盘安装偏心以及度盘刻划误差等对读数精度的影响具有良好的效果。

平均读数原理已经成为高精密圆分度测量装置中的一条重要设计原理。另外，许多测量原理也具有误差平均的性质，如光栅摩尔条纹均化栅距误差、多齿分度盘整周啮合可平均每个轮齿误差、感应同步尺测量均化节距误差、滚动导轨副均化了滚道波纹度和滚动体形状误差等。

13.2.2 比较测量原理

比较测量原理广泛地应用于各种物理量的测量。在电信号测量中，比较电桥和比较放大是比较测量的基本形式，可以消除共模信号的影响以提高精度。在光电法测量仪器中，双通道差动比较测量能够减小光源光通量变化的影响。比较测量原理尤其适合于几何量测量中的复合参数测量，如渐开线齿形误差、齿轮切向综合误差、螺旋线误差、凸轮型面误差等测量。

1. 被测量与标准量比较

首先需要建立被测量与标准量的一一对应关系，然后根据对应关系和标准量来确定被测量的具体数值。此方法可用于测量简单的参数和复合参数，简单参数如比长仪测量长

度，复合参数如齿轮的齿形误差。齿轮的齿形误差比较测量又称为位移量同步比较测量，测量时分别用激光或光栅装置等测出各个单参数的位移量，然后再根据参数之间的特定关系计算出被测量的准确值，最后与测量值进行比较后给出测量结果。

例 13 - 5 万能齿轮整体误差测量机的原理。

图 13 - 11 是采用比较原理设计的万能齿轮整体误差测量机的原理图。测量采取的方法是对齿轮进行逐齿截面极坐标点测量。测量公式为 $\rho_i = r_0 \phi_i$，式中 ϕ_i 为 i 点齿轮展开角，ρ_i 为与 ϕ_i 相对应的渐开线展开长度，r_0 为基圆半径。测量时刚性测头 5 被调至齿轮 6 基圆的切线位置，并与齿轮 6 齿面接触。齿轮顺时针转动并带动测头沿渐开线法线移动进行逐齿测量。在测量过程中，圆光栅 1 发出被测齿的实际分度角 θ 与齿轮实际展开角 φ 脉冲信号，长光栅 3 发出 ρ_i 和 n 脉冲信号（n 为采样点序号）。两路信号同时被送入计算机，经测量程序计算后显示并绘出齿轮的截面整体误差曲线。从总体设计角度看，除要求轴系与导轨有高的精度外，还要求仪器结构简单、测量链短、精度高、性能得到提高。

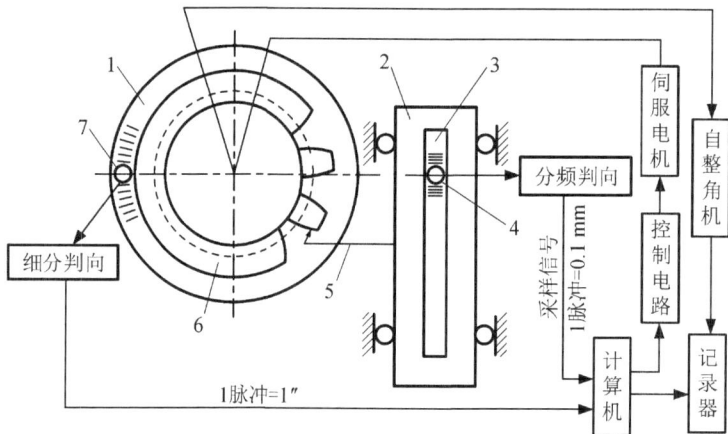

1—圆光栅；2—切向滑板；3—长光栅；4、7—光栅头；5—测头；6—齿轮。

图 13 - 11 万能齿轮整体误差测量机原理图

2. 差动比较测量

差动比较测量时采用两路共同测量被测对象，并利用两路传感信号的差值来获取被测量信息。电学量差动比较测量时可以大大减小共模信号的影响，提高测量精度和灵敏度，并可改善仪器的线性度。例如使用直接检测的光电转换电路测量时，环境温度和光源亮度变化等因素将引起零漂。这时可使用两个光电元件分别接受测量信号和参考光信号。将两路信号比较后可将温度、光源亮度变化等因素的影响剔除，同时还可抵消信号中的直流成分，提高测量中的信噪比。

例 13 - 6　差动式电感传感器。

电感传感器常设计成差动式以提高灵敏度，如图 13 - 12 所示。当工件 5 尺寸发生变化抬升测杆 4 上移 $\Delta\delta$，传感器的上气隙 δ_1 减小 $\Delta\delta$，下气隙 δ_2 增加 $\Delta\delta$。此时，上线圈的电感量增为 $L+\Delta L_1$；下线圈的电感量减为 $L+\Delta L_2$，传感器电感的总变化量为

$$\Delta L=(L+\Delta L_1)-(L-\Delta L_2)$$
$$=\frac{N^2\mu_0 S}{2(\delta-\Delta\delta)}-\frac{N^2\mu_0 S}{2(\delta+\Delta\delta)}\approx 2\left(L\frac{\Delta\delta}{\delta}\right) \quad (13-10)$$

式中，N 为线圈匝数；μ_0 为空气的磁导率；S 为空气隙的截面积。

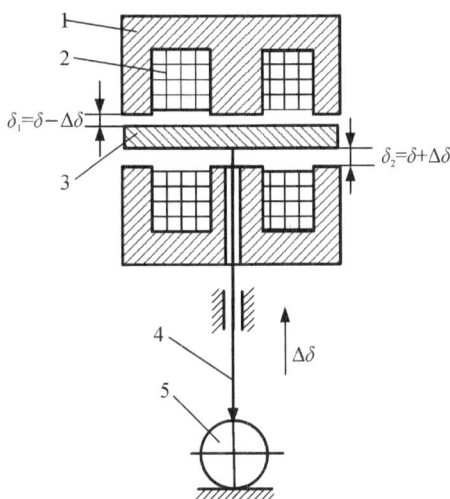

1—铁芯；2—线圈；3—衔铁；4—测杆；5—工件。

图 13 - 12　差动式电感传感器原理

对于非差动式，即单边具有电感线圈的传感器来说，当测杆 4 向上移动 $\Delta\delta$ 时其电感的变化量为

$$\Delta L=\frac{N^2\mu_0 S}{2(\delta-\Delta\delta)}-\frac{N^2\mu_0 S}{\delta}\approx L\left(\frac{\Delta\delta}{\delta}\right) \quad (13-11)$$

比较上述两个公式可以看出，差动式电感传感器的灵敏度比非差动式提高一倍。

图 13 - 13 所示为双通道光学量比较法"光谱透射比"测量的原理。辐射光 1 借助反射镜 2 和透镜 3 分别沿着标准通道 I 和测量通道 II 并行传输。在标准通道 I 中置有固定光谱透射比的标准样品 S_d，测量通道 II 中放置被测样品 M_d。光束通过 S_d 和 M_d 后，光通量分别记为 ϕ_1 和 ϕ_2，它们经透镜 4 汇聚后，分别被光电元件接收并送入差动放大器比较，差值信号被放大并指示出来。设入射光通量为 ϕ_0，标准样品透射比为 τ_s，被测物透射比为 τ_d，光电检测灵敏度为 S_1，放大器增益为 K，电指示装置的传递系数为 M，则输出值 θ 为

$$\theta=KMS_1\phi_0(\tau_d-\tau_s) \quad (13-12)$$

采用双通道比较法测量，用双路信号的差值表示被测对象的特性值，不仅能抑制共模形式引入的干扰，还可消除外界杂散光的影响。

3. 零位比较测量

零位比较测量是在测量过程中让系统始终保持平衡状态，即输出量为零。当被测量变动时，系统自动施加补偿量使系统重新处于平衡状态。记录系统补偿量的大小即为被测量

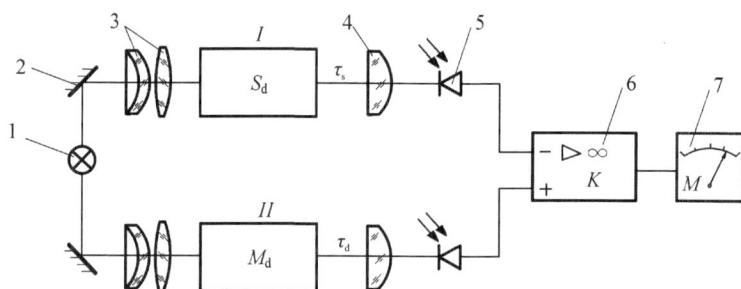

1—辐射光；2—反射镜；3—透镜；4—汇聚透镜；5—光电元件；6—差动放大器；7—指示表。

图 13-13　双通道差动法透过率测量原理

数值。图 13-14 所示为测量偏振面转角的零位测量原理。偏光被测物 3 放在起偏器 2 和检偏器 4 之间。起偏器和检偏器的光轴正交。当被测物未放到测量位置时，检偏器输出的光通量为零，光电检测器件无输出。在光路中放入偏光物体引起偏振面旋转，检偏器有光通量输出，指示表针随即偏离零位。然后，转动检偏器直至指示表恢复为零，此时检偏器的转角等于被测物引起的偏振面转角。通过读数装置 5 读出的转角即为被测物引起的偏振面旋转值。指示表的输出值可用下式表示：

$$\theta = KS_1 \phi_0 Q(\theta_x - \theta_0) \tag{13-13}$$

式中，θ_x 为被测偏振面转角；θ_0 为检偏器读数装置的读数值；K 为放大倍数；S_1 为光电检测灵敏度；ϕ_0 为入射光通量；Q 为检偏器的转换因子。

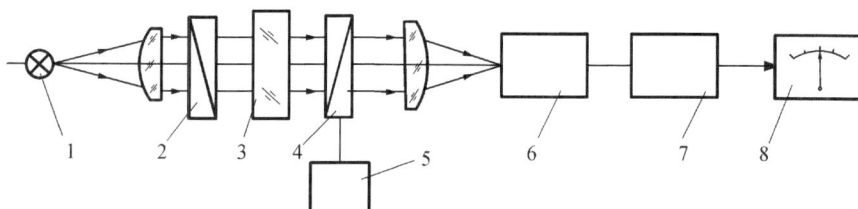

1—平行光光源；2—起偏器；3—被测物；4—检偏器；5—读数装置；6—光电检测器；7—放大器；8—指示表。

图 13-14　测量偏振面转角的零位测量原理

当重新调整使表指示为零时，则必须使被测量与补偿量相平衡，即 $\theta_x = \theta_0$。此时的测量精度仅取决于指示表的零位漂移，而将光通量的不稳定对测量精度的影响大大减小。

13.2.3　补偿原理

在仪器设计中采用补偿、调整、校正环节等措施，常能大幅度提高仪器精度和改善性能。补偿环节一般选择仪器结构、工艺、精度上的薄弱环节，以及对环境和外界干扰敏感的环节作为补偿对象，同时也应考虑是否容易实现补偿且效果灵敏程度高。补偿方法可以采取结构措施补偿和软件补偿。补偿的方式可以是测量范围内连续的逐点补偿,或在特征位置点上补偿。

综合补偿(最佳调整原理)是在仪器设计中常采用的方法,即不论仪器误差来源如何,通过对某个环节的进行调整,实现对测量误差综合补偿的良好效果。

例 13 - 7　机械测微仪测量误差的综合补偿。

在杠杆齿轮式机械测微仪中,测杆部分采用了正弦机构,如图 13 - 15 所示。仪器的度盘刻度是采用线性刻度,而被测值与测杆转角为正弦关系。当测杆臂长为 a、被测值 s 引起的杠杆转角为 φ 时,测量过程将 $s = a\sin\varphi$ 简化为 $s' = a\varphi$,由此产生的原理误差:

$$\Delta s \approx (1/6)a\varphi^3 \tag{13-14}$$

设计完成后仪器的示值范围 φ_0 已经确定,对应的杠杆摆角也已确定。为了减小测量误差 Δs,可通过调整杠杆臂长 a 来实现。由理论分析(最小二乘估计法)可以得知,当调整杠杆臂使 $\varphi = 0.874\varphi_0$ 处的原理误差为零时,可在整个测量范围内获得最小的测量误差,即仪器达到最佳调整。此时最大原理误差仅为调整前误差的 1/4,计算结果为

$$\Delta s' \approx (1/24)a\varphi^3 \tag{13-15}$$

调整后的杠杆臂长 a' 可由下式求得:

$$a' = \frac{0.874a\varphi_0}{\sin(0.874\varphi_0)} \tag{13-16}$$

图 13 - 16 显示了调整前后的特征曲线。其中 $s = a\sin\varphi$ 为调整前的特种曲线,而线性特性 $s = a\varphi$ 为刻度盘刻划结果,调整后的特征曲线为 $s = a'\sin\varphi$,调整后最大误差出现在 $0.5\varphi_0$ 处。正切机构的原理误差也可采取类似的综合补偿方法达到最佳调整效果。

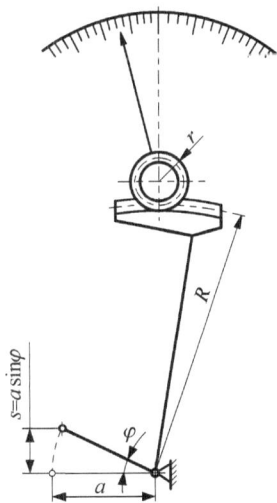

图 13 - 15　杠杆齿轮式测微仪原理图

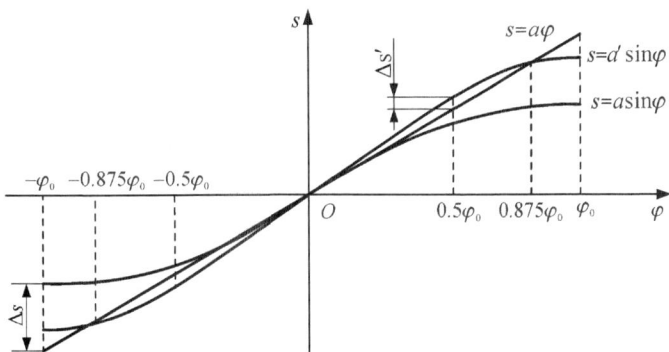

图 13 - 16　正弦杠杆的三条特性曲线

误差补偿原理是仪器设计中应用广泛而且意义重大的设计原理。任何仪器的零部件都会存在制造误差和装配误差，这些误差项都可通过校正机构进行综合补偿，在不需要大幅增加成本的条件下使仪器精度获得显著提高。

13.3　仪器总体设计过程

精密仪器总体设计时，应在对设计任务经过详细分析的基础上依次完成以下相关步骤：工作原理选择、仪器主要结构方案选定、参数和技术指标确定、系统简图绘制、总体布局、精度分配、仪器造型、设计报告编写。

13.3.1　设计任务分析

仪器的设计通常有三种情况：定制产品——根据专门的需求专门设计的仪器，技术指标一般由用户提出。通用产品和系列产品——仪器厂商对市场需求调研后确定仪器技术指标，以最少的产品系列和较全的仪器功能来满足市场需求。全新产品——根据技术的发展和对需求的预测，开发高性能的先进仪器。

在设计开始前，需要对设计任务进行全面分析，明确仪器的功能、对象、使用条件等。设计任务一般需要认真调研和分析，搞清设计目标的相关信息，具体包括以下内容：

1）被测参数及特点

了解被测参数及特点是仪器设计的基础。仪器设计在测量原理上应严格与被测参数的定义相符合，否则会造成在测量原理或数据处理方法上出现原理性错误。被测参数的特点是指被测参数的精度要求、数值范围及状态等。

2）被测对象的特点

被测对象是被测参数的载体，通常为机械或光学载体。载体的大小、形状、材料、重量、状态等特点都将对测量和控制的质量产生重大影响。如被测对象的材料、重量、表面特性会影响仪器测量的接触方式、支承结构以及光学成像质量等。

3）仪器的功能要求

仪器的功能包括测量方式、检测效率、承载能力、操作方式、输出方式，仪器的自动诊断要求、仪器的自动保护要求，以及仪器的外廓尺寸与自重要求等。

4）仪器的使用条件

仪器的使用条件和工作环境对仪器能否达到设计的性能要求起到至关重要的作用。

5）国内外同类产品情况

通过查找资料、收集产品样本、现场调查以及上网检索等多种渠道，对国内外同类产品的类型、原理、技术水平和特点等做深入的了解和分析。

6）国内外的生产和销售现状

了解国内外相关领域的加工制造水平及关键器件的销售情况，可减少设计失误并为设计目标的实现提供可靠保障。仪器系统所必需的关键电气、光学等元器件应在设计时选定所需的标准器件，提高设计可靠性并降低成本。

7）审定设计任务的合理性

此处任务的合理性包括设计任务提出的各项技术指标的合理性、用户要求转换为技术指标的确切程度、仪器的精度储备，以及仪器功能的扩展性。

总体设计任务分析需要将分析结果明确为仪器的技术指标。这些技术指标是表明仪器性能和功用的具体数据，它既是设计的基本依据，也是产品质量检验的标准。仪器的技术指标通常包括功能、对象、条件三方面：功能——即仪器的测量范围、测量精度、效率、测量结果的显示方式，以及仪器的使用要求。对象——被测参数的性质、特点、表现形式。条件——工作环境、工作状态，以及与其他系统的接口情况等。

13.3.2　仪器工作原理选择

对仪器系统进行总体考虑时，首先是确定系统的工作原理，其中包括了检测传感器的选择与设计、标准量及其细分方法、信号转换与传输方式等方面。仪器系统的工作原理需要根据检测目标参数特点、使用条件、检测精度、效率等因素，并结合前述设计原则和原理进行选择，也可按照新理论、新材料、新方法设计全新的工作原理。

1. 传感器的选择与设计

传感器的选择可依据设计任务书，综合考虑传感器的工作原理和应用特点来选取，可参考以下三方面：

（1）按传感器转换功能，可选择位置检测和数值检测。

（2）按传感器对原始信号感受方式，可选择接触式、非接触式和直接引入式。

（3）按传感器转换放大原理的不同，可选择机械式、光学式、光电式、电学式或气动式。

根据上述选择依据，以及传感器的精度范围、测量范围、使用条件和成本即可确定传感器的类型，但在实际设计过程中还要进一步考虑应用要求方面的特殊性，如被测参数的定义、极限测量情况下的测量条件、检测效率以及精度要求。对超大量程或多维参数的测量，传感器的选择和设计都有许多关键技术需要考虑。传感器的选用，可参阅相关资料和设计手册。

2. 标准器的选择

检测与测量的过程就是把被测量与标准量进行比较的过程。测量的精度首先取决于标准量的精度。标准量的作用有两种：与被测件进行比较实现测量；校准仪器的示值或检定仪器的示值误差。标准器是提供标准量或规定状态的器具，不同的被测量都有相应的标准器可供选用。

在总体设计时应根据仪器的精度要求合理地选择标准器。低精度仪器选用高精度标准器，不仅使仪器结构复杂化，而且会大大提高仪器的成本；高精度仪器选用较低的标准器，很难达到所要求的精度水平。在进行同等精度标准器选择时，则主要考虑仪器工作的可靠性、维修便利性及使用成本，特别要注意使用条件和生产条件。

常用的长度标准器有量块、线纹尺、丝杠、光栅尺、长度编码器、长度感应同步器、磁尺、容栅尺、激光干涉等。角度标准器的类型包括：角度量块、多面棱体、度盘、多齿分度盘、光栅盘、圆编码器、圆感应同步器、磁盘、容栅盘、环形激光及激光测角仪等。几何量复合参数标准量是利用几种标准量组合的标准运动方式，实现标准函数关系的标准量。对于函数参数也常采用一些标准件，如标准丝杠、标准凸轮、标准齿轮和标准蜗杆等作为工件标准。此外，测控仪器中许多标准器与传感器的工作原理是一致的，选择方法也是相同的，只是标准器的精度比相应的传感器高一些。

3. 标准量的细分

为获得适当大小的分度值和提高仪器的分辨率，通常需将标准量进行细分。细分的方法与所采取的标准量类型密切相关，可分为光学机械细分法与光电细分法两大类。

采用线纹尺、度盘等长度与角度的测量仪器大都采用光学机械细分法。光学机械细分法有两类：直读法是通过显微镜将影像放大，利用单指标线或多指标线直接瞄准尾数，读出小数部分，如万能工具显微镜测角目镜的读数。另一种是微动对零法，当主标尺的刻线像对准读数指标时，通过微动机构移动主标尺刻线像或读数标线完成对准，然后由微动机构读出尾数部分。只要微动机构具有足够的准确性，就可以实现很高的细分数。

光电细分法可分为光学倍程法和电气细分法两类。光学倍程法是将被测位移进行成倍扩展，利用光束多次反射的方法来增加光程倍数。如 1 m 激光测长仪中参考光路与测量光路光程差为被测量的 2 倍，实现了 2 细分。光学自准直仪是在入射光束方向不变的情况下，当方向镜偏转 θ 角时，出射光束偏转 2θ 角从而实现 2 倍放大。

在以激光波长、光栅、感应同步器、磁栅等为标准器的仪器中，多采用电气细分法，这种方法易于达到较高的细分数，可实现测量和数据的自动化，并能应用于动态测量中。常用的细分法有：非调制信号细分、调制信号细分和相位细分等。

4. 信号转换与传输方式

信号转换与传输方式的选择不仅关系到仪器的使用效率，也能影响到测量精度、结构以及控制方式，需要从以下三个方面进行选择。

（1）按照转换功能选择。不同功能对仪器的要求也不同。如位置检测时，需要的仪器具有高分辨力；数值检测时，则要求仪器的灵敏度高、线性度好、原理误差小。

（2）按照对原始信号的感受方式选择。可选择接触式、非接触式、直接引入式等。

（3）按照转换放大原理选择。可选择机械、光学、光电、电气、气动等。

13.3.3　仪器主要结构方案选定

选定工作原理、传感器、标准器及细分方式以后，还需要进行仪器主要结构方案的确定，完成数据处理装置、显示装置、运动方式、控制方式的选择。

数据处理装置的选择需要根据对数据处理精度和处理速度的要求，同时考虑到仪器功能、操作性、经济性、结构、环境适应性等特点来选定。目前，以计算机和单片机为代表的数字式处理装置具有显著优势。随着互联网和云计算技术的发展，基于网络的云存储、计算、处理、显示等将是仪器数据处理方式的一个重要发展方向。显示装置通常按照测量目的、被测参数类型以及测量原理和标准器的形式来选择，目前仪器主要应用数字化显示装置。

仪器运动方式的选择主要依据工作原理、被测量的形成、测量精度等，常见的运动方式有直线运动、回转运动、连续/间歇运动、匀速/变速运动等，不同的运动方式要求有不同的运动控制方式相配合。按照仪器测量精度、运动方式、工作原理和数据转换方式可确定仪器需要的控制方式，常见的方式有开环控制、闭环控制、PID 控制、模糊控制、最优控制等。

13.3.4　主要结构参数和技术指标确定

仪器结构参数及技术指标的数值是根据仪器的功能、测量范围、精度要求、分辨力要求、误差补偿要求、使用要求和条件，以及有关标准规定等许多因素来确定的。

1. 根据精度确定仪器参数——光学灵敏杠杆比的确定

光学灵敏杠杆是工具显微镜上的瞄准附件，常同工具显微镜的物镜配合使用，如图

13-17 所示。光源 6 照明双线分划板 5 上的双刻线后，经反射镜 2 后被物镜 4 成像在主显微镜目镜分划板表面。测量时触球 7 与工件 8 接触后，测杆 1 围绕杠杆支点 3 产生微小摆动，目镜里可观察到分划板双刻线像的移动。使用灵敏杠杆测量瞄准时，先移动工作台使孔壁的一侧与触球 7 相接触，直到双线分划板 5 上的双刻线对中主显微镜中分划板的米字刻线，进行第一次读数。然后移动工作台使另一侧孔壁与触球接触，将双刻线与米字线对中，完成第二次读数。两次读数处理后即可得到被测孔径的尺寸。

首先需要根据测量精度、仪器使用范围、外轮廓尺寸来确定光学杠杆 l_1、机械杠杆 l_2 以及尺寸 l_3 的长度，才可继续进行具体设计。光学灵敏杠杆的要求是瞄准精度，所以必须从瞄准精度上确定上述参数。如图 13-18 所示，测球工作时从 O 点移动 Δ 到 O' 点，杠杆转动 θ 角，反射镜由位置 I 摆动到 II。在位置 I 时，双刻线 a 对 I 的成像位置在光轴 $O-O$ 上的 a_1 点，反射镜到位置 II 时，双刻线 a 的成像在 a' 点。a' 点与光轴距离为 y，$a'c$ 与光轴夹角为 2θ，且有 $\theta=\Delta/l_2$，整理后可得

$$y \approx \frac{2l_1\Delta}{l_2} \tag{13-17}$$

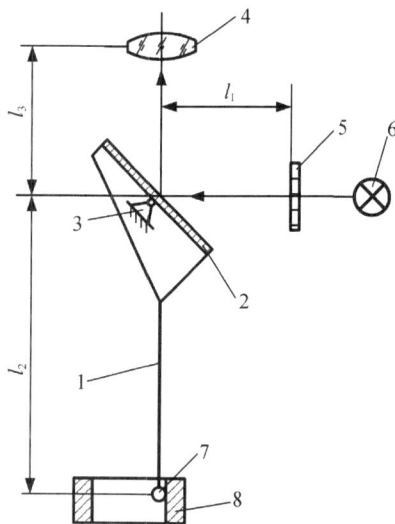

图 13-17   灵敏杠杆结构原理   图 13-18   灵敏杠杆的杠杆比计算

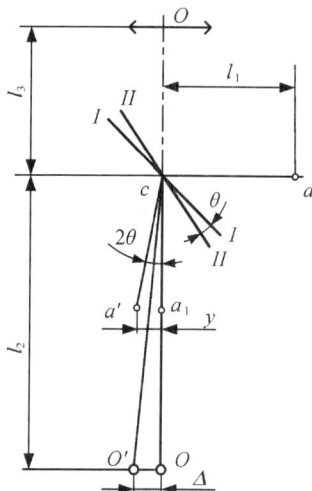

对于显微系统而言，物镜目镜的放大倍率 $\beta=30$，人眼正常视角距离 250 mm，双线对单线瞄准时眼睛的瞄准精度约为 5×10^{-5} rad（$10''$）。由此可计算出仪器能够分辨的最小 y 值：

$$y_{min}=\frac{250\times10^3\times5\times10^{-5}}{\beta}\mu m=\frac{250\times10^{-3}\times5\times10^{-5}}{30}\mu m\approx0.4\ \mu m \tag{13-18}$$

式中，显微镜放大倍数 β 取为 30，则杠杆机构相应的瞄准误差可计算为

$$\Delta=\frac{l_2 y_{\min}}{2l_1}=0.2\frac{l_2}{l_1} \tag{13-19}$$

由此可见，瞄准误差 Δ 与机械杠杆长度 l_2 和光学杠杆长度 l_1 的比值有关，减小 l_2 或增大 l_1 都可减小瞄准误差。实际设计中 l_2 不宜取太短，l_2 长度变小会降低光学灵敏杠杆的使用范围。受到显微镜物镜工作距离 l_1+l_3 的制约，l_1 也不宜太长。3 倍物镜的工作距离一般为 80 mm，增大 l_1 会导致 l_3 变小，造成结构布置困难。另外，l_1 过大会使灵敏杠杆体积过大，影响使用范围。因此在保证一定的瞄准精度条件下，一般取 $l_1=40$ mm、$l_2=70$ mm，此时的瞄准误差为

$$\Delta=\frac{l_2 y_{\min}}{2l_1}=\frac{0.4\times 70}{2\times 40}\ \mu m=0.35\ \mu m$$

该瞄准误差数值对于要求 1 μm 的瞄准精度的灵敏杠杆已经是足够的。

2. 根据测量范围确定仪器参数——杠杆齿轮式测微仪的测杆臂长的确定

如图 13 - 15 所示，杠杆齿轮式测微仪的刻度盘是由于工艺原因采用线性刻度，而被测值与测杆转角为正弦关系，因而存在原理误差式(13 - 14)，将该式进一步表示为刻度盘指示范围：

$$\Delta s=\frac{1}{6}a\varphi^3=\frac{1}{6}\frac{s'^3}{a^2} \tag{13-20}$$

根据已经确定的仪器测量精度 Δs 和测量范围 s'，可确定测微仪的测杆臂长 a：

$$a=\sqrt{\frac{s'^2}{6\Delta s}} \tag{13-21}$$

此测杆臂上 a 是按照仪器测量精度和测量范围确定的，利用误差综合补偿原理可继续调整臂长，以进一步降低测量误差提高精度。

3. 根据误差补偿要求确定参数——电容压力传感器的结构参数确定

电容压力传感器的结构参数，应根据使用要求来确定，同时要考虑温度变化导致传感器极板间产生附加电容并引起的测量误差问题，选用适当的传感器结构参数来补偿温度误差。

如图 13 - 19 所示的电容式压力传感器，膜片 1 和固定极板 2 组成电容器，3 为绝缘体，4 为传感器外壳体。外界压力 p 发生变化会带动膜片 1 产生变形，并引起极板间电容的变化，测出电容变化量即可实现压力 p 的测量。

当温度为 t_0 时，极板间隙为 δ_0，固定极板 2 厚度为 g_0，绝缘体 3 高度为 b_0，膜片至底部壳体高度为 a_0，则有传感器的基本间隙尺寸：

$$\delta_0 = a_0 - b_0 - g_0 \qquad (13-22)$$

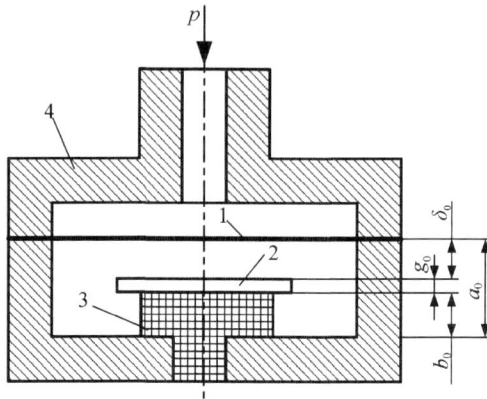

1—膜片；2—固定极板；3—绝缘体；4—壳体。

图 13-19 电容式压力传感器结构

温度变化 Δt 后，固定极板、绝缘体、壳体各段尺寸均会发生变化。设各部分的温度膨胀系数分别为 α_a、α_b、α_g，传感器的极板间隙变为 δ_t：

$$\delta_t = a_0(1+\alpha_a\Delta t) - b_0(1+\alpha_b\Delta t) - g_0(1+\alpha_g\Delta t) \qquad (13-23)$$

比较上两式(13-22)和(13-23)，可得极板间隙的变化量：

$$\Delta\delta_t = \delta_t - \delta_0 = (a_0\alpha_a - b_0\alpha_b - g_0\alpha_g)\Delta t \qquad (13-24)$$

由于温度变化导致的电容压力传感器的测量误差为 Δ_t：

$$\Delta_t = \frac{C_t - C_0}{C_0} = \frac{\delta_0 - \delta_t}{\delta_t} = \frac{-(a_0\alpha_a - b_0\alpha_b - g_0\alpha_g)\Delta t}{\delta_0 + (a_0\alpha_a - b_0\alpha_b - g_0\alpha_g)\Delta t} \qquad (13-25)$$

如能使上式分子为零，即可消除温度误差的影响。结合式(13-22)，可得温度误差补偿关系式：

$$b_0(\alpha_a - \alpha_b) + g_0(\alpha_a - \alpha_g) + \delta_0\alpha_a = 0 \qquad (13-26)$$

由此可见，电容压力传感器的温度误差与其自身的结构尺寸和材料属性有关，适当选择零件的几何尺寸和材料并使其满足式(13-26)，即可消除传感器的温度误差。

13.3.5 其他设计内容

在完成仪器的指标和主要参数确定后，可根据总体设计方案绘制系统简图并组织方案讨论，以确定最佳方案。接着进行总体布局设计，一方面根据仪器工作原理协调各部分之间的关系，另一方面考虑人机交互关系，如操作、维修、外形、体积、环境协调性等，同时也要运用设计原理拟定最佳布局方案。

总体精度分配应根据各部分技术难易程度不同，对仪器的光、机、电各部分的精度进行分配。分配过程中需要将各部分的原始误差项目按照系统误差、随机误差分别计算，并与分配的误差比较并调整，力求做到精度分配合理。

　　总体设计报告是对上述全部设计过程和成果的总结，以便指导后续具体设计。设计报告将所设计的仪器特点完整总结并准确阐述，同时列出仪器所采取的技术措施和应注意事项。这既是对设计工作的全面总结，也是仪器设计经验的积累，是完成总体设计的最后步骤。此外，在仪器总体设计中需要密切关注仪器发展的新动向，掌握仪器测控技术的发展动态，将新原理和新科技引入仪器设计中。

【拓展阅读】

中国古代的测量工具——"准、绳、规、矩"

　　"准、绳、规、矩"是中国古代所使用的测量工具。准是测量水平的水准器，用以检查水平。绳是测量距离、引画直线的工具。规是校正圆形的用具，矩是画方形的用具。古人总结了矩的多种测绘功能，既可以定水平，还可以测高、测远、画圆、画方。使用时根据矩的安放位置不同，就可测定物体的高低、远近、大小，这些广泛用途都体现了古人的无穷智慧。

　　古代典籍中对测量工具和思想均有大量记载。"天下从事者，不可以无法仪，无法仪而其事能成者，无有也。虽至士之为将相者，皆有法。虽至百工从事者，亦皆有法。百工为方以矩，为圆以规，直以绳，衡以水，正以县。无巧工不巧工，皆以此五者为法。巧者能中之，不巧者虽不能中，放依以从事，犹逾己。故百工从事，皆有法所度。今大者治天下，其次治大国，而无法所度，此不若百工辩也"（《墨子·法仪》）。"离娄之明，公输子之巧，不以规矩，不能成方员"（《孟子·离娄上》）。"巧匠为宫室，为圆必以规，为方必以矩，为平直必以准绳"（《吕氏春秋·分职》）。"左准绳，右规矩，载四时，以开九州，通九道，陂九泽，度九山"（《史记·夏本纪》）。

　　尺是古代长度测量的重要标准。我国最早的长度标尺是一把殷墟出土的商尺，用兽骨制成，长 17 厘米，上面雕刻有 10 个等长的单位。随着朝代的更替，"尺"的长度和形制都经历了多次变化。1992 年 5 月，扬州市邗江县东汉早期墓葬中，出土了一件西汉新莽时期的铜卡尺。这把卡尺由固定尺和可以自由滑动的活动尺组成，滑动活动尺就可方便地量出物体的长、宽、厚以及直径、深度等，满足不同用途的测量需要。这表明中国汉代就已有了带有卡爪的专用测长工具——卡尺，也被认为是我国古代测量技术的重要突破。

　　现代游标卡尺是法国数学家皮埃尔·维尼尔发明的。他于 1631 年发表的数学论文《新四分圆的结构、利用及特性》中，描述了游标卡尺的结构和原理。现代游标卡尺于清朝乾隆年间传入中国，并被仿制和使用。

课后思考题

13-1 仪器设计的基本原则有哪些？

13-2 仪器设计的基本原理有哪些？

13-3 阿贝误差产生的本质原因是什么？分析三坐标测量机工作时，哪个坐标方向上的各个平面内均能遵守阿贝原则？

13-4 平直度测量机的导轨存在误差，为补偿测量误差而将侧头和测微表按照图题 13-4 进行布置，试分析为何滑块绕 O 点摆动时，测端处于 A_0 的位置可以补偿阿贝误差，而 A_1 和 A_2 两个位置均不能补偿。

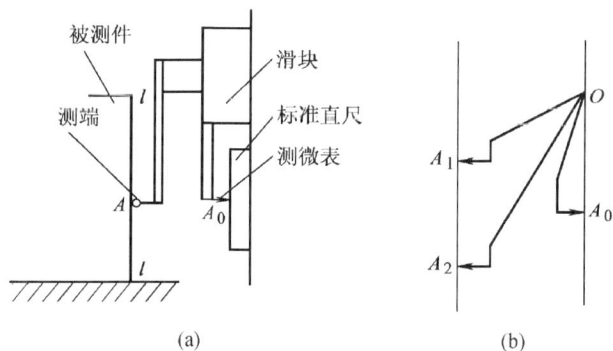

图题 13-4

13-5 1 m 激光测长机和光电光波比长仪为减小底座变形对测量精度的影响，在结构布局上采用了几种措施，这些措施的依据是什么？

13-6 丝杠动态测量仪对环境条件变化产生的测量误差进行补偿的条件是什么？

13-7 为什么在高精度圆分度测量装置中，度盘的对径方向设置两个读数头？这一布局可以消除读数误差中的哪些谐波误差？

13-8 对径方向安装两个读数头，是否可以消除轴系晃动、度盘安装偏心及度盘刻划误差等对读数精度的影响？为什么？

13-9 零位比较测量法与利用仪器指示测量绝对值的方法相比优点是什么？

13-10 万能工具显微镜的光学灵敏杠杆的杠杆比是如何确定的？

13-11 综合补偿的优点是什么？请结合一个实例说明。

仪器中的精密机械系统及设计 14

14.1 基座

基座和立柱是仪器设备的基础支承部件，立柱连接基座并支承其上部的零件，二者同时具有支承作用和基准作用。精密仪器中的基座和立柱通常都与被测件直接相连，属于测量链的一部分，其受力和变形将直接影响测量精度。因此，对基座和立柱等支承件的承载、变形等性能需要进行准确设计。

14.1.1 基座的特点及设计要求

基座和立柱的结构特点是：尺寸大、结构复杂、容易受热变形，加工精度和位置精度要求高。设计基座和支承件时需要注意其刚度、稳定性、热变形、抗振性以及精度等问题。

1）刚度足够，力变形小

基座的刚度要求是在规定载荷下的变形量须在允许范围内，即具有足够的刚度，力变形小。设计时应满足变形最小原则并进行正确的刚度计算。

2）稳定性良好

影响基座形状和尺寸稳定性的主要因素是铸造内应力、焊接内应力以及连接内应力等。因此，对较大的基座和支承件，需要进行时效处理，以消除内应力减小变形。

3）热变形小

对于精度较高的精密设备及仪器，热变形已成为产生误差的一个重要因素。减少热变形的措施有：严格控制工作环境温度、控制设备内部热传递、采取温度补偿措施。

4）抗振性好

基座的抗振性是指其承受强迫振动的能力。尤其当振源频率与设备构件的自有频率接近时，易发生共振，影响到设备的正常使用和寿命。提高静刚度和固有频率、增加阻尼、使用隔振措施等均可提高抗振性能。

5）精度

基座也是许多零件的定位基准，设计时必须对基座的关键表面和部位提出一定的精度要求。

14.1.2 基座的结构设计

基座的结构形状对其刚度、抗振性、稳定性和热变形有着决定性的影响。根据使用条件的不同，基座与支承件的结构设计可采用类比、仿真试验法和计算分析法进行。

1）正确选择截面形状和外形结构

支承件受本身重力、其他零部件重力以及外界载荷的作用，会产生拉伸、压缩、弯曲和扭转变形。支承件的截面大小和形状直接影响其刚度，较大截面形状的结构一般具有更高的刚度。截面形状一般采用空心、封闭截面，必要时可在截面中间设计肋板以提高承载能力，如图 14-1(a)所示。

基座的外形结构一般采用矩形、船形和圆形三种。矩形基座适用于各种设备。船形基座是基于简单梁强度理论设计，在任意外载荷作用下的变形均为常数，且重量较轻。

2）合理布置筋板和加强筋

为了提高支承件的刚度，特别是截面不封闭的支承件，应增设筋板和加强筋。图 14-1(b)中十字形和 X 形筋在垂直方向的抗弯刚度相差不大，且铸造工艺简单，故应用较广。米字形筋板的铸造工艺较复杂，但刚度最好，大中型高精密仪器的基座常采用这种筋板。基座上有导轨时，应在导轨下方布置筋条。

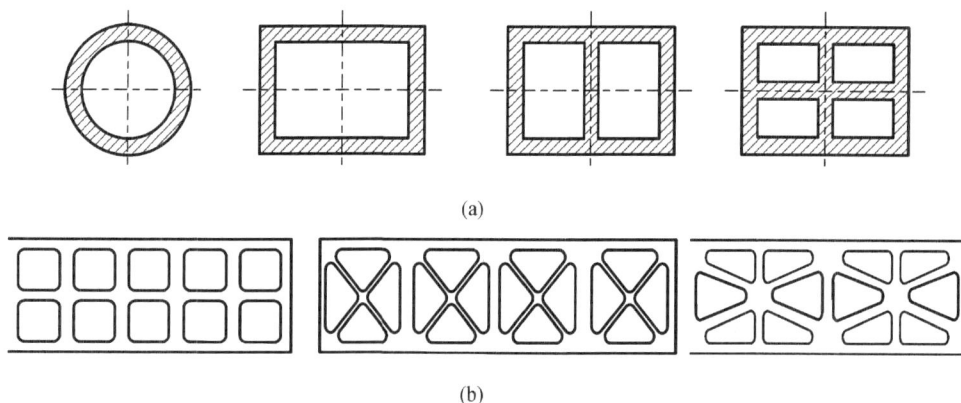

(a)

(b)

图 14-1 基座截面及筋的布置形式

3）正确结构布局，减少力变形

基座与支承件的结构布局应遵守力变形最小原则。支承件设计时应保证仪器工作时的变形量在允许的范围内，即应有足够的刚度。将等截面梁改为变截面梁，以减轻重量及提高抗弯能力。对横臂可加配重，以减少立柱的弯曲变形。采用反变形结构，使支承件产生预变形，以达到抵消或减少变形的目的。

基座的支承方法和支承点数对其变形的影响也不应忽视。精密仪器多采用三点支承。

4) 良好的工艺性，减少应力变形

在保证刚度的前提下，应该尽量减少铸件的重量，以便减少应力变形。

14.1.3　基座材料的选择

基座材料应具有较高的强度和刚度、耐磨性，以及良好的铸造、焊接和机加工工艺性。常用材料有铸铁、钢板、花岗岩等。

铸铁材料常用灰口铸铁和球墨铸铁。灰口铸铁如 HT150、HT200 和 HT250，具有良好的减振和减磨作用，以及较高的流动性和切削加工性能，缺点是塑性较差。球墨铸铁的抗拉强度达 400 MPa 以上，淬火后其强度可达 1200~1500 MPa，硬度达 38~50 HRC。铸件基座进行表面淬火，可提高表面强度和耐磨性。

较小尺寸的基座可采用焊接的方式制作。常用材料有 Q215、Q235 和 Q255。焊接钢板的弹性模量大，适合制作较轻的可移动基座。焊接件的工作性能受焊缝质量及焊接热影响区影响，存在一定的残余内应力和缺陷，易产生形变并导致承载能力降低。

花岗岩稳定性好，常用于制作基座和支承件。花岗岩加工简便，采用研磨、抛光会得到很高的精度和好的表面粗糙度，耐磨性比铸铁高 5~10 倍。其优点是热稳定性好、吸振性好、绝缘性好、抗电磁影响性能优良、耐腐蚀、价格便宜，维护和保养方便。缺点是脆性大，不耐冲击。国产的三坐标测量机和许多大型仪器的基座多采用花岗岩制作。

14.2　直线运动导轨

14.2.1　导轨副的功用及分类

导轨副由动导轨和静导轨组成，主要作用是导向和承载，即确保运动精度及部件间的相互位置精度，承受外界载荷并保持运动的稳定性及灵活性。动导轨一般较短，其上装有工作台或测量装置。静导轨较长且常与仪器基座或支承件做成一体。精密仪器中导轨有直线运动导轨和圆周运动导轨，本节主要讨论直线运动导轨。直线导轨的主要特点如下：

(1) 工作运动速度低。精密外圆磨床的工作台移动速度为 4 m/min，激光比长仪的工作台移动速度为 0.03~0.06 m/min。在设计时，需要考虑导轨副低速运行状态的稳定性，解决低速爬行问题。

(2)导轨工作部分刚度差。仪器工作台的导轨多为细长形,是整个机械系统中刚度最小的环节。

(3)受力较复杂,设计计算困难。

(4)加工工作量大。导轨加工一般需要专门的设备或人工刮研,成本高。

按照导轨副间的摩擦性质可分为:滑动摩擦导轨、滚动摩擦导轨、流体摩擦导轨、弹性摩擦导轨。根据导轨副的结构特点可分为:力封闭式和自封闭式导轨。力封闭式导轨借助外力保证运动件和承导件导轨面间的接触,可承受垂直于导轨面的大载荷,又称开式导轨,但其承受偏载和倾覆力矩的能力较差。自封闭式导轨利用导轨自身的几何形状保证导轨面间的接触,能承受多方向的载荷和倾覆力矩,又称闭式导轨。

14.2.2 导轨设计的基本要求

导轨的基本功能是传递精密运动,导向精度是最重要的要求。此外,运动的平稳性和灵活性、刚度、耐磨性和良好的工艺性等也是导轨设计的基本要求。

1. 导向精度

导向精度指动导轨运动轨迹的准确度,取决于导轨和工作面的几何形状精度以及配合间隙。直线导轨的导向精度是动导轨沿给定方向作直线运动的准确程度,主要影响因素是导轨面的几何精度、接触精度、导轨和基座的刚度、导轨油膜的刚度,以及导轨与基座的热变形等。

(1)几何精度。包括导轨在垂直面和水平面内的直线度、导轨面间的平行度和垂直度。如图 14-2 所示,直线度误差是在导轨全长范围内,实际轮廓线对理论直线的最大偏差量 Δ。导轨垂直面内直线度误差对平面工件的加工精度影响较大。

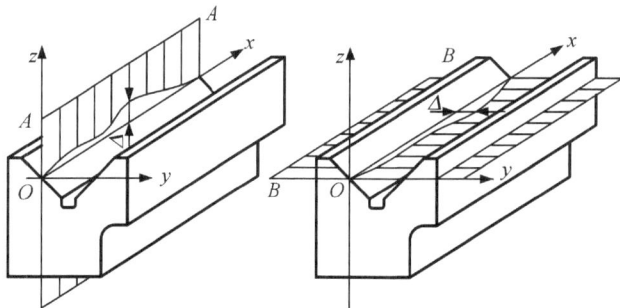

图 14-2　导轨的直线度

精密测量和加工时常采用两条导轨导向，因而对两导轨间的平行度和垂直度都有较高要求。如图 14 - 3 所示，平行度误差会引起运动件的运动扭曲，扭曲值常用两导轨面横向长度上的扭曲值 δ 来表示。平面两导轨的垂直度误差会直接影响精密测量和加工时的准确定位。如万用工具显微镜要求 X 和 Y 两方向的垂直度误差小于 0.003 mm/100 mm。三坐标测量机通常要求三个坐标方向导轨的运动垂直度误差小于 1"。

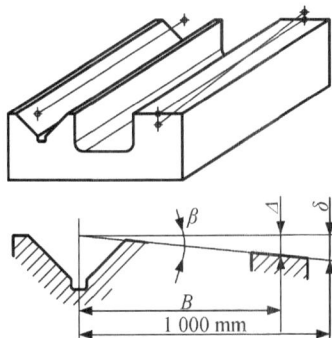

图 14 - 3　两导轨间的平行度

（2）接触精度。指动静导轨之间的微观不平度，它影响导轨间的接触变形。微观不平度造成实际接触面积变小，导致导轨工作面接触变形，接触面磨损后更会引起运动件的扭摆。精密导轨一般要求全长上的接触面积大于 80%，宽度上大于 70%。减小导轨表面粗糙度可有效提高接触精度，对滑动摩擦导轨的要求是：动导轨 $R_a = 0.8 \sim 0.2\ \mu m$，静导轨 $R_a = 0.4 \sim 0.1\ \mu m$。滚动摩擦导轨的滚动表面：$R_a \leqslant 0.2\ \mu m$。

实际中的导轨副运动误差是上述几项误差综合作用的结果。各项误差使运动件产生沿各轴的微小位移或转动，导致仪器设备的精度变差。提高导轨的制造精度是降低设备总误差的根本。

2. 运动平稳性

导轨运动的不平稳主要表现为导轨低速运动时的运动不均匀，出现一快一慢、一停一跳的"爬行"现象。爬行不仅影响工作台运动的平稳性，也影响工作时的定位精度。产生爬行的主要原因有：导轨间的静、动摩擦系数差值较大，动摩擦系数随速度变化，以及系统刚度差等。

研究表明，爬行现象中运动件存在一个临界速度，运动速度高于临界值后就不再出现爬行现象。因此，要减少爬行就应降低临界速度。采取的措施包括：减少静摩擦力和动摩擦力之差、增大系统阻尼、增加弹性环节刚度，对运动部分进行充分润滑等。

3. 刚度要求

导轨的刚度是指导轨抵抗外力作用变形的能力，但不包括基座刚度对导轨变形的影响。导轨受力后的变形有：自重变形、局部变形和接触变形。导轨变形必然影响到设备的测量和加工精度，必须加以控制。减少导轨变形的措施包括：采用加强筋结构、利用有限元分析进行刚度设计、预变形补偿等方法。

接触变形是由于实际接触面积小于名义接触面积，导致过大的局部变形，通常与接触面的压力和接触刚度相关。为减少接触变形，可采用预加载荷的方法增加接触刚度。固定接触面的预加载荷，通常等于活动件及其上的部件重量与外载荷之和。活动接触面的预加载荷，则等于活动件与工件的重量。

4. 耐磨性要求

导轨的初始精度由制造保证，使用中的精度保持性则与导轨面的耐磨性有关。导轨的耐磨性与摩擦性质、导轨材料、加工工艺及受力情况有关。

导轨的磨损是导轨副间相互摩擦的结果。干摩擦磨损最为严重，气体和液体摩擦时导轨几乎没有磨损，滑动摩擦导轨的耐磨性与导轨面间的比压有关。设计时必须考虑防止磨损、减少磨损、磨损补偿等措施，以提高其使用寿命。主要措施有以下几个方面。

（1）降低导轨面比压。导轨面比压是导轨单位面积上承受的载荷。即

$$p = \frac{W}{A} = \frac{W}{BL} \tag{14-1}$$

式中，p 为导轨面比压，Pa；W 为导轨面上的载荷，N；A 为导轨承载面积，m^2；B 为导轨宽度，m；L 为动导轨长度，m。精密导轨副的比压值一般为 $0.04 \sim 0.07$ MPa。导轨面比压过高时要设计卸荷结构，还需注意比压的分布情况。最佳状况是导轨面上比压按矩形或梯形分布设计，同时要控制最高和最低比压值之比。

（2）良好的润滑和防护。良好的润滑可以在导轨面间形成油膜，降低磨损和温升，防止低速爬行。润滑油应有很好的润滑性和足够的油膜刚性。加设防护罩可防止灰尘和污物进入导轨面，保证导向精度。

（3）导轨副材料选择。导轨副配合要求静导轨硬度应为动导轨硬度的 $1.1 \sim 1.2$ 倍。常用不同硬度材料配合：铸铁-铸铁导轨、铸铁-淬硬铸铁导轨、铸铁-淬硬钢导轨、铜合金-钢导轨、塑料(聚四氟乙烯)-铸铁导轨。其中塑料-铸铁导轨的摩擦系数小，有较好的抗振性和耐磨性，且温度适应性广。相同材料的导轨副应采用不同的热处理工艺以获得不同的表面硬度。

（4）材料和热处理工艺选择。导轨表面热处理中常用电接触表面淬火、中频淬火和高频淬火等增强耐磨性。表面涂覆磷酸盐润滑薄膜，可使其耐磨性提高 3 倍，摩擦因数减小 30%～50%，并能改变导轨面的微观几何形状，在 25 mm/min 的进给速度下也不会出现爬行现象。

14.2.3　导轨设计的原则

1. 运动学原理

根据运动学理论，空间的刚体运动有六个自由度，即沿 X、Y、Z 轴移动和绕三个轴的转动。直线运动导轨必须限制三个转动和两个移动，仅保留一个移动自由度。运动学原理是把动导轨视为有确定运动的刚体，设计时只保留确定运动方向的自由度。图 14-4(a)所示的 V 形导轨和平面导轨组合，只保留了沿 X 轴移动的自由度。图 14-4(b)中的双 V 形导轨，若两 V 形导轨平行度较差时容易"卡死"。

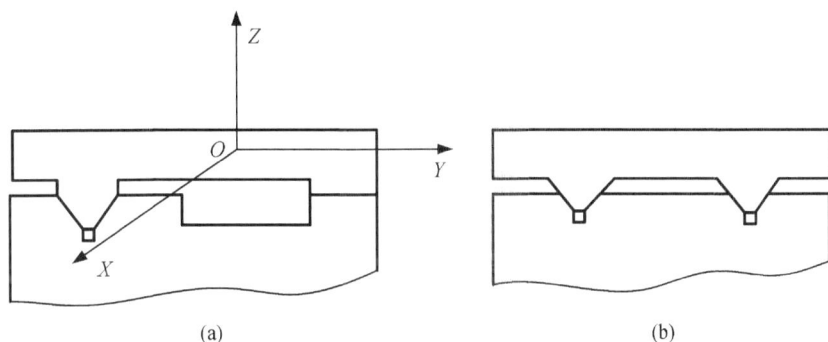

图 14-4　导轨的自由度

承受重力的支承导轨应符合三点定位的运动学原理，此时的三点支承也是最稳定的。然而当载荷较大或量程较长时，需要考虑导轨的变形和运动可靠性问题，更多采用的是四点支承的过定位导轨。由于导轨和滚动体非绝对刚体，过定位仍能保证四个支承点良好接触并可靠地工作，所需要的是较高的导轨加工精度和高质量的装配工艺，以及精心调整的工序。

2. 弹性平均效应原理

弹性平均效应原理就是利用载荷条件下的微小弹性变形，将较大的尺寸误差和形状误差进行平均化，获得更高的工作精度。滚动导轨副中的导轨及滚动体等都可看作弹性体。滚动体存在着尺寸误差，导轨面也存在形状误差。在两导轨面之间装入大量滚动体并施加预紧载荷，尺寸偏大的滚动体受力后产生弹性变形，从而将较大的尺寸误差（或导轨的形状误差）进行了平均化，降低其对导向精度的影响。因此，工作台的运动误差因导轨副的平均效应而进一步降低，提高了承载能力和导向精度。

弹性平均效应利用较低精度的零件配合和预加载荷，实现高精度的运动结构。大型精密仪器中的滚动导轨大多采用此原理设计，空气静压导轨和液体静压导轨也利用了此原理。

3. 导轨导向面和压紧面分立原则

为保证导轨运动的直线性，常用导轨的一面作为导向面，另一面作为压紧面，即导向面和压紧面分开，通过压紧力使导向面可靠接触，保证导向精度。图14-5为双V滚动导轨，左侧为导向导轨，右侧为压紧结构。导向面保证导轨运动的直线度，压紧结构使用螺钉调节压紧力，并能纠正部分直线度误差。

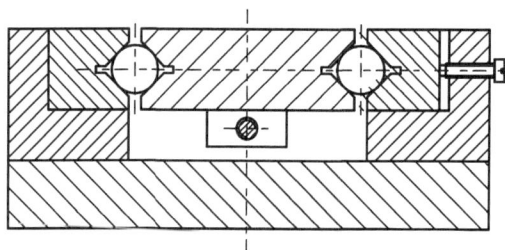

图14-5 双V形导轨导向与压紧

14.2.4 滑动摩擦导轨

滑动摩擦导轨的支承件和运动件直接接触，利用接触面的相互滑动进行导向。优点是结构简单、制造容易、接触刚度大。缺点是摩擦阻力大、磨损快、低速时易爬行。滑动摩擦导轨的截面形状可分为四种：V形、矩形、圆柱形、燕尾形，其截面形状及特点参见表14-1。滑动导轨由支承面和导向面组成。矩形导轨的支承面和导向面是分开的，V形导轨和燕尾导轨的支承面和导向面是不分开的。

表14-1 导轨截面形状及特点

名称	截面形状	特点及应用
V形导轨		当角平分线在垂直位置时，能自动补偿间隙；凸形利于排污但不利于保存润滑油；角度α一般为90°，大于90°有利于承载，小于90°有利于导向。水平和垂直方向误差相互影响，制造和维修困难，适用于中、大型仪器
矩形导轨		形状简单，较易达到高的加工精度，承载能力大，适用于各种类型的导轨；磨损间隙不能自动补偿，用作滑动导轨时需配备侧向调隙机构，小间隙时对温度较敏感。用于载荷大、刚度高的场合

名称	截面形状	特点及应用
圆柱形导轨		形状简单,加工精度高。用作滑动导轨时磨损后间隙不能调整,间隙小的时候对温度敏感,因此宜于低速和间断运动的导轨。适用于小型仪器的立柱
燕尾形导轨		标准化的三角形导轨,特点是尺寸紧凑,间隙调整方便;自封式导轨,制造和检验不方便,精度也不易提高。刚度较差,摩擦力大。适用于受力较小、结构紧凑、精度不太高的场合

由导轨的截面形状可看出,单根使用时只有燕尾形导轨符合运动学原理,其余导轨都存在多余转角自由度,承受偏载荷和倾覆力矩的能力差。因此,滑动导轨多由两条导轨组合起来使用。

1. 滑动摩擦导轨的组合

(1) V 形和平面导轨组合。如图 14 - 6 所示,这类组合保持了 V 形导轨的导向性好、平导轨制造简单、刚性好、对热变形不敏感的优点,应用较为广泛。主要缺点在于两条导轨磨损不均匀,V 形导轨磨损快,且磨损后无法通过调节来补偿,导轨研磨加工过程复杂。由于两条导轨的摩擦力不相等,牵引力 F_R 的作用位置 a 需要准确计算确定。

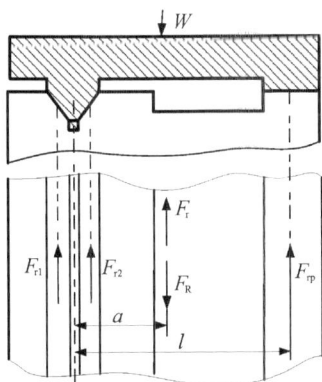

图 14 - 6 V 形和平面导轨组合

(2) 双 V 导轨组合。图 14 - 7 所示的两条 V 形导轨能同时支承和导向,也可承受一定的倾侧力矩;磨损均匀,使用寿命长;磨损后能自动补偿间隙,驱动力可布置在导轨中间位置。该组合属于超定位配合，导轨的加工、检验、维修比较困难，需要使用精密的基准研具精研。其主要缺点是对热变形敏感，热变形后难以保证接触和导向精度。

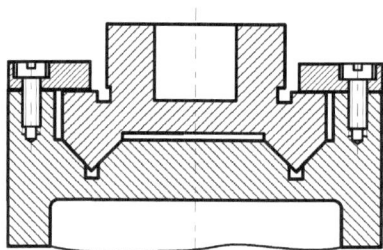

图 14-7 双 V 形导轨组合

（3）双矩形导轨。双矩形导轨组合的导向面和压紧面都是平面，制造和检验方便、刚度高、承载能力大。其缺点是磨损后需用镶条调节和补偿。图 14-8 所示的双矩形导轨承载面 A 和导向面 B 均为平面，辅助导轨面 C 和压板可用于调整间隙，并构成自封闭导轨。

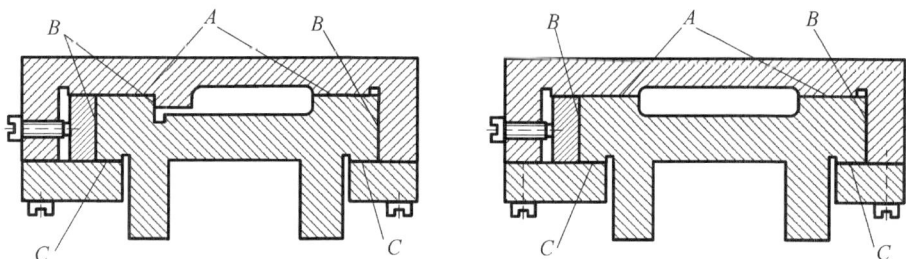

图 14-8 双矩形导轨组合

（4）燕尾槽导轨。燕尾槽导轨只需一根导轨即可实现导向。导轨间隙调整及磨损后的调节需采用镶条，能够承受倾覆力矩，如图 14-9 所示。燕尾导轨的加工、检验比较困难，刚度差、摩擦力大，一般适用于运动速度较低的部件。

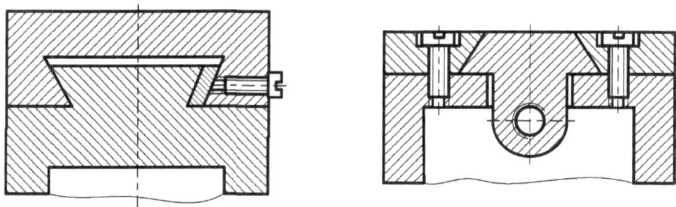

图 14-9 燕尾导轨

（5）圆柱导轨。圆柱导轨的工艺性好、导向精度不高、对温度敏感。间隙小时易卡住，间隙大时则导向精度低。磨损后导轨间隙不易调整。为防止倾覆和旋转，常需设置防转结构或使用双圆柱导轨。

2. 滑动导轨的尺寸

（1）导轨宽度 B。导轨面的宽度决定了承载能力。在动导轨长度 L 确定后，导轨宽度 B 与运动件载荷和导轨面的比压值相关：

$$B = \frac{W}{pL} \qquad\qquad (14-2)$$

式中，W 为导轨载荷；p 为导轨面比压，$[p] \leqslant 0.04$ MPa。

（2）V 形导轨角度。V 形导轨角度一般取 90°。小于 90°角的导轨可以提高导向精度，但因楔紧作用会导致摩擦力增大。大于 90°角的导轨可增大承载面积、减小比压，但导向精度会降低。

（3）导轨间距 L_A。导轨间距取小可以减少机构的外形尺寸，但间距过小且载荷作用点偏置时，会引起运动部件不稳定。因此，应在保证运动部件工作平稳的情况下取较小的间距值。

（4）动导轨长度 L。静导轨的长度取决于动导轨的长度和导轨工作行程。动导轨长度较长时可提高导向精度及运动可靠性，太短时容易造成导轨自锁，如图 14-10 所示。导轨间隙为 Δ 时，运动部件的侧倾角误差为：$\alpha = \Delta/L$。由此可见，导轨长度 L 越大角度误差越小。动导轨牵引力 T 与摩擦阻力 F 不共线时，运动导轨受到的倾侧力矩：$M = Tx$。力矩 M 在静导轨的作用力：$N = Tx/L$，摩擦阻力：$F = Nf = Txf/L$。动导轨长度 L 越小，运动阻力 F 越大，严重时会使导轨发生自锁。

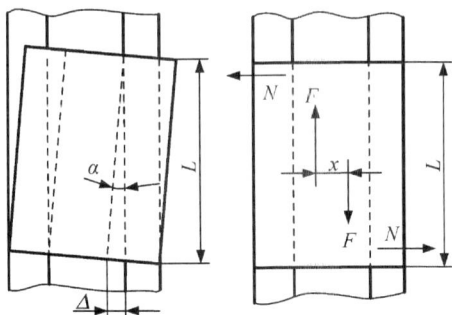

图 14-10　导轨长度对导向精度的影响

动导轨长度较长时有利于导向，但会使仪器外形尺寸增大。通常按照经验值选取：$L = (1.2 \sim 1.8)L_A$。

14.2.5　滚动摩擦导轨

在导轨面间放入滚珠、滚柱、滚针或滚动轴承，将导轨面滑动摩擦变为滚动摩擦，这种导轨副称为滚动摩擦导轨。由于滚动摩擦阻力小，动导轨移动更加灵敏，低速时也不易爬行，施加较小的力即可获得准确的微量位移且定位准确。滑动导轨的重复定位误差一般为 $10\sim20~\mu m$，普通滚动导轨则可提高到 $0.1\sim0.2~\mu m$。滚动摩擦导轨的启动和运行消耗功率小、运动灵活、精度保持好，因此在各类精密机床和仪器设备中得到广泛应用。

滚动摩擦导轨的缺点是：结构复杂、加工制造困难、成本高。滚动体与导轨面是点或线接触，对导轨表面的形状误差较敏感，抗振性能差；接触应力大，对导轨的直线度和滚动体的尺寸精度要求高。

1. 滚动摩擦导轨类型

(1) 滚珠导轨。常见的滚珠导轨是双V形滚珠导轨，如图 14 - 11(a)所示。V形槽与滚珠点接触，对角度要求不太高，工艺性较好，运动灵活。但导轨副刚度小、承载能力低，适用于载荷轻、行程小、对导轨运动灵活性要求高的精密机构。为提高承载能力，可将V形导轨面加工成小圆弧形以增加接触面积，如图 14 - 11(b)所示。光学仪器中常用的双圆弧导轨如图 14 - 11(c)所示，通常取半径比 $R_1/R_2 = 0.90\sim0.95$，接触角 $\theta = 45°$。其优点是接触面积大、承载能力强、寿命长；缺点在于摩擦力较大、加工要求高，不易达到高精度。

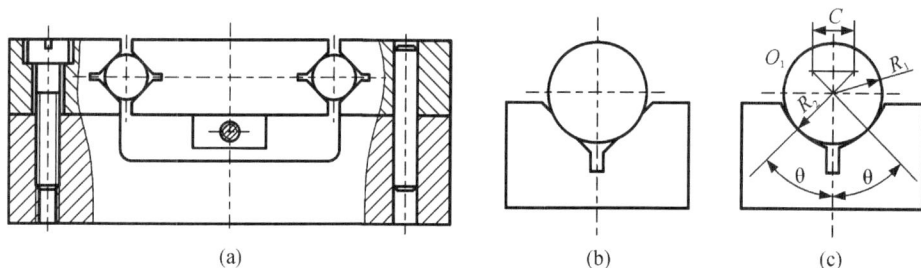

图 14 - 11　V形滚珠导轨

采用 4 根圆柱棒滚道的滚珠导轨如图 14 - 12 所示。其导向结构由 4 根圆柱棒和滚珠组成，滚珠在圆棒间滚动。4 个圆柱可同时精加工，安装时测量调整后可保证两圆柱面间的平行度。该导轨的运动精度和灵活性比较高，维修调整方便。缺点是承载能力较小，多用于轻载仪器工作台。图 14 - 13 所示的V形槽-平面滚珠导轨，既能保证确定的运动，又没有过定位，加工装配方便且对热变形不敏感。由于左右两排滚珠与滚道接触距离 $r_n <r_m$，导致 m、n 两排滚珠中心运动速度不同，应该分别配置保持架。

(2) 滚柱导轨。图 14 - 14 所示为V形滚柱导轨，图(a)左边V形槽内排列有轴线相互交错的滚柱 $(d>b)$，AA_1 面由单数滚柱支承，BB_1 面则由双数柱支承，导轨右侧的滚柱在水平面上滚动。图(b)中使用直径较小的滚柱，其结构加工比双左边V形槽更容易，密集排列滚柱承载能力高、耐磨性好，对导轨面的缺陷不敏感。当使用空心滚柱承载时可产生微小弹性变形，进一步降低滚道和滚柱的尺寸误差对运动直线度的影响。滚针导轨适用外载荷大而要求结构紧凑的仪器上。

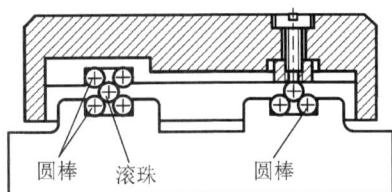

图 14-12　圆棒滚珠导轨

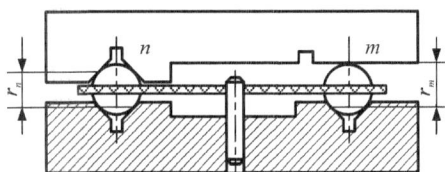

图 14-13　V 形槽-平面滚珠导轨

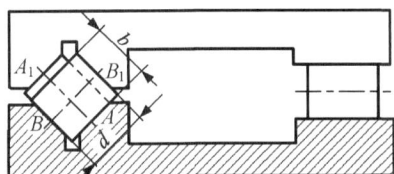

(a)

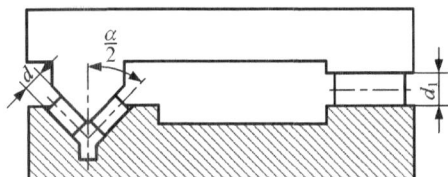

(b)

图 14-14　滚柱导轨

平面滚柱导轨如图 14-15 所示，左右导轨上表面支承、侧面导向。左导轨侧面用聚四氟乙烯触头导向，右导轨侧面的轴承用弹簧压紧，以保证聚四氟触头与导向面紧密接触。其优点是形状简单，加工容易。导轨表面精研后粗糙度 $R_a = 0.025\ \mu m$，平直度小于 $0.5\ \mu m$。4 组 12 个滚动体直径为 $6\ mm \pm 0.2\ \mu m$。导轨的水平和垂直面直线度误差均不超过 $1.5''$。

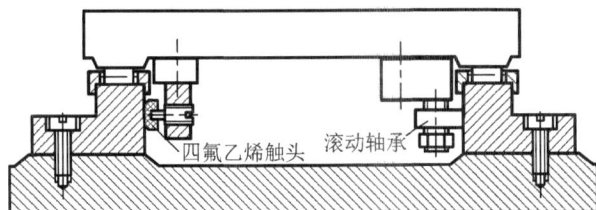

图 14-15　平面滚柱导轨

（3）滚动轴承导轨。滚动轴承导轨使用滚动轴承代替滚动体，具有摩擦力矩小、运动灵活、承载能力大、调整方便的优点。滚动轴承一般安装在运动件上代替运动导轨。用作导轨的滚动轴承外圈转动，既承载又作导向，所以外圈不仅比标准滚动轴承厚，而且精度更高。万能工具显微镜和三坐标测量机用的滚动轴承的径向跳动要求在 $0.5 \sim 1\ \mu m$ 范围。在导轨精度要求较高时，需设计特殊的滚动轴承。

工程应用时根据承载和导向要求，常将滚珠和滚柱导轨组合使用。图 14-16 所示的导轨面上两种滚动体相间排列，滚珠的直径稍大于滚柱直径，无外加负载时由滚珠承载，保证运动轻便灵活。加外载后滚珠及接触处产生弹性变形，载荷则由滚珠及滚柱共同承担，提高了导轨的承载能力。此外在载荷较高时，也可将滑动导轨和滚动导轨组合使用。滑动导轨刚性大承受主要载荷，滚动导轨主要用于运动导向。

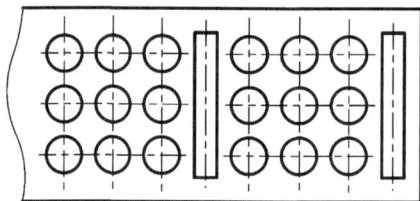

图 14-16　滚柱与滚珠组合导轨

2. 滚动导轨的预紧

通过施加一定载荷使滚动体与滚道表面产生微量弹性变形的过程，称为预紧。预紧的目的是消除滚动体与导轨的间隙、增加刚度、减小磨损、提高承载能力。未预紧的滚动导轨的刚度要比滑动导轨低约 $25\%\sim50\%$，预紧后可将该方向上的刚度提高 10 倍以上，其他方向上提高 $3\sim5$ 倍。预紧后燕尾形和矩形的滚柱导轨刚度最高，V 形滚柱导轨刚度最低。交叉滚柱导轨的刚度比滚珠导轨高。

预紧消除了导轨和滚动体的间隙以提高接触刚度，也可防止滚动体脱落和歪斜，防止滚动导轨倾覆。常用预紧方式有：过盈装配预紧和调整导轨板预紧。过盈装配预紧是导轨装配时在压板与接合面形成一定过盈量 Δ，如图 14-17(a) 所示。过盈量 Δ 的极值为单边 $5\sim6\ \mu m$。预紧后导轨刚度足够大，且驱动力不会过高。调整导轨板预紧结果如图 14-17(b) 所示，调节侧面螺钉即可调整导轨和滚珠间的间隙达到预紧的目的。燕尾槽导轨一般使用斜镶条调整，预紧量能够沿导轨全长均匀分布。

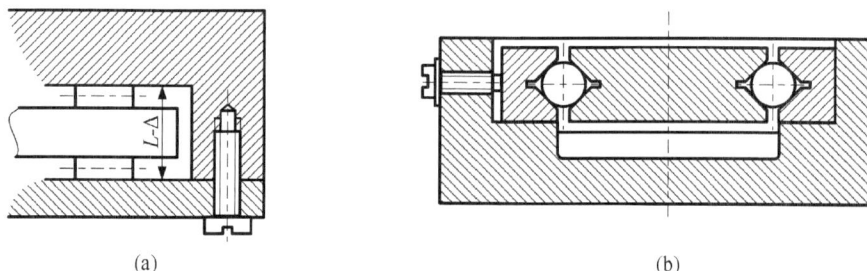

(a)　　　　　　　　　　　　　　　　(b)

图 14-17　滚动导轨预紧

3. 滚动导轨的设计

（1）滚动导轨的长度。若要求全行程接触刚度不变，则需导轨在移动时始终与滚动体接触。因此需要在满足动导轨最大行程 s_{max} 的前提下，选取最小动导轨长度 L。如图 14-18 所示，动导轨从左向右运动，左端的两个极限位置分别为 a 和 a'。则动导轨 L 可计算为

$$L = e + l + ab$$

$$L = e + l + a'b' = e + l + a'c + cb' = e + l + e + \frac{s_{max}}{2}$$

$$L = 2e + l + \frac{s_{max}}{2} \tag{14-3}$$

式中，e 为保留余量，常取 5～10 mm；l 为所排列的滚动体中心长度。

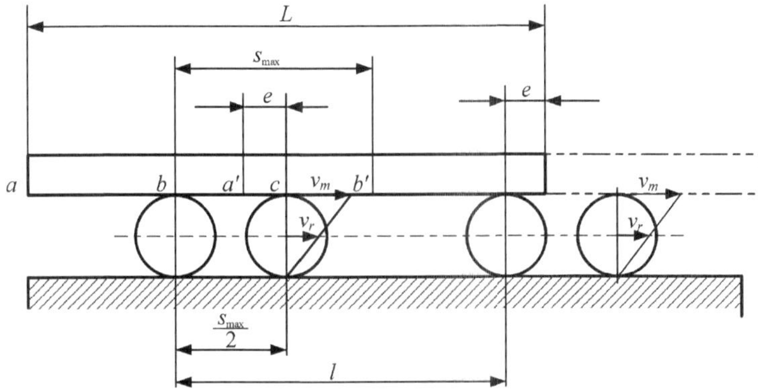

图 14-18　滚动导轨长度计算

（2）滚动体的尺寸和数量。滚动导轨的承载能力与滚动体的数量 z 和滚动体直径 d^2 成正比。增大直径比增加数目更能有效地提高接触刚度，同时可减少导轨的摩擦阻力。一般滚动体直径不小于 6 mm。

滚动体的数量 z 数量过少时，会降低导轨承载能力，制造误差也会显著影响导轨的位置精度。数量过大时会增大负载在滚动体上的不均匀分布，降低导轨刚度。实验结果表明，合理的滚动体数量计算为

$$\text{滚柱导轨：} z \leqslant \frac{W}{4l} \tag{14-4}$$

$$\text{滚珠导轨：} z \leqslant \frac{W}{9.5\sqrt{d}} \tag{14-5}$$

式中，W 为导轨载荷，N；l 为滚柱长度，mm；d 为滚珠直径，mm。

（3）滚动导轨的技术要求。主要对导轨和滚动体的制造误差进行限定。

普通导轨表面的直线度和平行度要求：10～15 μm，精密导轨小于 10 μm。V 形导轨两 V 面间夹角的偏差同滚动体长度有关，长度小于 20 mm 时为 30″，大于 20 mm 时为 20″；交叉滚柱时为 1′，滚珠时取 3′。V 形导轨的半角对称偏差，滚柱导轨为 1′，滚珠取 2′。两工作面间 90°夹角的和工作面对支承面间 45°夹角的允许偏差，滚柱导轨为 1′，滚珠导轨取 3′。

普通导轨的滚动体直径误差不大于 2 μm，每组直径差不大于 1 μm。精密导轨的滚动体直径差则分别提高到 1 μm 和 0.5 μm。滚柱的锥度在整个长度内大小端直径差小于 0.5～1 μm。

4. 滚动导轨的材料及热处理

滚动导轨材料的特点是硬度高、性能稳定和加工性良好。滚动体一般采用滚动轴承钢 GCr15 制造，淬火后硬度为 60～66 HRC。导轨材料可选择以下几种：

(1) 低碳合金钢。如 20Cr、20CrMnTi 经渗碳淬火，渗碳层深度为 1～1.5 mm，硬度可达60～63 HRC。

(2) 合金结构钢。如 40Cr，淬火后低温回火，硬度可达 45～50 HRC，加工性能好，但硬度较低。

(3) 合金工具钢。如 CrWMn、CrMn，淬火后低温回火，硬度可达 60～64 HRC。合金工具钢的性能稳定，淬火变形小，耐磨性高，但加工工艺性差，易产生裂纹。

(4) 氮化钢。如铬钼铝钢 38CrMoAlA、铬铝钢 38CrAl，经调质或正火、表面氮化后硬度高达 850 HV。其不经过淬火过程，变形较小，缺点是硬化层较薄，加工和工作时应注意避免冲击。

(5) 铸铁。仪器中采用铬钼铜合金铸铁 CrMoCu，硬度可达 230～240 HBW，加工方便，用于制作滚柱可满足普通应用。

此外，使用铸铁和钢组成镶装式导轨。导轨材料为钢，基座材料为铸铁，将导轨用螺钉固定于基座上。螺钉固定时必须在接触面上产生一定的压力，以保证导轨与基座之间有较高的接触精度。固定后的导轨可再进行精密加工，以提高导轨精度。

14.2.6 静压导轨

静压导轨是在两导轨面间注入高压液体或压缩空气，利用液体或气体的静压力使动导轨浮起，导轨间的工作面不再接触，形成完全的液体或气体摩擦状态。根据静压力的产生介质不同可将静压导轨分为：液体静压导轨和空气静压导轨。

静压导轨的主要特点是：摩擦因数小，静压导轨的导轨面间摩擦是液体或气体分子摩擦，摩擦系数极低(0.0005)，无爬行、不磨损、寿命长、驱动功率小。运动精度高、承载能力高、抗振性好是静压导轨的主要优点，缺点则是结构复杂、调整困难、成本较高。

1. 液体静压导轨

液体静压导轨由导轨、节流器和供油装置组成。按照油腔布置和承载方式不同可将液体静压导轨分为：开式静压导轨和闭式静压导轨。开式液体静压导轨的原理如图 14-19 所示，它由动导轨 1、静导轨 2、节流器 3、精滤油器 4、液压泵 5、溢流阀 6 和油箱 8 组成。工作时油液经过液压泵 5、滤油器 7、溢流阀 6 后油压调整为 p_s。再经精滤油器 4、节流器 3 后，油压力下降到 p_{r0} 进入动导轨的油腔。油腔充满后将动导轨浮起，形成初始间隙 h_0（厚度）的承载油膜平衡动导轨上的载荷 W_0。最后，油液经过导轨间隙和回油槽返回油箱。

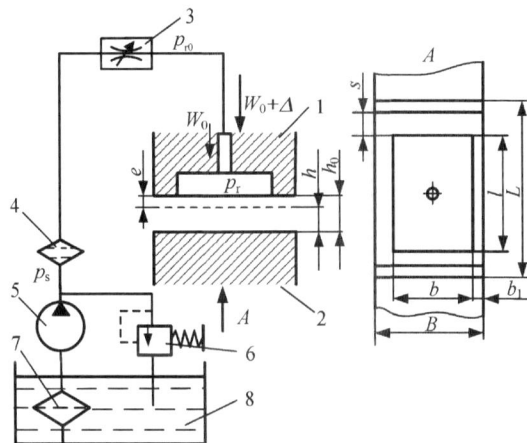

图 14-19　开式液体静压导轨

当外载荷变化 ΔW 增加时，导轨的初始间隙 h_0 减小为 $h(h < h_0)$，使回油阻力增大，导致油腔内的油压升高到 $p_r(p_r > p_{r0})$，以抵抗初始间隙的减少。当油腔内增加的压力和增加的载荷平衡后，导轨重新处于承载平衡状态。

闭式液体静压导轨在承导面上设置有相对的双油腔。利用两边承载油膜的压力差来平衡外负载。如图 14-20 所示，当运动件受到垂直载荷 F，上部间隙减小油腔压力升高，下部间隙增大油腔压力降低。上下承导面间压力差产生的浮力与载荷重新平衡，提供导轨的承载能力并保证了液体摩擦状态。水平方向的承载方式与垂直方向类似。

开式液体静压导轨的结构简单，能承受垂直载荷但无法承受偏载引起的倾覆力矩。闭式液体静压导轨的结构、加工和装调都较复杂，但承受偏载能力更强，运动精度也比开式导轨高，动态性能更好。

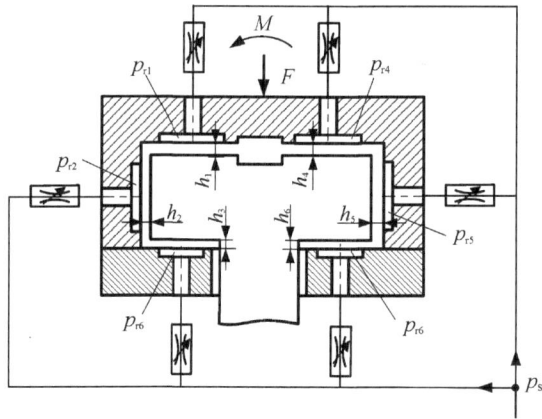

图 14 - 20 闭式液体静压导轨

液体静压导轨的油腔有矩形、直槽形、工字槽等，图 14 - 19 右图为矩形油腔结构，油腔大小为 $l \times b$。选择油腔形状主要考虑保证导轨面有足够的浮起推力，避免无油状态下接触面的比压过大。油腔的数量和排布，与导轨长度、载荷分布和支承部件的刚度有关。同一导轨上可分布不同截面积的油腔，以适应载荷分布的不均匀性。直线运动导轨的油腔开在运动导轨上，固定导轨长度应保证移动导轨行程内油腔不外露。回转静压导轨的油腔多开在固定导轨上。

静压导轨的常用节流器分为：小孔式、毛细管式和双面薄膜反馈式。小孔节流器的节流比固定，小孔直径低于 0.45 mm，长度为 1~3 mm，材料为黄铜或 45 钢。毛细管式节流器的长度远大于直径，长径比通常大于 20，内壁可以光滑或开螺旋槽。改变毛细管长度可获得不同的节流比，以保证导轨工作于最佳状态。双面薄膜反馈式节流器利用弹簧钢片或铜片的弹性变形来改变节流比，常用于载荷变化比较大的仪器设备。

液体静压导轨的间隙与导轨的几何精度、表面粗糙度、零部件刚度和节流器最小节流尺寸有关。初始间隙 h_0 越小，液压油流量越小，导轨刚度大，运动平稳性好。实验结果表明，空载时的导轨间隙 h_0 一般取 0.01~0.03 mm，大型设备可取为 0.03~0.08 mm。动导轨的直线度和平行度一般要求为导轨间隙 h_0 的 $1/3 \sim 1/4$。

2. 空气静压导轨

空气静压导轨使用高压气膜承受载荷。如图 14 - 21 所示，当压力为 p_s 的压缩空气被引入导轨上的气室，压力下降为 p_r，再经过导轨面间隙流入大气后进一步降为大气压 p_0。这个过程中会在导轨面上形成气垫承载，多个气垫共同作用形成承载气膜并推动动导轨浮起。空气静压导轨具有摩擦系数小、工作平稳、运动精度高、无爬行、几乎无磨损等优点，因而在大型精密仪器(如三坐标测量机)中得到广泛的应用。其缺点是导轨刚度差、承载力较低，并需要一套清洁稳定的压缩空气源。

　　龙门移动式三坐标测量机的导轨全部采用空气静压导轨。如图 14-22 所示，其 X 方向导轨共布置有 6 个气垫，1、2、6 为承载气垫，使整个龙门架垂直浮起。3、5 为导向气垫，气垫 4 起平衡和预载荷作用，以保证气垫 3、5 与导向面之间的间隙和刚度。与之类似，Y 和 Z 方向的导轨上也分别布置 9 个气垫。三个坐标轴移动导轨共布置了 24 个气垫。当供气压力为 60 N/cm^2 时，形成的气膜厚度为 $(4\pm0.5)\,\mu m$。

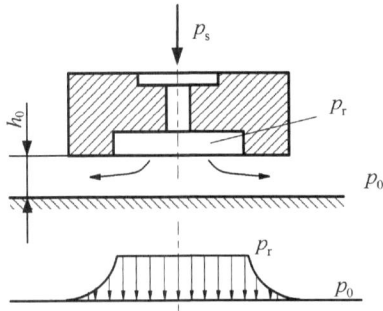

图 14-21　气垫原理

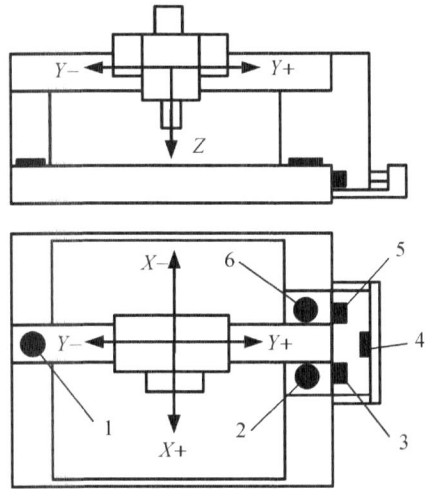

图 14-22　三坐标测量机导轨的气垫布置图

　　空气静压导轨的结构形式多样，可以采取开式或闭式结构。开式导轨结构简单、承载能力较低，用于负载不大的测量仪器。闭式平面空气导轨的精度高．刚性大，承载能力也大，适用于精密机械的长行程导轨。闭式圆柱或矩形导轨多用于高精度、高稳定性的短行程工作台的导轨。为了提高气体导轨的承载能力，常采用负压吸附的方式来限制工作台的浮起量，以提高导轨刚度。图 14-23(a)是开式负压吸附式导轨，其结构与开式导轨类似，特点是用真空泵的负压吸附来限制工作台的浮起间隙。气体正压使气膜厚度增大，负压吸附快速排出部分气体可使气膜厚度减小。当二者相互匹配时，形成一个较薄、稳定的气膜厚度，保证了导轨导向面间既不接触，也不脱开。图 14-23(b)给出的是真空吸附平衡式空气静压导轨两坐标工作台。吸附式导轨的浮起间隙甚至可以减少到 1 μm，因此它常用在微细加工设备中。

　　为提高空气静压导轨的刚度和承载能力，可采用的方法有：采用闭式导轨、增加供气压力、小浮起间隙、载荷补偿、提高阻尼力等。空气静压导轨的气垫结构多样，布置方式可

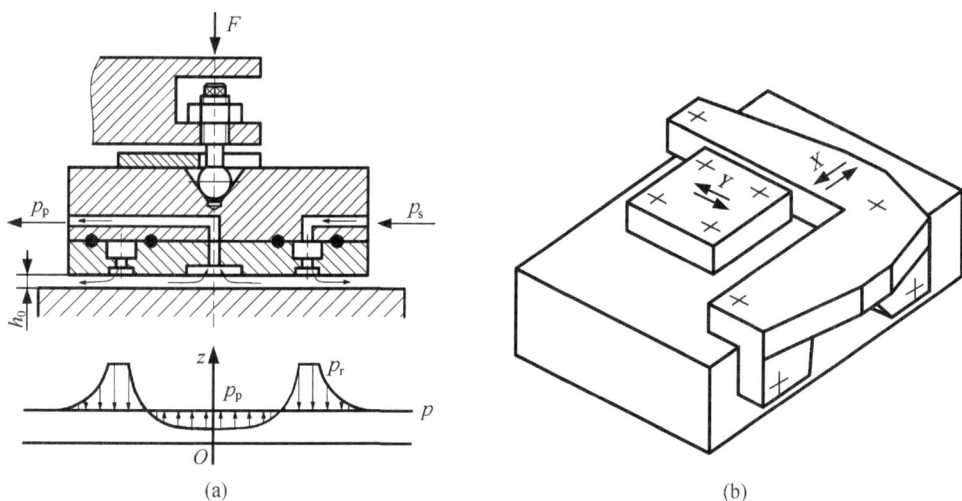

图 14-23 负压吸附平衡式空气静压导轨

根据导轨的承载能力和刚度要求综合考虑。

14.2.7 导轨类型的选择

仪器设计时导轨的选择不仅决定了仪器的精度指标是否满足设计要求,同时也决定了仪器的成本高低。选择导轨形式需要考虑诸多因素:导向精度、运动平稳性、承载能力、耐磨性、使用环境、安装形式、载荷力矩、运动速度、行程大小、成本价格等。选择时需要综合考虑,表 14-2 列出了不同类型导轨的性能和使用条件对比,可供选用时参考。

表 14-2 导轨性能对比

导轨名称	特性					
	导向精度	运动平稳性	承载能力	耐磨性	使用环境	成本
滑动导轨	较高	较差	大	差	要求不高	低
滚动导轨	高	较好	较低	较好	要求较高	较高
液体静压导轨	高	好	较大	好	要求高	高
气体静压导轨	高	好	较低	好	要求高	高

随着工业产品规模化和标准化的发展,已有很多大公司都生产标准化的各种类型和用途的导轨,并以规模化生产来降低成本。在仪器设计时选用标准化的导轨来满足各种需求,可以缩短生产周期、降低仪器成本,提高产品的市场竞争力。

目前市场上导轨产品很多,主要有 THK、NB、HIWIN、SBC、SNK 等品牌,产品包括了直线运动导轨、交叉滚子导轨等。仪器设计时应尽量选用标准化的导轨产品。

14.3 精密主轴系统

仪器中的精密主轴系统常由主轴、轴承及安装在主轴上的传动件或分度元件组成，主要作用是做精密旋转运动、分度运动，或进行精密分度、测角等。主轴系统是回转运动的精密仪器或机械的关键部件，它的设计水平直接影响仪器的工作性能和精度。

14.3.1 主轴系统设计的基本要求

主轴系统的基本要求是主轴在一定载荷下具有确定的回转精度，同时具有很高的刚度和热稳定性。

1. 主轴回转精度

主轴轴线偏离有两种形式：径向晃动和角度偏摆。径向晃动是主轴回转误差的径向分量，包括主轴径向移动和角度偏转引起的径向偏移量。主轴的径向晃动误差包括单周晃动误差、双周晃动误差和随机晃动误差。引起主轴回转误差的主要原因是主轴和轴承加工的尺寸误差、形状误差、主轴和轴承的装配误差，以及主轴系统刚度、润滑和阻尼现象。

主轴单周晃动误差是指主轴回转轴线的晃动周期为 360°的径向晃动，即主轴旋转一周晃动误差重复一次。单周晃动误差与主轴和轴套的形状误差、位置误差及轴系内摩擦力变动有关。如图 14 - 24 所示，由于主轴上度盘安装存在偏心距（$e = \Delta/2$）时，其回转中心变化为以 e 为半径的圆周。当主轴转过 θ 角时，回转中心由 O 变为 O'，引起的半径为 R 度盘上的回转误差：

$$\Delta\theta = e\sin\theta/R \qquad (14-6)$$

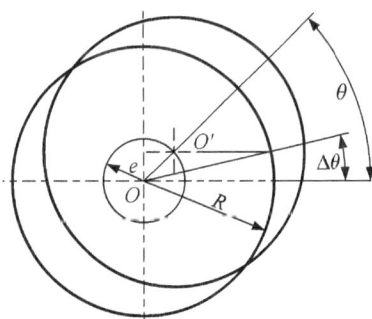

图 14 - 24 轴系偏心

滑动轴系中因主轴与轴套间的间隙而引起的主轴中心的变动，属于主轴单周晃动误差。晃动量的大小与偏心距 e 有关。提高制造质量和装配精度，可降低主轴晃动。然而，e 越小表明加工精度和装配精度高，主轴晃动也越小，但温度变化较大时会导致主轴卡死。选用较大的度盘半径 R，也可使 $\Delta\theta$ 减小，但会引起轴系体积增大。单周径向晃动引起的回转误差可采用平均读数法进行消除。

双周晃动误差是指主轴回转轴线的晃动周期为 720°的径向晃动，即主轴旋转两周晃动误差重复一次。双周晃动误差是由润滑油膜"滚动"引起的。当轴系旋转时润滑油膜分散成

许多大小不等的油团，如图 14 - 25 所示。在主轴
旋转剪切作用下，与轴套接触油层 B 点速度为 0，
与主轴表面接触 A 点速度为 v，油团中心位置 C
点速度为 $v/2$。主轴旋转一周后油团中心仅移动
了半圈，轴心位置也因油团的推动而偏移。主轴
转动两周后轴心也将回到初始位置。由此可见，
在油团的推动下，主轴轴线被迫做周期为 720° 的
误差运动。双周晃动误差的实质是主轴自转的同
时绕另一个轴线做"公转"，这不仅会造成轴线径
向误差，也会带来倾角误差。

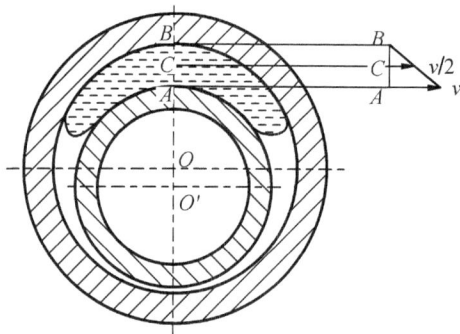

图 14 - 25 滑动轴承中的油膜

滑动轴承的双周晃动误差一般为几百微米到百分之几微米，其大小与轴和轴套间隙、
润滑油种类、轴系转动的速度及轴承结构形式等因素有关。轴与轴套间隙越小，双周误差
也越小。对于圆柱形和圆锥形轴承，润滑油黏度大则双周误差也越大。低速旋转双周误差
大，间歇运动比连续运动误差大。因此，滑动轴系存在最佳转速范围，而且要启动并转动
若干圈后再开始工作。圆锥轴系的双周晃动比圆柱轴系小。

滚动轴系是主轴、轴套和滚动体经过盈装配、预紧后形成纯滚动状态，属于无间隙转
动，避免了轴心偏移。由于轴套、轴颈及滚动体的尺寸和形状会存在误差，主轴回转时将
产生有规律的位移。实际表现为在一定的时间内，主轴轴心位移量和位移方向不断变化，
通常称为主轴"漂移"。

如图 14 - 26 所示，主轴回转时滚珠同时做自转和公
转。滚珠中心的线速度是主轴表面转动线速度的一半。主
轴轴颈转动一周经过距离 $S_1 = 2\pi R_1$，滚珠中心 O_1 的运
动距离则为 $S' = \pi R_1$，则半径为 $O_1 O'$ 的圆周长为：
$S_{O_1 O'} = 2\pi(R_1 + r)$，滚珠相对于主轴中心移动角度 θ 为

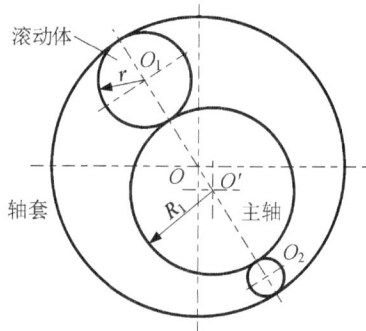

$$\theta = \frac{360° S'}{S_{O_1 O'}} = \frac{360\pi R}{2\pi(R_1 + r)} \qquad (14-7)$$

若主轴轴颈 $R_1 = 12$ mm，滚珠半径 $r = 3$ mm，主轴
转动一周后滚珠中心转过的角度：$\theta = 144°$。由此可见，主

图 14 - 26 滚动轴承主轴"漂移"

轴回转 1、2、3、4、5 周时，滚珠中心相对主轴中心转过 144°、288°、432°、576°、720°。当
主轴转 5 周后，滚珠绕主轴公转 2 周并回到初始位置，此时主轴回转误差周期为 5 周。这

种多周重复的误差运动是滚动轴承的误差特点，重复的周数则与轴系选择的参数有关。

为减小滚动轴系的主轴"漂移"，可采用以下方法：严格控制主轴、滚动体、轴套的尺寸误差和形状误差，尤其是提高滚动体的尺寸一致性。采用误差平均原理，用平均读数法尽量减小主轴"漂移"带来的读数误差。

2. 主轴系统的刚度

主轴系统的刚度是指主轴某处在外力载荷作用下与主轴在该处的位移量之比。主轴刚度有径向刚度和轴向刚度两种。主轴系统的刚度是主轴、轴承和支承座刚度的综合反映，如图 14-27 所示，图中分别将主轴和轴承视为刚体说明主轴的变形情况。当轴承看作刚体时，主轴前端在 F 力作用下产生变形 Δ_1，主轴为刚体时前端的变形为 Δ_2，总体变形量为 $\Delta = \Delta_1 + \Delta_2$。

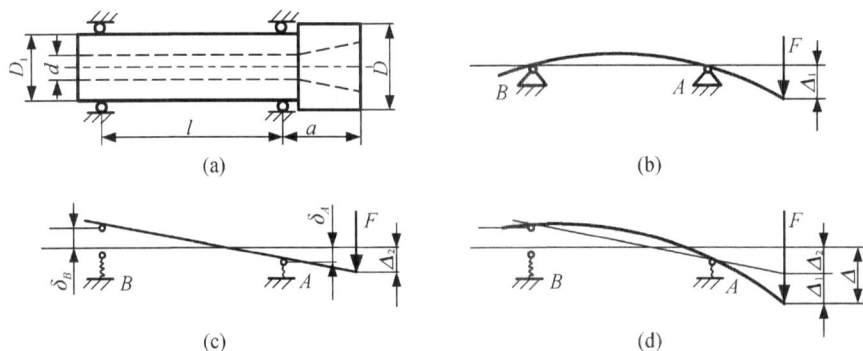

图 14-27　主轴的变形

研究表明，主轴系统的刚度与主轴直径、支承跨距、悬伸长度、轴承间隙等紧密相关。要提高主轴的刚性，可采取以下措施：

（1）加大主轴直径可以提高主轴刚性，但主轴上的零件也相应加大，易导致机构庞大。为便于轴上零件的装配，主轴做成阶梯状的，常取后轴颈的直径 $D_1 = (0.7 \sim 0.85)D$。

在实际设计时还要考虑主轴的驱动方式、润滑条件及轴承结构形状等因素。主轴跨距 l_0 应根据实际情况进行修正。对于精密仪器，通常主轴前端轴径 D 取主轴内锥孔大端直径的 1.5~2 倍。

（2）合理选择支承跨距。综合考虑跨距对主轴刚性和轴承刚性的影响，进行合理选择。

（3）缩短主轴悬伸长度。缩短悬伸长度可以提高主轴系统刚性和固有频率，而且也能减少顶尖处的振摆，一般取 $a/l_0 = 0.5 \sim 0.25$。

（4）提高轴承刚度。滑动轴承选取黏度大的油液，减小轴承间隙；滚动轴承采取预加载荷使其变形，可提高轴承的刚度。

3. 主轴系统的振动

主轴振动会影响其回转精度和轴承的寿命，还会产生噪声。影响主轴振动的因素包括：传动时的受力、传动轴的连接方式、主轴上零件存在不平衡质量等。

对于高精度的轴系，多用弹性元件以力偶的方式传递运动，避免主轴单向受力和驱动系统振动的影响，可获得高于 0.5 μm 的回转精度。如橡胶连接传动、金属弹性元件连接、直流电机直接驱动。用橡胶连接传动时具有良好的吸振效果，但因橡胶变形会引起一定量的空回。金属弹性元件如波纹管、十字板簧以及金属薄膜联轴器，不仅吸振性好，同时也能传递一定的力矩。精密仪器的主轴也可由转速可调的直流电动机或力矩电动机直接驱动，取消易产生振动的环节，且电动机转子与定子是非刚性接触，主轴旋转平衡且振动很小，如高精度圆度仪的主轴回转精度可达 0.05 μm。

4. 主轴系统的热稳定性

主轴系统的热稳定性是指主轴系统的回转精度对温度的敏感性。环境温度变化会引起主轴回转轴线位置的变动，影响主轴的回转精度。轴承元件会因温升改变了间隙和润滑状况，而影响正常的工作状态和寿命，严重时会产生"抱轴"现象。

提高主轴系统的热稳定性可采取以下措施：合理选择和设计轴系，将热源和主轴系统分离；正确布置推力支承，以减少热变形影响；采用冷却散热装置，保证充分的润滑和降温；采用热补偿措施，选择合适材料、设计补偿用过渡套筒等。

5. 结构设计的合理性

主轴和轴承设计考虑装配、调试及更换零件的方便性。如主轴上的紧固件应尽量少，以减少夹紧应力产生的变形，必要时设计凸肩结构。图 14 - 28(b)所示的球轴承采用有肩的结构，螺钉旋紧力作用在凸肩上，就可避免 14 - 28(a)中球面变形引起球的轴承间隙变化。

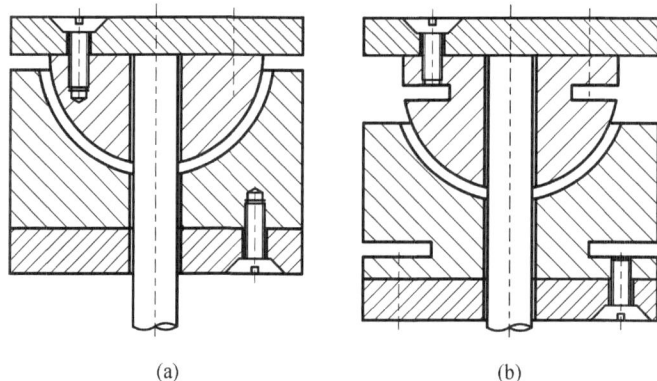

(a)   (b)

图 14 - 28　带轴肩的主轴结构

6. 主轴系统的寿命

主轴系统的寿命主要指主轴长时间保持较高的回转精度,要求主要零件应具有足够的耐磨性。通常静压和动压轴系寿命较长,滚动摩擦轴系的寿命好于滑动摩擦轴系。普通滑动摩擦轴系的耐磨性取决于轴颈和轴套的工作面,而滚动摩擦轴系则取决于滚动轴承。

为了提高耐磨性,除了选取耐磨材料以外,还应进行合理的热处理工艺和充分润滑。

14.3.2 滑动轴承轴系

滑动主轴系统按照轴承结构形式可分为圆柱轴承轴系和圆锥轴承轴系。按照承载方向不同,圆柱轴承轴系可采用竖轴和横轴的形式。圆锥轴系通常用作竖轴,主要承受轴向载荷。

1. 半运动式圆柱轴承轴系

图 14-29(a)为半运动式圆柱轴承轴系,在轴套的锥形表面与主轴圆柱面轴肩端面之间装有一圈滚珠,形成锥形滚动支承。锥形支承承受主轴重量又具有自动定心作用,锥面顶角一般为90°。轴系的下半部分是圆柱形滑动轴承,工艺性好且运动灵活,对温度不太敏感,工作寿命较长。

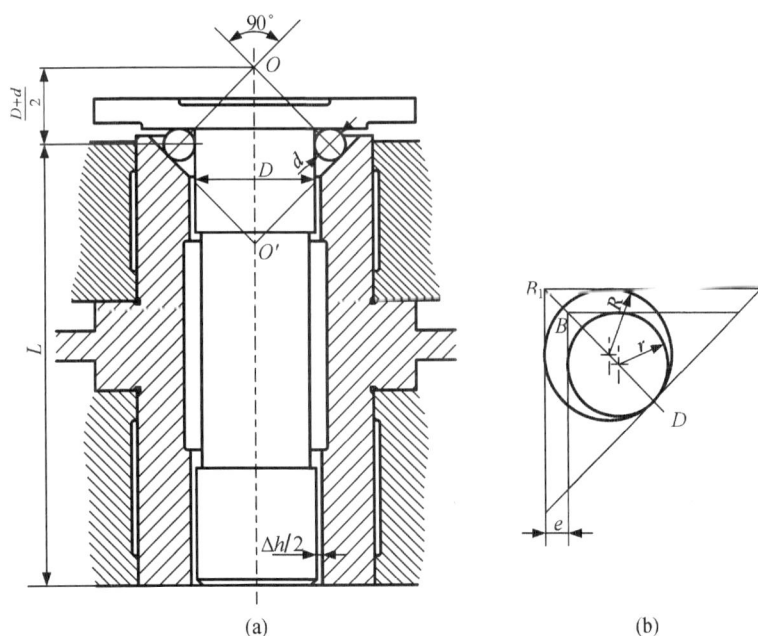

图 14-29 半运动式圆柱形轴系

为保证轴系的回转精度,轴套锥面的顶点 O' 与下端圆柱轴承的轴套孔中心线必须很好地重合。因此,锥面形状误差必须小,主轴上圆柱面和轴肩端面应垂直,滚珠的形状误差要控制在一定范围内。轴系的晃动主要由圆柱轴承间隙引起,晃动的等效中心位于 O 点,所以半运动式轴系的等效工作长度为 $L'=L+(D+d)/2$。假设圆柱轴承部分的间隙为 Δh 时,则引起的轴系角运动误差为

$$\Delta\varphi=\frac{\Delta h\rho''}{2\left(L+\dfrac{D+d}{2}\right)} \tag{14-8}$$

式中, ρ'' 为弧度换算系数。标准圆柱式轴系角误差为 $\Delta\varphi=\Delta h\rho''/L$。对比后可发现,半运动式轴系的回转精度比标准圆柱式轴系提高很多。

轴系中钢球的尺寸误差也会影响到轴系的精度。如图 14-29(b)所示,最大和最小钢球半径分别为 R 和 r 时,可引起主轴径向晃动误差:

$$e=BB_1\cos 45°=1.71(R-r) \tag{14-9}$$

显然,当 e 小于轴和轴套间隙 $\Delta h/2$ 时,钢球半径误差仅影响到主轴的径向晃动;当 e 大于 $\Delta h/2$ 时会同时引起主轴径向晃动和角运动误差。经纬仪中主轴的形状误差和位置误差控制在 $1~\mu m$ 内,钢球直径误差小于 $0.5~\mu m$,主轴的角回转精度可达 $1''$。

2. 锥形滑动轴系

锥形滑动轴系的轴承由相同锥度的轴与轴套组成,二者接触靠润滑油膜隔开。常通过轴和轴套的"对研"来得到很高的配合精度。在温度变化或使用磨损后,可以方便地重新调整工作间隙。锥形轴承轴系曾广泛应用于经纬仪和圆刻机,结构如图 14-30(a)所示。

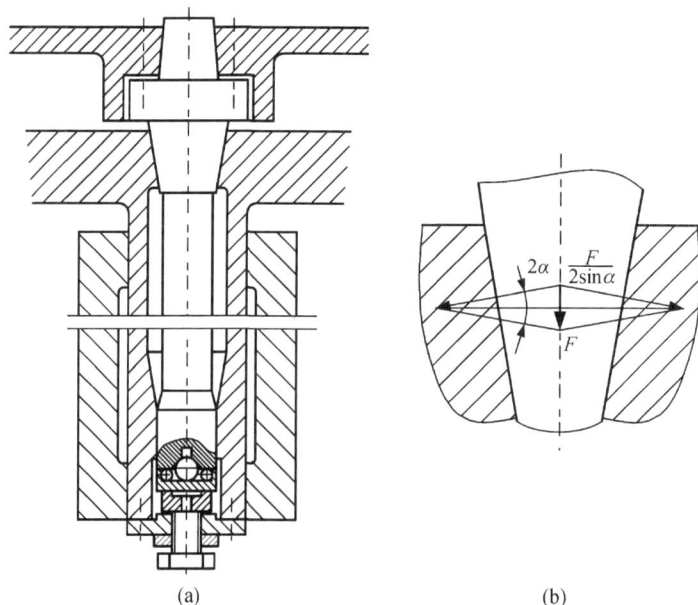

(a)　　　　　　　　　　(b)

图 14-30　锥形滑动轴系图

圆锥轴系的主要参数是圆锥角 α，如图 14 - 30(b)所示。圆锥角 α 越小则锥面正压力越大，摩擦力越大则轴表面磨损越快，通常选取 2α 为 $4° \sim 15°$。在主轴下端通常会使用滚珠承受大部分轴向力，以降低轴套锥面上的压力。调节中间的大滚珠轴向位置也可以调节轴系的工作间隙。锥形滑动轴系的回转精度可高达 $0.2~\mu m$，但因连续的润滑油膜会形成油团，从而引起双周晃动误差。

3. V 形弧滑动轴承轴系

V 形弧滑动轴承轴系可以消除双周晃动误差。如图 14 - 31 所示，在轴套内上、下各压入一个衬套。衬套按一定角度开槽，留出三段圆弧。其中与螺钉正对的圆弧起压块作用，调节螺钉可使该段弧面变形并压向主轴颈。准确调整后使它和主轴轻微接触。另外两段圆弧的圆柱面形成一个 V 形，V 形的角平分线刚好与螺钉方向相一致。主轴在充满润滑油的三段圆柱面中转动，且上、下两个 V 形滑动轴系均有一段圆柱面与轴表面相接触，使油团无法沿主轴做圆周运动而消除双周晃动误差。

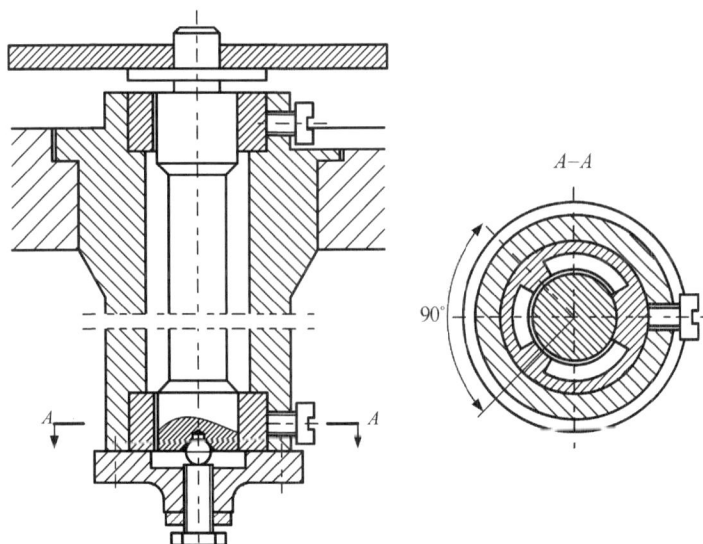

图 14 - 31　V 形弧滑动轴承轴系

V 形弧滑动轴承轴系在主轴轴颈和轴套内表面间充满油液，油膜厚度均匀，无双周晃动误差，回转精度比圆锥形滑动轴系高很多，回转精度可达 $\pm~0.035~\mu m$。该轴系已应用在度盘检查仪、码盘光电检验仪、圆分度光电检验仪和圆刻划机等低恒速转动仪器上。

14.3.3　滚动轴承轴系

1. 标准滚动轴承轴系

滚动摩擦轴系有两类：标准滚动轴承的轴系和非标准滚动轴承的轴系。标准的滚动轴承已标准化，可根据载荷、转速、回转精度、刚度等要求选用。

精密主轴的前后滚动轴承可采用不同精度，因它们对主轴系统回转精度的影响是不同的。图 14-32 所示为主轴的前后支承采用不同类型的轴承。如果前轴承内环有偏心量 δ_a，后轴承偏心量为零，则反映到主轴端部的偏心量为

$$\delta_1 = \frac{L_1 + L_2}{L_1 \delta_a} \tag{14-10}$$

如果后轴承内环有偏心量 δ_b，前轴承偏心量为零，则反映到主轴端部的偏心量为

$$\delta_2 = \frac{L_2}{L_1 \delta_b} \tag{14-11}$$

对比上两式可知：当轴承环的偏心量 $\delta_a = \delta_b$ 时，有 $\delta_1 > \delta_2$，表明前轴承内环精度对主轴端部精度的影响比后轴承大。因此，通常主轴前轴承的精度选择比后轴承高一等级。

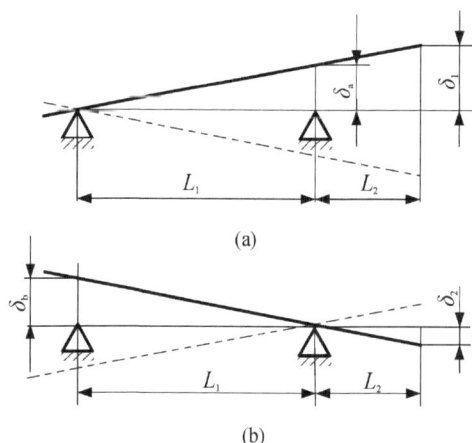

图 14-32 轴承偏心量的影响

2. 单列滚动轴承轴系

在精密仪器中需要设计非标准滚动轴承轴系，主要形式包括：单列滚动轴承轴系和密珠轴承轴系。单列滚动轴承轴系上下轴承的滚珠按单列排放，结构简单且安装维修方便，回转精度可达 0.1 μm。图 14-33 所示的主轴系统，径向精度由基圆盘 1 的内孔、主轴 2 的外圆及二列单排的滚珠 6 保证。轴向精度由基圆盘的端面 A、主轴轴肩端面 B 及滚珠 7 保证。顶尖 3 与主轴分成两体，用四个紧定螺钉 5 可以调节顶尖座 4 的回转中心与主轴重合精度。

单列滚动轴承轴系设计时需计算轴向载荷以确定的滚珠直径、数量，以及径向滚珠尺寸和形状误差。滚珠直径按照强度条件计算，并选取标准直径系列，最后需验算其变形量。

滚珠个数按照轴向载荷分配情况确定，最后检验滚珠的形状和尺寸误差对顶尖径向跳动的影响。

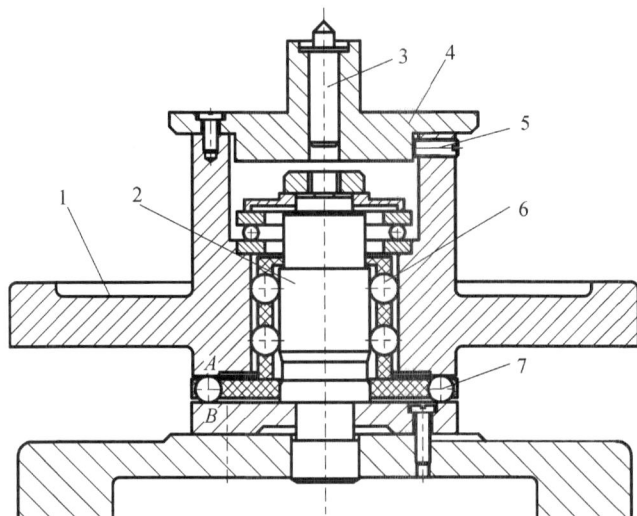

图 14-33 渐开线齿形仪的主轴系统

3. 密珠轴承轴系

密珠轴承轴系由主轴、轴套和密集分布并具有过盈配合的滚珠所组成。滚珠的密集分布和过盈配合有助于减小各部件制造误差对轴系的回转精度的影响。滚珠的滚道分布近似于多头螺旋线排列。每个滚珠公转滚道互不重复，既减小了滚动磨损，又可使轴承长期保持精度。滚珠的过盈配合相当于预加载荷产生微量的弹性变形以消除间隙，减小几何形状误差的影响。密集的滚珠与过盈配合，均化了轴套、主轴、滚珠的尺寸误差和形状误差，提高了轴系的回转精度。密珠轴系的径向回转精度可达到 0.1 μm，具有使用方便、寿命长、精度高的特点，适用于轻载、低速小型仪器设备。

图 14-34 为一种密珠轴承轴系结构，径向滚珠共 108 粒，滚道按照多头螺旋线排列。主轴直径为 60 mm，滚珠直径为 6.35 mm，径向尺寸过盈量为 3～5 μm。径向滚珠隔离圈的下端用小滚珠托起，以保证回转精度并能减小摩擦。上下端面分别布置 48 粒直径为 6.35 mm 的滚珠，滚道按圆弧线排列，轴向过盈量为 5～7 μm。滚珠隔离圈亦有柱销支托，以降低附加的摩擦力矩。端面滚珠止推板下方设计了圆形弹簧钢片，可用于调整轴向预紧力。此轴系的测试数据为：主轴轴颈圆度 0.1 μm，圆柱度 0.6 μm；轴套孔圆度 0.4 μm，圆柱度 1.6 μm，垂直度 1.6 μm；滚珠球度小于 0.4 μm，尺寸差小于 0.4 μm。装配后轴承径向回转精度为 0.26 μm。使用特 7 号精密仪表脂润滑时，摩擦力矩为 0.27 N·m。

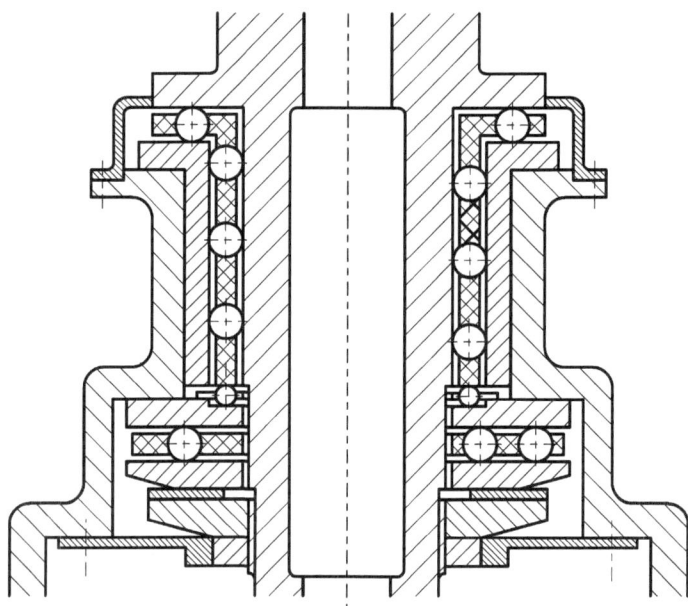

图 14-34 密珠轴承轴系结构

密珠轴系设计时适当提高滚珠密集度，可以有效降低主轴的"飘移"。如光栅式齿轮单啮仪的密珠轴系，当主轴上、下轴颈布置的滚珠由一列增加为三列时，主轴的径向"飘移"从 0.45 μm 降低为 0.23 μm。显然，滚珠数量过多时不仅会使结构尺寸增大，而且摩擦力矩也增大，影响运动的灵活性。

滚珠的排列方式必须满足每个滚珠的滚道互不重叠，并在直径方向上对称配置的原则。图 14-35(a) 所示的 $1''$ 的光栅分度头径向轴承保持架，圆柱面上布置 20 个滚珠孔，各自在四个象限内按螺旋线排列。设两孔中心夹角为 $\alpha = 360°/20 = 18°$，相邻滚道间距为 0.4 mm，每个象限滚道间距为 4×0.4 mm = 1.6 mm，端面距离为 5 mm。由此可计算出各象限滚珠的坐标 (α_i, Y_i)。按照同样的方法，也可计算出止推隔离圈上孔的排列位置。图 14-35(b) 为止推隔离圈双排 48 孔的布置图，孔中心夹角为 15°，间距增量为 0.3 mm。

过盈量的确定是密珠轴承设计中的另一个重要问题。适当的过盈量能够补偿轴承零件的加工误差，提高轴系的回转精度和刚度。过盈量太小则不能消除轴承间隙，导致轴系的回转精度和刚度均下降；过盈量太大，则轴系转动的摩擦力矩增大，灵活性降低，还会引起轴、套和滚珠的塑性变形，同样导致回转精度下降。密珠轴承轴系的过盈量一般选择为 1.5~12 μm。水平状态使用的轴承过盈量应比垂直状态使用的轴承过盈量大些，同时要考虑温度和各项测量误差的影响。

(a) 径向轴承隔离圈

(b) 止推轴承隔离圈

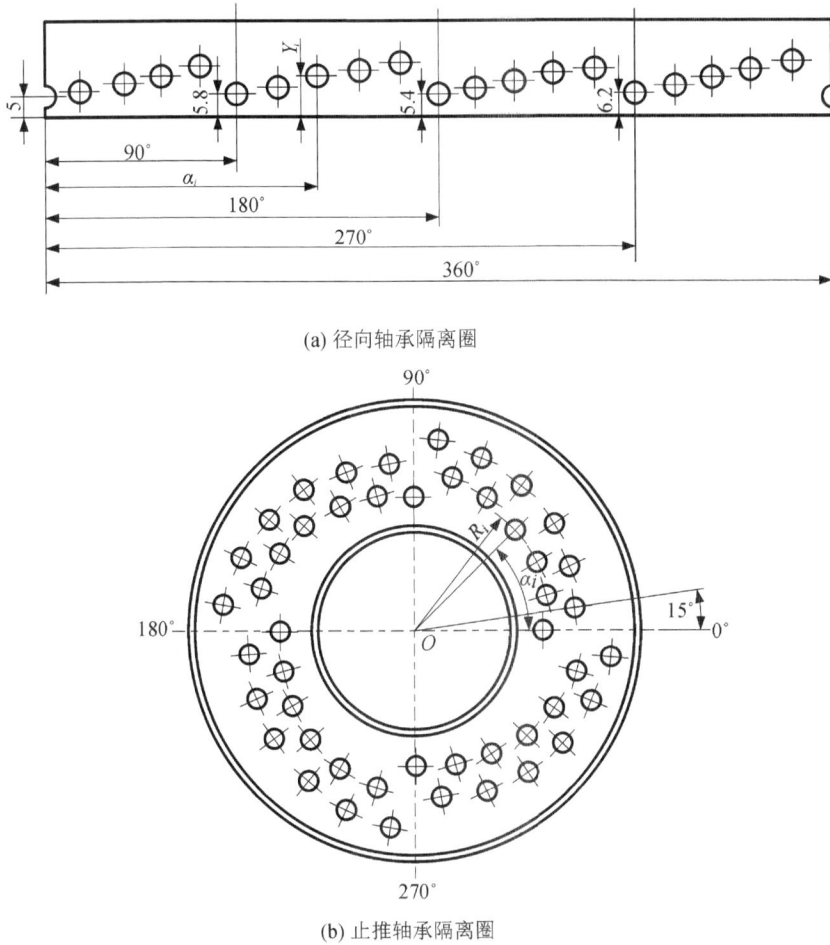

图 14 - 35　密珠轴承轴系隔离圈孔的排列

14.3.4　气体静压轴承轴系

空气静压轴承利用高压气体在轴系回转面间形成承载气膜,实现润滑和减振功能。由于气膜对轴承零件的加工误差的平均作用,轴系的回转精度比轴承副零件精度有很大的提高。气体静压轴承轴系的摩擦力矩小、转动灵活、零件磨损小,精度能够长期保持,可以在特殊环境下使用。目前空气静压轴承的回转精度已高达 0.01 μm,常用作高精度机床和大型光学仪器的轴承。其缺点是需要干燥清洁的供气设备,使用成本高且承载能力不高。

图 14 - 36 所示为用于镜面加工的超精密空气静压球轴系,主轴的右端固定有直径为 70 mm、长为 60 mm 的凸球,高压气体从节流孔进入凸凹球轴承间,球面间隙为 0.012 mm。主轴左端设计有长为 27 mm、直径为 22 mm 的圆柱轴承。气体通过节流孔进入圆柱轴承,间隙

为 0.018 mm。为保证左右两端轴承对中，将圆柱轴承置于一个凸半球的孔内。当气体进入凹半球气孔时即可进行对中调整，调整完成后停止供气。此时在左端弹簧的作用下，左端的凹、凸球面直接接触而固定。此静压轴系轴向刚度为 81.3 N/μm；径向刚度为 24.5 N/μm；当主轴转速为 200 r/min 时，轴系包括基准球误差在内的回转精度为 0.031 μm；当主轴转速为 500 r/min 时，轴系包括基准球误差在内的回转精度为 0.038 μm。

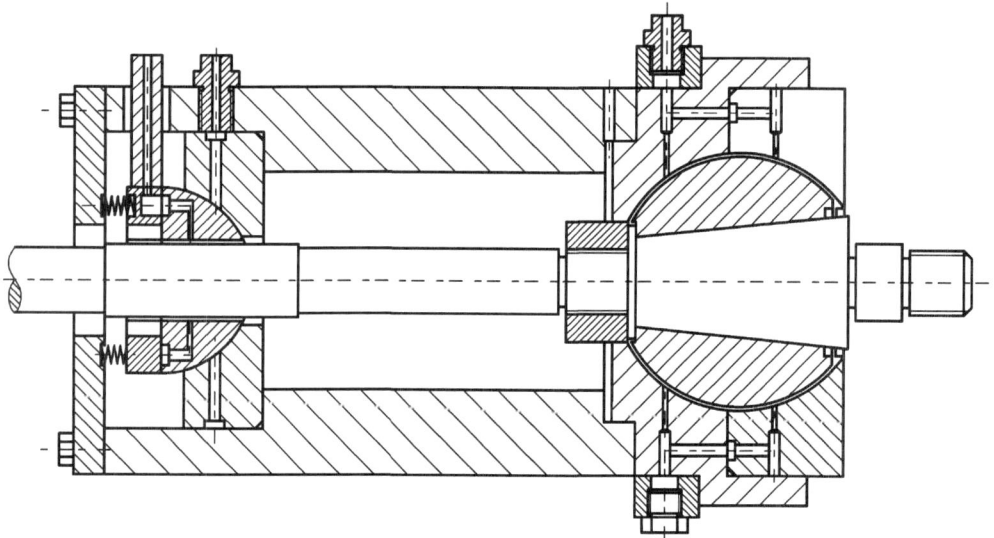

图 14-36   混合型空气静压轴承轴系

气体静压轴系的结构参数与气体静压导轨基本相同。节流器可选用：简单型小孔节流器和环形孔式节流器。环形孔式节流器的节流面积随气膜厚度改变，其节流调压作用不如简单型节流孔。节流孔的直径一般选取 0.14~0.3 mm，轴承间隙取 0.01~0.03 mm。气垫(气腔)直径可取 4~5 mm，气腔深 0.14~0.2 mm。球或圆柱轴套和轴颈的形状误差需在 0.2~0.4 μm。

14.3.5 液体静压轴承轴系

液体静压轴承轴系是由压力油将轴系浮起进行工作的。它比气体静压轴系刚度更高，承载力强。回转精度可达 0.05 μm，抗振性也好于气体静压轴承轴系。

图 14-37 为圆度仪的液体静压轴承轴系。主轴 1 和内轴套 2 构成径向静压轴承，油腔布置在内轴套上。3 为轴向液压轴承，调节螺钉 6、调心台 5 和倾斜调整螺钉 4 共同工作可调整工件与主轴的同心。工作台直径为 400 mm，液压泵工作压力为 15×10^5 Pa，可测工件重力为 1000 N，允许偏载为 40 mm，径向回转精度为 0.1 μm，轴向回转精度为 0.04 μm。

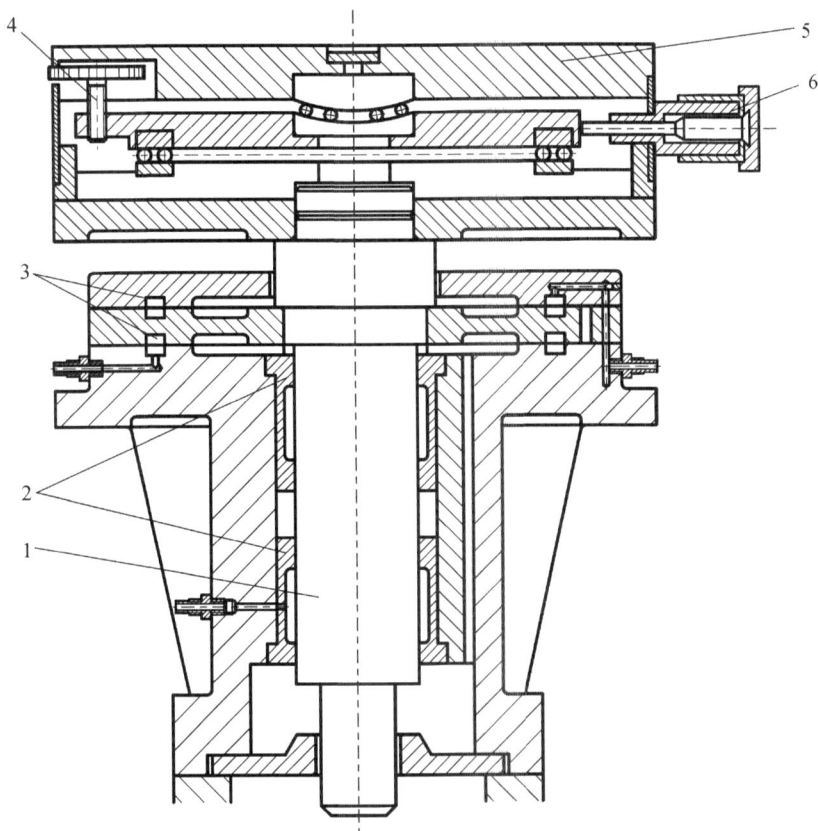

图 14-37　圆度仪用液体静压轴承轴系

　　除上述几种轴系外，还有采用液体动压轴承的滑动轴系。液体动压轴承是利用轴颈回转时产生的泵油作用，将润滑油带入摩擦表面间形成压力油膜，将摩擦表面分离后形成液体摩擦。液体动压轴承轴系的特点如下：回转精度、承载能力较大，刚性较好，动态情况下无磨损，寿命长。缺点是需要起动过程以形成承载油膜，主轴只能单向旋转而不能反转，其结构和工作特点可参阅相关文献。

14.3.6　轴系设计与选择

　　仪器中的轴系是用以支承仪器部件围绕轴线做精确的回转运动，是仪器的关键部件之一。轴系的选择不仅决定了仪器的测量精度指标能否达到设计要求，同时也决定了仪器的成本高低。选择轴系时要考虑的因素很多，如回转精度、转动灵活性、承载能力(刚度)、寿命、结构工艺性、使用环境、成本等。各种轴系特点的对比见表 14-3，可供选用时参考。

表 14-3　轴系的性能和特点

轴系名称		特性					
		回转精度/μm	转动灵活性	承载能力	耐磨性	使用环境	成本
滑动轴系	圆柱滑动轴系	2~10	较差	大	差	要求较低	低
	圆锥滑动轴系	0.2					
滚动轴系	标准滚动轴承轴系	0.5	较好	较大	较好	要求较高	较高
	单列非标准滚动轴承轴系	0.2					
	密珠轴系	0.1					
液体静压轴系		0.05	好	大	好	要求高	高
气体静压轴系		0.01~0.02	好	较大	好	要求高	高
动压轴系		0.025	好	较大	好	要求高	高

　　静压轴承轴系的摩擦力是流体内摩擦，对零部件的加工误差具有均化作用，其主轴回转的摆振量是轴颈圆度误差的 $1/10 \sim 1/3$、轴套的 $1/100$，具有很高的回转精度。静压轴承轴系的承载能力不随转速变化而波动，适用于速度调整范围大的精密设备，主要缺点是需要一套增加供油（气）的设备，成本较高。

14.4　微位移技术

　　微位移技术是一种小行程、高分辨力和高精度的位移控制技术，精度常为亚微米和纳米级。通常把应用微位移技术的系统称为微系统，它由微位移机构、精密检测装置和控制装置三部分组成。微位移技术是精密机械和仪器的关键技术之一。

　　微位移机构的特点是行程小、灵敏度和精度高，通常由微位移器和导轨两部分组成。按照工作机理可将微位移机构分为：机械式和机电式。机械式微位移机构采用丝杠、杠杆、楔块、齿轮、弹簧元件等驱动并产生微小量位移；机电式微位移机构则使用电热、电磁、压电等方式产生微小位移。

　　微位移机构的主要用途有：精度补偿、微进给、微调、微执行机构。精密机械加工中的微进给机构以及精密仪器中的对准微调机构，主要利用微位移机构来实现。微位移机构也可用于生物工程、医疗、微型机器人等，如微装配的夹持器、图像自动调焦系统等。

14.4.1 微位移机构的驱动元件及导轨

1. 压电与电致伸缩器件

压电与电致伸缩器件利用机电耦合方式工作，具有结构紧凑、体积小、分辨率高、控制简单、不发热等优点，可实现 0.001 μm 的分辨率和 ±0.01 μm 的定位精度，是一种性能优良的微动器件，在精密机械中得到了广泛应用。

电介质在电场作用下会产生逆压电效应和电致伸缩效应，统称机电耦合效应。逆压电效应是指电介质在电场作用下产生形变，变形的大小与电场强度、材料特性等有关。同时在电场作用下，电介质由于感应极化作用而产生应变，应变大小与电场强度平方成正比，且与电场方向无关，称为电致伸缩效应。电介质在外加电场作用下产生的应变为

$$S = dE + ME^2 \tag{14-12}$$

式中，dE 表示逆压电效应，d 为压电系数，m/V；E 为电场强度，V/m；ME^2 表示电致伸缩效应，M 为电致伸缩系数，m^2/V^2。

微动器件中常用的是逆压电效应，即电介质在电场作用下产生应变，利用此应变量实现对工作台的驱动和控制。利用逆压电效应工作的电介质材料称为压电晶体。常见的材料是锆钛酸铅和钛酸钡，二者组成的多晶固溶体称为锆钛酸铅压电陶瓷，代号 PZT。利用电致伸缩效应工作的电介质材料称为电致伸缩材料。常见材料为铌镁酸铅 PMN 和 La：PZT。PMN 是由 PbO、MgO、Nb_2O_5、TiO_2、$BaCO_3$、ZrO 等按比例烧结而成。压电微动器件利用逆压电效应工作，广泛用于激光稳频、精密微动及进给等。压电器件的主要缺点是变形量小，导致驱动电压一般大于 800 V。为提高压电器件行程，通常将多个器件组成串并联的压电堆结构，如图 14-38 所示。

逆压电效应仅存在于无对称中心晶体的电介质材料中，而电致伸缩效应则在所有电介质材料中都存在。一般的压电材料中，电致伸缩系数 M 要大于压电系数 d。经过人工极化可在压电材料内部形成很强的内电场，高强度的内电场会引起电致伸缩效应的偏压作用。在较弱外电场作用下，共同产生宏观线性压电效应。电致伸缩器件使用 100~500 V 的电压，即可获得几十微米的应变量。如 PZT 电致伸缩器 WTD-1 型和 WTD-T 型，位移行程可达 40 μm，承载几十千克，可达纳米级分辨力，重复性和复现性都很好，其位移特性曲线如图 14-39 所示。电致伸缩器件与压电器件都有滞后效应，此外还有漂移现象，其漂移量一般小于应变范围的 15%。

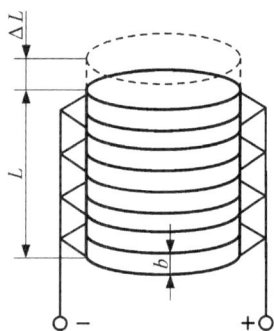

图 14 - 38 串联式压电堆

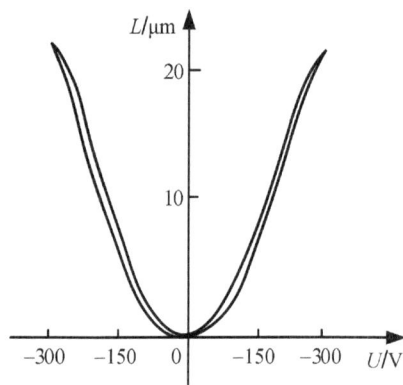

图 14 - 39 电致伸缩器位移特性曲线

2. 电磁驱动器

电磁驱动器是用电磁力来驱动的，如图 14 - 40 所示。改变电磁铁线圈的电流大小即可控制电磁铁的吸引力，实现对微位移量的控制。工作台移动距离与磁通密度平方成正比。电磁式驱动器位移分辨力约为 0.1 μm，最大初始间隙为 800 μm 左右，线性范围为 ±100 μm。电磁微驱动器方法简单，驱动范围大，但线圈通电流后有发热现象，并易受电磁干扰。

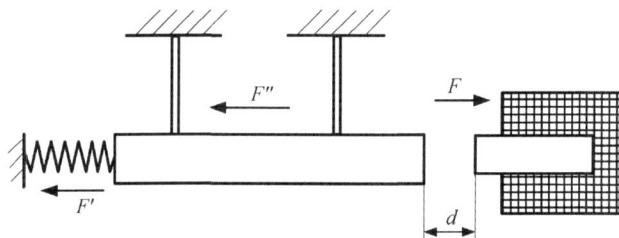

图 14 - 40 电磁驱动器的驱动原理图

3. 磁致伸缩器件

磁致伸缩器件利用一些材料在外磁场作用下尺寸和形状会发生变化的现象工作，这一现象是材料内磁偶极子相互作用的结果。常见的材料是铁磁材料和稀土材料，例如 Ni、Ni-Fe、$TbFe_2$、$DyFe_x$、Fe_3O_4 等。磁致变形量与材料的饱和磁致伸缩系数及磁饱和场强有关，且变形模式多样。磁致伸缩器件多采用沿材料长度方向的变形模式。图 14 - 41 给出的是一种用于喷嘴控制的磁致伸缩微动器件。按照磁致伸缩材料的特性，确定单位长度线圈匝数并控制工作电流，即可获得微动器所需的实际变形量。

磁致伸缩器件设计的一个重要指标是能量利用率，一般用材料的机电耦合系数来表示。材料的机电耦合系数与材料的磁致伸缩常数及饱和磁化强度等特性有关。如坡莫合金Ni-Fe 的机电耦合系数为 $0.2 \sim 0.35$，非晶态合金 Fe-Co-Si-B 的机电耦合系数则高达 0.95。

4. 机械式微动器件

机械式微动机构形式多样，包括螺旋机构、杠杆机构、凸轮、楔块、齿轮机构、弹性机构以及多种机构组合形式。由于机械式机构中存在机械间隙、摩擦磨损以及爬行，难以达到很高的灵敏度和精度，一般适用于中等精度的应用。机械式微动器件常用电机驱动结合位移缩小方式实现微量位移。图 14 - 42 所示是一种楔块式位移缩小机构，选择适当的楔角就可实现不同的缩小比例。这种方式可获得较大的缩小比例和较大的位移范围，其位移分辨力可达到 $0.05\ \mu m$。

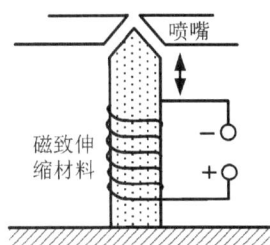

图 14 - 41　磁致伸缩喷嘴　　　　图 14 - 42　楔块式位移缩小机构

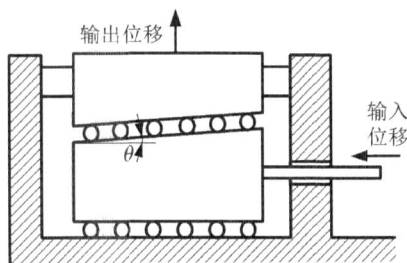

5. 支承导轨

微位移机构的导轨需要有较高的位移分辨力和良好的响应特性，要求导轨的导向精度高、运动灵活且平稳。前述的滑动导轨、滚动导轨和空气静压导轨均存在一定的局限，微位移机构常采用的弹性导轨，包括平行片簧导轨和柔性支承导轨。弹性导轨利用材料和结构上的弹性变形来实现支承和导向，无机械摩擦、无磨损、无间隙、不爬行，具有很高的位移分辨力，主要缺点是行程较小。

柔性支承导轨又称柔性铰链，用于实现绕轴的有限角位移，主要特点是：无机械摩擦、无间隙、运动灵敏度高。柔性铰链有多种结构，最基本的形式是绕一个轴的弹性弯曲变形。柔性铰链有单轴和双轴两种，其截面形状分别呈矩形和圆形。图 14 - 43(a)给出的是单轴柔性铰链，其结构是在圆形或矩形截面材料上加工出一个颈部，受载后实现绕颈部中心线的偏转运动。双轴柔性铰链如图 14 - 43(b)所示，由两个互成 $90°$ 的单轴柔性铰链组成，交叉轴的最简单的双轴柔性铰链是把颈部做成圆杆型。对于需要垂直交叉和沿纵向轴高强度的双轴柔性铰链，可采用图 14 - 43(c)所示的结构。该结构可实现绕 z 轴和 y 轴两个方向偏转，同时具有较高的强度和刚度。

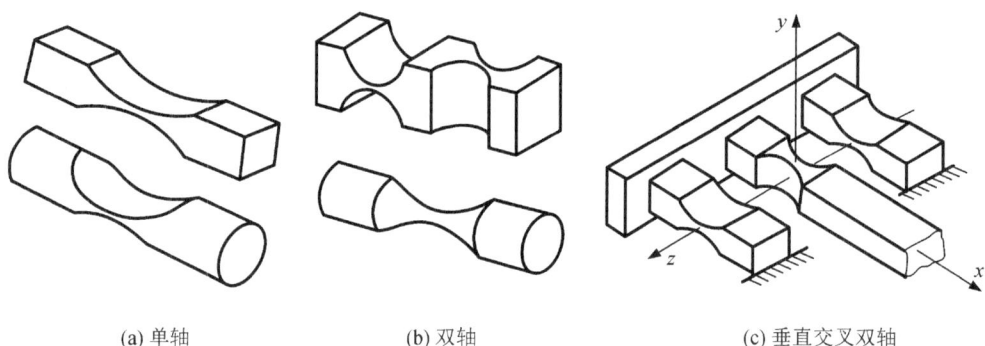

(a) 单轴　　　　　　　　(b) 双轴　　　　　　(c) 垂直交叉双轴

图 14 - 43　柔性铰链

　　柔性铰链的设计可用弹性变形的方法进行准确理论计算并确定结构尺寸。然而，理论计算时公式复杂、计算量大，实际使用较少，一般多采用近似计算的方法进行设计。通过对微位移机构的柔性铰链的分析，可得其两个特点：一是位移量小，仅为数十到几百微米；二是结构参数的铰链厚度最薄处 t 与铰链切割半径 R 的关系：$t \geqslant R$。据此可导出简化设计方案。

　　如图 14 - 44 所示的柔性铰链转角刚度计算简图。要求铰链沿 x 轴轴向刚度及绕 y 轴转角刚度大，沿 y 轴方向的位移及绕 z 轴的转角变形大。根据变形理论，柔性铰链的转角变形和沿 y 轴的挠度可认为是多个微段变形累加的结果。根据材料力学可得弯矩 M 作用下柔性铰链的变形量，将坐标 (x, y) 变换成极坐标系 (R, α) 后的铰链转角公式为

$$\theta = \int_0^\pi \frac{12MR\sin\alpha}{Eb(2R + t - 2R\sin\alpha)^2}\mathrm{d}\alpha \tag{14-13}$$

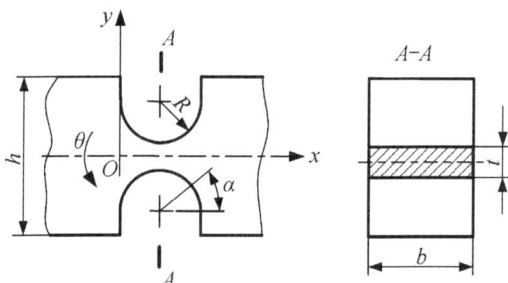

图 14 - 44　转角刚度计算

　　理论计算可求得不同 R、t 时柔性铰链转角刚度 M/θ 的值，见表 14 - 4。实验结果表明：当 $t \leqslant 0.1h$ 时表中的计算结果与实际测量结果的误差不超过 1%，使用表 14 - 4 可大大简化柔性铰链的设计过程。

表 14-4　柔性铰链转角刚度　　　　　　　单位：mm

R	t				
	1.0	1.5	2.0	2.5	3.0
1.0	0.081Eb	0.24 Eb	0.52 Eb	0.94 Eb	1.6 Eb
1.5	0.063 Eb	0.18 Eb	0.39 Eb	0.70 Eb	1.2 Eb
2.0	0.053 Eb	0.15 Eb	0.32 Eb	0.58 Eb	0.94 Eb
2.5	0.047 Eb	0.13 Eb	0.28 Eb	0.50 Eb	0.91 Eb
3.0	0.043 Eb	0.12 Eb	0.25 Eb	0.45 Eb	0.73 Eb

14.4.2　常用微位移机构

1. 压电器件驱动的微位移机构

图 14-45 的微位移机构使用柔性铰链支承，在压电元件驱动下可实现 0.1～0.001 μm 的微位移，行程一般为几十微米。图 14-46 是单自由度的柔性支承-压电驱动微动工作台。压电元件加电后产生微位移量经两级杠杆 M_1 和 M_2 放大后驱动工作台 S。微动工作台的尺寸为：100 mm×100 mm×20 mm，位移分辨率小于 0.001 μm，行程范围为 1～50 μm。这种柔性支承的工作台结构紧凑、无爬行、无间隙、无轴承噪声、不需要润滑、位移精度高，低频下没有发热现象，适宜于各种超精密加工。

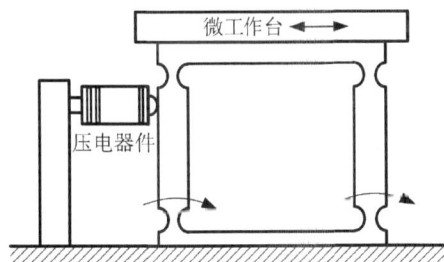

图 14-45　柔性支承的微位移机构

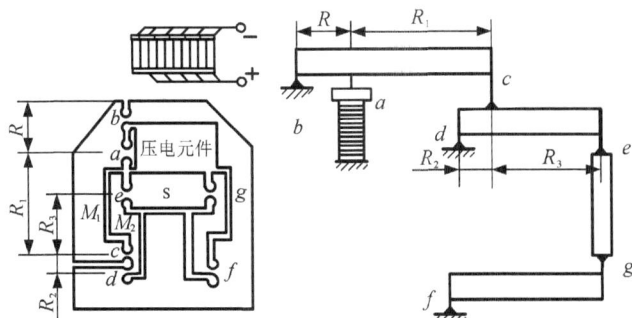

图 14-46　单自由度的微动工作台

采用柔性铰链设计的二维微位移工作台的结构及原理如图 14-47 所示。为提高工作台的刚性和位移精度，采用了 4 点支承式对称结构，通过二级杠杆作用放大输入位移。两级放大比分别为：$(R_1+R_2)/R_1$ 和 $(R_3+R_4)/R_3$。第二级杠杆对称作用在 4 点支承移动工作台两侧，一方面保证微位移工作台的刚度，另一方面保证工作台仅做直线移动而无转角运动。

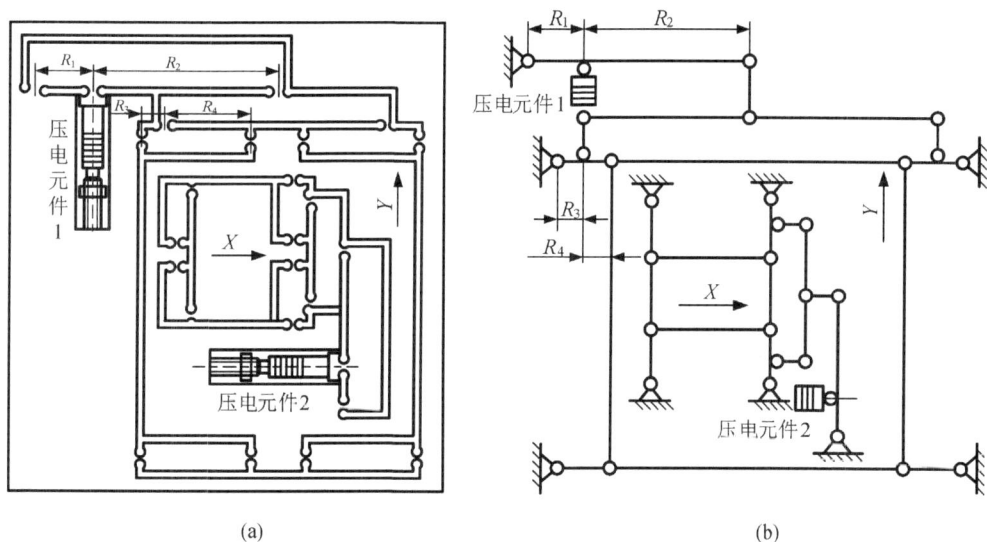

(a)   (b)

图 14-47　二维微位移工作台的结构及驱动原理

图 14-48 所示的微工作台是由平行片簧导向、压电器件驱动的微位移机构。工作时片簧产生的弹性变形量即为工作台的微位移，位移分辨力可以达到 0.01 μm，是常用的微位移导轨机构。平行片簧利用弹性变形导向，与柔性支承有相近的优点。

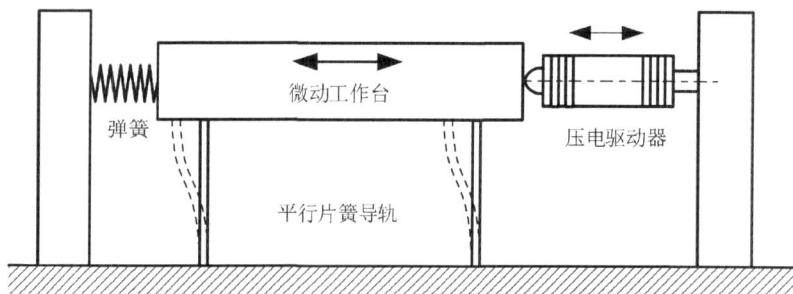

图 14-48　平行片簧导轨微位移机构

图 14-49 是压电器件驱动的滚动导轨的微工作台。滚动导轨具有运动灵活、行程大、结构较简单、精度较高等优点。使用压电器件驱动可获得更高的位移分辨力，适用于实现大行程及微位移结合的精密运动工作台。

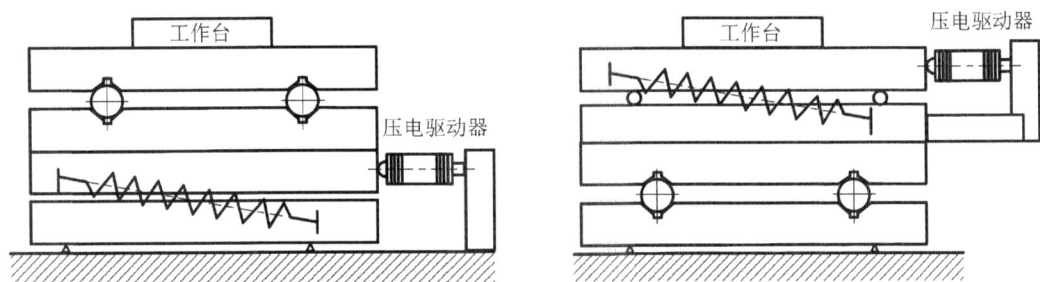

图 14-49　滚动导轨微动工作台

2. 机械式位移缩小机构

机械式微位移机构多用平行片簧导轨，驱动方式采用步进电机和机械式位移机构缩小机构，如精密螺旋、弹性传动、齿轮传动、楔块传动等。图 14-50 是步进电机与弹性缩小机构的组合。位移缩小机构利用两个弹簧刚度比进行位移缩小。设弹簧 A、B 刚度分别为 K_A 和 K_B，输入位移为 x_i，工作台的位移 x 为：$x = x_i K_B / (K_A + K_B)$。如果取 $K_A : K_B = 99 : 1$，输入位移 $x_i = 10$ μm 时即可获得输出量 $x = 0.1$ μm。此类缩小机构的缺点是微动工作台承受外力或移动导轨时存在摩擦力，会影响定位精度。对于步进状态的输入容易产生过渡性振荡，常用于光学零件的精密调整机构。

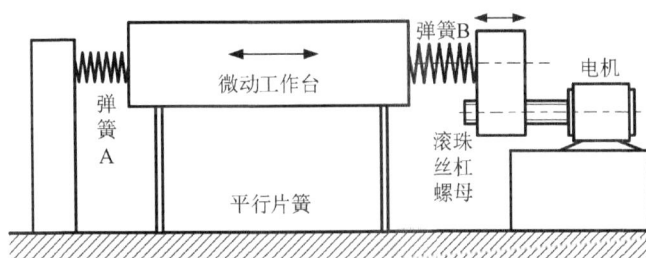

图 14-50　丝杠及弹性缩小工作台

图 14-51 是杠杆式位移缩小机构。它由步进电机、丝杠螺母、两级 1/50 缩小率的杠杆 l_1、l_2、l_3、l_4 和 x、y 方向可动的平行片簧导轨组成。在 ± 50 μm 移动范围内，可实现 0.05 μm 的分辨力和 ± 0.5 μm 的定位精度。多级杠杆位移缩小机构的定位精度受末级杠杆的支点和回转精度的影响较大。

3. 电磁驱动式微位移机构

为克服丝杠螺母机构的摩擦和间隙，可采用电磁驱动的微位移机构，如图 14-52 所示。该工作台以平行片簧导轨支承导向，并在工作台端部安装强磁体。通过控制电磁铁的吸力与平行片簧导轨的反力平衡，控制移动工作台的移动和定位。

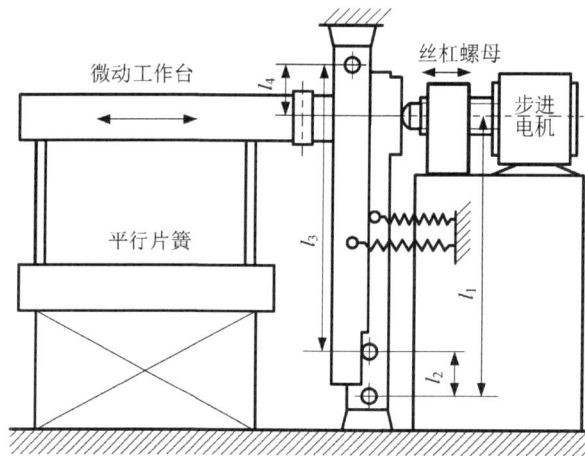

图 14-51　杠杆式位移缩小机构

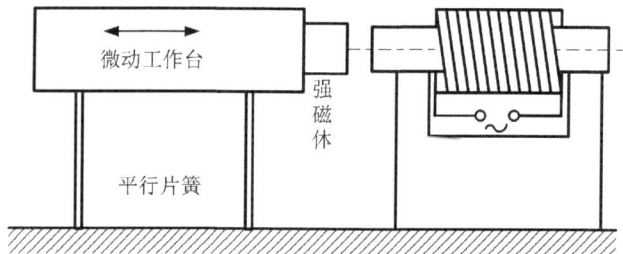

图 14-52　电磁驱动的微动工作台

电磁驱动的微位移工作台的定位精度可以达到±0.2 μm，行程也较大，分辨力可达±0.01 μm。其主要缺点是存在发热现象和易受电磁干扰。

14.4.3　精密微动工作台的设计

精密工作台是实现平面内 x-y 坐标运动的典型部件。在精密仪器中，它是影响仪器精度和效率的关键部件。工作台的性能包括静态性能和动态性能两方面。静态性能主要包括几何精度、静刚度、定位精度和重复定位精度等。动态性能则包括工作台的振动特性和固有频率、速度与加速度特性、负载特性、系统稳定性等。精密微动工作台应满足以下几点要求。

1. 设计要求

（1）工作台的支承或导轨副应无机械摩擦、无间隙，以保证定位精度和重复精度。

（2）具有很高的位移分辨率，以及很高的定位精度和重复精度。

（3）具有高的几何精度，即颠摆、扭摆、滚摆等运动误差小，稳定性好。

（4）较高的固有频率，确保工作台良好的动态特性和抗干扰能力。

（5）采用直接驱动，取消传动环节。这样不仅刚性好，固有频率高，而且减少了误差环节。

（6）系统响应速度要快，便于控制。

2. 工作台的组成

$x - y$ 工作台系统基本组成包括：滑板、直线移动导轨、传动机构、驱动器件、控制装置和位移检测器，如图 14 - 53 所示。设计工作台时应把机械部分和控制部分一体考虑，总体上设计出满足使用要求的工作台。

按照驱动方式，工作台可分为两大类。一类是驱动电机与 x 或 y 向滑板连接在一起，这种形式结构简单，但下层驱动的重量增大，电机振动也会影响到工作台的精度。另一种是电机装在底座上，通过传动装置驱动工作台。这种形式机械结构复杂但减轻了下层电机的驱动重量，适用于高速运动工作台。

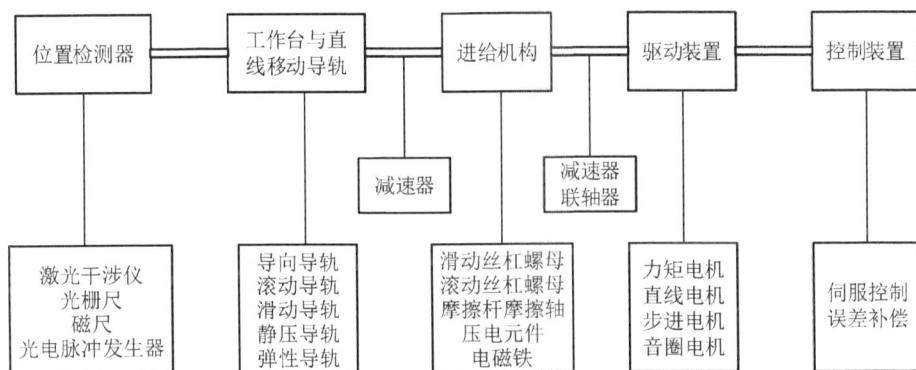

图 14 - 53　工作台系统的组成要素

3. 精密微动工作台设计中的几个问题

1）导轨形式的选择

在微位移范围内，工作台要有较高的位移分辨率和良好的响应特性，即要求导轨副的导向精度高。

滑动摩擦导轨存在爬行现象，运动均匀性差。滚动摩擦导轨的摩擦力较小、运动灵活，但滚动体一致性差。弹性导轨（平行片簧和柔性支承）无机械摩擦、无爬行、无间隙、不发热，可达到很高的分辨率，是高精度工作台常用的导轨形式。空气静压导轨的导向精度高，无机械摩擦、无磨损、无爬行、能减震，但成本较高。

在同时要求大行程和高精度位移的情况下，可采用粗、细位移相结合的方法。大行程时用步进电动机及机械减速机构,推动工作台在空气静压导轨上运动,而微位移时用压电器件推动工作台以弹性导轨导向运动。

2) 微动工作台的驱动

微工作台的驱动可采用电机驱动与机械缩小装置,主要缺点是结构复杂、体积大、定位精度低于 $0.1~\mu m$。此方法适于大行程、中等精度微位移的场合。电热式和电磁式驱动有发热升温、易受电磁干扰的缺点,难以达到高精度。其精度一般为 $0.1~\mu m$ 左右,行程可达数百微米。压电和电致伸缩器驱动的稳定性和重复性好,分辨力可达纳米级,驱动工作台的定位精度可达 $0.01~\mu m$。其主要缺点在于行程一般为几十微米。

3) 微动工作台的控制

微动工作台的控制有开环控制和闭环控制,并配有适当的误差校正和速度校正系统。对于闭环控制,还要配备精密的位置检测装置。

14.5 精密机械伺服系统

在进行点、线、面或空间曲面测量和精密定位时,精密机械系统需要完成各种运动,如直线运动、回转运动、曲线运动、空间运动、加速和减速运动等。这些运动都需要由驱动装置、传动装置和控制装置构成一个伺服系统来实现,运动的控制则需要通过计算机来进行。为了实现高效率、高精度、稳定运动的要求,伺服系统必须具有良好的响应特性,能灵敏地跟踪指令,实现单步或连续运动,从而满足运动精度要求并具有较高的稳定性。

14.5.1 伺服系统的分类

伺服系统按照控制特点分为:点位控制和连续控制系统。根据控制反馈技术特点分为:开环伺服系统、闭环和半闭环伺服系统。

开环伺服系统仅根据输入量和干扰量进行控制,输出、输入端没有反馈回路,输出量取决于机械传动系统的精度。如图 14-54 所示,控制装置发出的指令脉冲作用于电动机的驱动电路,驱动电动机转动并通过机械传动装置带动工作台。若驱动电动机为步进电动机,可实现点动或连续运动,步进电动机的瞬态响应可达 $2000 \sim 3000$ 步/s。步进电动机亦可锁紧在任何位置上。

开环伺服系统的位置精度较低,其定位精度一般可达 $\pm 0.02~mm$。若采取螺距误差补偿和传动间隙补偿等措施,定位精度可提高到 $\pm 0.01~mm$。此外,受步进电机性能的限制,开环进给系统的进给速度也受到限制,在脉冲当量为 $0.01~mm$ 时,一般不超过 $5~m/min$。

开环伺服系统的精度取决于电机、齿轮副、丝杠螺母副和工作台导轨等部件的精度。

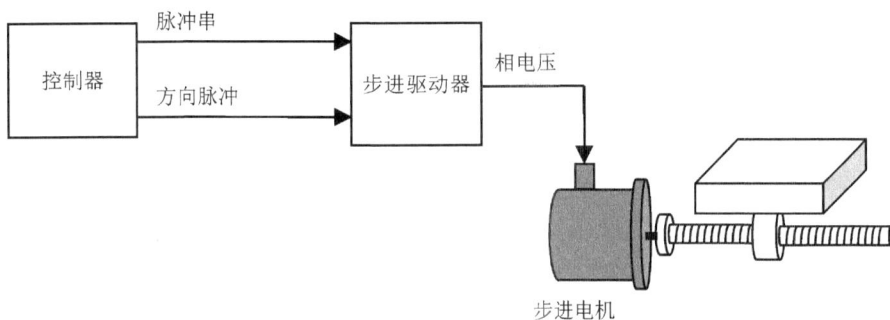

图 14-54 开环伺服系统

闭环伺服系统的输出、输入端间存在反馈回路。在被控对象的运动过程中，测量环节不断测量实际位移量并反送给控制器，系统按照测量值和给定量的差值进行控制。闭环伺服系统如图 14-55 所示。与开环系统相比，检测装置可以随时测出工作台的实际位移，并将测得值反馈到控制装置中与指令信号进行比较，用比较后的差值进行控制。根据指令和反馈比较方式，闭环系统可分为脉冲比较闭环系统和相位比较闭环系统。前者利用指令脉冲数和反馈脉冲数之间的正负差值进行运动控制，后者使用脉冲-相位变换器，比较指令信号和反馈信号之间的相位差并输出相应的控制信号。

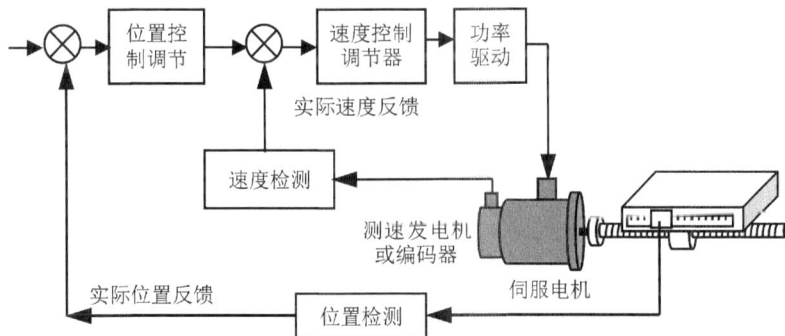

图 14-55 闭环伺服系统

闭环伺服系统实质上是一个自动调节系统，检测装置的精度是影响闭环伺服系统精度的主要因素。常用的检测装置包括：激光干涉仪、光栅系统、感应同步器、CCD 摄像系统等。闭环系统的响应特性包括超调量、起调时间、调整时间、动态误差等，是反馈系统品质的重要参量。稳态响应误差如幅值误差、相位误差等是影响系统精度的重要指标。

闭环伺服系统的突出优点是控制精度高，抗干扰能力强。只要被控量的实际值与给定值之间存在偏差，闭环系统就可产生控制作用以减少偏差。闭环系统可以校正传动链内由于电器、刚度、间隙、惯性、摩擦及制造精度等原因形成的误差,提高系统运动精度。其存在的主要缺点是在参数匹配不当时容易引起振荡,导致系统不稳定而无法工作。

半闭环伺服系统是将检测装置安装在伺服电机轴或传动装置末端,间接测量移动部件位移来进行位置反馈的进给系统。半闭环伺服系统如图 14-56 所示。在半闭环伺服系统中,将编码器和伺服电机作为一个整体,编码器完成角位移检测和速度检测。

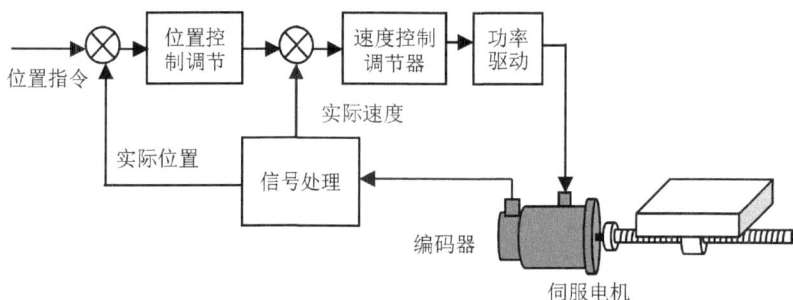

图 14-56 半闭环伺服系统

由于采用了位置检测装置,闭环系统的位置精度主要取决于检测装置的分辨率和精度。闭环伺服系统可以消除机械传动机构的全部误差,而半闭环伺服系统只能补偿部分误差,因此半闭环伺服系统的精度比闭环系统的精度要低一些。

闭环和半闭环伺服系统因为采用了位置检测装置,所以在结构上较开环进给系统复杂。另外,由于机械传动机构部分或全部包含在系统之内,机械传动机构的固有频率、阻尼、间隙等将成为系统不稳定的因素,因此闭环和半闭环系统的设计与调试都较开环系统困难。

当要求实现复杂且精度较高的控制时,可将开环控制系统和闭环控制系统结合起来,形成比较经济且性能较好的复合控制系统。复合控制系统是通过附加一个输入量或干扰量的前馈通路来提高控制精度,对闭环系统的影响不大。

14.5.2 伺服系统的组成

1. 伺服驱动装置

伺服系统中的驱动装置用于驱动机械装置运动,常用的驱动装置有:步进电机、直流电机、同步电机、测速电动机和压电陶瓷驱动器。

步进电机是以特殊方式运行的同步电动机。它用电脉冲控制,每输入一个脉冲电机就移进一步,通过改变脉冲频率可实现大范围调速,可以点动和连续转动,停机时有自锁能力。步进电机的步距角和转速不受电压波动和负载变化的影响，仅与脉冲频率有关。步进电机的步距误差不累积，一般在 $15'$ 以内。电机运行时会出现超调或振荡，突然起动时存在滞后现象。

直流电动机的特点是运动平稳，改变驱动电压可以改变转速和换向，控制方便，但它不能自锁，控制精度也不如步进电动机。同步电动机一般用于同步控制的场合。

压电陶瓷驱动器是近年来获得广泛应用的微小位移驱动器。它具有分辨力高达纳米级、控制方法简单的优点，但驱动范围较小。此外，压电陶瓷驱动具有无摩擦、不发热的特点，但存在滞后和漂移现象。

2. 机械传动装置

伺服系统中的机械传动装置有齿轮传动、蜗轮蜗杆传动、丝杠传动、弹性传动、摩擦传动等。其主要作用是传递转速和转矩，能使工作台灵敏、准确、稳定地跟踪指令，实现精确的移动。因此，对其惯性、刚度、摩擦力和输出转矩等静态特性以及固有频率、稳定性、响应速度和爬行等动态特性都需要进行详细分析。

选择机械传动装置的依据是工作台的定位分辨力和定位精度。不同的应用和精度等级使用不同的传动方式。将步进电动机与齿轮传动、蜗轮蜗杆传动或丝杠传动相结合，可以达到微米甚至亚微米级的分辨力。当分辨力达到 $0.1\sim0.01~\mu m$ 量级时，可采用摩擦传动和弹性传动。当位移分辨力的要求为纳米级时，常采用压电陶瓷驱动与弹性传动相结合，如压电陶瓷与柔性铰链组合等。

伺服控制中要求工作台迅速响应指令，因此设计时应使传动系统具有最大加速度。理论分析表明，在一级减速选取最佳的减速比时可获得最大角加速度，传动系统也具有最快的加速响应。因此，机械传动装置一般取一级较好。随传动级数增大，传动间隙加大，阻尼也会升高，传动刚度和效率都会降低。伺服系统必须提供足够的力矩和功率，以保证工作台快速跟踪指令。驱动方式的选取必须考虑传动系统的摩擦力矩、传动比、负载变动的影响。

此外，传动系统的刚度也会影响伺服系统的运动平稳性和固有频率，应进行详细的分析计算。对于系统的低速爬行因素，也应予以重视并采取适当措施消除。传动系统的选用可参阅相关文献。

14.5.3　伺服系统的精度

伺服系统的精度是指伺服系统带动工作台运动，到达点、线、面和空间位置的准确度。

开环伺服系统的各个构成环节的误差都会影响伺服精度，包括伺服电动机运行误差和机械传动误差。前者如步进电动机的步距角误差；后者则包含齿轮传动的齿形误差、周节累积误差、反向转动时齿轮侧隙造成的失动等，螺旋副传动的螺距误差、传动间隙、螺旋副的刚度引起的误差、导轨的直线度误差等。

闭环伺服系统可将大部分控制环节的电气误差和机械误差进行校正，除了控制环节中小于一个控制脉冲的误差，如调节运算误差、D/A 转换误差、步进电动机的步距角误差、机械装置的灵敏限误差等。反馈环节误差源有位置检测装置的检测误差、A/D 转换的量化误差等。

随着对工作台精度要求的不断提高，误差校正技术得到迅速发展。误差校正是利用机械和电子技术对工作台的位移误差进行补偿，以获得更高的位移和定位精度。开环伺服系统的误差校正主要有两种方法：机械电子技术的硬件校正法和利用计算机的误差校正法。

1) 机械电子误差校正

机械电子误差校正主要用于补偿工作台反向运动时的死区，即系统的空回误差。一般情况下工作台运动时都会余留几微米的反向死区，此时可以采用补偿电路进行校正。补偿电路需要满足以下要求：① 能控制补偿脉冲数，一般根据测出的死区值预先置入定值脉冲数补偿。② 判断移动方向的变化，在反向移动时发出补偿指令。③ 补偿脉冲不得影响主控脉冲正常运行。

图 14 - 57 是一种反向死区补偿电路框图。当工作台从 X+ 变化为 X- 时，方向判别器发出补偿方向脉冲 X-。此脉冲经整形后送到补偿控制电路，并控制 X 向补偿脉冲的输出；同时，它还被送到伺服控制导致伺服主控脉冲停止。补偿脉冲由脉冲发生器产生，经计数、译码由拨码开关发出预置的脉冲信号送至补偿控制，待方向信号到来时，补偿脉冲开始输出。

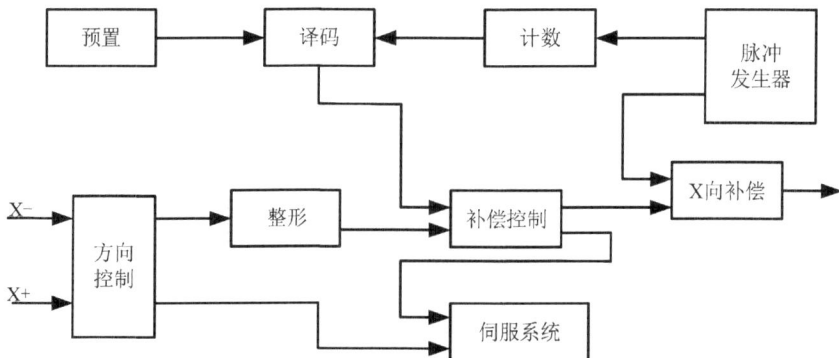

图 14 - 57　反向死区补偿电路框图

2）计算机控制误差校正

利用计算机进行误差校正，需要预先将实测的工作台位移误差数学模型置于计算机中。工作时，计算机一边输出工作指令驱动工作台移动，一边计算误差输出校正指令形成附加位移以校正位移误差。计算机进行误差校正具有灵活、快速、方便和功能强等许多优点。

计算机控制的误差校正有两种方式，即单通道方式和双通道方式。单通道的计算机误差校正如图 14-58 所示，计算机将指令的理论值 I 和按给定误差数学模型计算出的误差值 ΔI 进行比较，然后输出实际指令值 $I+\Delta I$，并将其用于驱动伺服装置控制工作台移动，当补偿死区时，ΔI 即为死区误差补偿信号。

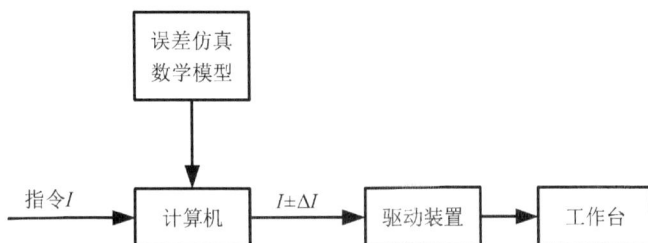

图 14-58　单通道计算机控制误差校正框图

双通道的计算机控制误差校正采用两个电机工作，分别驱动工作台和校正装置运动。主控指令脉冲通过主电机和传动系统带动工作台移动；误差模型计算出的校正脉冲发送至校正电机，使工作台获得附加运动，实现误差校正。图 14-59 所示为双通道计算机误差校正，校正电机的输出经过 1：90 的蜗轮蜗杆减速装置，其脉冲当量比指令脉冲小许多倍，从而可获得细微校正。图中的零位装置是用于伺服系统的死区补偿。

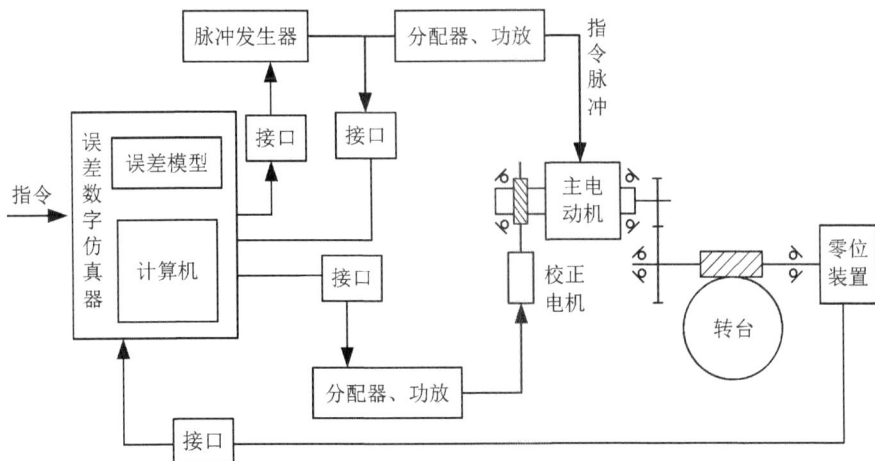

图 14-59　双通道计算机控制误差校正

计算机控制的误差校正的关键是获得误差补偿的数学模型。为建立误差仿真数学模型，首先需要精确测定工作台运动的有限位移值，然后利用实测点阵进行数学仿真，如用线性拟合法、傅氏分析法、多项式拟合法等，用获得的仿真数学模型编制软件，由计算机发出补偿脉冲指令。

【拓展阅读】

中国古代机械伟大发明——水运仪象台

水运仪象台是宋代科学家苏颂和韩公廉于北宋元祐年间建造的大型天文仪器，同时兼具天文观测、天象演示和计时报时的功能。这台仪器无论从规模还是精密程度都达到令人叹为观止的水平，堪称中国古代科学技术成就的代表作。

据《新仪象法要》记载，这台建造于 930 年前的大型仪器通高 12 米、宽 7 米，是一座上狭下宽的四方台形结构。整台仪器分为三层：顶层为浑仪，用于观测星空，上方的屋顶在观测时可以打开，与现代天文台的活动穹顶类似。中层为浑象，与星空保持同步转动，用于显示天象变化。底层为动力装置及计时报时机构。动力装置通过齿轮机构和浑象、浑仪系统相连，同步运动。报时装置巧妙地利用了 160 多个小木人以及钟、鼓、铃、钲四种乐器，不仅可以显示时、刻，还能报昏、旦时刻和夜晚的更点。这三部分用一套传动装置和一组齿轮连接起来，使三层结构的仪器环环相扣，达到与天体同步运行的效果。

水运仪象台的机械结构包括动力系统、传动系统、执行系统和辅助控制系统等。所用零件超过 400 个，零件名称多达 90 多种，共组成 8 个功能组件。水运仪象台使用水力驱动，设计有一套机构克服自然水源流动不稳定的问题。当漏壶水冲动机轮，通过流量稳定的水流驱动枢轮实现高精度回转运动。整个系统是一个利用误差控制、并具有负反馈调节的闭环自动控制系统。控制枢轮转动所使用的传动装置类似现代钟表的擒纵器，被英国科学史家李约瑟认为"很可能是欧洲中世纪天文钟的直接祖先"，同时也代表了中国古代机械综合设计的最高成就。

课后思考题

14 - 1　导轨的导向精度是什么？导轨设计有哪些要求？

14 - 2　气体静压导轨有哪些特点？说明提高其刚度和承载能力的措施。

14 - 3　比较滑动导轨、滚动导轨、静压导轨各自的特点。

14 - 4 主轴系统的特点及用途有哪些?

14 - 5 主轴系统设计的基本要求是什么?

14 - 6 密珠轴系有何特点? 密珠轴系的设计要点有哪些?

14 - 7 什么是微位移技术? 微驱动技术和支承导轨有哪些方式?

14 - 8 精密微动工作台由哪几部分组成? 应满足哪些技术要求?

14 - 9 说明微机械伺服系统的类型及工作原理。

14 - 10 说明伺服系统的误差校正原理及应用。

主要参考文献

[1] 陈晓南，杨培林．机械设计基础[M]．北京：科学出版社，2007．

[2] 裘祖荣．精密机械设计基础[M]．北京：机械工业出版社，2007．

[3] 李庆祥，王东生．现代精密仪器设计[M]．北京：清华大学出版社，2004．

[4] 许贤泽．精密机械学基础[M]．武汉：华中科技大学出版社，2009．

[5] 王智宏，刘杰，千承辉．精密仪器设计[M]．北京：机械工业出版社，2015．

[6] 王中宇，许东，韩邦成，等．精密仪器设计原理[M]．北京：北京航空航天大学出版社，2013．

[7] 马宏，王金波．仪器精度理论[M]．北京：北京航空航天大学出版社，2014．

[8] 陶栋材．现代设计方法学[M]．北京：国防工业出版社，2012．

[9] 王新华，沈景凤，石云霞．高等机械设计[M]．北京：化学工业出版社，2013．

[10] 机械设计手册编委会．机械设计手册[M]．3版．北京：机械工业出版社，2004．

[11] 浦昭邦，王宝光．测控仪器设计[M]．2版．北京：机械工业出版社，2007．

[12] 蒋秀珍 马惠萍．机械学基础[M]．3版．北京：科学出版社．2014．

[13] 高云峰．理论力学习题背后的故事(2)记里鼓车和轮系传动[J]．力学与实践，2018，40(4)：432-435．

[14] 高云峰．理论力学习题背后的故事(3)指南车和差动齿轮[J]．力学与实践，2018，40(5)：553-557．

[15] 王章豹．中国古代机械工程技术的辉煌成就[J]．中国机械工程，2002，13(7)：624-628．

[16] 刘克明，杨叔子．中国古代机械设计思想的科学成就[J]．中国机械工程，1999，10(2)：199-202．

[17] 赵志成，夏保华．中国工程学的技术哲学思想史初探[J]．自然辩证法研究，2013，29(9)：107-112．